石油和化工行业“十四五”规划教材

普通高等教育“十三五”规划教材

中国石油和化学工业优秀教材奖一等奖

试验设计与数据处理

Experiment Design and Data Processing

第三版

李云雁　胡传荣　编著

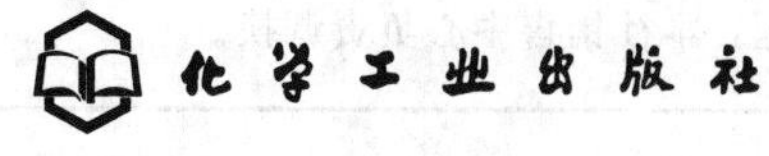

·北京·

本书结合大量实例，介绍了一些常用的试验设计及试验数据处理方法在科学试验和工业生产中的实际应用，并介绍了计算机在试验数据处理中的强大功能。全书分为9章，其中前4章介绍了试验数据的误差分析、试验数据的图表表示法、试验的方差分析和试验数据的回归分析，第5～9章介绍了优选法、正交试验设计方法、均匀设计方法、回归正交试验设计方法和配方试验设计方法。

本书有配套的数字化学习资源，信息量大，实例丰富，注重理论联系实际，力求深入浅出，重点突出，主次分明，便于自学。

本书可以作为化工、食品、制药、生物、材料、轻工、环境、农林等相关专业本科生或研究生教学用书，也可供工程技术人员、科研人员和教师参考。

图书在版编目（CIP）数据

试验设计与数据处理/李云雁，胡传荣编著．—3版．北京：化学工业出版社，2017.8（2024.1重印）

普通高等教育“十三五”规划教材　中国石油和化学工业优秀教材奖一等奖

ISBN 978-7-122-29990-1

Ⅰ.①试…　Ⅱ.①李…②胡…　Ⅲ.①化学工程-化学实验-试验设计-高等学校-教材②化学工程-化学实验-数据处理-高等学校-教材　Ⅳ.①TQ016

中国版本图书馆CIP数据核字（2017）第145054号

责任编辑：赵玉清　　文字编辑：周　倜

责任校对：边　涛　　装帧设计：关　飞

出版发行：化学工业出版社（北京市东城区青年湖南街13号　邮政编码100011）

印　　刷：北京云浩印刷有限责任公司

装　　订：三河市振勇印装有限公司

787mm×1092mm　1/16　印张19¼　字数475千字　2024年1月北京第3版第13次印刷

购书咨询：010-64518888　　售后服务：010-64518899

网　　址：http：//www.cip.com.cn

凡购买本书，如有缺损质量问题，本社销售中心负责调换。

定　　价：35.00元

在科学和工程等需要试验和观测的学科专业中，经常需要通过有计划的试验设计，以及试验数据合理的分析和处理，来寻找所研究对象的变化规律，以达到各种实用的目的。

全书分为 9 章，前 4 章主要的内容属于“数据处理”的范畴，介绍了误差分析、数据图表表示、方差分析和回归分析，这些数据处理方法，可以让我们找到试验数据背后的规律，为科研和生产提供理论依据；第 5 章到第 9 章属于“试验设计”的范畴，介绍了优选法、正交试验设计方法、均匀设计方法、回归正交试验设计方法和配方试验设计方法等，选择合理的试验设计方法，能有效地提高试验效率。

为了适应计算机和信息网络技术的快速发展，本书在保留第二版章节体系的基础上，对书中使用的一些统计软件进行升级，并提供了配套的数字化学习资源，读者可以扫描资源地址二维码进入学习。本书作为教材时，可根据学时数，有选择性地进行教学；建议使用多媒体教学，并鼓励学生多使用计算机完成作业。本教材提供多媒体课件，读者可到化学工业出版社的相关网页上下载，或发邮件至 cipedu@163.com 索取。

本书由武汉轻工大学李云雁、胡传荣编著而成。本书自第一版出版以来，受到许多同行和读者的支持和鼓励，并提出了不少宝贵意见，在此表示感谢。

由于笔者学识水平所限，虽然经过努力，但仍不免存在疏漏和不足之处，恳请读者指正。

李云雁

于武汉轻工大学

2017 年 5 月

本书第二版基本保留了原有的章节和体系，进一步加强了计算机在试验数据处理中的应用，将第一版第 10 章的内容分散到每章，并弱化了数学理论公式的推导和使用；在内容上，第 1 章增加了试验数据误差的统计检验方法，第 2 章增加了三角图和三维图，第 3 章删除了三种方差分析的简化计算公式，第 4 章在偏回归系数显著性检验法中增加了 t 检验法，第 8 章增加了回归正交旋转组合设计和响应面分析法，第 5、6、7、9 章基本维持原有内容不变。由于第二版在内容上比原版有所增加，作为教材时，可根据所学专业和课时数，有选择性的进行教学；建议使用多媒体教学，并鼓励学生多使用计算机完成作业。

本教材提供多媒体课件，可到化学工业出版社的相关网页上下载；或发邮件至 cipedu@163.com 索取。

本书自第一版出版以来，受到许多同行和读者的支持和鼓励，并提出了不少宝贵意见，在此表示感谢。

由于作者学识水平所限，虽然经过努力，但仍不免存在不足之处，恳请读者指正。

李云雁
2008 年 6 月

0 引言

1 试验数据的误差分析

2 试验数据的表图表示法

3 试验的方差分析

4 试验数据的回归分析

5 优选法

6 正交试验设计

7 均匀设计

8 回归正交试验设计

9 配方试验设计

附录

参考文献

二维码索引

0 引　言

0.1 试验设计与数据处理的发展概况

到目前为止，本学科经过了90多年的研究和实践，已成为广大技术人员与科学工作者必备的基本理论知识。实践表明，该学科与实际的结合，在工、农业生产中产生了巨大的社会效益和经济效益。

【0-1】

20世纪20年代，英国生物统计学家及数学家费歇（R. A. Fisher）（二维码【0-1】）首先提出了方差分析，并将其应用于农业、生物学、遗传学等方面，取得了巨大的成功，在试验设计和统计分析方面做出了一系列先驱工作，开创了一门新的应用技术学科，从此试验设计成为统计科学的一个分支。20世纪50年代，日本统计学家田口玄一（Genichi Taguchi）（二维码【0-2】）将试验设计中应用最广的正交设计表格化，在方法解说方面深入浅出，为试验设计的更广泛使用做出了巨大的贡献。

【0-2】

我国从20世纪50年代开始研究这门学科，并在正交试验设计的观点、理论和方法上都有新的创见，编制了一套适用的正交表，简化了试验程序和试验结果的分析方法，创立了简单易学、行之有效的正交试验设计法。同时，著名数学家华罗庚教授也在国内积极倡导和普及“优选法”，从而使试验设计的概念得到普及。随着科学技术工作的深入发展，我国数学家王元和方开泰于1978年首先提出了均匀设计，该设计考虑如何将设计点均匀地散布在试验范围内，使得能用较少的试验点获得最多的信息。

随着计算机技术的发展和进步，出现了各种针对试验设计和试验数据处理的软件，如SPSS(statistical product and service solutions)（二维码【0-3】）、SAS(statistical analysis system)（二维码【0-4】）、MATLAB（二维码【0-5】）、Origin（二维码【0-6】）和Excel等，它们使试验数据的分析计算不再繁杂，极大地促进了本学科的快速发展和普及。

【0-3】

【0-4】

【0-5】

【0-6】

0.2 试验设计与数据处理的意义

在科学研究和工农业生产中，经常需要通过试验来寻找所研究对象的变化规律，并通过对规律的研究达到各种实用的目的，如提高产量、降低消耗、提高产品性能或质量等，特别是新产品试验，未知的东西很多，要通过大量的试验来摸索工艺条件或配方。

自然科学和工程技术中所进行的试验，是一种有计划的实践，只有科学地试验设计，才能用较少的试验次数，在较短的时间内达到预期的试验目标；反之，不合理的试验设计，往往会浪费大量的人力、物力和财力，甚至劳而无功。另外，随着试验进行，必然会得到大量的试验数据，只有对试验数据进行合理的分析和处理，才能获得研究对象的变化规律，达到指导生产和科研的目的。可见，最优试验方案的获得，必须兼顾试验设计方法和数据处理两方面，两者是相辅相成、互相依赖、缺一不可的。

在试验设计之前，试验者首先应对所研究的问题有一个深入的认识，如试验目的、影响试验结果的因素、每个因素的变化范围等，然后才能选择合理的试验设计方法，达到科学安排试验的目的。在科学试验中，试验设计一方面可以减少试验过程的盲目性，使试验过程更有计划；另一方面还可以从众多的试验方案中，按一定规律挑选出少数具有代表性的试验。

合理的试验设计只是试验成功的充分条件，如果没有试验数据的分析计算，就不可能对所研究的问题有一个明确的认识，也不可能从试验数据中寻找到规律性的信息，所以试验设计都是与一定的数据处理方法相对应的。试验数据处理在科学试验中的作用主要体现在如下几个方面：

(1) 通过误差分析，可以评判试验数据的可靠性；

(2) 确定影响试验结果的因素主次，从而可以抓住主要矛盾，提高试验效率；

(3) 确定试验因素与试验结果之间存在的近似函数关系，并能对试验结果进行预测和优化；

(4) 获得试验因素对试验结果的影响规律，为控制试验提供思路；

(5) 确定最优试验方案或配方。

试验设计（experiment design）与数据处理（data processing）虽然归于数理统计的范畴，但它也属于应用技术学科，具有很强的实用性。一般意义上的数理统计的方法主要用于分析已经获得的数据，对所关心的问题做出尽可能精确的判断，而对如何安排试验方案的设计没有过多的要求。试验设计与数据处理则是研究如何合理地安排试验，有效地获得试验数据，然后对试验数据进行综合的科学分析，以求尽快达到优化实验的目的。所以完整意义上的试验设计实质上是试验的最优化设计。

1 试验数据的误差分析

试验的成果最初往往是以数据的形式表达的，如果要得到更深入的结果，就必须对试验数据作进一步的整理工作。为了保证最终结果的准确性，应该首先对原始数据的可靠性进行客观的评定，也就是需对试验数据进行误差分析（error analysis）。

在试验过程中由于实验仪器精度的限制，实验方法的不完善，科研人员认识能力的不足和科学水平的限制等方面的原因，在试验中获得的试验值与它的客观真实值并不一致，这种矛盾在数值上表现为误差（error）。可见，误差是与准确相反的一个概念，可以用误差来说明试验数据的准确程度。试验结果都具有误差，误差自始至终存在于一切科学实验过程中。随着科学水平的提高和人们经验、技巧、专门知识的丰富，误差可以被控制得越来越小，但是不能完全消除。

1.1 真值与平均值

1.1.1 真值

真值（true value）是指在某一时刻和某一状态下，某量的客观值或实际值。真值一般是未知的，但从相对的意义上来说，真值又是已知的。例如，平面三角形三内角之和恒为180°；同一非零值自身之差为零，自身之比为1；国家标准样品的标称值；国际上公认的计量值，如碳12的原子量为12，绝对零度等于－273.15℃等；高精度仪器所测之值和多次试验值的平均值等。

1.1.2 平均值

在科学试验中，虽然试验误差在所难免，但平均值（mean）可综合反映试验值在一定条件下的一般水平，所以在科学试验中，经常将多次试验值的平均值作为真值的近似值。平均值的种类很多，在处理试验结果时常用的平均值有以下几种。

（1）算术平均值（arithmetic mean）

算术平均值是最常用的一种平均值。设有 n 个试验值：x_1，x_2，…，x_n，则它们的算术平均值为：

$$\bar{x}=\frac{x_1+x_2+\cdots+x_n}{n}=\frac{\sum_{i=1}^{n}x_i}{n} \tag{1-1}$$

式中，x_i 表示单个试验值，下同。

同样试验条件下，如果多次试验值服从正态分布，则算术平均值是这组等精度试验值中的最佳值或最可信赖值。

(2) 加权平均值 (weighted mean)

如果某组试验值是用不同的方法获得的，或由不同的试验人员得到的，则这组数据中不同值的精度或可靠性不一致，为了突出可靠性高的数值，则可采用加权平均值。设有 n 个试验值：x_1，x_2，…，x_n，则它们的加权平均值为：

$$\bar{x}_{\mathrm{w}} = \frac{w_1 x_1 + w_2 x_2 + \cdots + w_n x_n}{w_1 + w_2 + \cdots + w_n} = \frac{\sum_{i=1}^{n} w_i x_i}{\sum_{i=1}^{n} w_i} \tag{1-2}$$

式中的 w_1，w_2，…，w_n 代表单个试验值对应的权 (weight)。如果某值精度较高，则可给以较大的权数，加重它在平均值中的分量。例如，如果我们认为某一个数比另一个数可靠两倍，则两者的权的比是 2∶1 或 1∶0.5。显然，加权平均值的可靠性在很大程度上取决于科研人员的经验。

试验值的权是相对值，因此可以是整数，也可以是分数或小数。权不是任意给定的，除了依据实验者的经验之外，还可以按如下方法给予。

① 当试验次数很多时，可以将权理解为试验值 x_i 在很大的测量总数中出现的频率 n_i/n。

② 如果试验值虽然是在同样的试验条件下获得的，但来源于不同的组，这时加权平均值计算式中的 x_i 代表各组的平均值，而 w_i 代表每组试验次数，如例 1-1。若认为各组试验值的可靠程度与其出现的次数成正比，则加权平均值即为总算术平均值。

③ 根据权与绝对误差的平方成反比来确定权数，如例 1-2。

例 1-1 在实验室称量某样品时，不同的人得 4 组称量结果如表 1-1 所示，如果认为各测量结果的可靠程度仅与测量次数成正比，试求其加权平均值。

表 1-1 例 1-1 数据表

组	测量值	平均值
1	100.357,100.343,100.351	100.350
2	100.360,100.348	100.354
3	100.350,100.344,100.336,100.340,100.345	100.343
4	100.339,100.350,100.340	100.343

解：由于各测量结果的可靠程度仅与测量次数成正比，所以每组试验平均值的权值即为对应的试验次数，即 $w_1=3$，$w_2=2$，$w_3=5$，$w_4=3$，所以加权平均值为：

$$\begin{aligned}\bar{x}_w &= \frac{w_1\bar{x}_1 + w_2\bar{x}_2 + w_3\bar{x}_3 + w_4\bar{x}_4}{w_1 + w_2 + w_3 + w_4} \\ &= \frac{100.350\times3 + 100.354\times2 + 100.343\times5 + 100.343\times3}{3+2+5+3} \\ &= 100.346\end{aligned}$$

例 1-2 在测定溶液 pH 值时，得到两组试验数据，其平均值为：$\bar{x}_1 = 8.5 \pm 0.1$；$\bar{x}_2 = 8.53 \pm 0.02$，试求它们的平均值。

解：根据两组数据的绝对误差计算权重：

$$w_1=\frac{1}{0.1^2}=100, w_2=\frac{1}{0.02^2}=2500$$

因为
$$w_1:w_2=1:25$$

所以
$$\overline{\mathrm{pH}}=\frac{8.5\times1+8.53\times25}{1+25}=8.53$$

(3) 对数平均值(logarithmic mean)

如果试验数据的分布曲线具有对数特性，如传热过程中的温度分布和传质过程中的浓度分布，则宜使用对数平均值。设有两个数值 x_1，x_2，都为正数，则它们的对数平均值为

$$\overline{x}_L=\frac{x_1-x_2}{\ln x_1-\ln x_2}=\frac{x_1-x_2}{\ln\frac{x_1}{x_2}}=\frac{x_2-x_1}{\ln\frac{x_2}{x_1}} \tag{1-3}$$

注意，两数的对数平均值总小于或等于它们的算术平均值。如果 $\frac{1}{2}\leqslant\frac{x_1}{x_2}\leqslant2$ 时，可用算术平均值代替对数平均值，而且相对误差不大（≤4.4%）。

(4) 几何平均值(geometric mean)

设有 n 个正试验值：x_1，x_2，…，x_n，则它们的几何平均值为：

$$\overline{x}_G=\sqrt[n]{x_1x_2\cdots x_n}=(x_1x_2\cdots x_n)^{\frac{1}{n}} \tag{1-4}$$

对上式两边同时取对数，得：

$$\lg\overline{x}_G=\frac{\sum_{i=1}^{n}\lg x_i}{n} \tag{1-5}$$

可见，当一组试验值取对数后所得数据的分布曲线更加对称时，宜采用几何平均值。一组试验值的几何平均值常小于它们的算术平均值。

(5) 调和平均值(harmonic mean)

设有 n 个正试验值：x_1，x_2，…，x_n，则它们的调和平均值为：

$$H=\frac{n}{\frac{1}{x_1}+\frac{1}{x_2}+\cdots+\frac{1}{x_n}}=\frac{n}{\sum_{i=1}^{n}\frac{1}{x_i}} \tag{1-6}$$

或

$$\frac{1}{H}=\frac{\frac{1}{x_1}+\frac{1}{x_2}+\cdots+\frac{1}{x_n}}{n}=\frac{\sum_{i=1}^{n}\frac{1}{x_i}}{n} \tag{1-7}$$

可见调和平均值是试验值倒数的算术平均值的倒数，它常用在涉及与一些量的倒数有关的场合。调和平均值一般小于对应的几何平均值和算术平均值。

综上，不同的平均值都有各自适用场合，到底应选择哪种求平均值的方法，主要取决于试验数据本身的特点，如分布类型、可靠性程度等。

当试验数据较多时，如果利用科学计算器上的统计功能（可以参考计算器的说明书），或者借助一些计算机软件（如 Excel 等），则可以方便地求出结果。本章 1.8 节介绍了如何利用 Excel 中的内置函数来计算平均值。

1.2 误差的基本概念

1.2.1 绝对误差

试验值与真值之差称为绝对误差（absolute error），即

$$绝对误差=试验值-真值 \tag{1-8}$$

可见绝对误差反映了试验值偏离真值的大小，这个偏差可正可负。通常所说的误差一般是指绝对误差。如果用 x，x_t，Δx 分别表示试验值、真值和绝对误差，则有

$$\Delta x=x-x_t \tag{1-9}$$

所以有：

$$x_t-x=\pm|\Delta x| \tag{1-10}$$

或

$$x_t=x\pm|\Delta x| \tag{1-11}$$

由此可得

$$x-|\Delta x|\leqslant x_t\leqslant x+|\Delta x| \tag{1-12}$$

由于真值一般是未知的，所以绝对误差也就无法准确计算出来。虽然绝对误差的准确值通常不能求出，但是可以根据具体情况，估计出它的大小范围。设 $|\Delta x|_{max}$ 为最大的绝对误差，则有

$$|\Delta x|=|x-x_t|\leqslant|\Delta x|_{max} \tag{1-13}$$

这里 $|\Delta x|_{max}$ 又称为试验值 x 的绝对误差限或绝对误差上界。

由式(1-13) 可得

$$x-|\Delta x|_{max}\leqslant x_t\leqslant x+|\Delta x|_{max} \tag{1-14}$$

所以有时也可以用下式表示真值的范围

$$x_t\approx x\pm|\Delta x|_{max} \tag{1-15}$$

在试验中，如果对某物理量只进行一次测量，常常可依据测量仪器上注明的精度等级，或仪器最小刻度作为单次测量误差的计算依据。一般可取最小刻度值作为最大绝对误差，而取其最小刻度的一半作为绝对误差的计算值。

例如，某压强表注明的精度为 1.5 级，则表明该表绝对误差为最大量程的 1.5%，若最大量程为 0.4MPa，该压强表绝对误差为：0.4×1.5%＝0.006MPa；又如某天平的最小刻度为 0.1mg，则表明该天平有把握的最小称量质量是 0.1mg，所以它的最大绝对误差为 0.1mg。可见，对于同一真值的多个测量值，可以通过比较绝对误差限的大小，来判断它们精度的大小。

根据绝对误差、绝对误差限的定义可知，它们都具有与试验值相同的单位。

1.2.2 相对误差

绝对误差虽然在一定条件下能反映试验值的准确程度，但还不全面。例如，两城市之间的距离为 200450m，若测量的绝对误差为 2m，则这次测量的准确度是很高的；但是 2m 的绝对误差对于人身高的测量而言是不能容许的。所以，为了判断试验值的准确性，还必须考虑试验值本身的大小，故引出了相对误差（relative error）：

$$相对误差=\frac{绝对误差}{真值} \tag{1-16}$$

如果用 E_R 表示相对误差，则有

$$E_R=\frac{\Delta x}{x_t}=\frac{x-x_t}{x_t} \tag{1-17}$$

或者

$$E_R=\frac{\Delta x}{x_t}\times 100\% \tag{1-18}$$

显然易见，一般 $|E_R|$ 小的试验值精度较高。

由式(1-18) 可知，相对误差可以由绝对误差求出；反之，绝对误差也可由相对误差求得，其关系为：

$$\Delta x=E_R x_t \tag{1-19}$$

所以有

$$x_t=x\pm|\Delta x|=x\left(1\pm\left|\frac{\Delta x}{x}\right|\right)\approx x\left(1\pm\left|\frac{\Delta x}{x_t}\right|\right)=x(1\pm|E_R|) \tag{1-20}$$

由于 x_t 和 Δx 都不能准确求出，所以相对误差也不可能准确求出，与绝对误差类似，也可以估计出相对误差的大小范围，即

$$|E_R|=\left|\frac{\Delta x}{x_t}\right|\leqslant\left|\frac{\Delta x}{x_t}\right|_{max} \tag{1-21}$$

这里 $\left|\frac{\Delta x}{x_t}\right|_{max}$ 称为试验值 x 的最大相对误差，或称为相对误差限和相对误差上界。在实际计算中，由于真值 x_t 为未知数，所以常常将绝对误差与试验值或平均值之比作为相对误差，即

$$E_R\approx\frac{\Delta x}{x} \quad 或 \quad E_R=\frac{\Delta x}{\bar{x}} \tag{1-22}$$

相对误差和相对误差限是无量纲的。为了适应不同的精度，相对误差常常表示为百分数（%）或千分数（‰）。

需要指出的是，在科学实验中，由于绝对误差和相对误差一般都无法知道，所以通常将最大绝对误差和最大相对误差分别看作是绝对误差和相对误差，在表示符号上也可以不加区分。

例 1-3 已知某样品质量的称量结果为：58.7g±0.2g，试求其相对误差。

解：依题意，称量的绝对误差为 0.2g，所以相对误差为

$E_R=\frac{\Delta x}{x}=\frac{0.2}{58.7}=3\times10^{-3}$ 或 0.3%

例 1-4 已知由试验测得水在 20℃时的密度 $\rho=997.9\text{kg/m}^3$，又已知其相对误差为 0.05%，试求 ρ 所在的范围。

解：因为 $E_R=\frac{\Delta x}{x}=\frac{\Delta x}{997.9}=0.05\%$

所以 $\Delta x=997.9\times0.05\%=0.5\text{kg/m}^3$

所以 ρ 所在的范围为 $997.4\text{kg/m}^3<\rho<998.4\text{kg/m}^3$

或根据公式(1-20) 有：$\rho=997.9\times(1\pm0.05\%)\text{kg/m}^3$

整理后同样为：$997.4\text{kg/m}^3 < \rho < 998.4\text{kg/m}^3$

1.2.3 算术平均误差

设试验值 x_i 与算术平均值 $\overline{x}$ 之间的偏差（discrepancy）为 d_i，则算术平均误差（average discrepancy）定义式为：

$$\Delta = \frac{\sum_{i=1}^{n} |x_i - \overline{x}|}{n} = \frac{\sum_{i=1}^{n} |d_i|}{n} \tag{1-23}$$

求算术平均误差时，偏差 d_i 可能为正也可能为负，所以一定要取绝对值。显然，算术平均误差可以反映一组试验数据的误差大小，但是无法表达出各试验值间的彼此符合程度。

利用 Excel 中的内置函数“AVEDEV”可计算一组数据与其均值的绝对偏差的平均值，即算术平均误差。

1.2.4 标准误差

标准误差（standard error，SE），简称标准误，表示的是样本的误差。标准误差的计算公式如下

$$SE = \sqrt{\frac{\sum_{i=1}^{n}(x_i - \overline{x})^2}{n(n-1)}} = \sqrt{\frac{\sum_{i=1}^{n} d_i^2}{n(n-1)}} \tag{1-24}$$

因为从一个总体中可以抽取出无数多个样本，每一个样本的数据都是对总体数据的估计。标准误差代表的就是当前的样本对总体数据的估计，表示的是样本均数与总体均数的相对误差。从公式（1-24）可以看出，标准误差会受到样本个数 n 的影响，样本个数越大，标准误差越小，表明所抽取的样本能够较好地代表总体样本。

1.3 试验数据误差的来源及分类

误差根据其性质或产生的原因，可分为随机误差（random/chance error）、系统误差（systematic error）和过失误差（mistake error）。

1.3.1 随机误差

随机误差是指在一定试验条件下，以不可预知的规律变化着的误差，多次试验值的绝对误差时正时负，绝对误差的绝对值时大时小。随机误差的出现一般具有统计规律，大多服从正态分布，即绝对值小的误差比绝对值大的误差出现机会多，而且绝对值相等的正、负误差出现的次数近似相等，因此当试验次数足够多时，由于正负误差的相互抵消，误差的平均值趋向于零。所以多次试验值的平均值的随机误差比单个试验值的随机误差小，可以通过增加试验次数减小随机误差。

随机误差是由于试验过程中一系列偶然因素造成的，例如气温的微小变动、仪器的轻微振动、电压的微小波动等。这些偶然因素是实验者无法严格控制的，所以随机误差一般是不可完全避免的。

1.3.2 系统误差

系统误差是指在一定试验条件下，由某个或某些因素按照某一确定的规律起作用而形成的误差。系统误差的大小及其符号在同一试验中是恒定的，或在试验条件改变时按照某一确定的规律变化。当试验条件一旦确定，系统误差就是一个客观上的恒定值，它不能通过多次试验被发现，也不能通过取多次试验值的平均值而减小。

产生系统误差的原因是多方面的，可来自仪器（如砝码不准或刻度不均匀等），可来自操作不当，可来自个人的主观因素（如观察滴定终点或读取刻度的习惯），也可来自试验方法本身的不完善等。只要对系统误差产生的原因有了充分的认识，才能对它进行校正或设法消除。

1.3.3 过失误差

过失误差是一种显然与事实不符的误差，也称“粗大误差”，没有一定的规律，它主要是由于实验人员粗心大意造成的，如读数错误、记录错误或操作失误等。所以只要实验者加强工作责任心，过失误差是可以完全避免的。

1.4 试验数据的精准度

误差的大小可以反映试验结果的好坏，但这个误差可能是由于随机误差或系统误差单独造成的，还可能是两者的叠加。为了说明这一问题，引出了精密度、正确度和准确度这三个表示误差性质的术语。

1.4.1 精密度

精密度（precision）反映了随机误差大小的程度，是指在一定的试验条件下，多次试验值的彼此符合程度或一致程度。精密度的概念与重复试验时单次试验值的变动性有关，如果试验数据分散程度较小，则说明是精密的。例如，甲、乙两人对同一个量进行测量，得到算术平均值相等的两组试验值：

甲：11.45，11.46，11.45，11.44　　乙：11.37，11.45，11.48，11.50

很显然，甲组数据的彼此符合程度好于乙组，故甲组数据的精密度较高。

试验数据的精密度是建立在数据用途基础之上的，对某种用途可能认为是很精密的数据，但对另一用途可能显得不精密。

由于精密度表示了随机误差的大小，因此对于无系统误差的试验，可以通过增加试验次数而达到提高数据精密度的目的。如果试验过程足够精密，则只需少量几次试验就能满足要求。

试验值精密度高低的判断可用下述参数来描述。

（1）极差（range）

极差是指一组试验值中最大值与最小值的差值。

$$R=x_{\max}-x_{\min} \tag{1-25}$$

由于误差的不可控性，因此只由两个数据来判断一组数据的精密度是欠妥的，但由于它计算方便，在快速检验中仍然得到广泛的应用。

(2) 标准偏差 (standard deviation)

标准偏差 (SD)，或称为标准差。当试验次数 n 无穷大时，称为总体 (population) 标准差，其定义为

$$\sigma=\sqrt{\frac{\sum_{i=1}^{n}(x_i-\overline{x})^2}{n}}=\sqrt{\frac{\sum_{i=1}^{n}d_i^2}{n}} \tag{1-26}$$

但在实际的科学试验中，试验次数一般为有限次，于是又有样本 (sample) 标准差，其定义为

$$s=\sqrt{\frac{\sum_{i=1}^{n}(x_i-\overline{x})^2}{n-1}}=\sqrt{\frac{\sum_{i=1}^{n}d_i^2}{n-1}} \tag{1-27}$$

标准差不但与一组试验值中每一个数据有关，而且对其中较大或较小的误差敏感性很强，能明显地反映出较大的个别误差。由计算式可以看出，标准差的数值大小反映了试验数据的分散程度，σ 或 s 越小，则数据的分散性越低，精密度越高，随机误差越小，试验数据的正态分布曲线也越尖。

样本标准差 s、总体标准差 σ 可用计算器上的统计功能计算，也可以利用 Excel 中的内置函数求得 (参考本章 1.8)。内置函数 “STDEV. S” 可用于计算样本的标准差 s，函数 “STDEV. P” 可用于计算总体标准差 σ。

(3) 方差 (variance)

方差即为标准差的平方，当试验次数 n 无穷大时，称为总体方差，可用 s^2 来表示；当试验次数为有限次，称为样本方差，用 s^2 表示。显然，方差也反映了数据偏离平均数的大小。方差越小，则表示这批数据的波动性或分散性越小，即随机误差越小。Excel 内置函数 “VAR. S” 可用于计算样本标准差 s^2，函数 “VAR. P” 可用于计算总体标准差 s^2。

(4) 相对标准偏差 (relative standard deviation)

相对标准偏差 (RSD)，也称为变异系数 (coefficient of variation，CV)，其计算公式就是标准差与算术平均值的比值，即

$$\text{RSD(或 CV)}=\frac{s}{\overline{x}}\times 100\%=\frac{\sqrt{\frac{\sum_{i=1}^{n}(x_i-\overline{x})^2}{n-1}}}{\overline{x}}\times 100\% \tag{1-28}$$

标准差能很客观地反映数据的分散程度，但是当需要比较两个或多个数据资料的分散性或精密程度大小的时候，且这些数据属于不同的总体 (量纲可能不同)，或属于同一总体中的不同样本 (平均值不同)，直接使用标准差来进行比较就不合适。由于 RSD (或 CV) 可以消除量纲或平均值不同的影响，所以可应用于两个或多个数据资料分散程度、变异程度或精密程度的比较。

注意：RSD (或 CV) 的大小，同时受平均数和标准差两个统计量的影响，因而在利用该统计量表示数据资料的精密性或变异程度时，最好将算术平均值和标准差也列出。

例 1-5 用两种不同的方法测量某水溶液中蛋白质的浓度 (g/L)，得到两组测量结果：

方法一：15.12，14.14，17.25，18.63，15.74

方法二：16.42，15.87，16.25，17.21，14.89

试分别计算两组数据的极差、标准偏差、方差和相对标准偏差，并分析两组数据的精密度。

解：有关计算结果如表 1-2 所示。根据表 1-2，虽然两组数据的算术平均值相差不大，但从其他统计项目可以明显地看出，方法二所得试验结果的波动性更小，具有较小的变异性，也就是说方法二的精密度较高。

表 1-2　例 1-5 计算结果汇总

项目	方法一	方法二	项目	方法一	方法二
算术平均值	16.18	16.13	样本方差 s^2	3.16	0.72
极差 R	4.49	2.32	相对标准偏差/%	10.98	5.25
样本标准偏差 s	1.78	0.85			

1.4.2　正确度

正确度（trueness）是指大量测试结果的（算术）平均值与真值或接受参照值之间的一致程度，它反映了系统误差的大小，是指在一定的试验条件下，所有系统误差的综合。

由于随机误差和系统误差是两种不同性质的误差，因此对于某一组试验数据而言，精密度高并不意味着正确度也高；反之，精密度不好，但当试验次数相当多时，有时也会得到好的正确度。精密度和正确度的区别和联系，可通过图 1-1 得到说明（图中圆心为真值）。

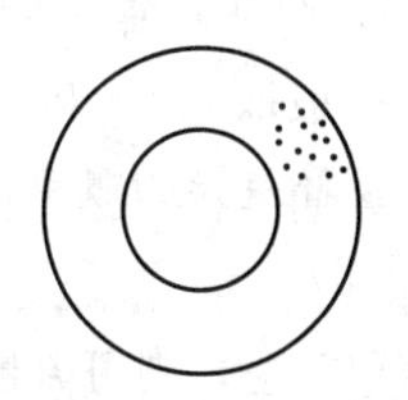

(a) 精密度好，正确度不好

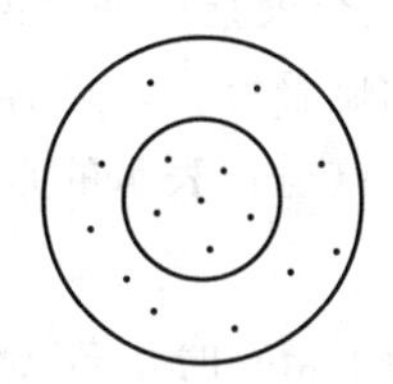

(b) 精密度不好，正确度好

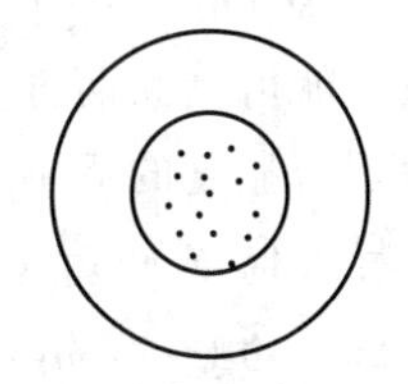

(c) 精密度好，正确度好

图 1-1　精密度和正确度的关系

1.4.3　准确度

准确度（accuracy）反映了系统误差和随机误差的综合，表示了试验结果与真值或标准值的一致程度。

如图 1-2 所示，假设 A、B、C 三个试验都无系统误差，试验数据服从正态分布，而且对应着同一个真值，则可以看出 A、B、C 的精密度依次降低；由于无系统误差，三组数的极限平均值（试验次数无穷多时的算术平均值）均接近真值，即它们的正确度是相当的；如果将精密度和正确度综合起来，则三组数据的准确度从高到低依次为 A、B、C。

又由图 1-3，假设 A′、B′、C′三个试验都有系统误差，试验数据服从正态分布，而且对应着同一个真值，则可以看出 A′、B′、C′的精密度依次降低，由于都有系统误差，三组数的极限平均值均与真值不符，所以它们是不准确的。但是，如果考虑到精密度因素则图 1-3 中 A′的大部分试验值可能比图 1-2 中 B 和 C 的试验值要准确。

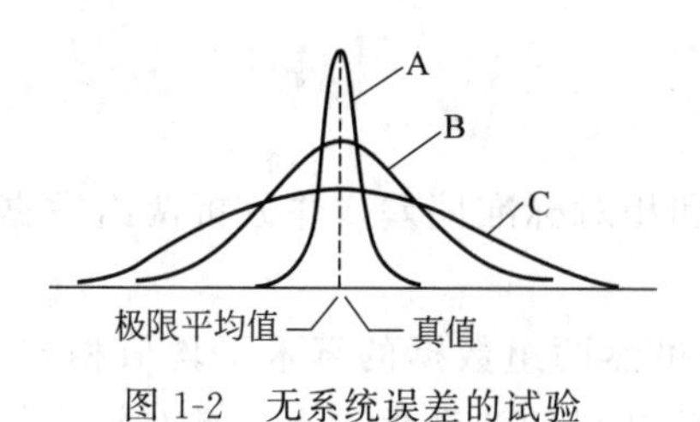

图 1-2 无系统误差的试验

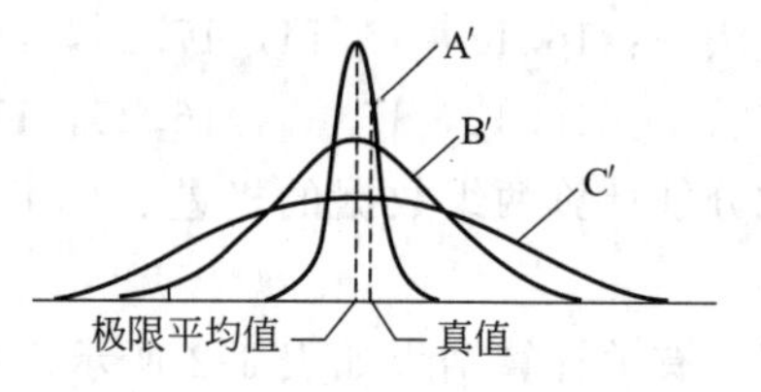

图 1-3 有系统误差的试验

1.5 试验数据误差的统计检验

1.5.1 随机误差的检验

随机误差的大小可用试验数据的精密程度来反映，而精密度的好坏又可用方差来度量，所以对测试结果进行方差检验，即可判断各试验方法或试验结果的随机误差之间的关系。

1.5.1.1 χ^2 检验

χ^2 检验（χ^2-test，中文称卡方检验）适用于一个总体方差的检验，即在试验数据的总体方差 σ^2 已知的情况下，对试验数据的随机误差或精密度进行检验。

有一组试验数据 x_1，x_2，…，x_n 服从正态分布，则统计量

$$\chi^2=\frac{(n-1)s^2}{\sigma^2} \tag{1-29}$$

服从自由度为 $df=n-1$ 的 χ^2 分布（χ^2-distribution）（见附录 1），对于给定的显著性水平(significance level)α，由附录 1 的 χ^2 分布表查得临界值 χ^2_α（df），将所计算出的 χ^2 与临界值进行比较，就可判断两方差之间有无显著差异。显著性水平 α 一般取 0.01 和 0.05，它表示的是检验是否显著的概率水平标准。这里 α 表示的是两方差有显著差异的概率，或者说两者无显著差异的概率为 $1-\alpha$。

双侧（尾）检验（two-sided/tailed test）时，若 $\chi^2_{(1-\frac{\alpha}{2})}<\chi^2<\chi^2_{\frac{\alpha}{2}}$，则可判断该组数据的方差与原总体方差无显著差异，否则有显著差异。

单侧（尾）检验（one-sided/tailed test）时，若 $\chi^2>\chi^2_{(1-\alpha)}$（$df$），$s^2<\sigma^2$，则判断该组数据的方差与原总体方差无显著减小，否则有显著减小，此为左侧（尾）检验；若 $\chi^2<\chi^2_\alpha(df)$，$s^2>\sigma^2$，则判断该组数据的方差与原总体方差无显著增大，否则有显著增大，此为右侧（尾）检验。

如果对所研究的问题只需判断有无显著差异，则采用双侧检验；如果所关心的是某个参数是否比某个值偏大（或偏小），则宜采用单侧检验。图 1-4 表示了双侧和单侧（左、右侧）检验的区别和联系。

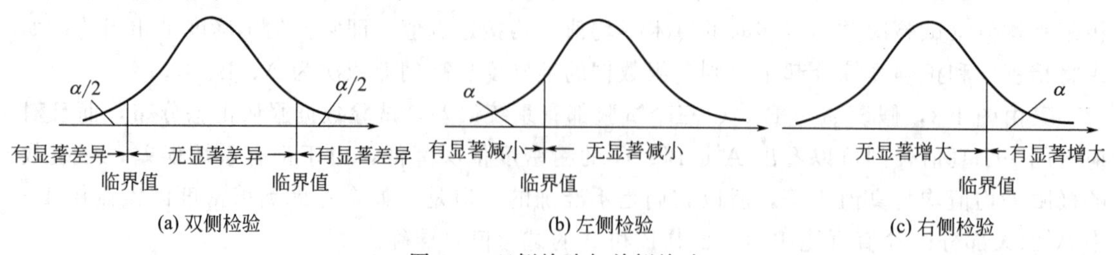

图 1-4 双侧检验与单侧检验

例 1-6 用某分光光度计测定某样品中 Al^{3+} 的浓度，在正常情况下的测定方差 $\sigma^2=0.15^2$。分光光度计检修后，用它测定同样的样品，测得 Al^{3+} 的浓度（mg/mL）分别为：0.142，0.156，0.161，0.145，0.176，0.159，0.165，试问仪器经过检修后稳定性是否有了显著变化。($\alpha=0.05$)

解：本题提到的“稳定性”实际反映的是随机误差大小，检修后试验结果的样本方差比正常情况下的方差显著变大或变小，都认为仪器的稳定性有了显著变化，可用 χ^2 双侧检验。根据上述数据得：

$$s^2=0.000135$$

$$\chi^2=\frac{(n-1)s^2}{\sigma^2}=\frac{(7-1)\times 0.000135}{0.15^2}=0.036$$

依题意，$n=7$，$df=6$，$\alpha=0.05$，查得 $\chi^2_{0.975}(6)=1.237$，$\chi^2_{0.025}(6)=14.449$，可见 χ^2 落在（1.237，14.449）区间之外，所以仪器经检修后稳定性有显著变化。

例 1-7 某厂进行技术改造，以减少工业酒精中甲醇的含量的波动性。原工艺生产的工业酒精中甲醇含量的方差 $\sigma^2=0.35$，技术改造后，进行抽样检验，样品数为 25 个，结果样品甲醇含量的方差 $s^2=0.15$，问技术改革后工业酒精中甲醇含量的波动性是否更小？($\alpha=0.05$)

解：依题意，是要检验技术改革后工业酒精中甲醇含量的波动性是否比以前有明显的减小，所以应用 χ^2 单侧（左侧）检验。

$$\chi^2=\frac{(n-1)s^2}{\sigma^2}=\frac{(25-1)\times 0.15}{0.35}=10.3$$

当 $\alpha=0.05$，$df=25-1=24$ 时，查 χ^2 分布表得 $\chi^2_{0.95}(24)=13.848>\chi^2=10.3$，说明技改后产品中甲醇含量的波动较之前有显著减少，技改对稳定工业酒精的质量有明显效果。

利用 Excel 中内置函数可计算 χ^2 检验中有关参数，具体参考本章 1.8 节。

1.5.1.2 F 检验

F 检验（F-test）适用于两组具有正态分布的试验数据之间的精密度的比较。

设有两组试验数据：$x_1^{(1)}$，$x_2^{(1)}$，…，$x_{n_1}^{(1)}$ 和 $x_1^{(2)}$，$x_2^{(2)}$，…，$x_{n_2}^{(2)}$，两组数据都服从正态分布，样本方差分别为 s_1^2 和 s_2^2，则

$$F=\frac{s_1^2}{s_2^2} \tag{1-30}$$

服从第一自由度为 $df_1=n_1-1$，第二自由度为 $df_2=n_2-1$ 的 F 分布（F-distribution）（见附录 2），对于给定的显著性水平 α，将所计算的 F 值与临界值（查附录 2）比较，即可作出检验结论。

双侧检验时，若 $F_{(1-\frac{\alpha}{2})}(df_1, df_2)<F<F_{\frac{\alpha}{2}}(df_1, df_2)$，则可判断方差 1 与方差 2 无显著差异，否则有显著差异。

单侧检验时，若 $F<1$，且 $F>F_{(1-\alpha)}(df_1, df_2)$，则判断方差 1 比方差 2 无显著减小，否则有显著减小，此为左侧检验；若 $F>1$，且 $F<F_{\alpha}(df_1, df_2)$，则判断方差 1 比方差 2 无显著增大，否则有显著增大，此为右侧检验。

例 1-8 用原子吸收光谱法（新法）和 EDTA（旧法）测定某废水中 Al^{3+} 的含量（%），测定结果如下：

新法：0.163，0.175，0.159，0.168，0.169，0.161，0.166，0.179，0.174，0.173

旧法：0.153，0.181，0.165，0.155，0.156，0.161，0.176，0.174，0.164，0.183，0.179
试问：(1) 两种方法的精密度是否有显著差异；(2) 新法是否比旧法的精密度有显著提高。($\alpha=0.05$)

解：(1) 依题意，新法的方差可能比旧法大也可能小，所以采用F双侧检验。根据试验值计算出两种方法的方差及F值：

$$s_1^2=4.29\times10^{-5},\ s_2^2=1.23\times10^{-4}$$

$$F=\frac{s_1^2}{s_2^2}=\frac{4.29\times10^{-5}}{1.23\times10^{-4}}=0.350$$

根据显著性水平$\alpha=0.05$，$df_1=9$，$df_2=10$，查F分布表得$F_{0.975}(9,10)=0.252$，$F_{0.025}(9,10)=3.779$。所以$F_{0.975}(9,10)<F<F_{0.025}(9,10)$，两种测量方法的方差没有显著性差异，即两种方法的精密度是一致的。

(2) 依题意，要判断新法是否比旧法的精密度更高，只要检验新法比旧法的方差有显著性减小就可以了，这是F单侧（左侧）检验。根据显著性水平$\alpha=0.05$，$df_1=9$，$df_2=10$，查F分布表得$F_{0.95}(9,10)=0.319$。所以$F>F_{0.95}(9,10)$，新法比旧法的精密度没有显著提高。

利用Excel的内置函数和分析工具库，可大大简化F检验，具体可参考本章1.8节。

1.5.2 系统误差的检验

我们知道，相同条件下的多次重复试验不能发现系统误差，只有改变形成系统误差的条件，才能发现系统误差。试验结果有无系统误差，必须进行检验，以便能及时减小或消除系统误差，提高试验结果的正确度。

若试验数据的平均值与真值的差异较大，就认为试验数据的正确度不高，试验数据和试验方法的系统误差较大，所以对试验数据的平均值进行检验，实际上是对系统误差的检验。

1.5.2.1 t检验法

(1) 平均值与给定值比较

如果有一组试验数据服从正态分布，要检验这组数据的算术平均值是否与给定值有显著差异，则检验统计量

$$t=\frac{\overline{x}-\mu_0}{s}\sqrt{n} \tag{1-31}$$

服从自由度$df=n-1$的t分布（t-distribution）（见附录3），式中$\overline{x}$是试验值的算术平均值，s是n（$n<30$）个试验值的样本标准差，μ_0是给定值（可以是真值、期望值或标准值），根据给定的显著性水平α，将所计算的t值与临界值（查附录3）比较，即可得到检验结论。

双侧检验时，若$|t|<t_{\frac{\alpha}{2}}$，则可判断该组数据的平均值与给定值无显著差异，否则就有显著差异。单侧检验时，若$t<0$，且$|t|<t_\alpha$，则判断该组数据的平均值与给定值无显著减小，否则有显著减小，此为左侧检验；若$t>0$，且$t<t_\alpha$，则判断该组数据的平均值与给定值无显著增大，否则有显著增大，此为右侧检验。注意，上述的临界值$t_{\frac{\alpha}{2}}$和t_α是查t分布单侧分位数表得到的，下同。

例1-9 为了判断某种新型快速水分测定仪的可靠性，用该仪器测定了某湿基含水量为

7.5%的标准样品，5 次测量结果（%）为：7.6，7.8，8.5，8.3，8.7。对于给定的显著性水平 $\alpha=0.05$，试检验：

① 该仪器的测量结果是否存在显著的系统误差？

② 该仪器的测量结果较标准值是否明显偏大？

解：本例属于平均值与标准值之间的比较，①属于双侧检验，而②属于单侧检验。根据题意有

$$\overline{x}=8.2, s=0.47$$

$$t=\frac{\overline{x}-\mu_0}{s}\sqrt{n}=\frac{(8.2-7.5)\times\sqrt{5}}{0.47}=3.3$$

根据显著性水平 $\alpha=0.05$ 和 $df=5-1=4$，由 t 分布单侧分位数表得 $t_{0.025}(4)=2.776$，$t_{0.05}$ (4) $=2.132$。

因 $t>t_{0.025}(4)$，所以新仪器的测量结果有显著的系统误差。

因 $t>0$，且 $t>_{0.05}(4)$，所以新仪器的测量结果较标准值有明显偏大。

(2) 两个平均值的比较

设有两组试验数据：$x_1^{(1)}$，$x_2^{(1)}$，…，$x_{n_1}^{(1)}$ 与 $x_1^{(2)}$，$x_2^{(2)}$，…，$x_{n_2}^{(2)}$，其中 n_1，n_2 分别是两组数据的个数，这两组数据都服从正态分布，根据两组数据的方差是否存在显著差异，分以下两种情况进行分析。

① 如果两组数据的方差无显著差异时，则统计量

$$t=\frac{\overline{x}_1-\overline{x}_2}{s}\sqrt{\frac{n_1 n_2}{n_1+n_2}} \tag{1-32}$$

服从自由度 $df=n_1+n_2-2$ 的 t 分布。式中 s 为合并标准差，其计算式为：

$$s=\sqrt{\frac{(n_1-1)s_1^2+(n_2-1)s_2^2}{n_1+n_2-2}} \tag{1-33}$$

② 如果两组数据的精密度或方差有显著差异时，则统计量

$$t=\frac{\overline{x}_1-\overline{x}_2}{\sqrt{\frac{s_1^2}{n_1}+\frac{s_2^2}{n_2}}} \tag{1-34}$$

服从自由度为 df 的 t 分布。其中

$$df=\frac{(s_1^2/n_1+s_2^2/n_2)^2}{\frac{(s_1^2/n_1)^2}{n_1+1}+\frac{(s_2^2/n_2)^2}{n_2+1}}-2 \tag{1-35}$$

根据给定的显著性水平 α，将所计算的 t 值与临界值比较，作出检验结论。双侧检验时，若 $|t|<t_{\frac{\alpha}{2}}$，则可判断两平均值无显著差异，否则就有显著差异。单侧检验时，若 $t<0$，且 $|t|<t_\alpha$，则可判断平均值 1 较平均值 2 无显著减小，否则有显著减小，此为左侧检验；若 $t>0$，且 $t<t_\alpha$，则可判断平均值 1 较平均值 2 无显著增大，否则有显著增大，此为右侧检验。

例 1-10 用烘箱法（方法 1）和一种快速水分测定仪（方法 2）测定某样品的含水量，测量结果（%）如下：

方法 1：12.2，14.7，18.3，14.6，18.6

方法 2：17.3，17.9，16.3，17.4，17.6，16.9，17.3

对于给定的显著性水平 $\alpha=0.05$，试检验两种方法之间是否存在系统误差？

解： ① 先判断两组数据的方差是否有显著差异。根据试验数据计算出各自的平均值和方差：

$$\overline{x}_1=15.7，s_1^2=7.41，$$

$$\overline{x}_2=17.2，s_2^2=0.266$$

故

$$F=\frac{s_1^2}{s_2^2}=\frac{7.41}{0.266}=27.8$$

已知 $n_1=5$，$n_2=7$，所以 $df_1=4$，$df_2=6$。根据给定的显著性水平 $\alpha=0.05$，查 F 分布表得 $F_{0.05}(4,6)=4.533$，所以 $F>F_{0.05}(4,6)$，两方差有显著性差异。

② 进行异方差 t 检验。

$$t=\frac{\overline{x}_1-\overline{x}_2}{\sqrt{\frac{s_1^2}{n_1}+\frac{s_2^2}{n_2}}}=\frac{15.7-17.2}{\sqrt{\frac{7.41}{5}+\frac{0.266}{7}}}=-1.22$$

$$df=\frac{(s_1^2/n_1+s_2^2/n_2)^2}{\frac{(s_1^2/n_1)^2}{n_1+1}+\frac{(s_2^2/n_2)^2}{n_2+1}}-2=\frac{(7.41/5+0.266/7)^2}{\frac{(7.41/5)^2}{5+1}+\frac{(0.266/7)^2}{7+1}}-2\approx 4$$

根据给定的显著性水平 $\alpha=0.05$，查单侧 t 分布表得 $t_{0.025}(4)=2.776$，所以 $|t|<t_{0.025}(4)$，两平均值之间无显著差异，即两种方法不存在系统误差。

通过本例可知，虽然两组数据的方差有显著差异，也就是精密度不一致，但平均值之间却没有显著差异，即两组数据的正确度是一致的，这反映了精密度和正确度的区别。

(3) 成对数据的比较

在这种检验中，试验数据是成对出现的，除了被比较的因素之外，其他条件是相同的。例如，用两种分析方法或用两种仪器测定同一来源的样品，或两分析人员用同样的方法测定同一来源的样品，以判断两种方法、两种仪器或两分析人员的测定结果之间是否存在系统误差。

成对数据的比较，是将成对数据之差的总体平均值，与零或其他指定值之间相比较，采用的统计量为：

$$t=\frac{\overline{d}-d_0}{s_d}\sqrt{n} \tag{1-36}$$

式中 d_0 可取零或给定值，$\overline{d}$ 是成对测定值之差（$x_i^{(1)}-x_i^{(2)}$）的算术平均值，即

$$\overline{d}=\frac{\sum_{i=1}^{n}[x_i^{(1)}-x_i^{(2)}]}{n}=\frac{\sum_{i=1}^{n}d_i}{n} \tag{1-37}$$

s_d 是 n 对试验值之差值的样本标准差，即

$$s_d=\sqrt{\frac{\sum_{i=1}^{n}(d_i-\overline{d})^2}{n-1}}=\sqrt{\frac{\sum_{i=1}^{n}d_i^2-\left(\sum_{i=1}^{n}d_i\right)^2/n}{n-1}} \tag{1-38}$$

上述 t 值服从自由度为 $df=n-1$ 的 t 分布，对于给定的显著性水平 α，如果 $|t|<t_{\frac{\alpha}{2}}$，则成对数据之间不存在显著的系统误差，否则两组数据之间存在显著的系统误差。

需要指出的是，成对试验的自由度为 $n-1$，而分组试验时的自由度为 n_1+n_2-1，后者自由度较大，所以统计检验的灵敏度较高。一般来说，当所研究因素的效应比其他因素的效应大得多，或其他因素可以严格控制时，采用分组试验法比较合适，否则可采用成对试验法。

例 1-11 用两种方法测定某水剂型铝粉膏（加气混凝土用）的发气率，测得 4min 发气率（%）的数据如下：

方法 1：44，45，50，55，48，49，53，42

方法 2：48，51，53，57，56，41，47，50

试问两种方法之间是否存在系统误差？（$\alpha=0.05$）

解：按成对数据来检验，则 d_i 分别为：-4，-6，-3，-2，-8，8，6，-8，所以

$$\overline{d}=-2.125，s_d=6.058$$

若两种方法之间无系统误差，则可设 $d_0=0$

所以
$$t=\frac{\overline{d}-d_0}{s_d}\sqrt{n}=\frac{(-2.125-0)\times\sqrt{8}}{6.058}=-0.992$$

当 $df=8-1=7$，对于给定的显著性水平 α，查 t 分布表得 $t_{0.025}(7)=2.365$，所以 $|t|<t_{\frac{\alpha}{2}}$，两种测量方法的正确度是一致的。

利用 Excel 的内置函数和分析工具库，可简化 t 检验，具体可参考本章 1.8 节。

1.5.2.2 秩和检验法

前面介绍的检验方法往往要求试验数据具有正态分布，但在实际工作中，有时对试验数据的统计分布并不清楚，而秩和检验法（rank sum test）对试验数据是否来自正态总体并不作严格的规定，并且计算简单，既可用于定量指标的检验，也可应用于定性指标的检验，如用来检验两组数据或两种试验方法之间是否存在系统误差、两种方法是否等效等。

设有两组试验数据：$x_1^{(1)}$，$x_2^{(1)}$，…，$x_{n_1}^{(1)}$ 与 $x_1^{(2)}$，$x_2^{(2)}$，…，$x_{n_2}^{(2)}$，其中 n_1，n_2 分别是两组数据的个数，这里总假定 $n_1\leqslant n_2$。假设这两组试验数据是相互独立的，可以用秩和检验法检验两组数据之间是否存在系统误差。具体步骤如下：

(1) 将这 n_1+n_2 个试验数据混在一起，按从小到大的次序排列，每个试验值在序列中的次序叫作该值的秩（rank）。

(2) 将属于第 1 组数据的秩相加，其和记为 R_1，称为第 1 组数据的秩和（rank sum）。如果两组数据之间无显著差异，则 R_1 就不应该太大或太小。

(3) 对于给定的显著性水平 α 和 n_1、n_2，由秩和临界值表（见附录 4）可查得 R_1 的上下限 T_2 和 T_1。如果 $R_1>T_2$ 或 $R_1<T_1$，则认为两组数据有显著差异，否则无显著差异。

可见，秩和检验法计算非常简单，而且不一定要求数据成队，是一种方便有用的检验系统误差的方法。

例 1-12 设甲、乙两组测定值为：

甲：8.6，10.0，9.9，8.8，9.1，9.1

乙：8.7，8.4，9.2，8.9，7.4，8.0，7.3，8.1，6.8

已知甲组数据无系统误差，试用秩和检验法检验乙组测定值是否有系统误差。（$\alpha=0.05$）

解：先求出各数据的秩，如表 1-3 所示。

表 1-3 例 1-12 甲、乙两组试验数据的秩

秩	1	2	3	4	5	6	7	8	9	10	11.5	11.5	13	14	15
甲							8.6		8.8		9.1	9.1		9.9	10.0
乙	6.8	7.3	7.4	8.0	8.1	8.4		8.7		8.9			9.2		

此时，$n_1=6$，$n_2=9$，$n=n_1+n_2=15$

$$R_1=7+9+11.5+11.5+14+15=68$$

对于 $\alpha=0.05$，查秩和临界值表，得 $T_1=33$，$T_2=63$

则 $R_1>T_2$

故两组数据有显著差异，乙组测定值有系统误差。

注意，在进行秩和检验时，如果几个数据相等，则它们的秩应该是相等的，等于相应几个秩的算术平均值，如例 1-12 中，两个 9.1 的秩都为 11.5。另外，可将 Excel 内置函数 RANK.AVG 应用于秩和检验（参考例 1-22）。

1.5.3 异常值的检验

在整理试验数据时，往往会遇到这种情况，即在一组试验数据里，发现少数几个偏差特别大的可疑数据，这类数据又称为离群值（outlier）或异常值（exceptional data），它们往往是由于过失误差引起的。

对于偏差大的异常数据的取舍一定要慎重，一般处理原则为：

（1）在试验过程中，若发现异常数据，应停止试验，分析原因，及时纠正错误。

（2）试验结束后，在分析试验结果时，如发现异常数据，则应先找出产生差异的原因，再对其进行取舍。

（3）在分析试验结果时，如不清楚产生异常值的确切原因，则应对数据进行统计处理，常用的统计方法有拉依达（Paǔta）检验法、格拉布斯（Grubbs）检验法、狄克逊（Dixon）检验法、肖维勒（Chauvenet）检验法、奈尔（Nair）检验法和 t 检验法等；若数据较少，则可重做一组数据。

（4）对于舍去的数据，在试验报告中应注明舍去的原因或所选用的统计方法。

总之，对待可疑数据要慎重，不能任意抛弃和修改。往往通过对可疑数据的考察，可以发现引起系统误差的原因，进而改进试验方法，有时甚至得到新试验方法的线索。

下面介绍三种检验可疑数据的统计方法。

1.5.3.1 拉依达（Paǔta）检验法

如果可疑数据 x_p 与试验数据的算术平均值 $\overline{x}$ 的偏差的绝对值 $|d_p|$ 大于三倍（或两倍）的标准偏差，即：

$$|d_p|=|x_p-\overline{x}|>3s \quad 或 \quad 2s \tag{1-39}$$

则应将 x_p 从该组试验值中剔除，至于选择 $3s$ 还是 $2s$ 与显著性水平 α 有关。$3s$ 相当于显著水平 $\alpha=0.01$，$2s$ 相当于显著水平 $\alpha=0.05$。

例 1-13 有一组分析测试数据：0.128，0.129，0.131，0.133，0.135，0.138，0.141，0.142，0.145，0.148，0.167，问其中偏差较大的 0.167 是否应被舍去？（$\alpha=0.01$）

解：（1）计算包括可疑值 0.167 在内的平均值 $\overline{x}$ 及标准偏差 s：

$$\overline{x}=0.140，s=0.0112$$

（2）计算$|d_p|$和$3s$：

$$|d_p|=|x_p-\overline{x}|=|0.167-0.140|=0.027$$

$$3s=3\times0.0112=0.0336$$

（3）比较$|d_p|$与$3s$：

$$|d_p|<3s$$

故按拉依达检验法，当$\alpha=0.01$时，0.167不应舍去。

拉依达检验法，方法简单，无须查表，用起来方便。该检验法适用于试验次数较多或要求不高时，这是因为，当$n<10$时，用$3s$作界限，即使有异常数据也无法剔除；若用$2s$作界限，则5次以内的试验次数，无法舍去异常数据。

1.5.3.2 格拉布斯（Grubbs）检验法

用格拉布斯准则检验可疑数据x_p时，当

$$|d_p|=|x_p-\overline{x}|>G_{(\alpha,n)}s \tag{1-40}$$

时，则应将x_p从该组试验值中剔除。这里的$G_{(\alpha,n)}$称为格拉布斯检验临界值，它与试验次数n及给定的显著性水平α有关，附录5给出了$G_{(\alpha,n)}$的数值。

例1-14 用容量法测定某样品中的锰，8次平行测定数据为：10.29，10.33，10.38，10.40，10.43，10.46，10.52，10.82(%)，试问是否有数据应被剔除？($\alpha=0.05$)

解：（1）检验10.82

该组数据的算术平均为$\overline{x}=10.45$，其中10.82的偏差最大，故首先检验该数。

计算包括可疑值在内的平均值$\overline{x}$及标准偏差s：$\overline{x}=10.45$，$s=0.16$；查表得$G_{(0.05,8)}=2.03$

所以 $$G_{(0.05,8)}s=2.03\times0.16=0.32$$

则 $$|d_p|=|x_p-\overline{x}|=|10.82-10.45|=0.37>0.32$$

故10.82这个测定值应该被剔除。

（2）检验10.52

剔除10.82之后，重新计算平均值$\overline{x}$及标准偏差s：$\overline{x}'=10.40$，$s'=0.078$。这时，10.52与平均值的偏差最大，所以应检验10.52。

查表得$G_{(0.05,7)}=1.94$

所以 $$G_{(0.05,7)}s=1.94\times0.078=0.15$$

则 $$|d_p|=|x_p-\overline{x}|=|10.52-10.40|=0.12<0.15$$

故10.52不应该被剔除。由于剩余数据的偏差都比10.52小，所以都应保留。

格拉布斯检验法也可以用于检验两个数据（x_1，x_2）偏小，或两个数据（x_{n-1}，x_n）偏大的情况，这里$x_1<x_2<\cdots<x_{n-1}<x_n$，显然最可疑的数据一定是在两端。此时可以先检验内侧数据，即前者检验x_2，后者检验x_{n-1}。如果x_2经检验应该被舍去，则x_1、x_2两个数都应该被舍去；同样，如果x_{n-1}应被舍去，则x_{n-1}、x_n都应被舍去。如果检验结果x_2或x_{n-1}不应被舍去，则继续检验x_1、x_n。注意，在检验内侧数据时，所计算的$\overline{x}$和s不应包括外侧数据。

1.5.3.3 狄克逊（Dixon）检验法

（1）单侧情形

狄克逊单侧情形检验的基本步骤如下：

① 将n个试验数据按从小到大的顺序排列，得到：

$$x_1\leqslant x_2\leqslant\cdots\leqslant x_{n-1}\leqslant x_n$$

如果有异常值存在，必然出现在两端，当只有一个异常值时，此异常值不是 x_1 就是 x_n。注意，每次只检验一个可疑值。

② 根据表 1-4 中所列的公式，可以计算出统计量 D 或 D'。D 和 D' 都与试验次数 n 和可疑对象有关。

③ 对于给定的显著性水平 α，在狄克逊检验法单侧临界值表（见附录 6）中查出对应 n 和 α 的临界值 $D_{1-\alpha}(n)$。

④ 检验高端值时，当 $D>D_{1-\alpha}(n)$，判断 x_n 为异常值；检验低端值时，当 $D'>D_{1-\alpha}(n)$，判断 x_1 为异常值；否则，判断没有异常值。

表 1-4 统计量 D 计算公式

n	检验高端异常值	检验低端异常值	n	检验高端异常值	检验低端异常值
3～7	$D=\frac{x_n-x_{n-1}}{x_n-x_1}$	$D'=\frac{x_2-x_1}{x_n-x_1}$	11～13	$D=\frac{x_n-x_{n-2}}{x_n-x_2}$	$D'=\frac{x_3-x_1}{x_{n-1}-x_1}$
8～10	$D=\frac{x_n-x_{n-1}}{x_n-x_2}$	$D'=\frac{x_2-x_1}{x_{n-1}-x_1}$	14～30	$D=\frac{x_n-x_{n-2}}{x_n-x_3}$	$D'=\frac{x_3-x_1}{x_{n-2}-x_1}$

（2）双侧情形

① 根据表 1-4，计算 D 和 D'；

② 对于给定的显著性水平 α，在狄克逊检验法双侧临界值表（见附录 6）中查出对应 n，α 的双侧临界值 $\widetilde{D}_{1-\alpha}(n)$；

③ 当 $D>D'$，$D>\widetilde{D}_{1-\alpha}(n)$，判断 x_n 为异常值；当 $D'>D$，$D'>\widetilde{D}_{1-\alpha}(n)$，判断 x_1 为异常值；否则判断没有异常值。

例 1-15 试验数据与例 1-12 相同，试用狄克逊检验法判断 0.167 是否应该作为异常值剔除？（$\alpha=0.05$）

解： 依题意，$n=11$，从小到大的顺序为 0.128，0.129，0.131，0.133，0.135，0.138，0.141，0.142，0.145，0.148，0.167。

① 若应用狄克逊单侧情形检验 0.167，则有

$$D=\frac{x_n-x_{n-2}}{x_n-x_2}=\frac{0.167-0.145}{0.167-0.129}=0.579$$

查单侧临界值表得 $D_{0.95}(11)=0.502$，$D>D_{0.95}(11)$，故判断 0.167 应该被剔除。

② 若用应用狄克逊双侧情形检验，则

$$D=0.579, D'=\frac{x_3-x_1}{x_{n-1}-x_1}=\frac{0.131-0.128}{0.148-0.128}=0.150$$

查双侧临界值表得 $\widetilde{D}_{0.95}(11)=0.502$。因 $D>D'$，$D>\widetilde{D}_{0.95}(11)$，判断 0.167 应该被剔除。

注意，应用不同的检验方法检验同样的数据时，对于相同的显著性水平，可能得到不同的结论。这种情况往往会出现在那些处于临界剔除的数据的检验中。

例 1-16 设有 15 个误差测定数据按从小到大的顺序排列为：−1.40，−0.44，−0.30，−0.24，−0.22，−0.13，−0.05，0.06，0.10，0.18，0.20，0.39，0.48，0.63，1.01。试分析其中有无数据应该被剔除？（$\alpha=0.05$）

解： 本例可应用狄克逊双侧情形检验

对于 1.01 和 −1.40，$n=15$，计算

$$D=\frac{x_n-x_{n-2}}{x_n-x_3}=\frac{x_{15}-x_{13}}{x_{15}-x_3}=\frac{1.01-0.48}{1.01+0.30}=0.406$$

$$D'=\frac{x_3-x_1}{x_{n-2}-x_1}=\frac{x_3-x_1}{x_{13}-x_1}=\frac{-0.30+1.40}{0.48+1.40}=0.585$$

当 $\alpha=0.05$，对于双侧问题，查出临界值 $\widetilde{D}_{0.95}(15)=0.565$，由于 $D'>D$，且 $D'>\widetilde{D}_{1-\alpha}(n)$，故判断最小值 -1.40 应该被剔除。

剔除 -1.40 之后，对剩余的 14 个值（$n=14$）进行双侧检验：

$$D=\frac{x_n-x_{n-2}}{x_n-x_3}=\frac{x_{14}-x_{12}}{x_{14}-x_3}=\frac{1.01-0.48}{1.01+0.24}=0.424$$

$$D'=\frac{x_3-x_1}{x_{n-2}-x_1}=\frac{x_3-x_1}{x_{12}-x_1}=\frac{-0.24+0.44}{0.48+0.44}=0.217$$

当 $\alpha=0.05$，对于双侧问题，查出临界值 $\widetilde{D}_{0.95}(14)=0.586$，由于 $D>D'$，$D<\widetilde{D}_{1-\alpha}(n)$，所以不能继续检出异常值，只检出 -1.40 为异常值。

可见，狄克逊检验法无需计算 $\overline{x}$ 和 s，所以计算量较小。

在用上面的统计方法检验多个可疑数据时，应注意以下几点。

(1) 单侧检验时，可疑数据应逐一检验，不能同时检验多个数据。这是因为不同数据的可疑程度是不一致的，应按照与 $\overline{x}$ 偏差的大小顺序来检验，首先检验偏差最大的数，如果这个数不被剔除，则所有的其他数都不应被剔除，也就不需再检验其他数了。

(2) 单侧检验时，剔除一个数后，如果还要检验下一个数，则应注意试验数据的总数发生了变化。例如，在应用拉依达和格拉布斯检验法时，$\overline{x}$ 和 s 都会发生变化；在应用狄克逊检验法时，各试验数据的大小顺序编号以及 D、$D_{(\alpha,n)}$ 也会随着变化。

(3) 用不同的方法检验同一组试验数据，在相同的显著性水平上，可能会有不同的结论。

上面介绍的三种检验法各有其特点。当试验数据较多时，使用拉依达检验法最简单，但当试验数据较少时，不能应用；格拉布斯检验法和狄克逊检验法都能适用于试验数据较少时的检验，但是总的来说，还是试验数据越多，可疑数据被错误剔除的可能性越小，准确性越高。在一些标准中，常推荐格拉布斯检验法和狄克逊检验法来检验可疑数据。

1.6 有效数字和试验结果的表示

1.6.1 有效数字

能够代表一定物理量的数字，称为有效数字（significance figure）。试验数据总是以一定位数的数字来表示，这些数字都是有效数字，其末位数往往是估计出来的，具有一定的误差。例如，用分析天平测得某样品的质量是 1.5687g，共有 5 位有效数字，其中 1.568g 都是所加砝码标值直接读得的，它们都是准确的，但最后一位数字“7”是估计出来的，是可疑的或欠准的。

有效数字的位数可反映试验的精度或表示所用试验仪表的精度，所以不能随便多写或少写。不正确地多写一位数字，则该数据不真实，因而也不可靠；少写一位数字，则损失了试验精度，实质上是对测量该数据所用高精密度仪表的耗费，也是一种时间浪费。

数据中小数点的位置不影响有效数字的位数。例如，50mm，0.050m，$5.0\times10^4\mu m$，这三个数据的准确度是相同的，它们的有效数字位数都为 2，所以常用科学记数法表示较大或较小的数据，而不影响有效数字的位数。

数字 0 是否是有效数字，取决于它在数据中的位置。一般第一个非 0 数前的数字都不是有效数字，而第一个非 0 数后的数字都是有效数字。例如：数据 29mm 和 29.00mm 并不等价，前者有效数字是二位，后者是四位有效数字，它们是用不同精度的仪器测得的。所以在试验数据的记录过程中，不能随便省略末尾的 0。需要指出的是，有些人为指定的标准值，末尾的 0 可以根据需要增减，例如，原子量的相对标准是^{12}C，它的原子量为 12，它的有效数字可以视计算需要设定。

在计算有效数字位数时，如果第一位数字等于或大于 8，则可以多计一位。例如 9.99，实际只有三位有效数字，但可认为有四位有效数字。

1.6.2 有效数字的运算

试验结果常常是多个试验数据通过一定的运算得到的，其有效数字位数的确定可以通过有效数字运算来确定。

（1）加、减运算。在加、减运算中，加、减结果的位数应与其中小数点后位数最少的相同。例如，11.96＋10.2＋0.003，计算方法如下

$$\begin{array}{r} 11.96 \\ 10.2 \\ +\quad 0.003 \\ \hline 22.163 \end{array}$$

最后结果应为 22.2。这种方法是“先计算，后对齐”，还可以采用“先对齐，后计算”的方法，即：

$$\begin{array}{r} 12.0 \\ 10.2 \\ +\quad 0.0 \\ \hline 22.2 \end{array}$$

最后结果也为 22.2。显然，这两种方法不是完全等价的，第一种方法更方便、简单，也可减少精度的损失。

（2）乘、除运算。在乘、除计算中，乘积和商的有效数位数，应以各乘、除数中有效数字位数最少的为准。例如，$12.6\times9.81\times0.050$ 中 0.050 的有效数字位数最少，所以有 $12.6\times9.81\times0.050=6.2$。

（3）乘方、开方运算。乘方、开方后的结果的有效数字位数应与其底数的相同。例如：$2.4^2=5.8$，$\sqrt{6.8}=2.6$。

（4）对数运算。对数的有效数字位数与其真数的相同。例如 ln6.84＝1.92；lg0.00004＝－4。

（5）在 4 个以上数的平均值计算中，平均值的有效数字可增加一位。

（6）所有取自手册上的数据，其有效数字位数按实际需要取，但原始数据如有限制，则应服从原始数据。

（7）一些常数的有效数字的位数可以认为是无限制的，例如，圆周率 π、重力加速度 g、$\sqrt{2}$、1/3 等，可以根据需要取有效数字。

（8）一般在工程计算中，取2～3位有效数字就足够精确了，只有在少数情况下，需要取到4位有效数字。

从有效数字的运算可以看出，每一个中间数据对试验结果精度的影响程度是不一样的，其中精度低的数据影响相对较大。所以在试验过程中，应尽可能采用精度一致的仪器或仪表，一两个高精度的仪器或仪表无助于整个实验结果精度的提高。

1.6.3 有效数字的修约规则

在有效数字的运算过程中，当有效数字的位数确定后，需要舍去多余的数字。其中最常用的基本修约规则是“四舍五入”，但是这种方法还是有缺点的，它容易使所得数据系统偏大，而且无法消除，这时可以使用如下的“四舍五入尾留双”数值修约规则（rules for rounding off）。

（1）拟舍弃数字的最左一位数字小于5，则舍去，即保留的各位数字不变。例如，将1.23448修约到小数点后三位小数，得1.234；将1.23458修约到小数点后两位小数，得1.23；

（2）拟舍弃数字的最左一位数字大于或等于5，且其后跟有非零数字时，则进一，即保留的末位数字加1。例如，将1268修约到三位有效数字，得1.27×10^3；将10.503修约到个位数，得11；

（3）拟舍弃数字的最左一位数字等于5，且其右无数字或皆为0时，若所保留的末位数字为奇数（1，3，5，7，9）则进一，为偶数（2，4，6，8，0）则舍弃。例如，将1265修约到三位有效数字，得1.26×10^3；将10.500修约到个位数，得10；将－11.500修约到个位数，得－12。

值得注意的是，如果有多位数字要舍去，不能从最后一位数字开始连续进位进行取舍。例如：修约12.37349到小数点后第3位，正确的结果是12.373，不正确的做法是12.37349→12.3735→12.374。

1.7 误差的传递

许多试验数据是由几个直接测量值按照一定的函数关系计算得到的间接测量值，由于每个直接测量值都有误差，所以间接测量值也必然有误差。如何根据直接测量值的误差来计算间接测量值的误差，这就是误差传递（propagation of error）问题。

1.7.1 误差传递基本公式

由于间接测量值与直接测量值之间存在函数关系，所以设

$$y=f(x_1,x_2\cdots,x_i) \tag{1-41}$$

式中 y——间接测量值；

x_i——直接测量值，$i=1$，2，…，n。

对上式进行全微分，可得

$$\mathrm{d}y=\frac{\partial f}{\partial x_1}\mathrm{d}x_1+\frac{\partial f}{\partial x_2}\mathrm{d}x_2+\cdots+\frac{\partial f}{\partial x_n}\mathrm{d}x_n \tag{1-42}$$

如果用Δy，Δx_1，Δx_2，…，Δx_n分别代替上式中的$\mathrm{d}y$，$\mathrm{d}x_1$，$\mathrm{d}x_2$，…，$\mathrm{d}x_n$，则有

$$\Delta y=\frac{\partial f}{\partial x_1}\Delta x_1+\frac{\partial f}{\partial x_2}\Delta x_2+\cdots+\frac{\partial f}{\partial x_n}\Delta x_n \tag{1-43}$$

或

$$\Delta y=\sum_{i=1}^{n}\left(\frac{\partial f}{\partial x_i}\Delta x_i\right) \tag{1-44}$$

式(1-41) 和式(1-42) 即为绝对误差的传递公式。它表明间接测量或函数的误差是各直接测量值的各项分误差之和，而分误差的大小又取决于直接测量误差（Δx_i）和误差传递系数$\left(\frac{\partial f}{\partial x_i}\right)$，所以函数或间接测量值的绝对误差为

$$\Delta y=\sum_{i=1}^{n}\left|\frac{\partial f}{\partial x_i}\Delta x_i\right| \tag{1-45}$$

相对误差的计算公式为

$$\frac{\Delta y}{y}=\sum_{i=1}^{n}\left|\frac{\partial f}{\partial x_i}\frac{\Delta x_i}{y}\right| \tag{1-46}$$

式中 $\frac{\partial f}{\partial x_i}$——误差传递系数；

Δx_i——直接测量值的绝对误差；

Δy——间接测量值的绝对误差，或称函数的绝对误差。

从最保险的角度，不考虑误差实际上有正负抵消的可能，所以上两式中各分误差都取绝对值，此时函数的误差最大。

所以间接测量值或函数的真值 y_t 可以表示为

$$y_t=y\pm\Delta y \tag{1-47}$$

或

$$y_t=y\left(1\pm\frac{\Delta y}{y}\right) \tag{1-48}$$

根据标准差的定义，可以得到函数标准差传递公式为

$$\sigma_y=\sqrt{\sum_{i=1}^{n}\left(\frac{\partial f}{\partial x_i}\right)^2\sigma_i^2} \tag{1-49}$$

由于直接测量次数一般是有限的，所以宜用下式表示间接测量或函数的标准差。

$$s_y=\sqrt{\sum_{i=1}^{n}\left(\frac{\partial f}{\partial x_i}\right)^2 s_i^2} \tag{1-50}$$

上两式中的 σ_i，s_i 为直接测量值 x_i 的标准差，也可用 σ_x，s_x 表示直接测量值的标准差。

1.7.2 常用函数的误差传递公式

一些常用函数的最大绝对误差和标准差的传递公式列于表 1-5 中。

表 1-5 某些函数误差传递公式

函　　数	最大绝对误差 Δy	标准差 s_y
$y=x_1\pm x_2$	$\pm(\lvert\Delta x_1\rvert+\lvert\Delta x_2\rvert)$	$\sqrt{s_1^2+s_2^2}$
$y=ax_1x_2$	$\pm(\lvert ax_2\Delta x_1\rvert+\lvert ax_1\Delta x_2\rvert)$	$a\sqrt{x_2^2s_1^2+x_1^2s_2^2}$

续表

函　　数	最大绝对误差 Δy	标准差 s_y
$y=a+bx^n$	$\pm(nbx^{n-1}\Delta x)$	$nbx^{n-1}s_x$
$y=a\dfrac{x_1}{x_2}$	$\pm\dfrac{\lvert ax_2\Delta x_1\rvert+\lvert ax_1\Delta x_2\rvert}{x_2^2}$	$\dfrac{a\sqrt{x_2^2s_1^2+x_1^2s_2^2}}{x_2^2}$
$y=a+b\ln x$	$\pm\left\lvert\dfrac{b}{x}\Delta x\right\rvert$	$\dfrac{b}{x}s_x$
$y=a+b\lg x$	$\pm\left\lvert\dfrac{b\Delta x}{2.303x}\right\rvert$	$\dfrac{b}{2.303x}s_x$

注：1. 表中函数表达式中的 a，b，n 等量表示常数。

2. 设各直接测量值之间相互独立。

3. 只要将第三列中的 s 换成σ，就可得到标准差 σ_y 的计算式。

1.7.3 误差传递公式的应用

在任何试验中，虽然误差是不可避免的，但总希望将间接测量值或函数的误差控制在某一范围内，为此也可以根据误差传递的基本公式，反过来计算出直接测量值的误差限，然后根据这个误差限来选择合适的测量仪器或方法，以保证试验完成之后，试验结果的误差能满足实际任务的要求。

由误差传递公式可以看出，间接测量或函数的误差是各直接测量值的各项分误差之和，而分误差的大小又取决于直接测量误差（Δx_i 或σ_x、s_x）和误差传递系数 $\left(\dfrac{\partial f}{\partial x_i}\right)$ 的乘积。所以，可以根据各分误差的大小，来判断间接测量或函数误差的主要来源，为实验者提高试验质量或改变试验方法提供依据。

例 1-17 测量静止流体内部某处的静压强 p(Pa)，计算公式为

$$p=p_a+\rho gh$$

式中 p_a——液面上方的大气压，Pa；

ρ——液体的密度，kg/m^3；

g——重力加速度，取 $9.81m/s^2$；

h——测压点距液面的距离，m。

已知某次测量中，$h=(0.020\pm0.001)m$，$\rho=(1.00\pm0.005)\times10^3kg/m^3$，$p_a=(0.987\pm0.002)\times10^5Pa$。试求 p 的最大绝对误差、最大相对误差。

解：各变量的绝对误差为

$\Delta p_a=0.002\times10^5Pa,\Delta\rho=0.005\times10^3kg/m^3,\Delta h=0.001m$。

根据静压强 p 的计算公式 $p=p_a+\rho gh$，各变量的误差传递系数为

$$\frac{\partial p}{\partial p_a}=1$$

$$\frac{\partial p}{\partial \rho}=gh=9.81\times0.020=0.20$$

$$\frac{\partial p}{\partial h}=\rho g=1.00\times10^3\times9.81=9.81\times10^3$$

根据误差传递公式，最大绝对误差为

$$\begin{aligned}\Delta p &= \left|\frac{\partial p}{\partial p_a}\Delta p_a\right| + \left|\frac{\partial p}{\partial \rho}\Delta \rho\right| + \left|\frac{\partial p}{\partial h}\Delta h\right| \\ &= 1\times 0.002\times 10^5 + 0.20\times 0.005\times 10^3 + 9.81\times 10^3\times 0.001 \\ &= 2\times 10^2 + 1 + 1.0\times 10 \\ &= 2\times 10^2\,\text{Pa}\end{aligned}$$

又

$$\begin{aligned}p &= p_a + \rho g h = 0.987\times 10^5 + 1.00\times 10^3\times 9.81\times 0.020 \\ &= 9.9\times 10^4\,\text{Pa}\end{aligned}$$

所以真值

$$p_t = (9.9\pm 0.02)\times 10^4\,\text{Pa}$$

最大相对误差为

$$\left(\frac{\Delta p}{p}\right) = \frac{2\times 10^2}{9.9\times 10^4} = 2\times 10^{-3} = 0.2\%$$

所以真值也可以表示为：$p_t = 9.9(1\pm 0.002)\times 10^4\,\text{Pa}$。

从上面的计算不难看出，不同直接测量值对函数误差的贡献是不一致的。在本例中，大气压的测量误差是间接测量值误差的主要来源，因此，要想提高试验结果的准确度，应主要从降低大气压测量误差入手。

例 1-18 要配制 1000mL 浓度为 0.5mg/mL 的某试样的溶液，已知体积测量的绝对误差不大于 0.01mL，欲使配制的溶液浓度的相对误差不大于 0.1%，问在配制溶液时，称量试样质量所允许的最大误差应是多大。溶液浓度的计算公式为 $c = W/V$，其中 c 为溶液浓度 (mg/mL)，W 为试样质量（mg），V 为溶液体积（mL）。

解：根据溶液浓度的计算公式 $c = W/V$，各变量的误差传递系数分别为

$$\frac{\partial c}{\partial W} = \frac{1}{V},\ \frac{\partial c}{\partial V} = -\frac{W}{V^2}$$

所以溶液浓度的最大绝对误差为

$$\begin{aligned}\Delta c &= \left|\frac{\partial c}{\partial W}\Delta W\right| + \left|\frac{\partial c}{\partial V}\Delta V\right| \\ &= \frac{\Delta W}{V} + \frac{W\Delta V}{V^2} \\ &= \frac{V\Delta W + W\Delta V}{V^2}\end{aligned}$$

∴

$$\frac{\Delta c}{c} = \frac{V}{W}\times\frac{V\Delta W + W\Delta V}{V^2} = \frac{\Delta W}{W} + \frac{\Delta V}{V}$$

于是有

$$0.1\% = \frac{\Delta W}{W} + \frac{0.01}{1000.00}$$

∴

$$\frac{\Delta W}{W} = 0.1\%$$

由于配制 1000mL 溶液需称量 500mg 试样，最大允许的称量误差为 $500\times 0.1\% = 0.5$mg，所以需要用万分之一的分析天平称量。

值得注意的是，在利用误差传递公式时，要将间接测量值放在函数方程的左边，将直接

测量值放在等式右边，然后再对直接测量值求偏导，得到误差传递系数。如果将间接测量值放在等式右边，这时计算出来的结果是不正确的。

1.8 Excel在误差分析中的应用

随着计算机技术的普及，它在试验数据处理中的作用越来越不可缺少，目前有许多现成的统计分析软件使试验数据处理变得更加简单和准确。常用的统计软件有SAS(statistical analysis system)，SPSS(statistical package for the social science)，Matlab，Origin和Excel等。其中，前3种软件的统计功能非常强大，Origin的特点是强大的绘图功能，但美中不足的是它们一般为英文界面，不够普及。Excel却更具有方便性和普遍性，很容易掌握和使用，所以本书主要以目前应用较广泛的Excel 2010中文版为界面，介绍Excel在试验数据处理中的应用，一些未介绍的Excel基本操作和功能请参考相关的计算机类书籍。

1.8.1 试验数据的输入

1.8.1.1 基本输入方法

建立一个新的Excel文件之后，便可以进行数据的输入操作，建立试验数据表格，这是Excel处理试验数据的基础。数据输入的方法很简单，只需要单击需要输入数据的单元格，使之成为活动单元格，然后从键盘上输入数据即可。

Excel中的数据按类型有多种，如数值型、字符型和逻辑型等。在输入数据时，需要注意不同类型数据的输入方法，分述如下。

① 若数据由数字与小数点构成，Excel将自动将其识别为数字型。普通数字输入可采用普通记数法或科学记数法。如输入“37215”，可在单元格中输入“37215”，也可以输入“3.7215E4”或“3.7215e4”；“0.001”可直接输入“.001”，也可以输入“1E−3”。

注意，用普通记数法输入的数据，Excel采用的是常规格式，不包含任何的数字格式。如输入2.30，但显示的是2.3。为了使所输入的试验数值的精度与实际一致，可以对数值的小数点后位数加以限定，即点击【开始】选项卡下【数字】命令组的“对话框启动器”按钮(如图1-5)，或直接单击鼠标右键，在快捷菜单中选择“设置单元格格式”，都可打开“设置单元格格式”对话框，在“数字”标签下就可设置数字格式（图1-6)。另外，还可利用【开始】选项卡下【数字】命令组内的增加小数点位数按钮 、减少小数点位数按钮 来设置小数位数。关于数据输入格式的设置，也可扫描二维码【1-1】查看。

【1-1】

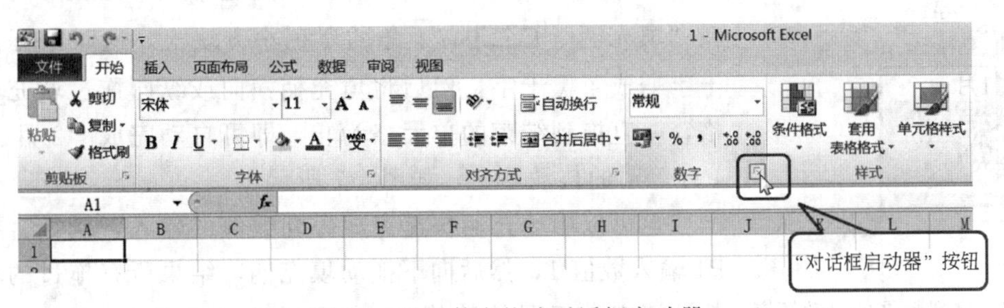

图1-5 设置数字格式对话框启动器

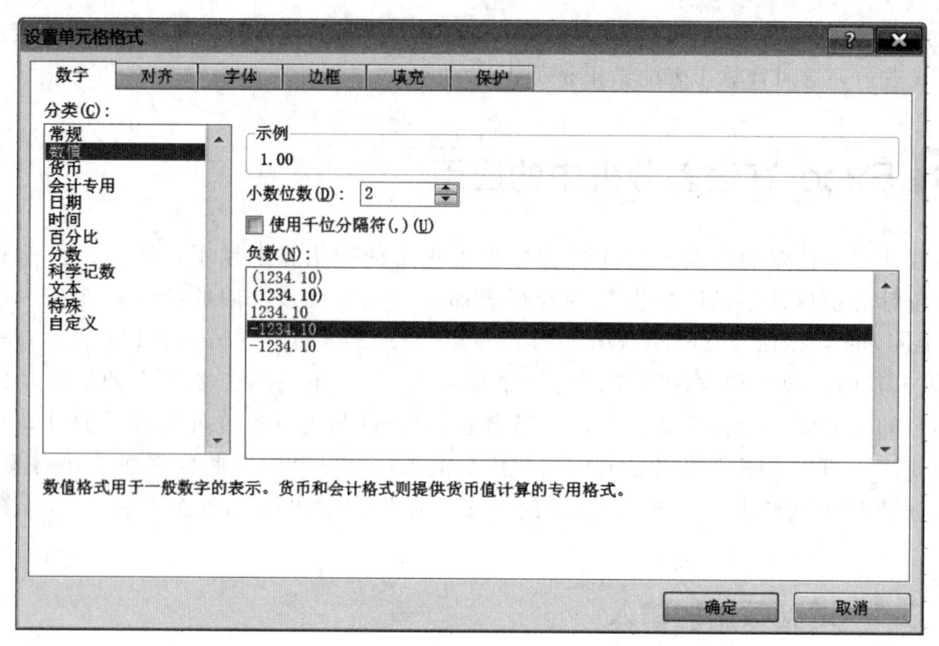

图 1-6 “设置单元格格式”中的“数字”格式设置

② 日期型的数据输入格式为“年/月/日”、“年-月-日”或“时：分：秒”，所以在单元格中输入分数“1/3”时，会显示1月3日。

③ 负数的输入可以用负号“－”开始，也可以用（）的形式，如（34）表示－34。

④ 分数的输入为了与日期的输入加以区别，应先输入“0”和空格，如输入“0 1/2”可得到1/2。

⑤ 在数值型数据之前加入货币符号，Excel将其视为货币数值型。也可以将未带货币符号的普通数字通过“设置单元格格式”（如图1-6）来设置，也可用【文件】选项卡下【数字】命令组中的货币按钮进行设定。

⑥ 文本数据是指不以数字开头的字符串，它可以是字母、汉字或非数字符号。将数字作为文本输入时，可以在英文输入状态下，输入“’数字”或输入“＝”数字””。例如，若要输入文本0123，可在单元格中输入“’0123”或“＝”0123””，都会显示为0123。

1.8.1.2 批量输入数据

如果需要批量输入数值或文本时，可以采用一些特殊的方法快速完成数据的输入。

(1) 序列数据的输入

可以利用Excel自定义序列来完成一些常用数据序列的填充，如星期、月份、日期等。

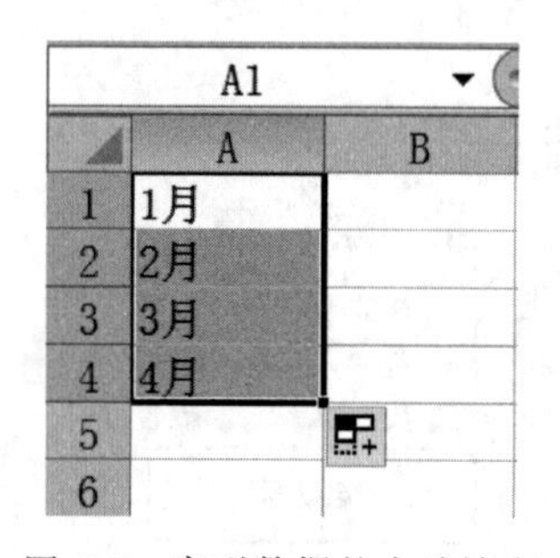

图 1-7 序列数据的自动填充

例如，在单元格A1输入“1月”，先选中该单元格，将鼠标放在“填充柄”右下角的黑色小方块上，这时鼠标由空心十字变成了黑十字，然后将填充柄横向或纵向拖过填充的单元格，一直拖到结束的单元格为止，即可自动完成“2月、3月、4月等”的自动填充，如图1-7所示。

也可以用填充柄快速完成序列数值的输入，例如，在单元B1输入数值1，然后向下拖动填充柄，结果所有拖过的单元格都被填充了相同的数值1；如果希望填充的是“1、2、3、4、

5”，则可点开“自动填充选项按钮”，然后选中“填充序列”即可（如图 1-8）。

注意，填充柄可以向上下左右四个方向拖动，如图 1-9 所示，往下和往右拖动可以让序列递增，往上和往左拖动则可让序列递减。

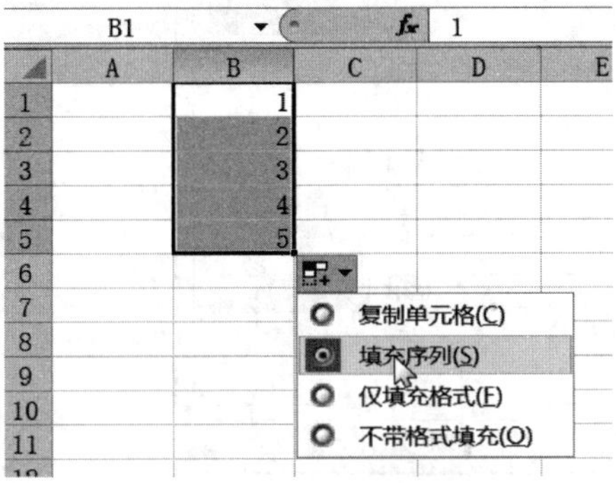

图 1-8　序列数值的填充

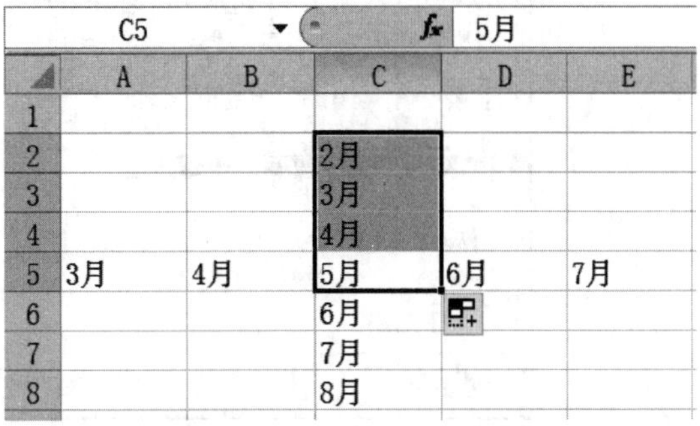

图 1-9　填充柄向上下左右拖动填充数据

关于序列数据的输入，也可扫描二维码【1-2】查看。

【1-2】

在实际应用过程中，Excel 内置序列中不一定包含我们所需的数据系列，这时可以将那些需要经常输入的数据设置成自定义填充序列，这样在每次输入这些数据的时候，只需要输入第一个数据，其余的数据可以用填充柄复制产生。例如，要将“产品 A、产品 B、产品 C、……、产品 H”自定义为填充序列，可以单击【文件】选项卡中的【选项】，打开“Excel 选项”，单击“高级”选项，在右边（“常规”区域中）单击“编辑自定义列表”（如图 1-10 所示），打开“自定义序列”对话框。“自定义序列”中选择“新序列”，在“输入序列”中输入“产品 A、产品 B、产品 C、……、产品 H”，单击“添加”按钮，则该序列就出现在“自定义序列”中，如图 1-11 所示。

图 1-10　Excel 选项

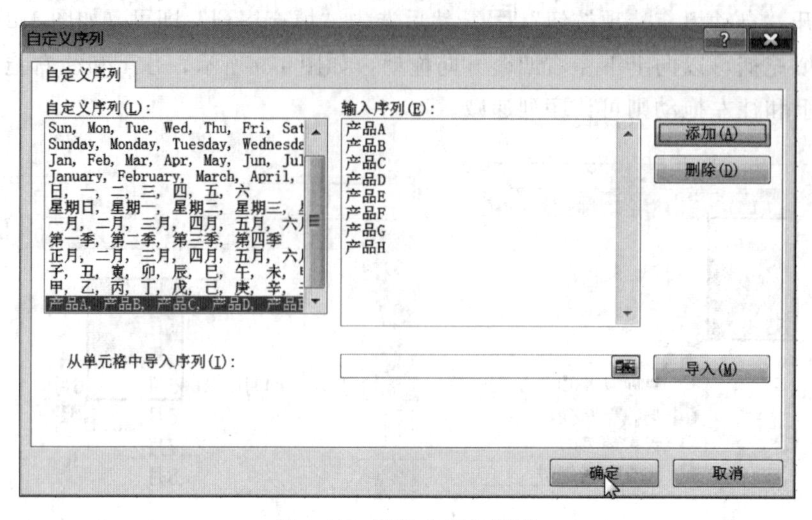

图 1-11 设置自定义序列

【1-3】

关于自定义序列的设置，也可扫描二维码【1-3】查看。

(2) 重复数据的输入

如果需要在相邻几个单元格中输入相同的数值或文本时，不必一个一个地输入，可以采用如下几种方法简便地输入。

① 自动填充法输入数据 如图 1-12 所示，如果要在单元格 A1～A10 中都输入 150，则首先在单元格 A1 中输入 150，选中单元格 A1，然后用鼠标左键按住该单元格右下角的填充柄，一直拖到结束的单元格为止。

A1 fx 150

	A	B	C	D
1	150	150	150	150
2				

图 1-12 自动填充法输入数据

注意，这种方法只能按行或列连续填充，而且不适用于自定义序列中的数据。对于自定义系列中的数据，如"星期一"，如果要完成相同数据的填充，可在拖动填充柄的同时按住"Ctrl"键，或者点开"自动填充选项按钮"选择"复制单元格"。

② 组合键快速输入数据 如图 1-13 所示，首先选定要输入相同数据的单元格区域，然后在第一个单元格中输入数据，再同时按"Ctrl+Enter"或"Shift+Ctrl+Enter"即可。

A1 × ✓ fx 150

	A	B	C	D
1	150			
2				
3				
4				

A1 fx 150

	A	B	C	D
1	150	150	150	
2	150	150	150	
3	150	150	150	
4	150	150	150	

图 1-13 连续区域输入相同数据

注意，对于快捷组合键"Ctrl＋Enter"，所选中的单元格可以是连续的，也可以是不连续的，如图 1-14 所示，按住"Ctrl"键的同时单击需要选中的若干单元格，然后在没有阴影的单元格内输入数据，再同时按"Ctrl＋Enter"即可。

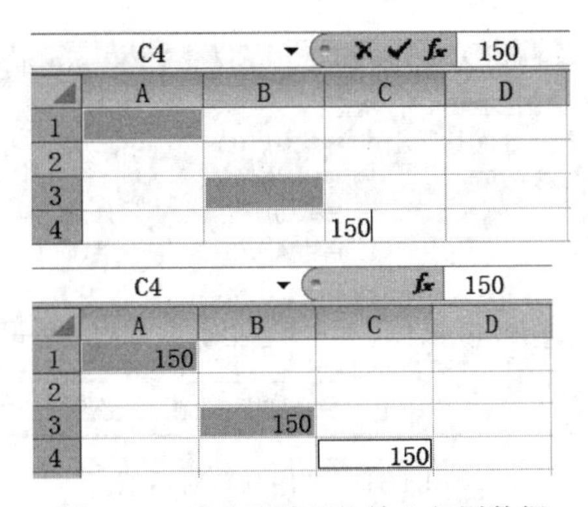

图 1-14　不连续单元格输入相同数据

图 1-15　“填充”工具

③ 使用“填充”工具　利用【开始】选项卡【编辑】命令组中的【填充】命令按钮（如图 1-15），可以向上下左右快速填充相同的数据。例如，在 A1 单元格中输入 150，然后选中需要填充的单元格 A1：D5，点击“向右”填充，即可得到图 1-16 的结果。【填充】命令也可对不连续的单元格进行填充操作，如图 1-17 所示，先在 A5 单元格中输入 150，然后按住“Ctrl”依次选中 A1、A3 和 A5 三个不连续的单元格（注意 A5 最后选中），点击“向上”填充，即可得到图 1-17 的结果。

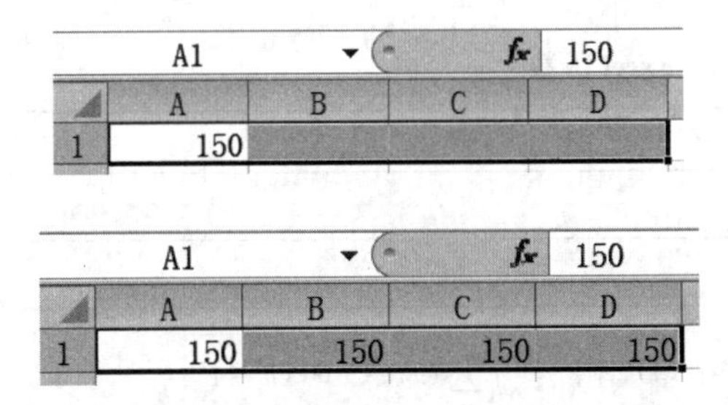

图 1-16　使用“填充”工具连续向右填充

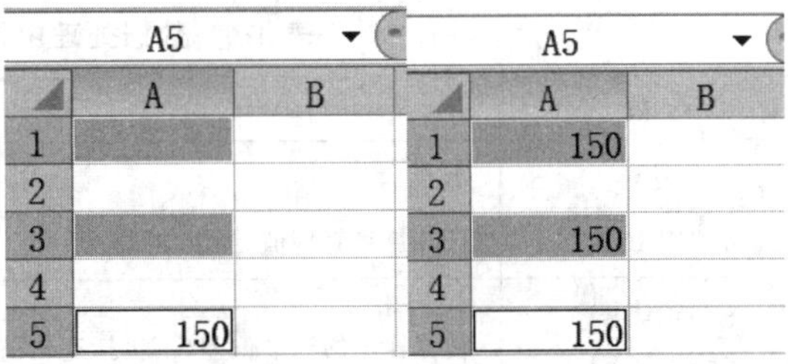

图 1-17　使用“填充”工具不连续向上填充

关于重复数据的输入，也可扫描二维码【1-4】查看。

【1-4】

(3) 等差或等比数据的输入

① 复制填充法输入　该法只能输入等差序列。例如，要在 A1～A5 单元格中输入从 1 开始的奇数，可先在前两个单元格中分别输入 1,3，然后选中这两个单元格，用鼠标对准单元格 A2 右下角的“填充柄”，一直拖到 A5，如图 1-18 所示。

如果等差数列的步长为 1，如 1～10 的正整数，除了用上述方法之外，还可只在起始单元格中输入 1，然后按住“Ctrl”键拖动“填充柄”至最后一个单元格。

② 使用序列对话框输入　这种方法可以输入相同的数据、等差序列、等比序列等。如果要在 A 列中输入起始数为 2 的等比数列，首先在单元格 A1 中输入数值 2，然后打开【开始】选项卡【编辑】组中的【填充】命令按钮（如图 1-15），选择“系列”后即可以弹出“序列”对话框，如图 1-19，在“序列”对话框中选择序列产生在列，类型为等差序列，设步长值为 2，终止值为 256，然后单击“确定”按钮，则 Excel 会自动在 A 列中输入 2，4，8，16，64，…，256 这个等比序列。

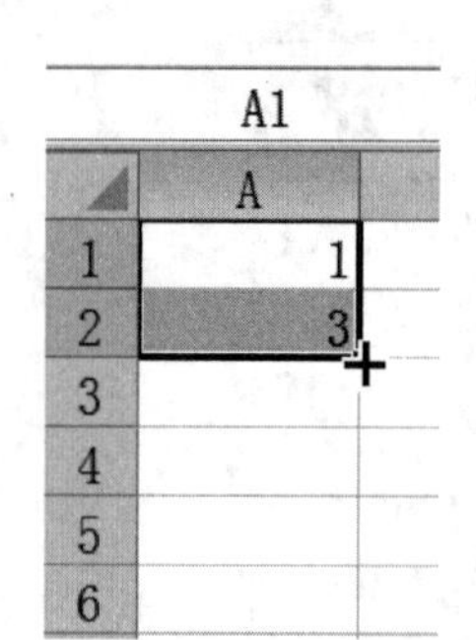

图 1-18 复制填充法输入等差数列

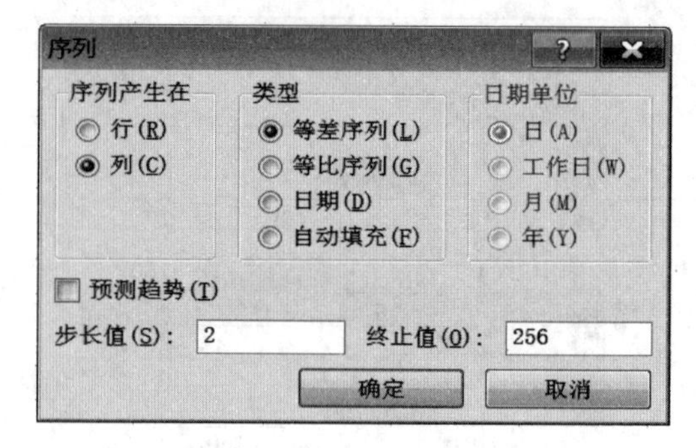

图 1-19 “序列”对话框

【1-5】

关于等差、等比数据的输入，也可扫描二维码【1-5】查看。

1.8.2 Excel 公式和函数的应用

Excel 提供了完整的算术运算符，如＋（加）、－（减）、*（乘）、/（除）、%（百分比）、^（指数）等和丰富的内置函数（公式），如 SUM（求和）、AVERAGE（求算术平均值）、STDEV. S（求样本标准差）等（见表 1-6），从而可以根据数据处理需要，建立各种公式，对数据执行计算操作，生成所需要的数据。

表 1-6 数据处理中常用的 Excel 函数

函数	函数说明
SUM	求和
AVERAGE	计算算术平均值
STDEV. S （或 STDEV）	估算样本的标准偏差(不包括逻辑值和字符串)，即 $s=\sqrt{\sum_{i=1}^{n}(x_i-\overline{x})^2/(n-1)}$
STDEVP. P （或 STDEVP）	计算样本总体的标准偏差(不包括逻辑值和字符串)，$\sigma=\sqrt{\sum_{i=1}^{n}(x_i-\overline{x})^2/n}$
AVEDEV	计算一组数据与其均值的绝对偏差的平均值，即算术平均误差 $\Delta=\frac{1}{n}\sum_{i=1}^{n}\lvert x_i-\overline{x}\rvert$
VAR. S （或 VAR）	计算样本方差，即 s^2
VAR. P （或 VARP）	计算样本总体的方差，即 σ^2
HARMEAN	计算一组正数的调和平均值
GEOMEAN	计算一组正数的几何平均值
CORREL	计算单元格区域 array1 和 array2 之间的相关系数
COVARIANCE （或 COVAR）	计算协方差，即 $Cov(x,y)=\frac{1}{n}\sum_{i=1}^{n}(x_i-\overline{x})(y_i-\overline{y})$
DEVSQ	计算数据点与各自样本均值偏差的平方和，即 $\sum_{i=1}^{n}(x_i-\overline{x})^2$

续表

函　数	函数说明
F. DIST. RT（或 FDIST）	计算 F 分布右尾概率 P，P=F. DIST. RT(x，…)
F. INV. RT（或 FINV）	返回 F 分布的右尾临界值 x，x=F. INV. RT(P，…)
F. TEST（或 FTEST）	计算 F 检验的结果，即两组数据无明显差异时的双尾概率
CHISQ. INV. RT（或 CHIINV）	返回 χ^2 分布的右尾临界值
CHISQ. INV	返回 χ^2 分布的左尾临界值
CHISQ. DIST. RT（或 CHIDIST）	返回 χ^2 分布的右尾概率
T. INV	返回给定单尾(左尾)概率和自由度的 t 分布的临界值
T. INV. 2T（或 TINV）	返回给定双尾概率和自由度的 t 分布的临界值
T. DIST. 2T	返回双尾学生 t 分布的概率
T. TEST（或 TTEST）	返回与 t 检验相关的概率
INTERCEPT	利用已知的 x 值与 y 值，计算直线与 y 轴的截距
LINEST	使用最小二乘法对已知数据进行最佳直线拟合，并计算描述此直线的数组
LOGEST	在回归分析中，计算最符合观测数据组的指数回归拟合曲线，并计算描述该曲线的数组
MAX	计算数据集中的最大数值
MIN	计算给定参数表中的最小值
MODE. SNGL（或 MODE）	计算在某一数组或数据区域中出现频率最多的数值
PEARSON	计算相关系数 r
RSQ	计算决定系数 R^2
SLOPE	计算线性回归直线的斜率
STEYX	计算通过线性回归法计算 y 预测值时所产生的残差标准误差
TREND	计算一条线性回归拟合线的一组纵坐标值(y 值)
FORECAST	通过一条线性回归拟合线返回一个预测值
SUMSQ	返回参数的平方和，即 $\sum_{i=1}^{n} x_i^2$
SQRT	返回正数的平方根
RANK. AVG	返回一列数字的数字排位，如果多个值具有相同的排位，则将返回平均排位

1.8.2.1 运算符及其优先级

公式中的运算符包括算术运算符、比较运算符、文本运算符和引用运算符四类，表 1-7

表示了各种运算符及其运算的先后次序。

表 1-7 公式中运算符及优先级

运算符	说　明	优先级
冒号,空格,逗号	引用运算符	1
－	负号	2
%	百分比	3
∧	乘幂	4
* 和/	乘和除	5
＋和－	加和减	6
&	文本连接符	7
＝ < > <= >= <>	比较运算符	8

其中，冒号为区域运算符，例如（A1：C5）表示引用从 A1 到 C5 的所有连续单元格，如图 1-20 所示；逗号为联合运算符，如（A1：C5，D2：D6）是将 A1：C5 和 D2：D6 合并为一个引用区域；空格为交叉运算符，产生同时属于两个引用的单元格区域，如（A1：F1 B1：B3）引用的是 B1，因只有 B1 是同时隶属于两个引用区域的单元格。

如果要改变运算的顺序，可以使用括号（），将公式中的优先级低的运算括起来，但不能将负号括起来，在 Excel 中，负号应放在数值的前面。

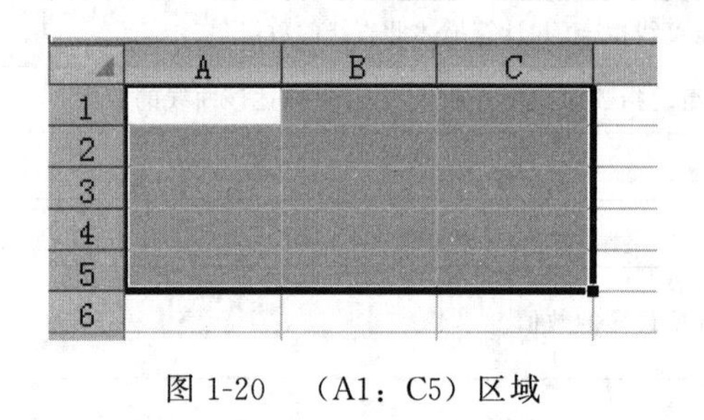

图 1-20 （A1：C5）区域

图 1-21 公式编辑栏

1.8.2.2 公式的创建

在 Excel 中，凡是以“＝”开头，由单元格名称、运算符、数据或函数名称组成的字符串都被认为是公式，我们可以根据需要，利用 Excel 提供的运算符自行创建公式。如“＝1234”、“SQRT（A2）”、“＝4 * A1 * A5”等都是公式。Excel 除了可以进行一些简单的计算之外，还有 400 多个函数，这些函数实质上是内置公式，可用于统计、财务、数学以及各种工程上的分析计算。表 1-6 列出了在数据处理中常用的一些函数，如果需要更多地了解这些函数的应用，可以使用 Excel 的“帮助”功能。

公式的输入可以在选中的一个单元格内，也可以在公式编辑栏（如图 1-21 所示）中进行。当公式输入完毕，按回车后，在该单元格中就会显示出计算结果。如果公式中包含函数，可以手动输入函数名称和表达式；也可以直接单击工具栏中的 fx 按钮进入“插入函数”对话框（如图 1-22 所示）；还可以在【公式】选项卡中点击有关的功能键快速调用函数库（如图 1-23 所示）。

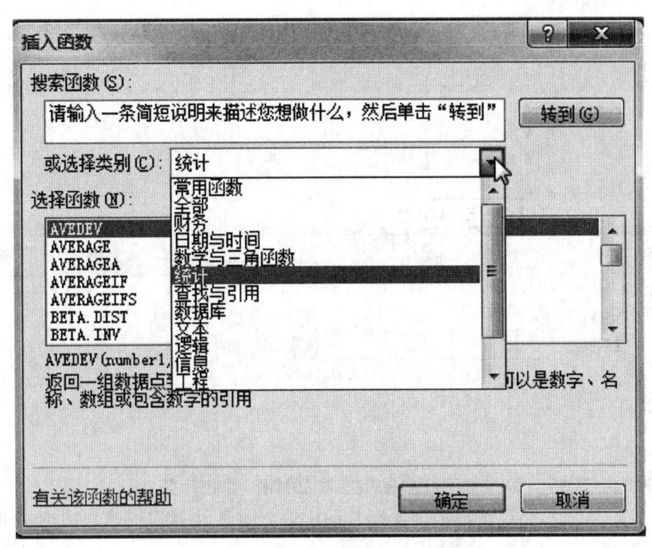

图 1-22 “插入函数”对话框

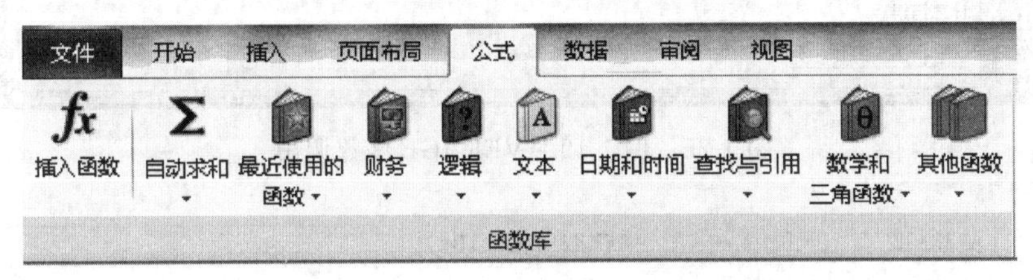

图 1-23 Excel“公式”选项卡下的“函数库”

例 1-19 如图 1-24 所示，要求在 C5 单元格内输入一个公式，求出这 8 个数算术平均值的 1/2。

C5

	A	B	C
1	1	2	
2	3	4	
3	5	6	
4	7	8	
5			

图 1-24 例 1-19 数据表

【1-6】

解：具体操作步骤如下（也可扫描二维码【1-6】查看）。

① 选中目标单元格 C5，先在 C5 内或在公式编辑栏中输入“=”，然后进入“插入函数”对话框（如图 1-22 所示），选定 AVERAGE 函数，即可进入 AVERAGE 函数参数选项板（如图 1-25 所示）。

② 单击函数参数选项板 Number 1 输入栏右边的折叠对话框按钮，回到原工作表（如图 1-26 所示）。

③ 工作表中用鼠标选中 A1：B4 单元格区域（如图 1-26），单击“函数参数”右端的按钮，又回到函数参数选项板（如图 1-27）。由图 1-27 可以看出，还可以用同样的方法输入更多的数值。

④ 单击“确定”回到工作表，接着在公式编辑栏或对应单元格中输完公式，回车后就可得到图 1-28 所示的结果。

例 1-20 用 EDTA 络合滴定法测定工业硫酸锌中的锌含量（%），10 次测量结果为：21.49，21.36，22.65，22.65，21.71，22.44，22.15，22.07，22.38，22.19。求该组数据的算术平均值、几何平均值、调和平均值、样本标准差 s、总体标准差 σ、样本方差 s^2、总体方差 σ^2、算术平均误差 Δ、极差 R、标准误差和相对标准偏差。

AVERAGE
=AVERAGE()
A B C D E F G H
1 2
3 4
5 6
7 8
=AVERAGE()
函数参数
AVERAGE
Number1 = 数值
Number2 = 数值
=
返回其参数的算术平均值；参数可以是数值或包含数值的名称、数组或引用
Number1: number1,number2,... 是用于计算平均值的 1 到 255 个数值参数
计算结果 =
有关该函数的帮助(H)
确定
取消

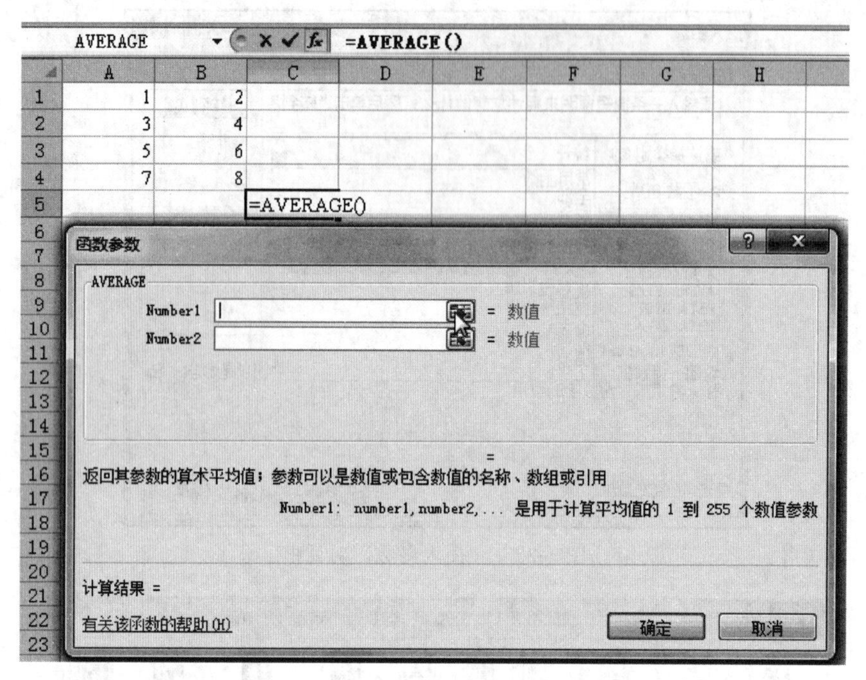

图 1-25　例 1-19 AVERAGE 函数调用

AVERAGE
=AVERAGE(A1:B4)
A B C D E F G H I
1 2
3 4
5 6
7 8
=AVERAGE(A1:B4)
函数参数
A1:B4

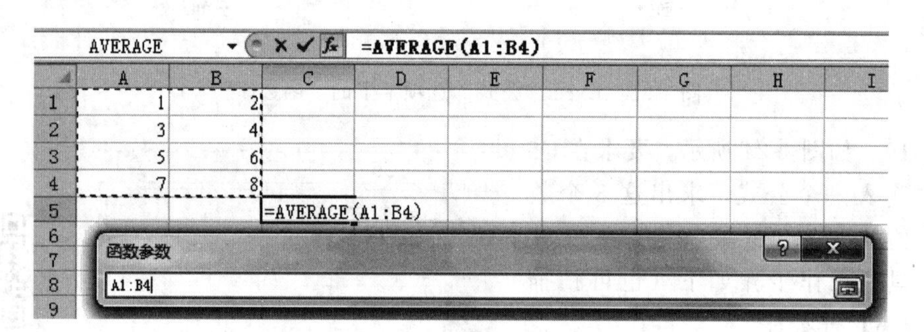

图 1-26　例 1-19 数据区域的引用

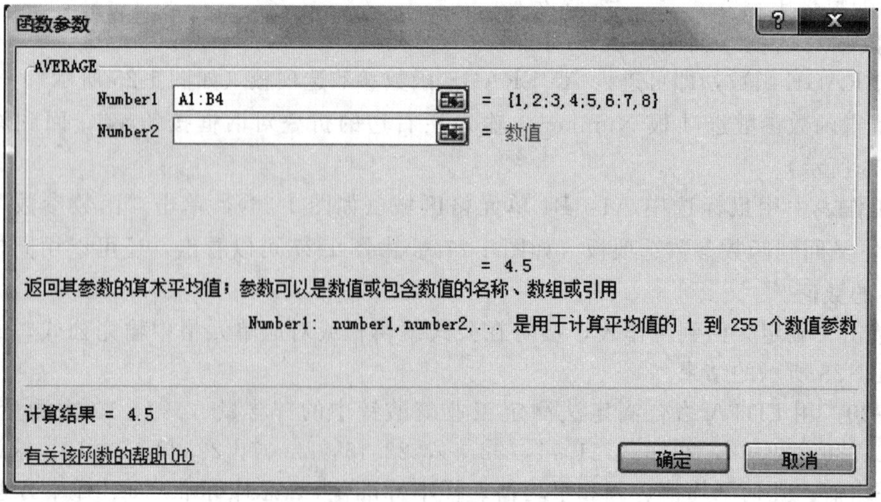

函数参数
AVERAGE
Number1 A1:B4 = {1,2;3,4;5,6;7,8}
Number2 = 数值
= 4.5
返回其参数的算术平均值；参数可以是数值或包含数值的名称、数组或引用
Number1: number1,number2,... 是用于计算平均值的 1 到 255 个数值参数
计算结果 = 4.5
有关该函数的帮助(H)
确定
取消

图 1-27　例 1-19 AVERAGE 函数参数选项板

C5	=AVERAGE(A1:B4)/2			
	A	B	C	D	E

	A	B	C	D	E
1	1	2			
2	3	4			
3	5	6			
4	7	8			
5			2.25		

图 1-28 例 1-19 计算结果

解：本例这些统计量都能直接利用 Excel 的内置函数求出，步骤如下：

① 首先在 Excel 中输入数据，并在 B 列列出统计量的名称，使计算结果更清晰（如图 1-29）。

② 选中需输出结果的单元格，在单元格或编辑栏中输入如图 1-29 所示的计算公式，分别回车后就可得到相应的计算结果。

	A	B	C	D
1	数据	项目	公式	结果
2	21.49	算术平均值	=AVERAGE(A2:A11)	22.109
3	21.36	几何平均值	=GEOMEAN(A2:A11)	22.105
4	22.65	调和平均值	=HARMEAN(A2:A11)	22.100
5	22.65	样本标准差s	=STDEV.S(A2:A11)	0.457
6	21.71	总体标准差σ	=STDEV.P(A2:A11)	0.434
7	22.44	样本方差s^2	=VAR.S(A2:A11)	0.209
8	22.15	总体方差σ^2	=VAR.P(A2:A11)	0.188
9	22.07	算术平均误差Δ	=AVEDEV(A2:A11)	0.361
10	22.38	极差R	=MAX(A2:A11)-MIN(A2:A11)	1.290
11	22.19	标准误差	=STDEV.S(A2:A11)/10^0.5	0.145
12		相对标准偏差	=STDEV.S(A2:A11)/AVERAGE(A2:A11)	0.021

图 1-29 例 1-20 计算过程及结果

1.8.2.3 单元格引用

在输入公式时，我们既可以输入数据，也可以输入数据所在的单元格地址，还可以输入单元格的名称，称为“引用”。引用的作用在于标识工作表上的单元格和单元格区域，并指明使用数据的位置。例如，在输入公式“A1＋B2＊B3”时，其基本步骤为：单击要输入公式的单元格→输入“＝”→单击单元格 A1→输入“＋”→单击单元格 B2→输入“＊”→单击单元格 B3，最后按 Enter 键，这里的 A1、B2、B3 都是被引用的单元格。

单元格的引用包括相对引用、绝对引用、混合引用和外部引用 4 种。

（1）相对引用

如果希望当公式被复制到别的区域时，公式中引用的单元格也会随之相对应，这时应在公式中使用相对引用。例如，如图 1-30（a），在 C3 单元格内输入了公式“＝A1＋B1”，此公式引用的就是相对的单元格 A1 和 B1，也就是说，如果将该公式复制到 C2 单元格，公式所引用的单元格的地址将随着发生变化，公式变为“＝A2＋B2”，如图 1-30（b）所示。注意，相对引用时，引用的单元格相对位置间距保持不变，如图 1-30（c）所示，将公式复制到 D1 单元格时，公式变为“＝B1＋C1”。

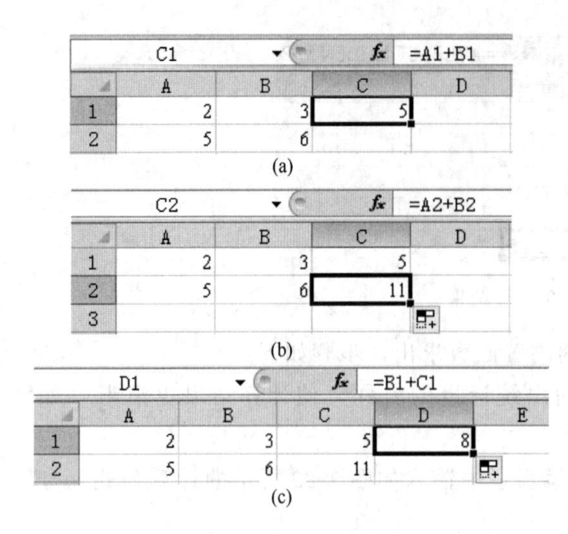

图 1-30 相对引用举例

(2) 绝对引用

如果希望当公式复制到别的区域时，公式中引用的单元格不会随之相对变动，则应在公式中使用绝对引用。如果在单元格地址的列字母和行数字之前加上美元符号“\$”，如 \$A\$1、\$B\$1 都是绝对引用。例如，如图 1-31 (a)，在 C1 单元格内输入公式“= \$A\$1+\$B\$1”，此公式引用的就是绝对的单元格 \$A\$1、\$B\$1，如果将此公式复制到 C2 和 D1 单元格，结果仍为 5，可见公式的内容不随位置而变化，如图 1-31 (b)、(c) 所示。

(3) 混合引用

相对引用和绝对引用混用在同一公式中，就称为混合引用，例如，在 C3 单元格内输入公式“=A\$1+\$B1”，如图 1-32 所示，A\$1 的内容不会随着公式的垂直移动而发生变化，却随着公式的水平移动而变成 B\$1，而 \$B1 的内容不会随着公式的水平移动而发生变化，却随着公式的垂直移动而变成 \$B2。

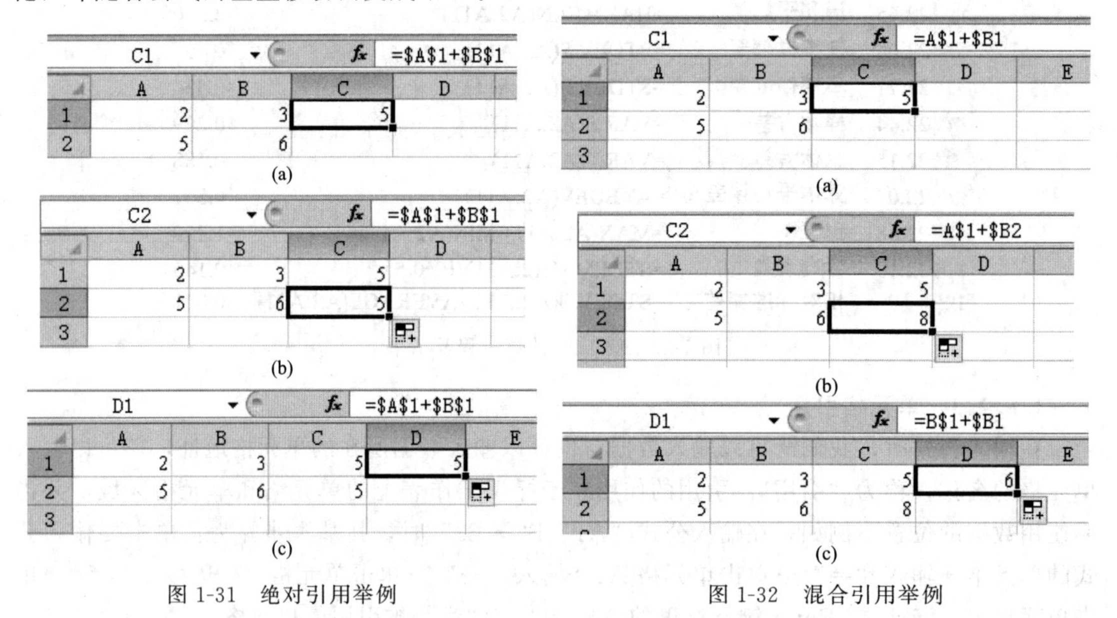

图 1-31 绝对引用举例　　　　图 1-32 混合引用举例

所以可以作这样的归纳：公式中“\$”号后的单元格坐标不会随着公式的移动而变动，而不带“\$”号后的单元格坐标会随着公式的移动而变动。

(4) 外部引用

在 Excel 中，不但可以引用同一工作表的单元格（内部引用），还能引用同一工作簿中不同工作表中的单元格，也能引用不同工作簿中的单元格（外部引用），在引用时需注明工作簿和工作表的名称。例如：公式“=A1+[Book2] Sheet1! \$B\$2”的意义就是将当前工作表的 A1 单元格的数值与工作簿 Book2 中工作表 Sheet1 的单元格 B1 的数值相加。

在实际的使用中，如果能把单元格的各种引用灵活地应用到 Excel 的公式中，能为数据

的成批处理带来极大的方便。

1.8.2.4 公式单元格的复制

公式单元格是指单元格中的数据是通过公式或函数生成的，在复制的时候，一般可以分为如下两种情况：一种是值复制；另一种是公式复制。

(1) 值复制

值复制是指只复制公式的计算结果到目标区域，如果使用常规的“选中→复制→粘贴”方式，则计算结果、计算公式等内容将会全部被复制，不能达到预定目的，这时应使用“选择性粘贴”进行复制。

在进行值复制时，可以在复制之后点击鼠标右键（快捷键），如图 1-33 所示，直接选择“粘贴数值”中的相关按钮即可；也可以打开“选择性粘贴”对话框（如图 1-34），如果选中粘贴“数值”，就会在目标单元格内只粘贴数值。

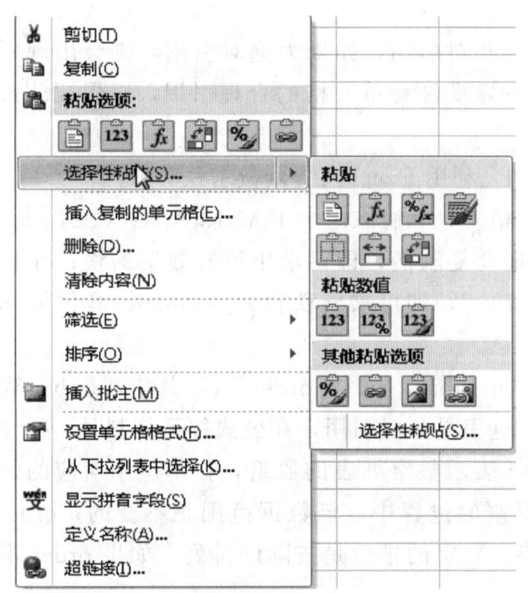
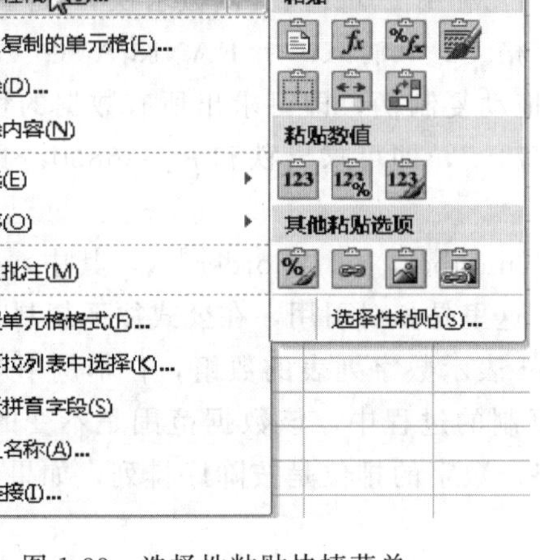

图 1-33 选择性粘贴快捷菜单

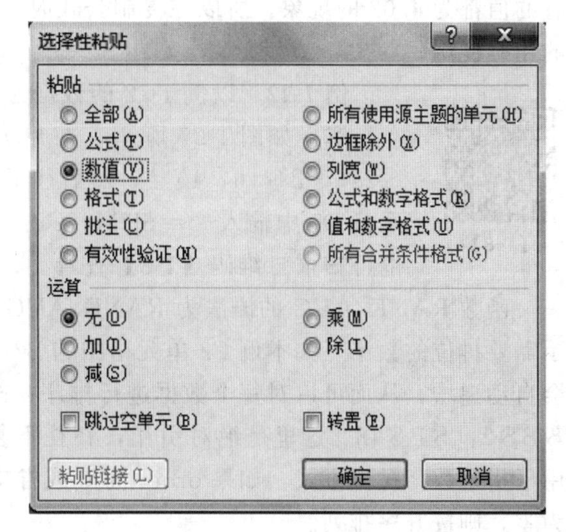

图 1-34 “选择性粘贴”对话框

(2) 公式复制

公式复制是指仅仅复制公式本身到目标区域，它是 Excel 数据成批计算的重要操作方法。公式复制可以采用常规的粘贴方法，也可以使用“选择性粘贴”，选择复制公式。除了这两种方法之外，还有一个更有效的方法，下面举例说明。

例 1-21 如图 1-35，需要在 D2：D6 内生成前两列数的乘积。

解：按如下的步骤进行（也可扫描二维码【1-7】查看）。

【1-7】

首先在 D2 单元格输入公式“=B2 * C2”，按回车之后就可以得到 2 与 2.01 的乘积 4.02（如图 1-35 所示），然后选中 D2 单元格，用鼠标拖动右下角的填充柄，直到单元格 D6 为止，这时公式“=B2 * C2”就被复制了，同时得到图 1-36 所示的结果。

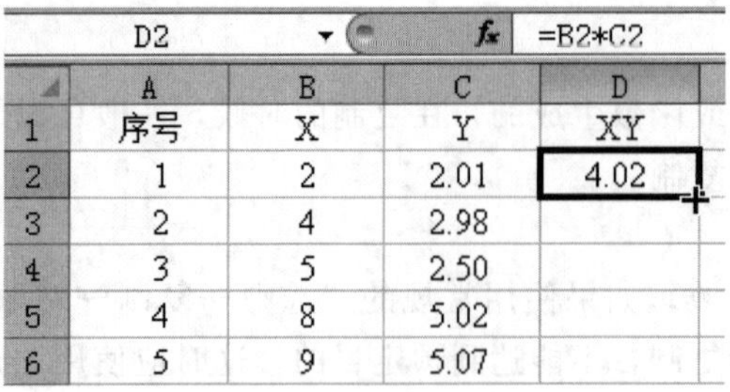

D2 f_x =B2*C2

	A	B	C	D
1	序号	X	Y	XY
2	1	2	2.01	4.02
3	2	4	2.98	
4	3	5	2.50	
5	4	8	5.02	
6	5	9	5.07	

图 1-35 例 1-21 公式的输入

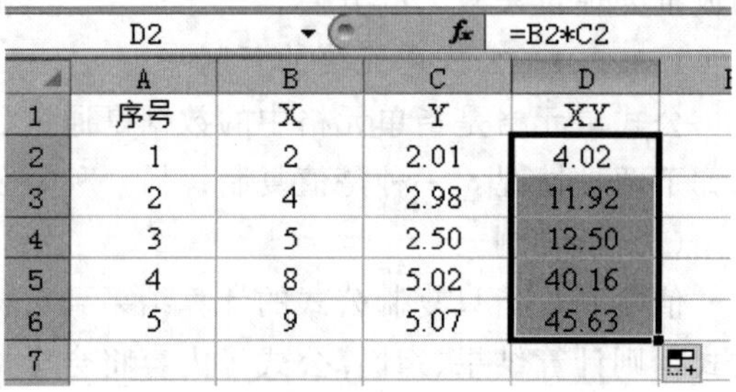

D2 f_x =B2*C2

	A	B	C	D
1	序号	X	Y	XY
2	1	2	2.01	4.02
3	2	4	2.98	11.92
4	3	5	2.50	12.50
5	4	8	5.02	40.16
6	5	9	5.07	45.63
7				

图 1-36 例 1-21 公式复制结果

本例的公式复制也可以采用快捷组合键，先选中单元格区域 D2：E6，在该区域的左上角第一个单元格中输入公式“=B2 * C2”，再同时按“Ctrl+Enter”，或者输入“=B2：B6 * C2：C6”，再同时按“Shift+Ctrl+Enter”，都可在 D2：E6 范围内显示如图 1-36 同样的结果。

注意，在例 1-21 中，公式中单元格的引用为相对引用，如果为绝对引用，则会出现所有的值都为 4.02 的现象。所以在复制公式时，一定要注意单元格的合理引用，以保证公式的正确使用。

【1-8】

例 1-22 以例 1-12 的数据为例，利用 Excel 内置函数求秩和 R_1。

解：如图 1-37 所示，在单元格 C2 中输入“=RANK.AVG（B2，$B$2：$B$16，1）”，然后往下拖动复制柄，即可求出所有数据的秩；在单元格 D7 中输入“=SUM（C2：C7）”，即可求出秩和 $R_1=68.0$。具体操作也可扫描二维码【1-8】查看。

函数 RANK.AVG 的语法为 RANK.AVG（number，ref，[order]），其中 number 表示需要排位的数字，如本例 C2 单元格中的 B2，这里是相对引用，在公式往下复制时，行号会自动递增，从而可以对每个数据进行排序；ref 表示数字列表的数组，在本例中对应的是 $B$2：$B$16，这里是绝对引用，在往下复制的过程中，该数据范围是不变的；order 用于指定数字排位方式，如果 order 为 0 或省略，数字的排位是按降序排列，如果 order 不为零，则按升序排列。

1.8.3 数据分析工具库

Microsoft Excel 提供了多种非常实用的数据分析工具，使用这些工具时，只需为每一个分析工具提供必要的数据和参数，该工具就会使用适宜的统计或工程函数，在输出表格中显示相应的结果，极大地简化了运算过程。

【1-9】

（1）“分析工具库”的安装

如要使用“分析工具库”中的分析工具，首先必须安装“分析工具库”，安装方法如下（也可扫描二维码【1-9】查看）。

① 在 Excel【文件】选项卡下，单击【选项】命令，如图 1-38 所示。

② 在“Excel 选项”中，如图 1-39 所示，选中左侧的“加载项”，然后再选中右侧“分析工具库”加载项，点击“转到”，则会出现如图 1-40 所示的“加载宏”对话框，在“加载宏”对话框中找到“分析工具库”选项，将其选中，然后单击“确定”按钮即可完成安装。

C2 | =RANK.AVG(B2, $B$2:$B$16, 1)

	A	B	C	D	E	F
1	组别	数据	秩	秩和		
2	甲	8.6	7			
3		8.8	9			
4		9.1	11.5			
5		9.1	11.5			
6		9.9	14			
7		10.0	15	68.0		
8	乙	6.8	1			
9		7.3	2			
10		7.4	3			
11		8.0	4			
12		8.1	5			
13		8.4	6			
14		8.7	8			
15		8.9	10			
16		9.2	13			

图 1-37　例 1-22 附图

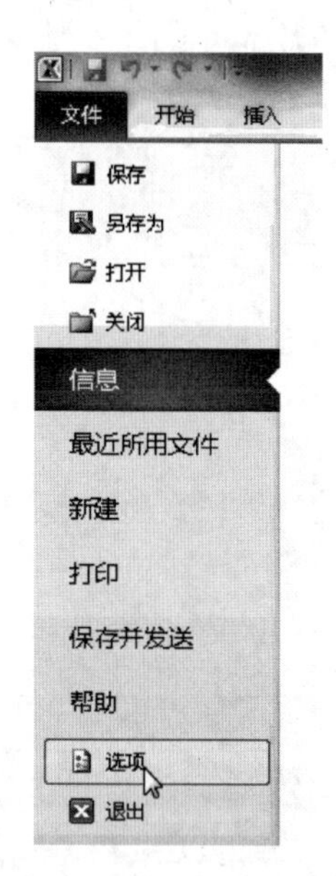

图 1-38　Excel【文件】选项卡

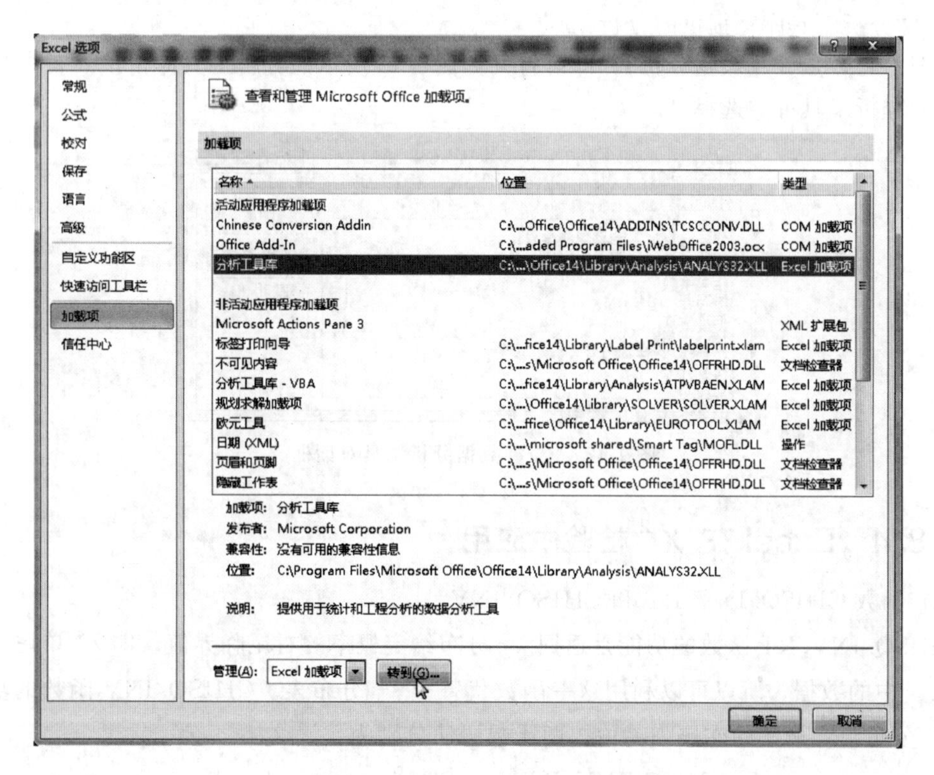

图 1-39　“Excel 选项”对话框

③ 安装完成后，如图 1-41 所示，在 Excel【数据】选项卡下就会新增加【分析】命令组，该组中会出现【数据分析】命令按钮。

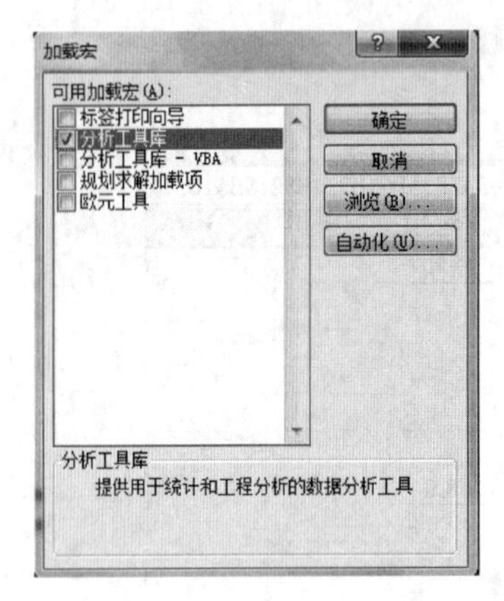

图 1-40 “加载宏”对话框

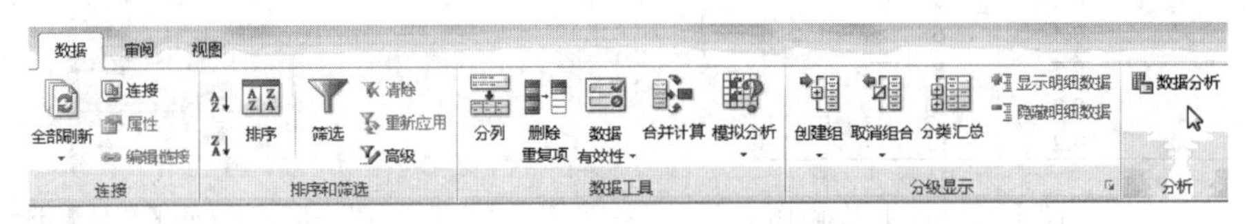

图 1-41 Excel【数据】选项卡下【数据分析】

(2)“分析工具库”提供的分析工具

如图 1-41，点开【数据分析】，即可打开如图 1-42 所示的分析工具库，该列表中共有 19 种不同的分析工具可供选择。

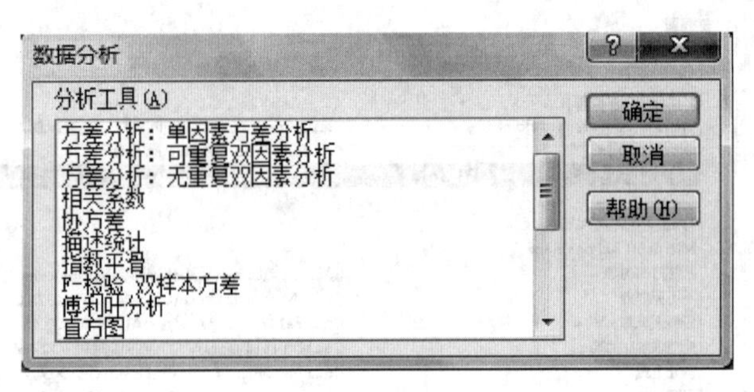

图 1-42 Excel 数据分析工具对话框

1.8.4 Excel 在 χ^2 检验中应用

(1) 函数 CHISQ. INV. RT 和 CHISQ. INV

CHISQ. INV. RT 函数的功能是返回 χ^2 分布给定概率的右尾临界值，即 χ^2 单尾分布表（附录 1）中的数据，所以可以利用这一函数代替查 χ^2 分布表。CHISQ. INV 函数的功能是返回 χ^2 分布给定概率的左尾临界值。两函数语法分别为：

CHISQ. INV. RT (probability，deg _ freedom)

CHISQ. INV (probability，deg _ freedom)

其中 probability——与 χ^2 分布相关的概率，即显著性水平 α 或 $1-\alpha$；

deg _ freedom——自由度，即 $df=n-1$。

例如，用函数 CHISQ. INV. RT 计算 $\chi^2_{0.05}$ (6)，函数表达式为“=CHISQ. INV. RT

(0.05，6）”，返回的计算结果为 12.59。用函数 CHISQ. INV 计算 $\chi^2_{0.95}$（6），函数表达式为“= CHISQ. INV（0.05，6）”，返回的计算结果为 1.635；若输入“= CHISQ. INV（0.95，6）”，则结果为 12.59。所以这两个函数之间有如下关系：CHISQ. INV. RT（α，df）=CHISQ. INV（$1-\alpha$，df）。

（2）函数 CHISQ. DIST. RT

函数 CHISQ. DIST. RT 返回的是一定条件下 χ^2 分布的右尾概率，它是函数 CHISQ. INV. RT 的反函数。函数语法为：

CHISQ. DIST. RT（x，deg _ freedom）

其中　　　x——用来计算分布的数值，即计算出来的 χ^2 值；

deg _ freedom——自由度，即 $df=n-1$。

例如，如果 $\chi^2=12.59$，当 $df=6$ 时，这时所对应的右尾概率可利用该函数计算出来，表达式为“=CHISQ. DIST. RT（12.59，6）”，返回的结果刚好是 0.05，即表示 $\chi^2_{0.05}$（6）= 12.59。同理，表达式“=CHISQ. DIST. RT（1.635，6）”，返回的结果为 0.95。

可见，函数 CHISQ. DIST. RT 的计算结果可表示单侧检验时 $\chi^2>\chi^2_{\alpha}$（df）或 $\chi^2<\chi^2_{(1-\alpha)}$（$df$）的概率。如果取显著性水平 $\alpha=0.05$，右侧检验时，当 1%＜CHISQ. DIST. RT＜5%，说明试验数据的方差比给定方差有显著增大，若 CHISQ. DIST. RT＜1%则认为样本方差较给定方差有非常显著增大，若 CHISQ. DIST. RT＞5%则认为无显著增大；左侧检验时，则 1-CHISQ. DIST. RT 表示左尾概率，同理可判断试验数据的方差比给定方差是否有显著减小。

例 1-23　以例 1-7 中的数据为例，应用 Excel 进行 χ^2 方差检验。

解：① 先建立 Excel 工作表，如图 1-43，在 A2：A8 区域内输入数据。

② 为了使计算结果清晰，在 B 列列出有关统计量的符号（如图 1-43）。

③ 按照图 1-43 中 C 列输入计算公式，分别回车后就可得到如图 1-43 的计算结果。

④ 根据图 1-43 中计算结果可知，对于给定的显著性水平 $\alpha=0.05$，因 χ^2 不在 $\chi^2_{0.975}$ 与 $\chi^2_{0.025}$ 范围内，所以方差有显著变化，即仪器经检修后稳定性有显著变化；根据 $\chi^2<\chi^2_{0.95}$ 可以判断，方差有显著减小；根据 1-CHISQ. DIST. RT（χ^2，6）＜0.01，也说明样本方差有非常显著减小。

	A	B	C	D	E
1	**数据**	**计算项目**	**公式**	**结果**	**说明**
2	0.142	n	=7	7	试验数据个数
3	0.156	自由度df	=C2-1	6	df=n-1
4	0.161	总体方差σ^2	=0.15^2	0.0225	给定总体方差，表示仪器应该具有的精密度
5	0.145	样本方差s^2	=VAR.S(A2:A8)	0.000135	反映仪器检修后的精密度
6	0.176	χ^2	=C3*C5/C4	0.0361	根据 $\chi^2=\frac{(n-1)s^2}{\sigma^2}$
7	0.159	显著性水平α	=0.05	0.05	
8	0.165	临界值 $\chi^2_{0.025,6}$	=CHISQ.INV.RT(0.025,6)	14.449	双侧检验临界值 $\chi^2_{\frac{\alpha}{2}}(df)$
9		临界值 $\chi^2_{0.975,6}$	=CHISQ.INV.RT(0.975,6)	1.237	表示双侧检验临界值 $\chi^2_{(1-\frac{\alpha}{2})}(df)$，也可用公式“= CHISQ. INV（0.025，6）”计算
10		左尾临界值$\chi^2_{0.95,6}$	=CHISQ.INV.RT(0.95,6)	1.635	也可用公式“= CHISQ. INV（0.05，6）”计算
11		右尾临界值$\chi^2_{0.05,6}$	=CHISQ.INV.RT(0.05,6)	12.592	右侧检验临界值
12		左尾概率	=1-CHISQ.DIST.RT(C6,6)	0.000000964	＜0.01，说明样本方差较给定方差有显著减小，即仪器检修后精密度有非常显著的提高。

图 1-43　例 1-23 数据处理过程及结果

1.8.5 Excel在F检验中的应用

1.8.5.1 内置函数在F检验中的应用

（1）函数F.INV.RT

函数F.INV.RT的功能是返回F概率分布的逆函数值，即F分布的临界值（右尾）。F.INV.RT函数语法为：

F.INV.RT（probability，deg_freedom1，deg_freedom2）

其中 probability——累积F分布的概率值，即显著性水平α或$1-\alpha$；

deg_freedom1——分子自由度，即第1自由度；

deg_freedom2——分母自由度，即第2自由度。

例如，如果取$\alpha=0.01$，deg_freedom1和deg_freedom2取正整数时，就可以得到附录2列出的F检验临界值（$\alpha=0.01$），所以可以利用这一函数代替查F分布表。又例如，用函数F.INV.RT计算$F_{0.95}$（9，10）的值，函数表达式为“=F.INV.RT（0.95，9，10）”，求出的结果为0.319。

（2）函数F.DIST.RT

函数F.DIST.RT的功能是返回一定条件下的F右尾概率分布，它是函数F.INV.RT的反函数，如果P=F.DIST.RT（x，…），则F.INV.RT（P，…）$=x$。函数语法为：

F.DIST.RT（x，deg_freedom1，deg_freedom2）

其中 x——用于计算函数的数值，即F检验时的F值；

deg_freedom1——分子自由度，即第1自由度df_1；

deg_freedom2——分母自由度，即第2自由度df_2。

如果$x<1$（$F<1$），当函数F.DIST.RT的返回值$>1-\alpha$，就认为第1组数据的方差较第2组有显著减小，否则没有显著减小；如果$x>1$（$F>1$），当返回值$<\alpha$，就认为第1组数据的方差较第2组有显著增大，否则就没有显著增大。例如，在例1-8的F检验结果中，$F=0.348$，$df_1=9$，$df_2=10$，若$\alpha=0.05$，由于F.DIST.RT函数返回值$0.936<0.95$，说明第1组数据的方差较第2组的没有显著减小。

（3）函数F.TEST

函数F.TEST返回F检验的结果，即当数组1和数组2的方差无明显差异时的双尾概率。可以使用此函数来判断两个样本的方差有无显著差异。函数语法：

F.TEST（array1，array2）

其中 array1——第一个数组或数据区域；

array2——第二个数组或数据区域。

由于该函数返回的是双侧检验时的概率，当$F<1$，$\frac{F.TEST}{2}=1-F.DIST.RT$，若$\frac{F.TEST}{2}<0.05$，则认为方差1较方差2有显著减小，否则没有显著减小；当$F>1$，$\frac{F.TEST}{2}=F.DIST.RT$，若$\frac{F.TEST}{2}<0.05$，就认为方差1较方差2有显著增大，否则没有显著增大。

1.8.5.2 分析工具库在方差检验中的应用

下面举例说明如何利用“分析工具库”中的“F-检验 双样本方差”工具来进行单因素

试验的方差分析。

例 1-24 以例 1-8 中的数据为例，应用 Excel 进行 F 方差检验。

【1-10】

解： 具体步骤如下（也可扫描二维码【1-10】查看）。

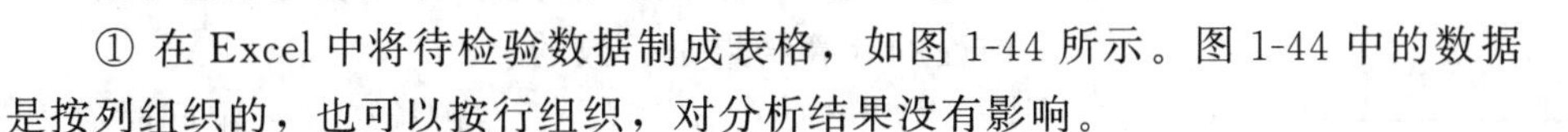

① 在 Excel 中将待检验数据制成表格，如图 1-44 所示。图 1-44 中的数据是按列组织的，也可以按行组织，对分析结果没有影响。

② 参考 1.8.3 安装好“分析工具库”后，在【数据】选项卡下，点击【分析】标签中的【数据分析】打开分析工具库，从中选中“F-检验　双样本方差”工具，即可弹出“F-检验　双样本方差”对话框，如图 1-45 所示。

	A	B
1	新法	旧法
2	0.163	0.153
3	0.175	0.181
4	0.159	0.165
5	0.168	0.155
6	0.169	0.156
7	0.161	0.161
8	0.166	0.176
9	0.179	0.174
10	0.174	0.164
11	0.173	0.183
12		0.179

图 1-44　例 1-24 数据表

F-检验 双样本方差

输入
变量 1 的区域(1): $A$1:$A$11
变量 2 的区域(2): $B$1:$B$12
☑ 标志(L)
α(A): 0.05

输出选项
◉ 输出区域(O): $A$14
○ 新工作表组(P):
○ 新工作薄(W)

确定　取消　帮助(H)

图 1-45　例 1-24“F-检验　双样本方差”对话框

③ 按图 1-45 所示的内容填写对话框。

a. 变量 1 的区域（1）：在此输入对需要进行分析的第一列或第一行数据的单元格引用。本例中应输入“新法”对应的列。

b. 变量 2 的区域（2）：在此输入对需要进行分析的第二列或第二行数据的单元格引用。本例中应输入“旧法”对应的列。

c. 标志：如果输入区域的第一行或第一列中包含标志项，则选中此复选框；如果输入区域没有标志项，则清除此复选框，Excel 将在输出表中生成适宜的数据标志。

d. α（A）：在此输入 F 检验临界值的置信度，或称显著性水平，该值必须介于 0 到 1 之间，默认值为 0.05。

e. 输出区域：在此输入对输出表左上角单元格的引用。本例所选的输出区域为当前工作表的 A14 单元格，输出结果见图 1-46。

f. 新工作表组：单击此选项，可在当前工作簿中插入新工作表，并由新工作表的 A1 单元格开始粘贴计算结果。如果需要给新工作表命名，则在右侧的编辑框中键入名称。

g. 新工作簿：单击此选项，可创建一新工作簿，并在新工作簿的新工作表中粘贴计算结果。

④ 按要求填完 F 检验对话框之后，单击“确定”按钮，即可得到方差分析的结果，如图 1-46 所示。

14	F-检验 双样本方差分析		
15			
16		新法	旧法
17	平均	0.169	0.168
18	方差	4.29E-05	1.23E-04
19	观测值	10	11
20	df	9	10
21	F	0.3497	
22	P(F<=f) 单尾	0.0646	
23	F 单尾临界	0.3187	

图 1-46　例 1-24“F-检验　双样本方差”分析结果

A	B
20	24
18	22
12	18
24	22
16	14

F-检验 双样本方差分析

	A	B
平均	18	20
方差	20	16
观测值	5	5
df	4	4
F	1.25	
P(F<=f) 单尾	0.417	
F 单尾临界	6.39	

图 1-47 例 1-25 附图

在输出结果中，包括两组数据的算术平均值（$\overline{x}_1$ 和 $\overline{x}_2$）、方差（s_1 和 s_2）、试验次数（n_1 和 n_2）、自由度（df_1 和 df_2）和 F 值等，这些结果与前面的计算结果是一致的。

在本例中，$F<1$，为左侧检验，一定同时有“F 单尾临界值”<1，其值等于 $F_{(1-\alpha)}$，对应例 1-8 中的 $F_{0.95}$（9，10），而“P（F<＝f）单尾”表示方差 1 较方差 2 无显著减小的单尾概率。

对于左侧检验，如果 $F>$“F 单尾临界”，或者“P（F<＝f）单尾”$>\alpha$，就可认为第 1 组数据的方差相对于第 2 组数据的无显著减小，否则就认为第 1 组数据的方差有显著减小。本例中，由于 $P>0.05$，所以新法的方差较旧法的没有显著减小，精密度没有显著提高。

【1-11】

例 1-25 如图 1-47 所示，有 A、B 两组数据，对于给定的显著性水平 $\alpha=0.05$，试判断两组数据的方差是否有显著差异。

解：利用分析工具库中的“F-检验 双样本方差”工具，分析出如图 1-47 所示的结果。具体数据处理过程也可扫描二维码【1-11】查看。

这里 $F>1$，表示 $s_1^2>s_1^2$，为右侧检验，这时“F 单尾临界值”>1。其中“F 单尾临界值”等于 F_α，即 $F_{0.05}$（4，4）；“P（F<＝f）单尾”表示方差 A 较方差 B 有无显著增大的单尾概率。

对于右侧检验，如果 $F<$“F 单尾临界”（即 $F<F_\alpha$），或者“P（F<＝f）单尾”$>\alpha$，就可认为第 1 组数据较第 2 组数据的方差没有显著增大，否则就认为第 1 组数据较第 2 组数据的方差有显著增大。在本例中，由于 $P>0.05$，所以 A 组数据的方差相比 B 组数据的方差无显著增大，即精密度显著增大。

如果进行双侧检验，则可根据双尾概率等于单尾概率的两倍来判断。在本例中，单尾概率为 0.417，则双尾概率为 0.834（>0.05），所以可以判断 A、B 两组数据的方差无显著差异。

1.8.6 Excel 在 t 检验中应用

1.8.6.1 内置函数在 t 检验中应用

（1）T.INV.2T 函数

函数 T.INV.2T 返回给定双尾概率 α 和自由度 df 的 t 分布的临界值。函数语法：

T.INV.2T（probability，deg _ freedom）

其中 probability——对应于双尾 t 分布的概率；

deg _ freedom——t 分布的自由度。

注意，右尾 t 分布临界值可通过用两倍概率替换概率而求得。例如，如果 $\alpha=0.05$，$df=10$，则双尾临界值由 T.INV.2T（0.05，10）计算得到，返回值为 2.228，相当于附录 3 单侧 t 分布表中的 $t_{0.025}$（10）；而同样显著性水平和自由度的单尾 t 值可由 T.INV.2T（2*0.05，10）计算得到，它返回 1.812，它相当于附录 3 单侧 t 分布表中的 $t_{0.05}$（10）。

(2) T.INV 函数

T.INV 函数返回给定左尾概率 α 和自由度 df 的 t 分布的临界值。函数语法：

T.INV（probability，deg_freedom）

其中 probability——对应于左尾 t 分布的概率；

deg_freedom——t 分布的自由度。

注意，T.INV 函数求出的左尾 t 临界值为负数，−T.INV（α，df）=T.INV.2T（2*α，df），例如 T.INV(0.05，10)=−1.182，它相当于附录 3 单侧 t 分布表中的 $-t_{0.05}$（10）。

(3) T.DIST.RT 函数

函数 T.DIST.RT 返回 t 分布的右尾概率。函数语法：

T.DIST.RT（x，deg_freedom）

其中 x——需要计算分布的数字，但不允许 $x<0$，所以 $x=|t|$；

deg_freedom——自由度的整数。

例如，T.DIST.RT（1.182，10）=0.05。在利用 T.DIST.RT 函数进行平均值 t 检验时，若 T.DIST.RT <0.05，则认为平均值 1 较平均值 2 有显著增大（$t>0$），或平均值 1 较平均值 2 有显著减小（$t<0$），否则无显著增大或减小。

(4) T.DIST.2T 函数

T.DIST.2T 函数返回给定双尾概率 α 和自由度 df 的 t 分布的临界值。函数语法：

T.DIST.2T（x，deg_freedom）

其中 x——需要计算分布的数字，但不允许 $x<0$，所以 $x=|t|$；

deg_freedom——自由度的整数。

例如，T.DIST.2T（2.228，10）=0.05。在检验两平均值有无显著差异时，若 T.DIST.2T <0.05，则认为两平均值有显著差异，否则无显著差异。

例 1-26 以例 1-9 中数据为例，应用 Excel 进行检验计算。

解： ① 先建立 Excel 工作表，如图 1-48，在 A2：A6 区域内输入数据。

② 为了使计算结果清晰，在 B 列列出有关统计量的符号（如图 1-48）。

③ 在 C 列输入公式并计算出有关统计量，过程及结果如图 1-48 所示。

	A	B	C	D	E
1	**数据**	**项目**	**公式**	**结果**	**说明**
2	7.6	n	=5	5	数据个数
3	7.8	df	=C2-1	4	自由度df=n-1
4	8.5	$\bar{x}$	=AVERAGE(A2:A6)	8.18	算数平均值
5	8.3	s	=STDEV.S(A2:A6)	0.47	样本标准差
6	8.7	μ_0	=7.5	7.5	样品标准值
7		t	=(C4-C6)*5^0.5/C5	3.3	统计量t值
8		α	=0.05	0.05	给定的显著性水平
9		双尾临界$t_{0.025,4}$	=T.INV.2T(0.05,4)	2.776	$t_{\frac{\alpha}{2}}(df)$
10		单尾临界$t_{0.05,4}$	=T.INV.2T(0.1,4)	2.132	$t_{\alpha}(df)$
11		单尾概率	=T.DIST.RT(C7,C3)	0.015	<0.05，平均值较给定标准值有显著增大
12		双尾概率	=T.DIST.2T(C7,C3)	0.031	<0.05，平均值较给定标准值有显著变化

图 1-48 例 1-26 计算过程及结果

④ 双尾检验时，由于 $t>t_{0.025}(4)$，双尾概率<0.05，所以新仪器所测数据的平均值与给定的标准值之间存在显著差异，即新仪器存在显著的系统误差；单尾检验时，因 $t>0$，且 $t>t_{0.05}(4)$，单尾概率<0.05，所以新仪器的测量结果较标准值有明显偏大。

（5）T. TEST 函数

T. TEST 函数返回与 t 检验相关的概率。可以使用函数 T. TEST 判断两个样本是否可能来自两个具有相同平均值的总体。函数语法：

T. TEST（array1，array2，tails，type）

其中 array1——第一个数据集。

array2——第二个数据集。

tails——分布的尾数。如果 tails=1，函数 T. TEST 使用单尾分布；如果 tails=2，函数 T. TEST 使用双尾分布。

type——t 检验的类型。如果 type=1，则为成对检验，此时要求 array1 和 array2 的数据点个数相同；如果 type=2，则为等方差双样本检验；如果 type=3，则为异方差双样本检验。

在应用 T. TEST 函数进行平均值 t 检验时，如果 tails=1，若 T. TEST>0.05，则表示平均值 1 较平均值 2 无显著增大或减小，否则有显著增大或减小；如果 tails=2，若 T. TEST>0.05，则表示两平均值无显著差异，否则有显著差异。

1.8.6.2 分析工具库在平均值 t 检验中的应用

虽然利用内置函数可以得到平均值 t 检验的统计结果，但得到的分析结果不系统，如果利用分析工具库进行平均值 t 检验，则可进一步简化计算过程，得到更详细的统计结果。

【1-12】

（1）双样本等方差平均值检验

例 1-27 以例 1-12 中数据为例。应用 Excel 进行检验计算。

解：具体步骤如下（也可扫描二维码【1-12】查看）。

① 先将试验数据在 Excel 列表，如图 1-49。

② 在【数据】选项卡【分析】命令组中，点击【数据分析】打开分析工具库，选中“F-检验 双样本方差”工具，然后进行 F 检验，检验结果如图 1-50 所示。

根据方差检验结果知，双尾概率为 2P=0.484>0.05，说明两方差之间没有显著差异，所以检验平均值时应用等方差 t 检验。

	A	B
1	甲	乙
2	8.6	6.8
3	8.8	7.3
4	9.1	7.4
5	9.1	8.0
6	9.9	8.1
7	10.0	8.4
8		8.7
9		8.9
10		9.2

图 1-49 例 1-27 数据表

F-检验 双样本方差分析		
	甲	乙
平均	9.25	8.09
方差	0.33	0.64
观测值	6	9
df	5	8
F	0.516	
P(F<=f) 单尾	0.242	
F 单尾临界	0.208	

图 1-50 双样本方差检验结果

③ 在【数据】选项卡【分析】命令组中，点击【数据分析】打开分析工具库，然后选中“t-检验：双样本等方差假设”工具，进入“t-检验：双样本等方差假设”对话框，并填写对话框，如图 1-51 所示。

t-检验: 双样本等方差假设

输入
变量 1 的区域(1): $A$1:$A$7
变量 2 的区域(2): $B$1:$B$10
假设平均差(E): 0
☑ 标志(L)
α(A): 0.05

输出选项
◉ 输出区域(O): $D$15
◎ 新工作表组(P):
◎ 新工作薄(W)

确定
取消
帮助(H)

图 1-51 双样本等方差 t 检验

值得注意的是，“假设平均差”中输入的是样本平均值的差值，一般输入 0 表示，表示假设样本平均值相同。双样本等方差 t 检验结果如图 1-52 所示。

	D	E	F
15	t-检验：双样本等方差假设		
16			
17		甲	乙
18	平均	9.25	8.09
19	方差	0.33	0.64
20	观测值	6	9
21	合并方差	0.522	
22	假设平均差	0	
23	df	13	
24	t Stat	3.05	
25	P(T<=t) 单尾	0.00465	
26	t 单尾临界	1.771	
27	P(T<=t) 双尾	0.00931	
28	t 双尾临界	2.160	

图 1-52 双样本等方差 t 检验结果

由图 1-52 所示的检验结果的列表中，“合并方差”表示按公式（1-33）的计算结果；“t Stat”为按公式（1-32）的统计量 t 值；“t 单尾临界”等于函数 T. INV. 2T（0.10，13）的计算结果，对应单侧 t 检验临界值表中 $t_{0.05}$(13)；“t 双尾临界”等于函数 T. INV. 2T（0.05，13）的计算结果，对应单侧 t 检验临界值表中 $t_{0.025}$ (13)；“P（T<=t）单尾”即为=T. TEST（A2：A7，B2：B10，1，2)(参照图 1-49）的计算结果，表示等方差时两平均值相同的单尾概率；“P（T<=t）双尾”，即为=T. TEST（A2：A7，B2：B10，2，2)(参照图 1-49）的计算结果，表示等方差时两平均值相同的双尾概率，其值等于两倍的“P（T<=t）单尾”。

由本例结果知，由于 $|t|>$“t 双尾临界”，“P（T<=t）双尾”<0.05，所以两平均值之间有显著差异，与例 1-12 秩和检验法一致。

(2) 双样本异方差平均值检验

例 1-28 以例 1-10 的数据为例，应用 Excel 进行检验计算。

解：具体步骤如下（也可扫描二维码【1-13】查看）。

【1-13】

① 先将试验数据列在 Excel 中，如图 1-53。

② 在【数据】选项卡【分析】命令组中，点击【数据分析】打开分析工具库，选中“F-检验 双样本方差”工具，然后进行 F 检验，检验结果如图 1-54 所示。

	A	B
1	方法1	方法2
2	12.2	17.3
3	14.7	17.9
4	18.3	16.3
5	14.6	17.4
6	18.6	17.6
7		16.9
8		17.3

图 1-53 例 1-28 数据表

F-检验 双样本方差分析		
	方法1	方法2
平均	15.68	17.24
方差	7.407	0.266
观测值	5	7
df	4	6
F	27.8	
P(F<=f) 单尾	0.000515	
F 单尾临界	4.53	

图 1-54 双样本方差检验结果

根据 F 检验结果知，由于双尾 P=2P 单尾<0.01，所以两方差之间存在非常显著差异，所以检验平均值时应采用异方差 t 检验。

③ 在分析工具库选中“t-检验：双样本异方差假设”工具，进入“t-检验：双样本异方差假设”对话框，并填写对话框，如图 1-55 所示。双样本异方差 t 检验结果如图 1-56 所示。

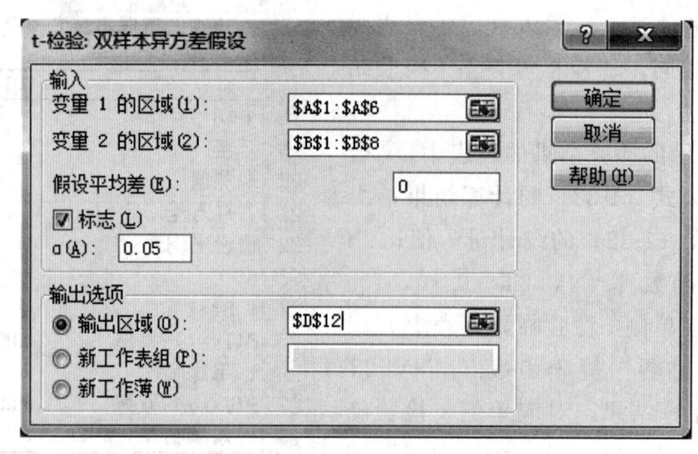

图 1-55 双样本异方差 t 检验

由图 1-56 所示的检验结果知，由于 $|t|<$ “t 双尾临界”，P 双尾>0.05，所以两平均值之间无显著差异；或根据 $|t|<$ “t 单尾临界”，P 单尾>0.05，$t<0$，判断方差 1 较方差 2 没有显著减小。

【1-14】

（3）成对平均值检验

例 1-29 以例 1-11 的数据为例，应用 Excel 进行检验计算。

解： 具体步骤如下（也可扫描二维码【1-14】查看）。

① 先将试验数据在 Excel 列表，如图 1-57。

② 在【数据】选项卡【分析】命令组中，点击【数据分析】打开分析工具库，选中“t-检验：平均值的成对二样本分析”工具，进入“t-检验：平均值的成对二样本分析”对话框，并填写对话框，如图 1-58 所示。

	D	E	F
12	t-检验：双样本异方差假设		
13			
14		方法1	方法2
15	平均	15.68	17.24
16	方差	7.407	0.266
17	观测值	5	7
18	假设平均差	0	
19	df	4	
20	t Stat	-1.27	
21	P(T<=t) 单尾	0.137	
22	t 单尾临界	2.132	
23	P(T<=t) 双尾	0.274	
24	t 双尾临界	2.776	

图 1-56 双样本异方差 t 检验结果

	A	B
1	方法1	方法2
2	44	48
3	45	51
4	50	53
5	55	57
6	48	56
7	49	41
8	53	47
9	42	50

图 1-57 例 1-29 数据表

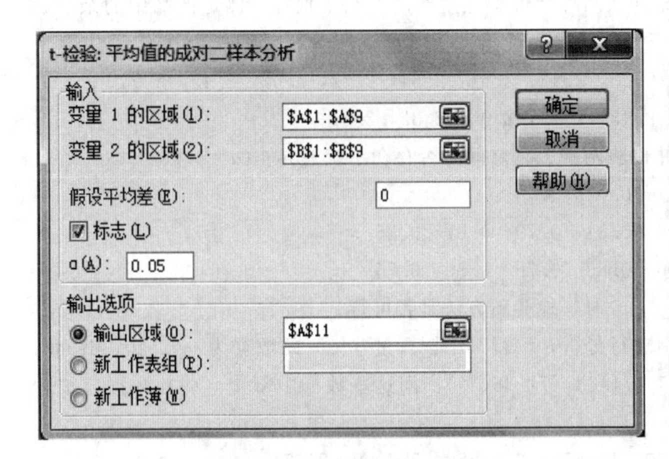

图 1-58 成对平均值 t 检验

	A	B	C
11	t-检验：成对双样本均值分析		
12			
13		方法1	方法2
14	平均	48.3	50.4
15	方差	19.9	26.8
16	观测值	8	8
17	泊松相关系数	0.218	
18	假设平均差	0	
19	df	7	
20	t Stat	-0.99	
21	P(T<=t) 单尾	0.177	
22	t 单尾临界	1.895	
23	P(T<=t) 双尾	0.354	
24	t 双尾临界	2.365	

图 1-59 成对平均值 t 检验结果

由图 1-59 所示的检验结果知，由于 $|t|<$ “t 双尾临界”，P 双尾 >0.05，所以两平均值之间无显著差异；或根据 $|t|<$ “t 单尾临界”，P 单尾 >0.05，$t<0$，判断方差 1 较方差 2 没有显著减小。

最后要说明的是，利用 Excel 计算出的结果与手工逐步计算得到的结果会存在一定偏差，这是由于手工分步计算时，中间结果都经过了有效数字的修约，而 Excel 中则无此修约过程。

习 题

1. 设用三种方法测定某溶液浓度时，得到三组数据，其平均值如下：

$$\overline{x}_1=(1.54\pm0.01)\text{mol/L}$$

$$\overline{x}_2=(1.7\pm0.2)\text{mol/L}$$

$$\overline{x}_3=(1.537\pm0.005)\text{mol/L}$$

试求它们的加权平均值。

2. 试解释为什么不宜用量程较大的仪表来测量数值较小的物理量。

3. 测得某种奶制品中蛋白质的含量为 (25.3 ± 0.2)g/L，试求其相对误差。

4. 在测定菠萝中维生素 C 含量的试验中，测得每 100g 菠萝中含有 18.2mg 维生素 C，已知测量的相对误差为 0.1%，试求每 100g 菠萝中含有的维生素 C 的质量范围。

5. 今欲测量大约 8kPa（表压）的空气压力，试验仪表用①1.5 级，量程 0.2MPa 的弹簧管式压力表；②标尺分度为 1mm 的 U 形管水银柱压差计；③标尺分度为 1mm 的 U 形管水柱压差计。

求最大绝对误差和相对误差。

6. 在用发酵法生产赖氨酸的过程中，对产酸率（%）作 6 次测定。样本测定值为 3.48，3.37，3.47，3.38，3.40，3.43，求该组数据的算术平均值、几何平均值、调和平均值、标准差 s、标准差 σ、样本方差 s^2、总体方差 σ^2、算术平均误差 Δ、极差 R、标准误差和相对标准偏差。

7. A 与 B 两人用同一分析方法测定金属钠中的铁，测得铁含量（μg/g）分别为：

分析人员 A：8.0，8.0，10.0，10.0，6.0，6.0，4.0，6.0，6.0，8.0

分析人员 B：7.5，7.5，4.5，4.0，5.5，8.0，7.5，7.5，5.5，8.0

试问 A 与 B 两人测定铁的精密度是否有显著性差异？($\alpha=0.05$)

8. 用新旧两种工艺冶炼某种金属材料，分别从两种冶炼工艺生产的产品中抽样，测定产品中的杂质含量（%），结果如下：

旧工艺（1）：2.69，2.28，2.57，2.30，2.23，2.42，2.61，2.64，2.72，3.02，2.45，2.95，2.51；

新工艺（2）：2.26，2.25，2.06，2.35，2.43，2.19，2.06，2.32，2.34

试问新冶炼工艺是否比旧工艺生产更稳定，并检验两种工艺之间是否存在系统差异？($\alpha=0.05$)

9. 用新旧两种方法测得某种液体的黏度（mPa·s）如下：

新方法：0.73　0.91　0.84　0.77　0.98　0.81　0.79　0.87　0.85

旧方法：0.76　0.92　0.86　0.74　0.96　0.83　0.79　0.80　0.75

其中旧方法无系统误差。试在显著性水平 $\alpha=0.05$ 时，检验新方法是否可行。

10. 对同一铜合金，有 10 个分析人员分别进行分析，测得其中铜含量（%）的数据为：62.20，69.49，70.30，70.65，70.82，71.03，71.22，71.25，71.33，71.38(%)。问这些数据中哪个（些）数据应被舍去，试检验？($\alpha=0.05$)

11. 将下列数据保留 4 位有效数字：3.1459，136653，2.33050，2.7500，2.77447。

12. 在容量分析中，计算组分含量的公式为 $W=Vc$，其中 V 是滴定时消耗滴定液的体积，c 是滴定液的浓度。今用浓度为 (1.000 ± 0.001)mg/mL 的标准溶液滴定某试液，滴定时消耗滴定液的体积为 (20.00 ± 0.02)mL，试求滴定结果的绝对误差和相对误差。

13. 在测定某溶液的密度 ρ 的试验中，需要测量液体的体积和质量，已知质量测量的相对误差≤0.02%，欲使测定结果的相对误差≤0.1%，测量液体体积所允许的最大相对误差为多大？

2 试验数据的表图表示法

试验数据表和图是显示试验数据的两种基本方式。数据表能将杂乱的数据有条理地组织在一张简明的表格内；数据图则能将试验数据形象地显示出来。正确地使用表、图是试验数据分析处理的最基本技能。

2.1 列表法

在试验数据的获得、整理和分析过程中，表格是显示试验数据不可缺少的基本工具。许多杂乱无章的数据，既不便于阅读，也不便于理解和分析，一旦整理在一张表格内，就会使这些试验数据变得一目了然，清晰易懂。充分利用和绘制表格是做好试验数据处理的基本要求。

列表法就是将试验数据列成表格，将各变量的数值依照一定的形式和顺序一一对应起来，它通常是整理数据的第一步，能为绘制图形或将数据整理成数学公式打下基础。

试验数据表可分为两大类：记录表和结果表示表。

试验数据记录表是试验记录和试验数据初步整理的表格，它是根据试验内容设计的一种专门表格。表中数据可分为三类：原始数据、中间数据和最终计算结果，试验数据记录表必须在试验正式开始之前列出，这样可以使试验数据的记录更有计划性，而且也不容易遗漏数据。例如表 2-1 就是离心泵特性曲线测定试验的数据记录表。

表 2-1　离心泵特性曲线测定试验的数据记录表

序　号	流量计读数/(L/h)	真空表读数/MPa	压力表读数/MPa	功率表读数/W
1				
2				
⋮				

附：泵入口管径：________ mm；泵出口管径：________ mm；真空表与压力表垂直距离：________ mm；水温：________℃；电动机转速________ r/min。

试验结果表示表表达的是试验的结论，即变量之间的依从关系。结果表示表应该简明扼要，只需包括所研究变量关系的数据，并能从中反映出研究结果的完整概念。例如表 2-2 是离心泵特性曲线测定试验的结果表。

表 2-2　离心泵特性曲线测定试验结果表示表

序　号	流量 $q_V/(m^3/s)$	压头 H_e/m	轴功率 P_a/W	效率 $\eta/\%$
1				
2				
⋮				

试验数据记录表和结果表示表之间的区别有时并不明显，如果试验数据不多，原始数据与试验结果之间的关系很明显，可以将上述两类表合二为一。

从上述两个表格可以看出，试验数据表一般由三部分组成，即表名、表头和数据资料，此外，必要时可以在表格的下方加上表外附加。表名应放在表的上方，主要用于说明表的主要内容，为了引用的方便，还应包含表号；表头通常放在第一行，也可以放在第一列，也可称为行标题或列标题，它主要是表示所研究问题的类别名称和指标名称；数据资料是表格的主要部分，应根据表头按一定的规律排列；表外附加通常放在表格的下方（如表 2-1 所示），主要是一些不便列在表内的内容，如指标注释、资料来源、不变的试验数据等。

由于使用者的目的和试验数据的特点不同，试验数据表在形式和结构上会有较大的差异，但基本原则应该是一致的。为了充分发挥试验数据表的作用，在拟定时应注意下列事项：

(1) 表格设计应该简明合理、层次清晰，以便于阅读和使用；

(2) 数据表的表头要列出变量的名称、符号和单位，如果表中的所有数据的单位都相同，这时单位可以在表的右上角标明；

(3) 要注意有效数字位数，即记录的数字应与试验的精度相匹配；

(4) 试验数据较大或较小时，要用科学记数法来表示，将 $10^{\pm n}$ 记入表头，注意表头中的 $10^{\pm n}$ 与表中的数据应服从下式：数据的实际值 $\times 10^{\pm n}$ = 表中数据。如表 2-3 所示，0℃水的饱和蒸气压为 0.00611×10^5 Pa、黏度为 1788×10^{-6} Pa·s；

(5) 数据表格记录要正规，原始数据要书写得清楚整齐，不得潦草，要记录各种试验条件和现象，并妥为保管。

表 2-3　水的物理性质

温度 t/℃	饱和蒸气压 $p\times10^{-5}$/Pa	热导率 $\lambda\times10^2/[W/(m\cdot K)]$	黏度 $\mu\times10^6$/Pa·s	表面张力 $\sigma\times10^4/(N/m)$
0	0.00611	55.1	1788	756.4
30	0.42410	61.8	801.5	712.2
60	0.19920	65.9	469.9	662.2

2.2 图示法

试验数据图示法就是将试验数据用图形表示出来，使复杂的数据更加直观和形象。在数据分析中，一张好的数据图，往往胜过冗长的文字表述。通过数据图，可以直观地看出试验数据变化的特征和规律。它的优点在于形象直观，便于比较，容易看出数据中的极值点、转折点、周期性、变化率以及其他特性。试验结果的图示法还可为后一步数学模型的建立提供依据。

用于试验数据处理的图形种类很多，如果根据图形的形状可以分为线图、柱形图、条形图、饼图、环形图、散点图、直方图、面积图、圆环图、雷达图、气泡图、曲面图等。图形的选择取决于试验数据的性质，一般情况下，计量性数据可以采用直方图和折线图等，计数性和表示性状的数据可采用柱形图和饼图等，如果要表示动态变化情况，则使用线图比较合适。下面就介绍一些在试验数据处理中常用的一些图形及其绘制方法。

2.2.1 常用数据图

2.2.1.1 二维图形

(1) 线图

线图 (line graph/chart) 是试验数据处理中最常用的一类图形，它可以用来表示因变量随自变量的变化情况。

线图可以分为单式和复式两种。

① 单式线图　表示某一种事物或现象的动态变化情况。

② 复式线图　在同一图中表示两种或两种以上事物或现象的动态变化情况，可用于不同事物或现象的比较。例如图 2-1 为复式线图，表示的是某种高吸水性树脂，在两种温度下的保水性能；图 2-2 也是一种复式线图，它与图 2-1 不同的是，这是一个双目标值（双 Y 轴）的复式线图，它表示了离心泵的两个特性参数 η 和 H_e 随 q_V 的变化曲线。

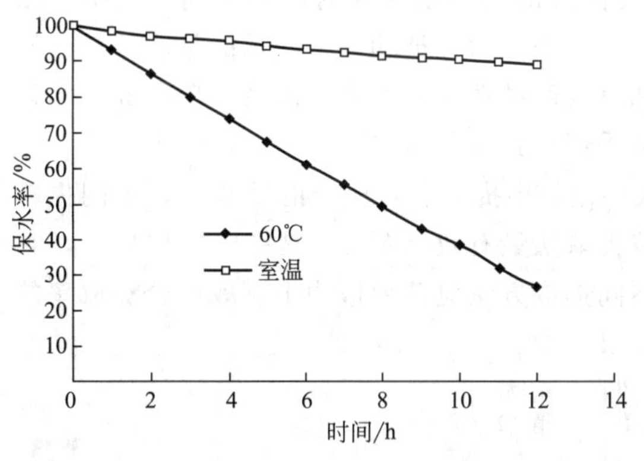

图 2-1　高吸水性树脂保水率与时间和温度的关系

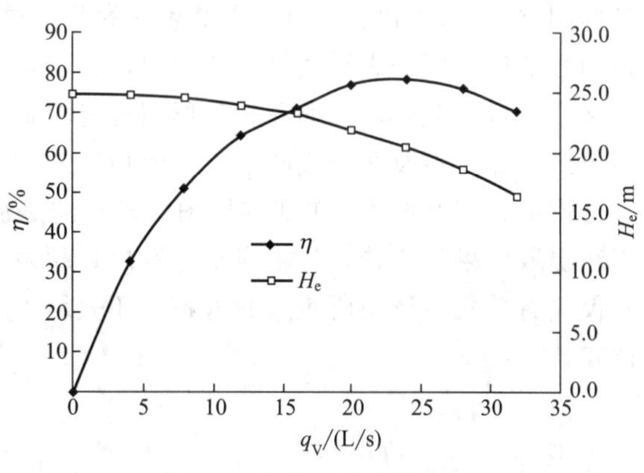

图 2-2　某离心泵特性曲线

在绘制复式线图时，不同线上的数据点应该用不同符号表示，以示区别，而且还应在图上明显地注明。

注意，图 2-1 和图 2-2 所示的线图，都有一个共同的特点，即横轴和纵轴都为数值轴，也就是说对应的变量都是数值属性的数据。但是，图 2-3 所示的图形，横轴为分类轴，对应的变量是非数值属性的数据，这类图形常称为折线图，一般用来表达数据的变化趋势。

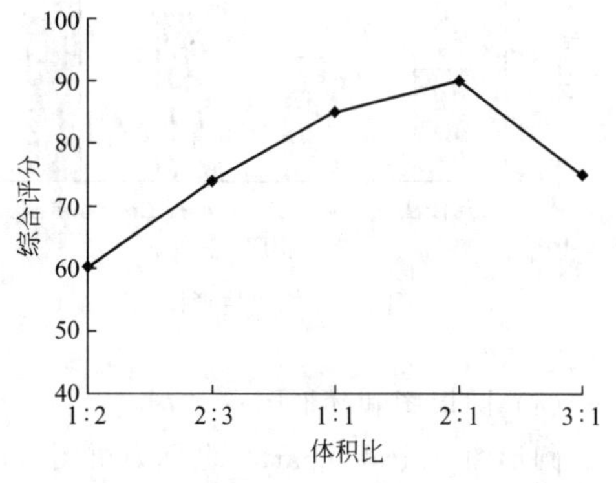

图 2-3　原料体积比对产品综合得分的影响

在 Excel 中，绘制纵、横坐标轴都为数值轴的线图时，对应的图表类型是“XY（散点图）”；绘制图 2-3 所示的折线图时，横轴是分类轴，对应的自变量不属于数值，图表类型为

“折线图”。

(2) 散点图

散点图(scatter diagram)用于表示两个变量间的相互关系，从散点图可以看出变量关系的统计规律。图2-4表示的是变量x和y试验值的散点图，图2-5表示的是变量T和S试验值的散点图。可以看出，图2-4中的散点大致围绕一条直线散布，而图2-5的散点大致围绕一条抛物线散布，这就是变量间统计规律的一种表现。

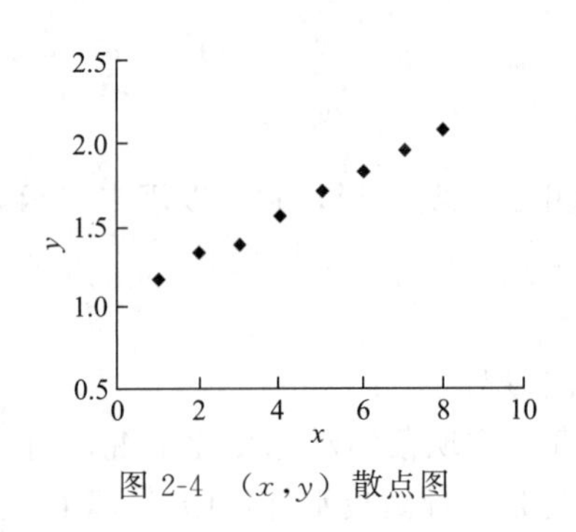

图2-4 (x,y)散点图

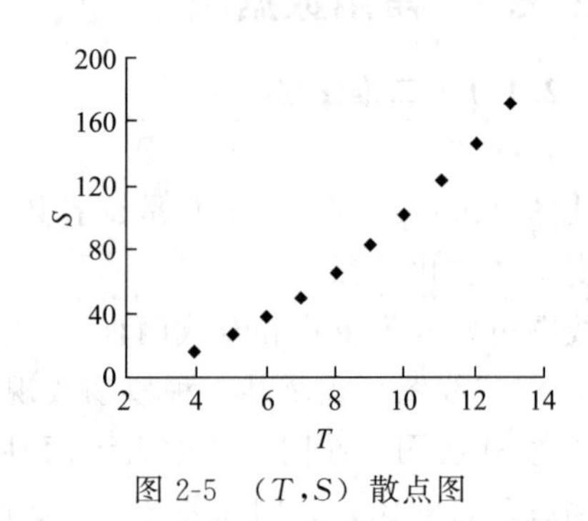

图2-5 (T,S)散点图

(3) 柱形图

柱形图(histogram)是用等宽长柱的高低表示数据的大小。将柱形图横置时，则称为条形图(bar chart/graph)。值得注意的是，这类图形的两个坐标轴的性质不同，其中一条轴为数值轴，用于表示数量属性的因素或变量，另一条轴为分类轴，常表示的是非数量属性因素或变量。此外，柱形图和条形图也有单式和复式两种形式，如果只涉及一项指标，则采用单式，如果涉及两个或两个以上的指标，则可采用复式。

例如，图2-6是一单式柱形图，表示的是从某植物中提取有效成分的试验中，不同提取方法提取效果的比较，从中容易地看出，超声波提取法最有效。图2-7是一复式柱形图，它不仅具有单式柱形图所表达的内容，还表示了不同提取方法对两种植物中有效成分提取率的比较。

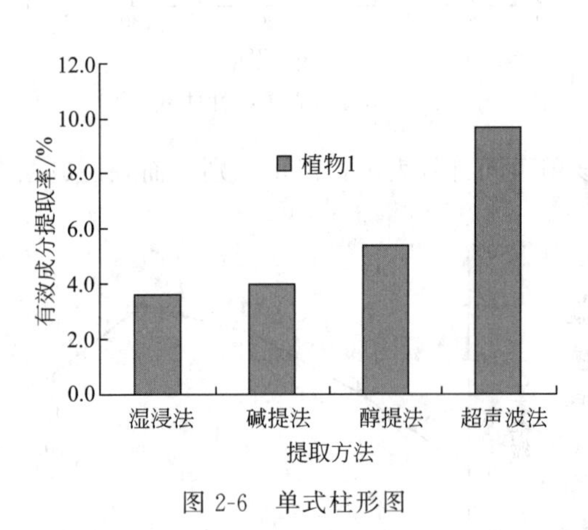

图2-6 单式柱形图

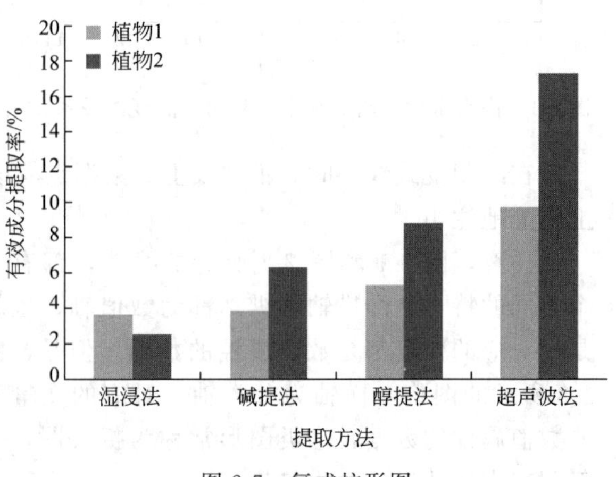

图2-7 复式柱形图

(4) 圆形图和环形图

圆形图(circle chart)也称为饼图(pie graph)，它可以表示总体中各组成部分所占的比例。圆形图只适合于包含一个数据系列的情况，它在需要重点突出某个重要项时十分有用。将饼图的总面积看成 100%，按各项的构成比将圆面积分成若干份，每 3.6°圆心角所对应的面积为 1%，以扇形面积的大小来分别表示各项的比例。图 2-8 表达了天然维生素 E 在各行业的消费比例。

环形图（circular diagram）与圆形图类似，但也有较大的区别。环形图中间有一“空洞”，总体中的每一部分的数据用环中的一段表示。圆形图只能显示一个总体各部分所占的比例，而环形图可显示两个总体各部分所占的相应比例，从而有利于比较研究。例如图 2-9 中，外环表示的是合成维生素 E 的消费比例，内环则为天然维生素 E 的消费比例，从中容易看出两种来源的维生素 E 各自主要的应用领域。

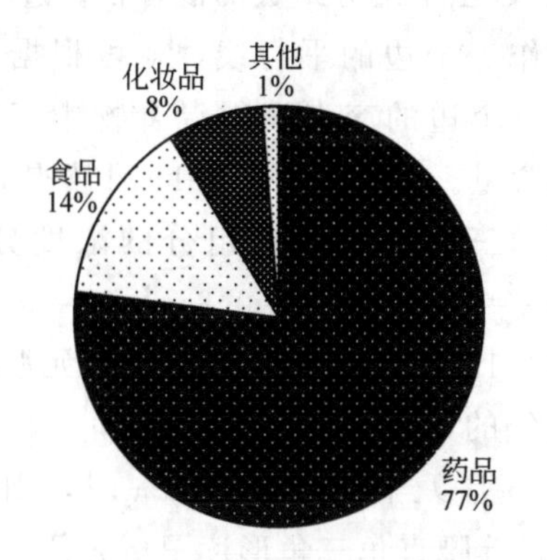

图 2-8　全球天然维生素 E 消费比例

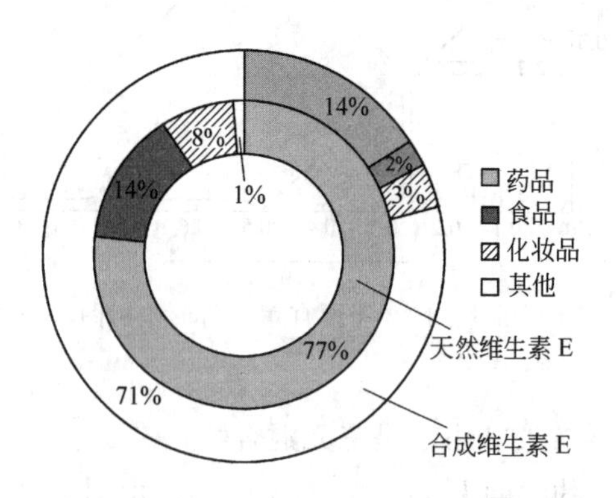

图 2-9　全球合成、天然维生素 E 消费比例

（5）三角形图（ternary）

三角形图通常用于表示三元混合物各组分含量或浓度之间的关系，常用于绘制三元相图，图 2-10 表示的是某三元物系在不同温度时的平衡相图。三角形图中的三角形通常采用等边三角形或等腰直角三角形，也可以是直角三角形或等腰三角形等。在三角形坐标图中，常用质量分数、体积分数或摩尔分数来表示混合物中各组分的含量或浓度，所以每条坐标的刻度范围都是 0～1。

在图 2-11 和图 2-12 中，三角形的三个顶点分别表示纯物质，如图中 A 点表示 A 组分的含量为 100%，其他两组分的含量为 0。同理，B 点和 C 点分别表示纯 B 物质和纯 C 物质。

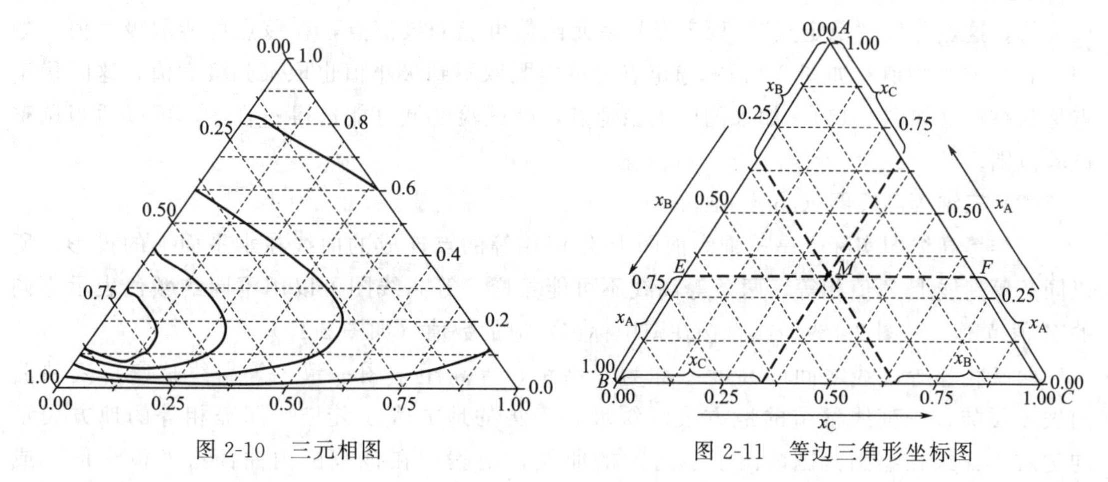

图 2-10　三元相图

图 2-11　等边三角形坐标图

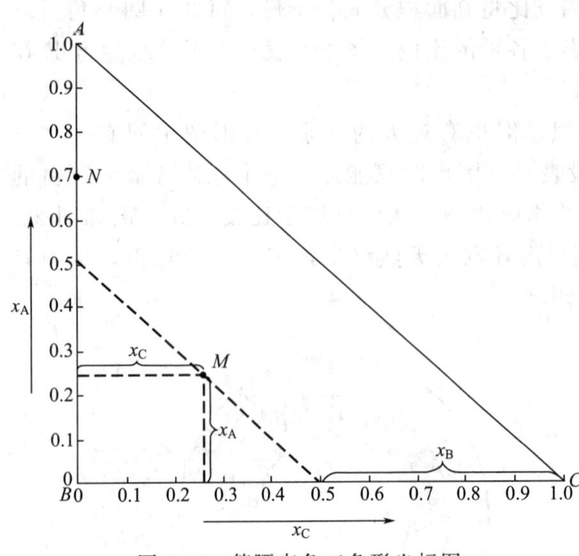

图 2-12 等腰直角三角形坐标图

三角形任一条边上的任一点代表二元混合物，第三组分的组成为 0。如图 2-12，AB 边上的 N 点，代表 A、B 二元混合物，其中 A 的含量为 70%，B 的含量为 30%，C 的含量为 0。

三角形内任一点代表三元混合物，图 2-11 和图 2-12 中的 M 点就代表 A、B、C 三个组分组成的混合物。过 M 点分别作三个边的平行线，就可根据平行线与三个边的交点读得混合物中三种组分的含量。例如，由图 2-11 可读得 M 点对应的三元混合物各组分的浓度分别为：$x_A=0.31$，$x_B=0.36$，$x_C=0.35$；由图 2-12 可读得 M 点对应的三元混合物各组分的浓度为：$x_A=0.24$，$x_B=0.50$，$x_C=0.26$。由于是三元混合物，有 $x_A+x_B+x_C=1$，所以当已知 x_A 和 x_B 时，则第三种组分的浓度为 $x_C=1-x_A-x_B$。由图 2-12 可以看出，等腰直角三角形读图更方便，可以将两个直角边看作是普通直角坐标系的两个坐标轴。

三角形中平行于某条边的直线，其上混合物所含此边对应顶点所代表组分的组成一定。如图 2-11，平行于 BC 的直线 EF 上，各混合物中 A 的含量都相等。

根据几何定理，可以证明，凡通过顶点 A 的直线，其上任一点的对应的物质中，B 与 C 两组分的浓度之比为常数。同理，在通过顶点 B 或顶点 C 的直线上任一点的物系，其中 A 与 C 或 A 与 B 两组分的浓度之比为一常数。

2.2.1.2 三维图形

(1) 三维表面图（3D surface graph）

三维表面图实际上是三元函数 $Z=f(X,Y)$ 对应的曲面图，根据曲面图可以看出因变量 Z 值随自变量 X 和 Y 值的变化情况。由图 2-13 可以看出，在 X 和 Y 取值范围内有一个极大值，这点称作“稳定点”。稳定点是多元函数可能的极值点，在该点可能取极大值（如图 2-13）或极小值（如图 2-14）；稳定点也可能既取不到极小值也取不到极大值，这时稳定点称为鞍点（如图 2-15）。如果图中无稳定点，则试验区域可能选得不合适，可以适当调整试验范围。

(2) 三维等高线图（contour plot）

三维等高线图实际上是三维表面图上 Z 值相等的点连成的曲线在水平面上的投影，所以同条等高线上 Z 值相等，两条等高线不可能相交。等高线图可以用不同的颜色表示不同的 Z 值范围（如图 2-16），或直接在图中标出对应的数值（如图 2-17）。

两条相邻等高线之间的高度差称为等高距，等高距全图一致。等高线疏密可反映曲面坡度缓陡，等高线稀疏的地方表示缓坡，密集的地方表示陡坡，间隔相等的地方表示均匀坡。如果在绘图范围内出现了封闭的曲线，则表示在该范围内曲面有“极大值”或“极小值”出现。如果等高线为一组近似平行线，则说明 $Z=f(X, Y)$ 为线性函数，可在平行线垂直方向（最陡方向）寻找更好试验点。所以等高线图可以为试验方案的优化提供依据。

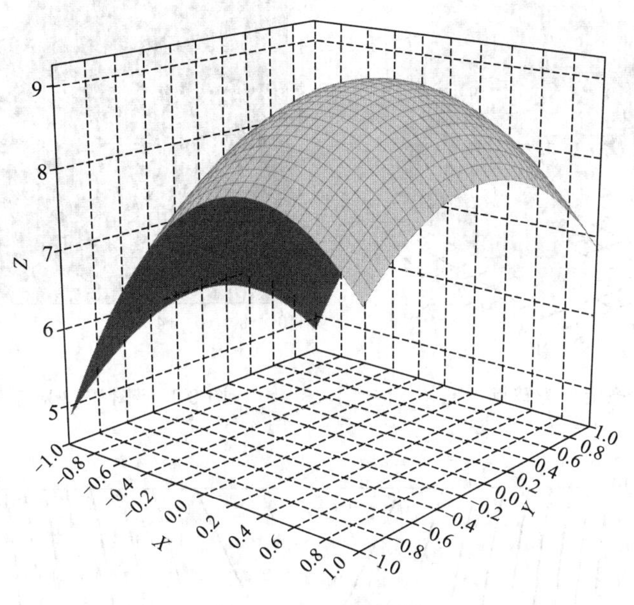

图 2-13 三维表面图

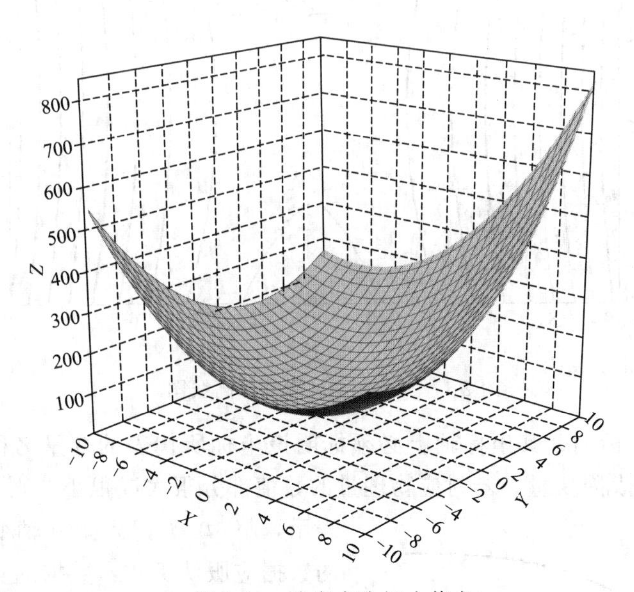

图 2-14 稳定点为极小值点

可见，不同类型、不同使用要求的试验数据，可以选用合适的、不同类型的图形。在绘制时应注意以下几点。

① 在手工绘制线图时，要求曲线光滑。可以利用曲线板等工具将各离散点连接成光滑曲线，并使曲线尽可能通过较多的实验点，或者使曲线以外的点尽可能位于曲线附近，并使曲线两侧的点数大致相等。

② 定量的坐标轴，其分度不一定自零起，可用低于最小试验值的某一整数作起点，高于最大试验值的某一整数作终点。

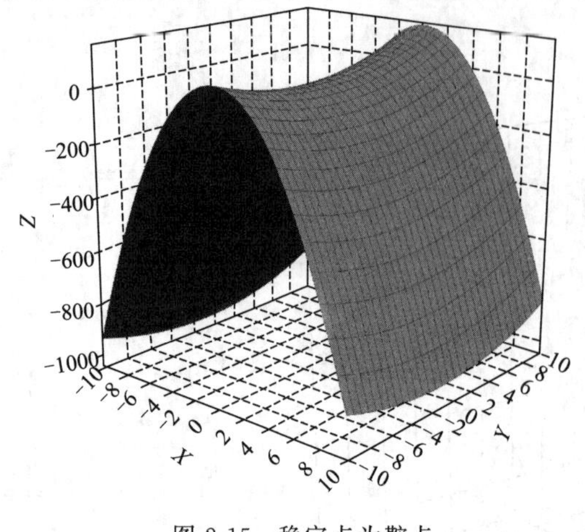

图 2-15 稳定点为鞍点

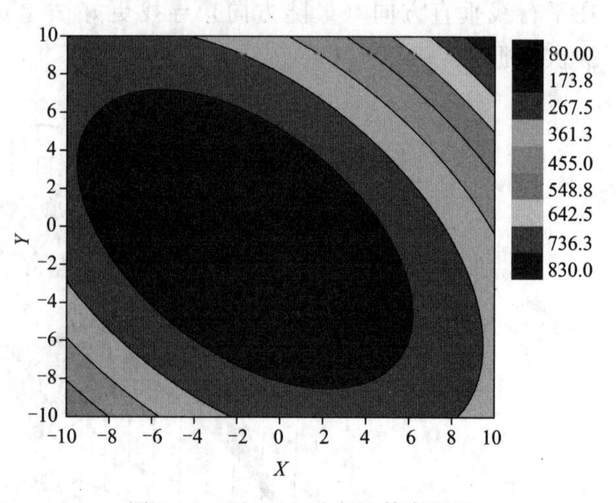

图 2-16 图 2-13 对应的等高线图

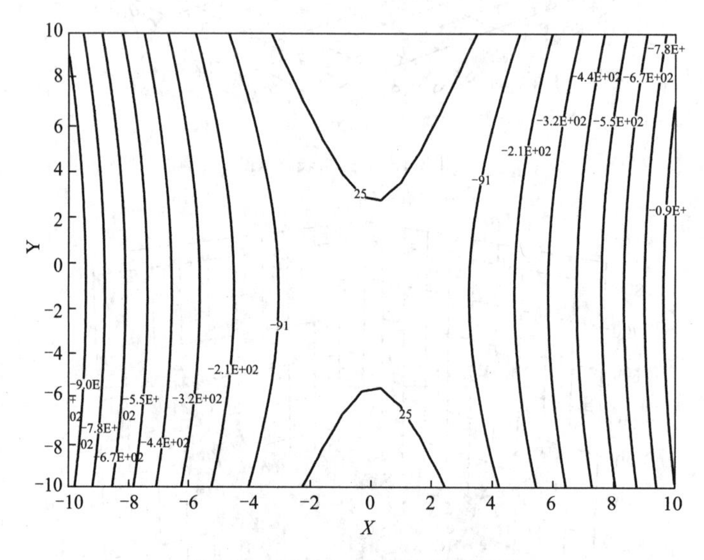

图 2-17 图 2-15 对应的等高线图

③ 定量绘制的坐标图，其坐标轴上必须标明该坐标所代表的变量名称、符号及所用的单位，一般用纵轴代表因变量。若对应物理量的数值部分很大或很小，则可用科学记数法来表示，将 $10^{\pm n}$ 记入坐标轴变量名称中，图中的数据应服从下式：数据的实际值$\times 10^{\pm n}=$图中数据。如图 2-18 所示，由图可以读出 100℃时水的热导率约为 68×10^{-2} W/(m・℃)，而不是 68×10^{2} W/(m・℃)。

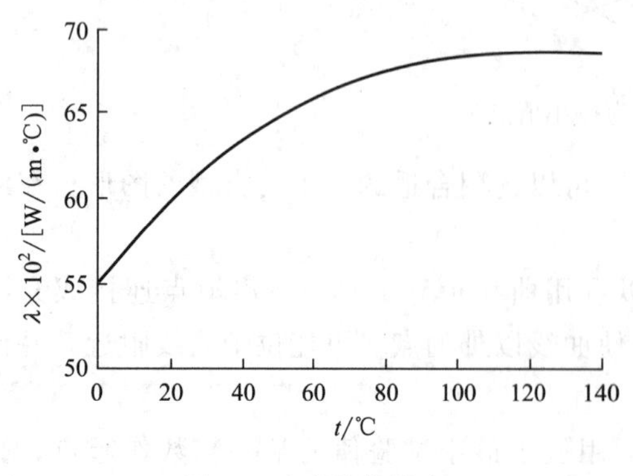

图 2-18 水的热导率

④ 坐标轴的分度应与试验数据的有效数字位数相匹配，即最小刻度应不小于数据的最大绝对误差。

⑤ 推荐坐标轴的比例常数为（1、2、5）$\times 10^{\pm n}$（n 为正整数），而不用 3、6、7、8 等的比

例常数。纵、横坐标之间的比例不一定取得一致，应根据具体情况选择，使曲线的坡度介于30°～60°之间，这样的曲线，坐标读数准确度较高。

⑥ 图必须有图号和图题（图名），以便于引用，必要时还应有图注。

2.2.2 坐标系的选择

大部分图形都是描述在一定的坐标系（coordinate system）中，在不同的坐标系中，对同一组数据作图，可以得到不同的图形，所以在作图之前，应该对试验数据的变化规律有一个初步的判断，以选择合适的坐标系，使所作的图形规律性更明显。可以选用的坐标系有笛卡尔坐标系（又称普通直角坐标系）、半对数坐标系、对数坐标系、极坐标系、概率坐标系、三角形坐标系等。下面仅讨论最常用的笛卡尔坐标系、半对数坐标系和对数坐标系。

半对数坐标系（semi-logarithmic coordinate system），一个轴是分度均匀的普通坐标轴，另一个轴是分度不均匀的对数坐标轴。在对数轴上，某点与原点的实际距离为该点对应数值的常用对数值，但是在该点标出的值是真数，所以对数轴的原点应该是1而不是零，而且刻度不均匀。双对数坐标系的两个轴都是对数坐标轴，即每个轴的刻度都是按上面所述的原则得到的。注意，在对数坐标系中读数时，直接根据刻度的标值读取，不用将所读的数取对数。

选用坐标系的基本原则叙述如下。

（1）根据数据间的函数关系

① 线性函数：$y=a+bx$，选用普通直角坐标系。

② 幂函数：$y=ax^b$，因为 $\lg y=\lg a+b\lg x$，选用双对数坐标系可以使图形线性化。

③ 指数函数：$y=ab^x$，因 $\lg y$ 与 x 呈直线关系，故采用半对数坐标。

（2）根据数据的变化情况

① 若试验数据的两个变量的变化幅度都不大，可选用普通直角坐标系；

② 若所研究的两个变量中，有一个变量的最小值与最大值之间数量级相差太大时，可以选用半对数坐标；

③ 如果所研究的两个变量在数值上均变化了几个数量级，可选用双对数坐标；

④ 在自变量由零开始逐渐增大的初始阶段，当自变量的少许变化引起因变量极大变化时，此时采用半对数坐标系或双对数坐标系，可使图形轮廓清楚，如例2-1。

例2-1 已知 x 和 y 的数据如表2-4所示。

表2-4 例2-1原始数据

x	10	20	40	60	80	100	1000	2000	3000	4000
y	2	14	40	60	80	100	177	181	188	200

在普通直角坐标系中作图（如图2-19），当 x 的数值等于10、20、40、60、80时，几乎不能描出曲线开始部分的点，但是若采用双对数坐标系则可以得到比较清楚的曲线（如图2-20）。如果将上述数据都取对数，可得到表2-5所示的数据，根据这组数据在普通直角坐标系中作图，得到图2-21。比较图2-20和图2-21，可以看出两条曲线是一致的。所以，如果手边没有对数坐标纸，可以采取这种方法来处理数据，但这种处理方法，不方便直接读取变量值。

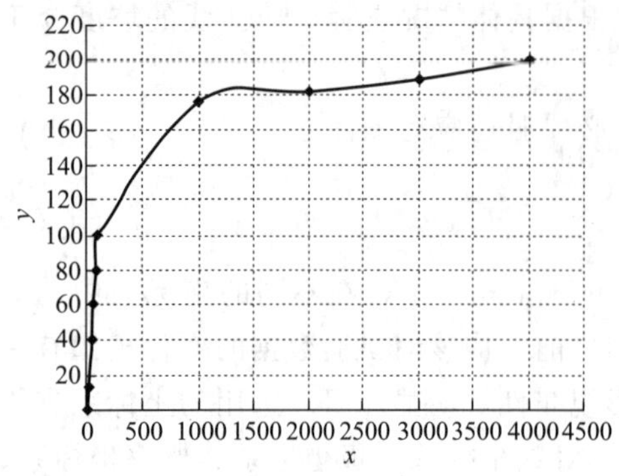

图 2-19 普通直角坐标系中 x 和 y 的关系图

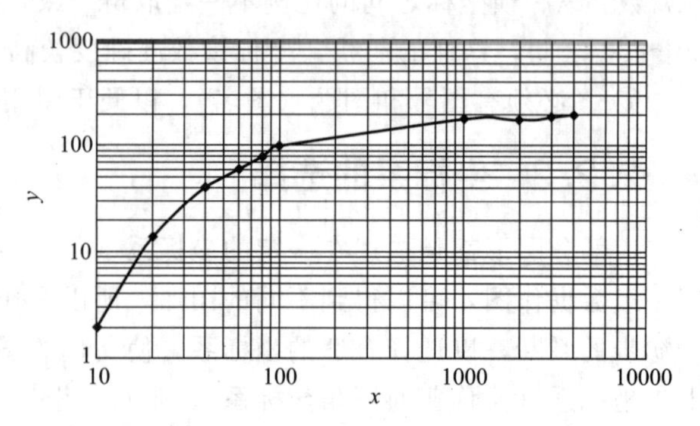

图 2-20 双对数坐标系中 x 和 y 的关系图

表 2-5 例 2-1 数据

$\lg x$	1.0	1.3	1.6	1.8	1.9	2.0	3.0	3.3	3.5	3.6
$\lg y$	0.3	1.1	1.6	1.8	1.9	2.0	2.2	2.3	2.3	2.3

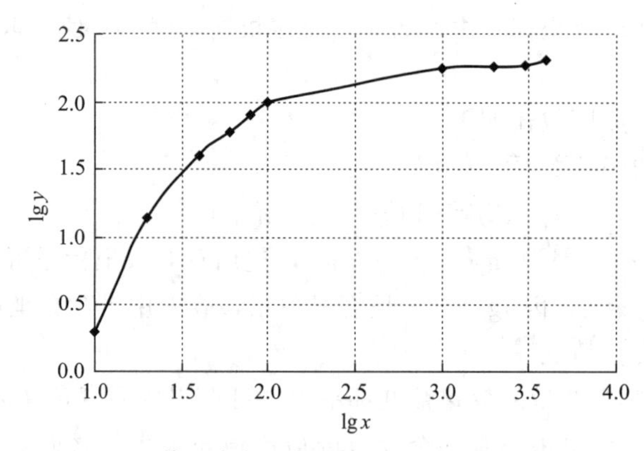

图 2-21 普通直角坐标系中 $\lg x$ 和 $\lg y$ 的关系图

2.3 计算机绘图软件在图表绘制中的应用

随着计算机技术的发展，图形的绘制都可由计算机来完成，目前在科技绘图中最为常用的绘图软件是 Excel 和 Origin。Excel 因其操作简便和通俗的汉语界面，有着更广泛的应用基础；Origin 比 Excel 具有更强大的绘图功能，图形更美观，但目前 Origin 大多是英文界面，在一定程度上影响了它的普及。所以本节主要介绍 Excel 的绘图功能，再简单介绍利用 Origin 绘制几种图形的基本方法。

2.3.1 Excel 在图表绘制中的应用

2.3.1.1 利用 Excel 生成图表的基本方法

Excel 支持多种类型的图形，如柱形图、条形图、折线图、饼图、散点图、面积图、曲面图、圆环图、气泡图和雷达图等。在 Excel 中生成图形的过程非常简单，总体上分为三大步，首先是在 Excel 中建立数据表格，然后在【插入】选项卡【图表】组中选择合适的图表类型，最后对生成的图表进行适当的编辑，即可完成图形的制作。

例 2-2 当水的流量保持不变时洗涤滤渣，得出洗涤水浓度 c 与洗涤时间 t 的试验数据（如图 2-22 所示）。试用 Excel 的图表功能在笛卡儿坐标系（普通直角坐标中）画出 c 与 t 之间的线图。

	A	B
1		
2	t/min	c/(g/L)
3	1	6.61
4	2	4.70
5	3	3.30
6	4	2.30
7	5	1.70
8	6	1.15
9	7	0.78
10	8	0.56

图 2-22 例 2-2 数据表

解： ① 在 Excel 中建立如图 2-22 的工作表格。表格可按列安排，也可按行安排。注意，在列表时，应该将自变量放在第一列或第一行，保证生成的图形中自变量在横轴。

② 选中整个图表，包括标题栏和数据。

③ 点击 Excel 的【插入】选项卡【图表】命令组右下角的“对话框启动器”按钮（如图 2-23），打开“插入图表”（如图 2-24），选中“XY（散点图）”下的“带平滑线和数据标记的散点图”；也可以直接单击【插入】选项卡【图表】命令组中的“散点图”命令按钮，然后选择图表类型，如图 2-25。

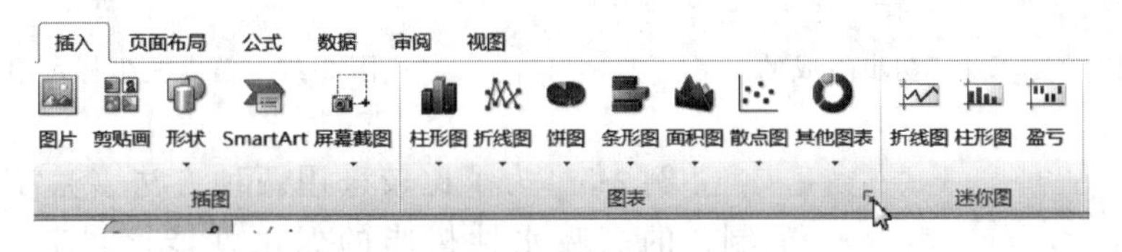

图 2-23 【插入】选项卡【图表】命令组

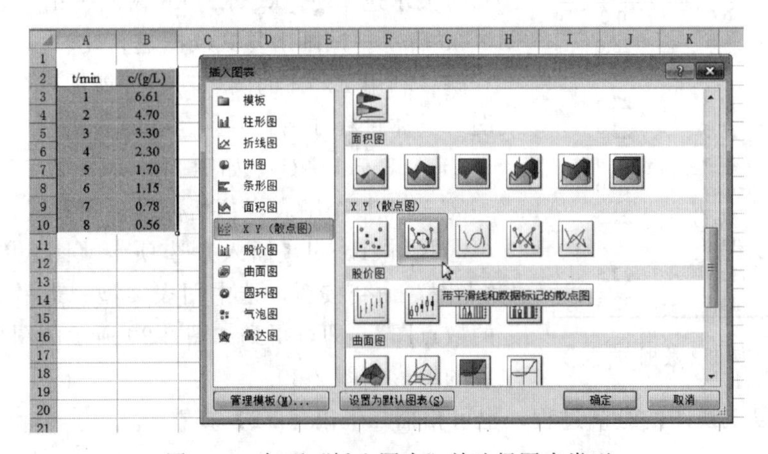

图 2-24 打开“插入图表”并选择图表类型

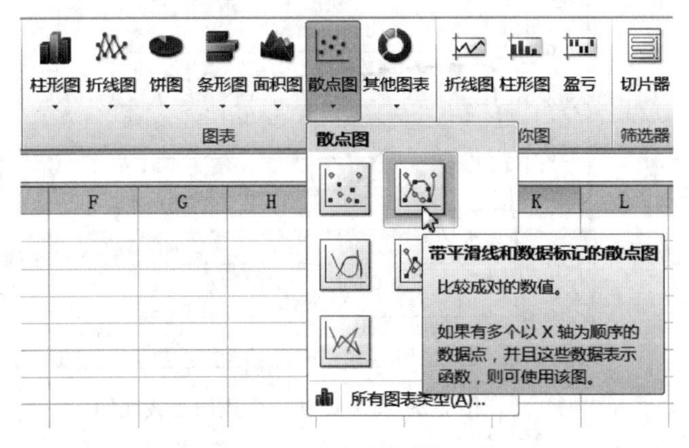

图 2-25 “散点图”命令按钮

【2-1】

④ 经过前三步，即可生成如图 2-26 所示的图形。该图形经过适当的编辑，包括坐标轴、字体、字号、线条、数据点、网格线等的调整，即可得到如图 2-27 所示的图形。

例 2-2 图形绘制过程也可扫描二维码【2-1】查看。

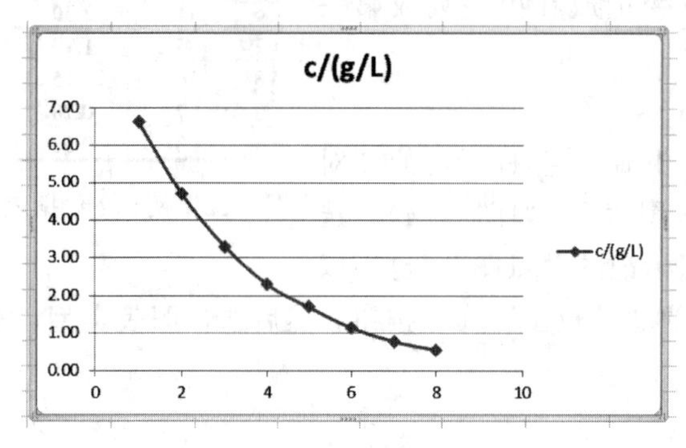

图 2-26 Excel 初步生成的图形

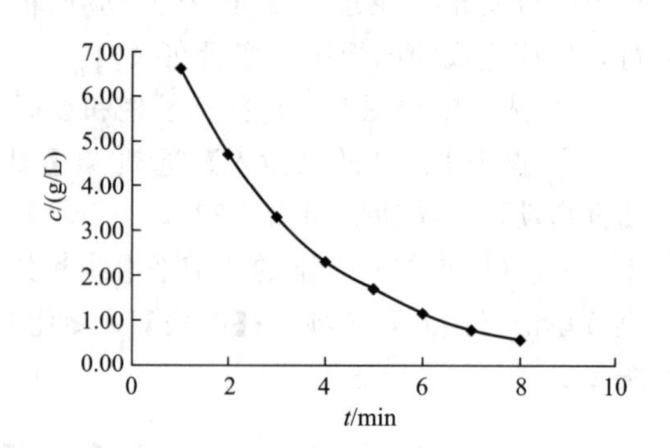

图 2-27 笛卡儿坐标系中 c-t 线图

	A	B	C
1			
2	时间t/h	微波法	常规法
3	0	0.0	0.0
4	1	3.0	23.0
5	2	5.5	23.3
6	3	13.3	23.6
7	4	15.5	22.9
8	5	12.3	23.0
9	6	11.9	22.9
10	7	11.7	22.5
11	8	11.6	22.4
12	9	11.4	22.5
13	10	11.1	22.3

图 2-28 例 2-3 数据表

例 2-3 为了比较采用两种方法（微波法和常规法）制备的高吸水性树脂的保水性能，测定了两种产品在 60℃时失水速率 v [kg 水/(kg 树脂 · h)]，试验数据如图 2-28 所示。试画出复式线图进行比较。

解：利用 Excel 的图表功能，能够较容易地生成复式线图，具体过程如下：

① 在 Excel 中建立如图 2-28 所示的工作表格。

② 选中整个图表，包括标题栏和数据。

③ 点击 Excel【插入】选项卡【图表】命令组中的“散点图”命令按钮，选中图表类型“带平滑线和数据标记的散点图”，即可得到如图 2-29 所示的图形，经过编辑之后的图形如图 2-30。

例 2-3 中复式线图的绘制过程，也可扫描二维码【2-2】查看。

【2-2】

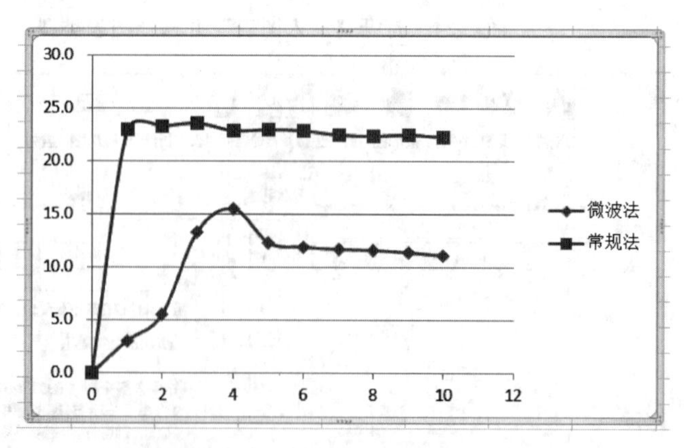

图 2-29 Excel 初步生成的复式线图

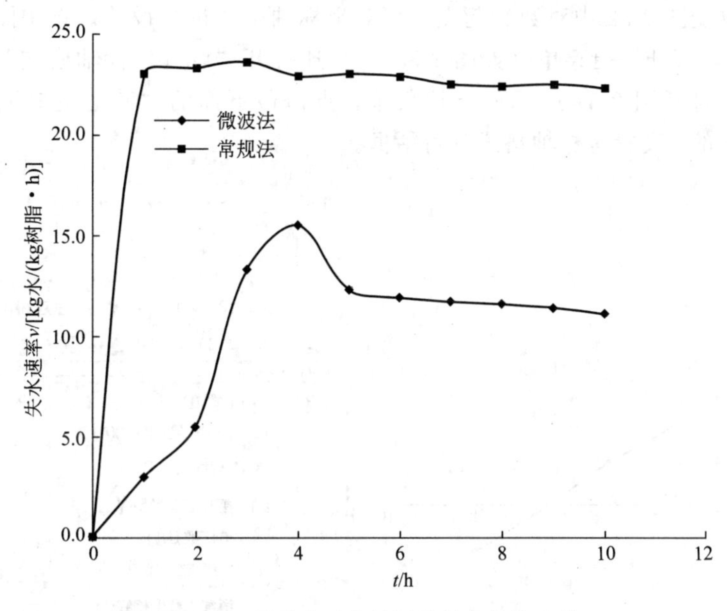

图 2-30 两种高吸水性树脂保水性能比较

2.3.1.2 对数坐标的绘制

利用 Excel 图表功能，可将笛卡儿坐标转换成对数坐标，具体方法可参考例 2-4。

例 2-4 将例 2-2 的绘图结果（图 2-27）的纵轴转换成对数坐标。

解：①选中图形，Excel 就会出现如图 2-31 所示的【图表工具】选项卡组，在【布局】选项卡下，单击“坐标轴”命令按钮，选择“主要纵坐标轴”，然后点击“显示对数刻度坐标轴”，即可得到如图 2-32 所示的图形。

图 2-31 将纵轴变成对数刻度

② 如果要改变图 2-32 中对数轴起点，可对坐标轴格式进行设置。选中图形的纵轴，然后单击鼠标右键，打开快捷菜单（如图 2-33），快速打开“设置坐标轴格式”对话框（如图 2-34）。也可通过打开图 2-31 所示的下拉菜单，点击最下面的“其他主要纵坐标轴选项”，进入图 2-34 所示的“设置坐标轴格式”对话框。

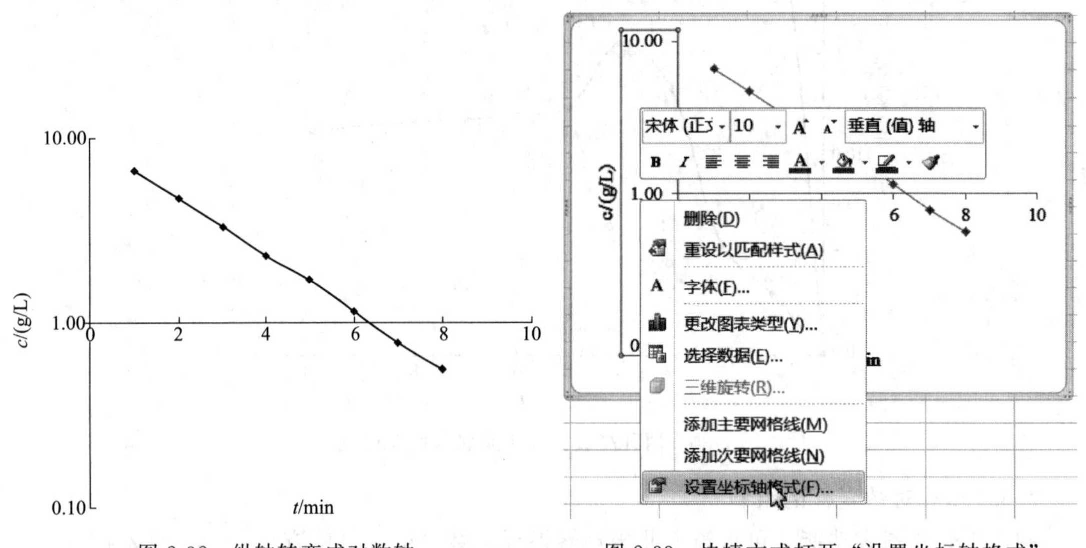

图 2-32 纵轴转变成对数轴　　图 2-33 快捷方式打开“设置坐标轴格式”

如图 2-34，在“坐标轴选项”中，在“横坐标轴交叉”下选中“坐标轴值”，然后输入“0.10”，“关闭”后就可得到图 2-35 所示的半对数坐标图。

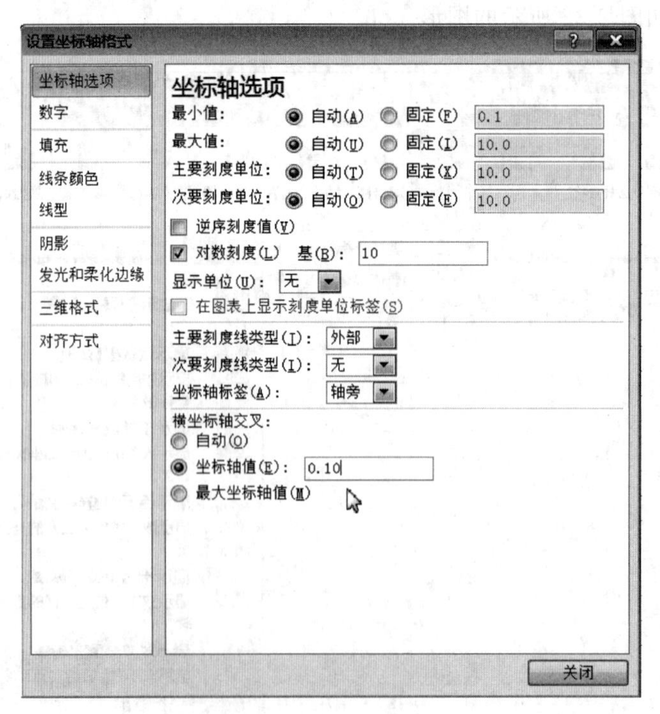

图 2-34 设置坐标轴格式

注意，在设置对数轴刻度时，最小刻度单位只能取10，最大值和最小值只能取10^n（n为整数），如0.01、0.1、1、100、1000等。

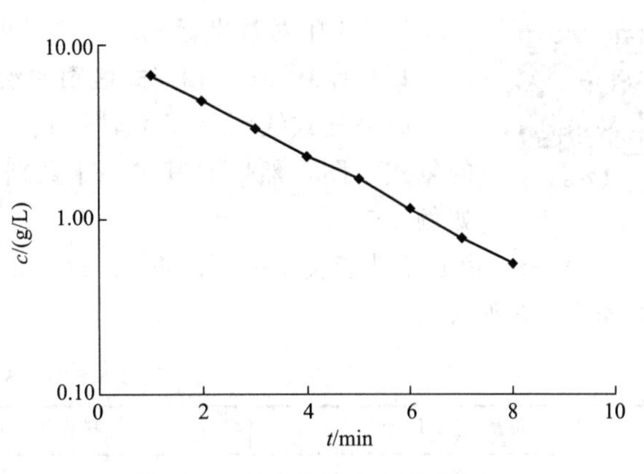

图2-35 改变纵轴起点后的图形

③ 为了使对数坐标比较明显，可对网格线进行设置。如图2-36所示，单击“网格线”命令按钮，通过下拉菜单中的选项，就可对图形添加纵、横网格线。如果在纵、横方向上都添加主、次网格线，则可得到如图2-37所示的图形。从图2-37中可以看出，各点基本上位于一条直线上，所以lg$c$-t为线性关系，即c与t之间满足指数模型。

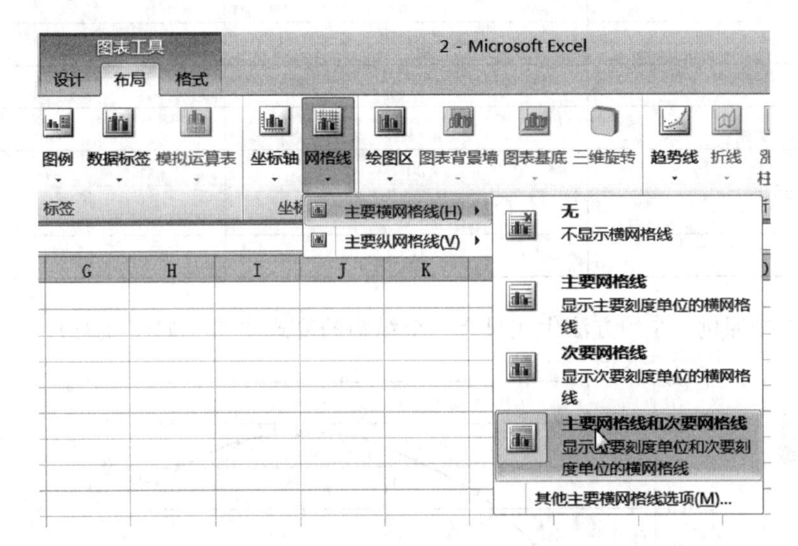

图2-36 添加网格线

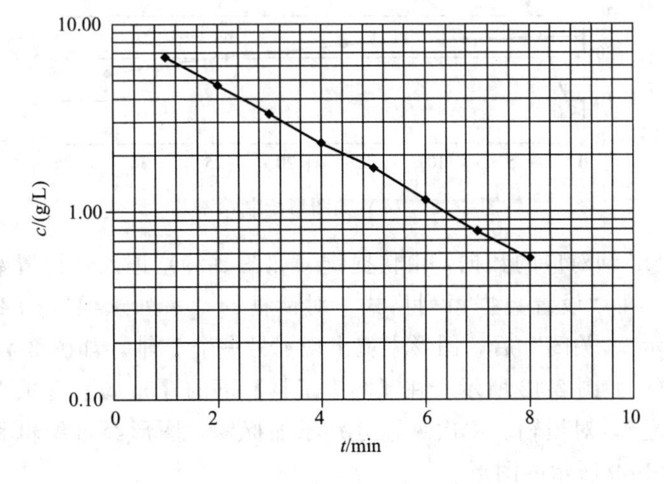

图2-37 添加网格线之后的图形

【2-3】

例 2-4 中对数坐标轴的绘制过程，也可扫描二维码【2-3】查看。

2.3.1.3 双 Y 轴复式线图的绘制

如果复式线图是双 Y 轴形式，可先按照例 2-3 的方法生成只有一个纵轴的复式线图，然后对其中一个数据系列的格式进行修改即可，具体操作步骤如例 2-5。

例 2-5 离心泵性能实验中，试将 q_V-H_e 和 q_V-η 两条曲线画在一个坐标图中，实验数据如表 2-6 所示。

表 2-6 例 2-5 数据表

流量 q_V/(L/s)	扬程 H_e/m	效率 η/%
0	24.8	0
4	24.8	33
8	24.5	51
12	23.9	64
16	23.2	71
20	21.8	77
24	20.5	78
28	18.7	76
32	16.3	70

解：① 先按照例 2-3 的方法生成只有一个纵轴的复式线图（如图 2-38）。

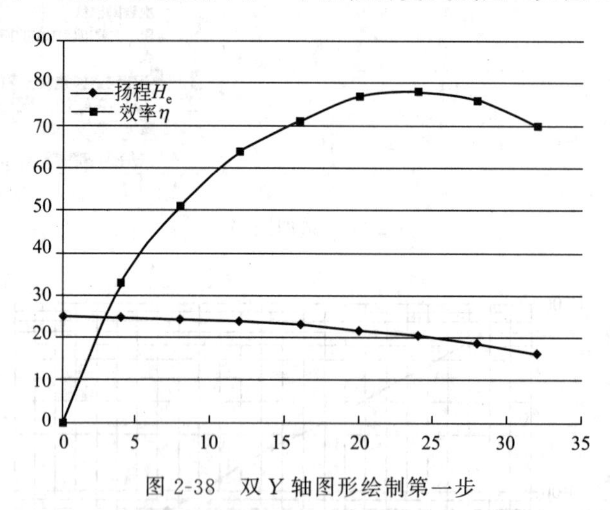

图 2-38 双 Y 轴图形绘制第一步

② 选中另一个 Y 轴对应的数据，由快捷键（如图 2-39）进入“设置数据系列格式”对话框（如图 2-40）。在“设置数据系列格式”对话框的“系列选项”标签下选中“次坐标轴”，如图 2-40 所示。“关闭”后，图形中就出现了另一个 Y 轴，如图 2-41 所示。

③ 如图 2-42 所示，在【图表工具】下的【布局】选项卡中，单击“坐标轴标题”，对横轴、主次纵轴分别添加标题，图形经过编辑和调整后，可输出如图 2-43 所示的图形。

【2-4】

例 2-5 中双 Y 轴复式线图的绘制过程，也可扫描二维码【2-4】查看。

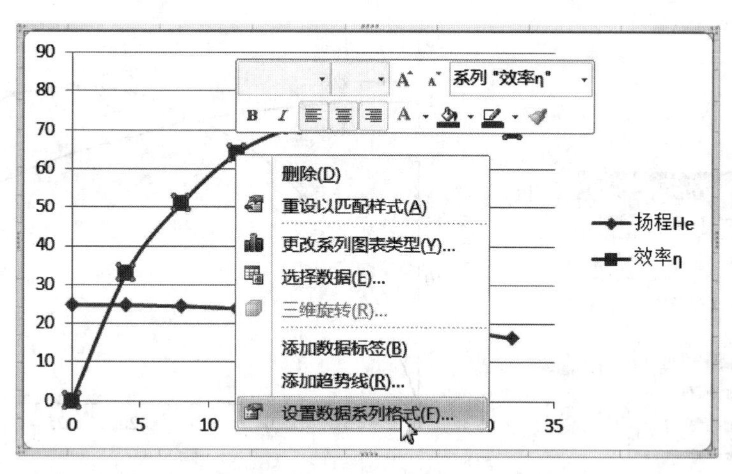

图 2-39 快捷方式进入“设置数据系列格式”

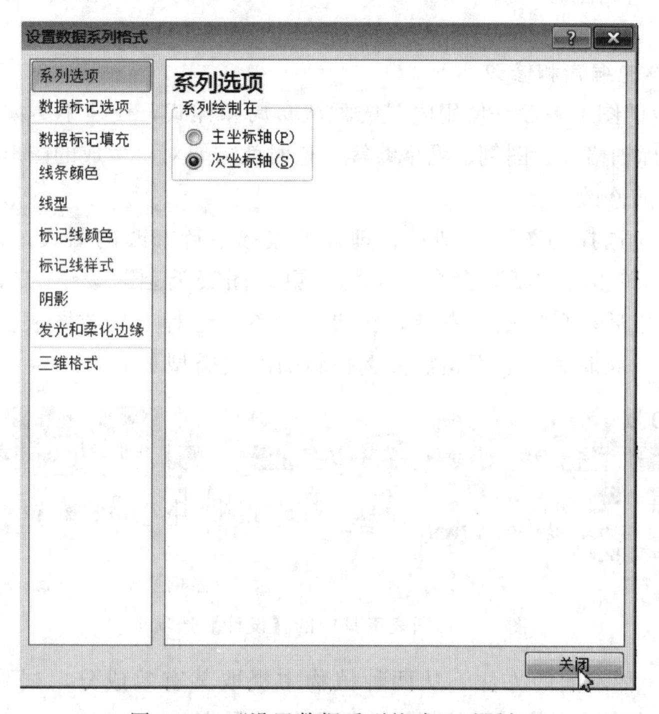

图 2-40 “设置数据系列格式”对话框

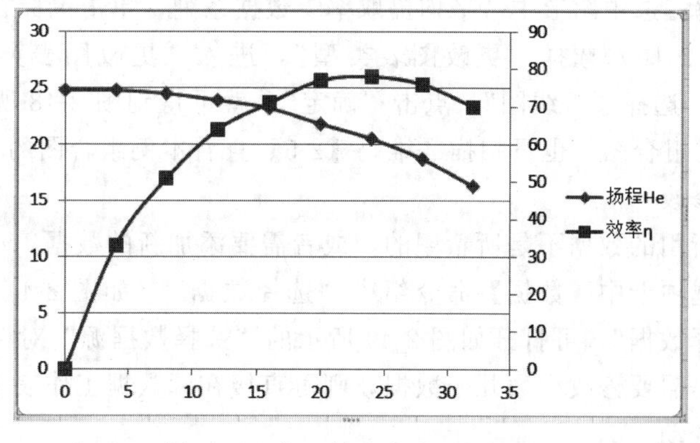

图 2-41 次 Y 轴生成之后的图形

图 2-42 添加坐标轴标题

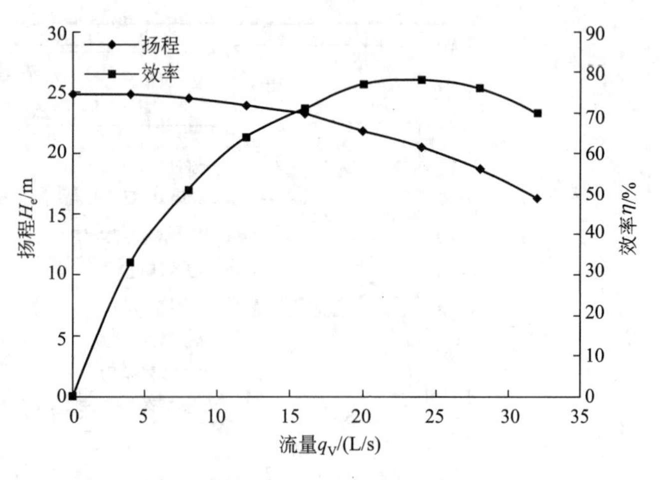

图 2-43 例 2-5 最终图形

2.3.1.4 图形的编辑和修改

Excel 初步生成的图形一般是使用内置的默认布局和样式，往往不尽如人意，比如图表类型、字体大小、坐标轴格式、图例、网格线等，这时就需要对已生成的图形进行修改和编辑。

(1) 图表类型的修改

若在创建图形时选择的图表类型不合理，可先选中待修改的图表，在【图表工具】下【设计】选项卡中，单击【类型】命令组中的“更改图表类型”按钮（如图 2-44）；或在选中图形或数据系列之后，单击鼠标右键，在快捷菜单上选择“更改图表类型”，进入“更改图表类型”对话框，此时就可以根据需要选择新的图表类型了。

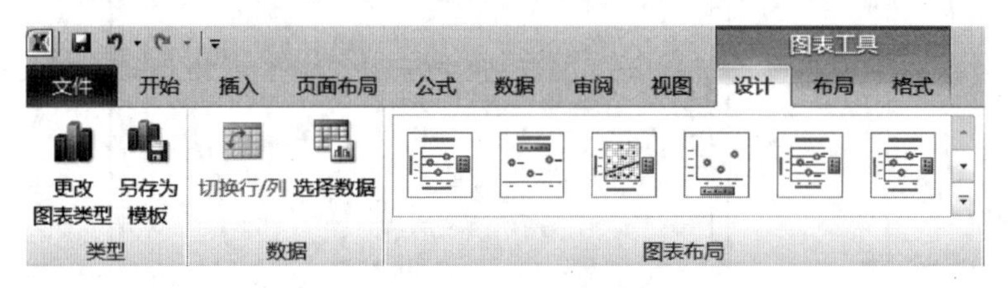

图 2-44 图表工具中的【设计】选项卡

例 2-6 采用 4 种不同的方法，从两种植物中提取某有效成分，试验结果如图 2-45 所示，请将其中的“平均提取率”用折线图表达。

【2-5】

解： 选中图形中“平均提取率”数据系列，单击鼠标右键，在快捷菜单上（如图 2-46）选择“更改图表类型”，进入“更改图表类型”对话框（如图 2-47），选择“折线图”，点击“确定”，就可得到图 2-48 所示的含有两种图表类型的组合图。也可扫描二维码【2-5】查看本例组合图的绘制过程。

(2) 数据源的修改

如果发现作图所用的数据不是所希望的，或者需要添加新的数据，这时可以单击【图表工具】下【设计】选项卡中【数据】命令组中“选择数据”（如图 2-44），或在“图表快捷菜单”中单击“选择数据”，可打开如图 2-49 所示的“选择数据源”对话框，可添加或删除数据系列。如果只是需要修改少数几个数据，则可直接在源数据工作表中修改，此时与之对应的图形也会随之变动。

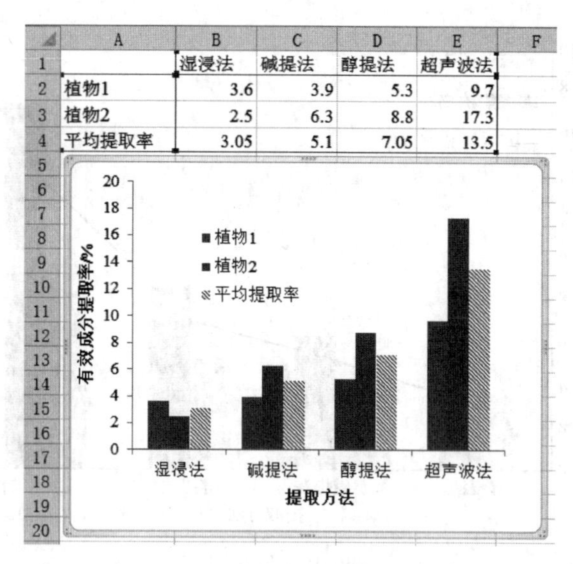

图 2-45　例 2-6 附图

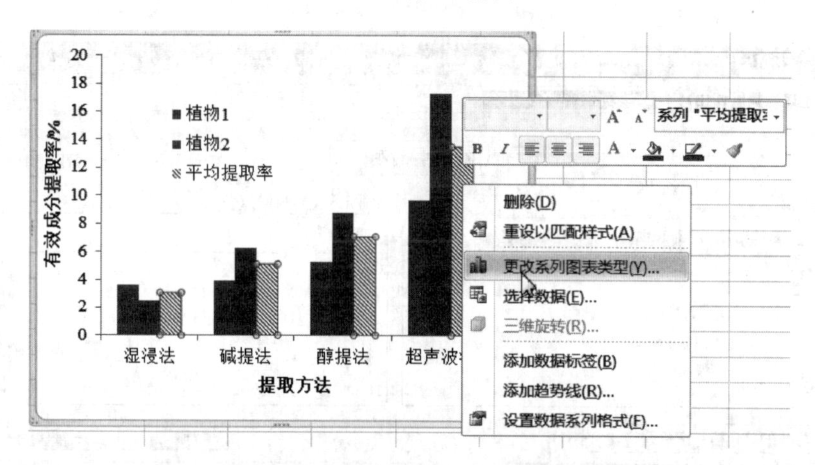

图 2-46　“更改图表类型”快捷方式

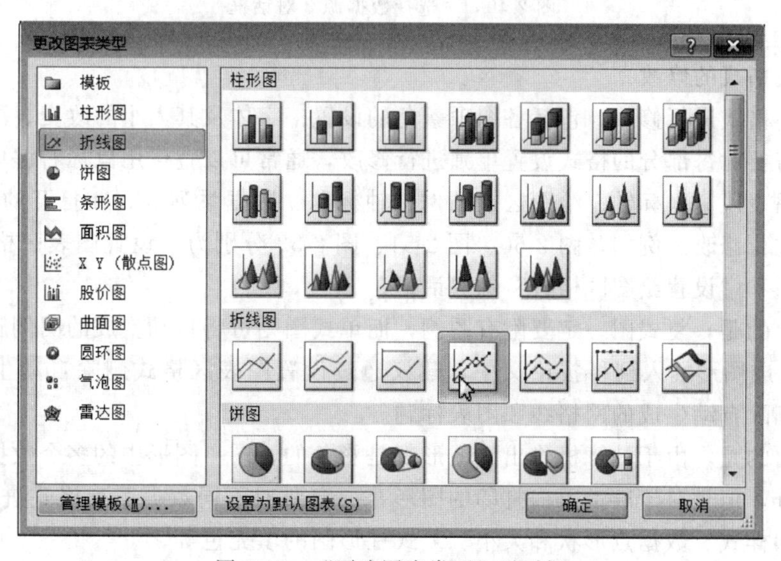

图 2-47　“更改图表类型”对话框

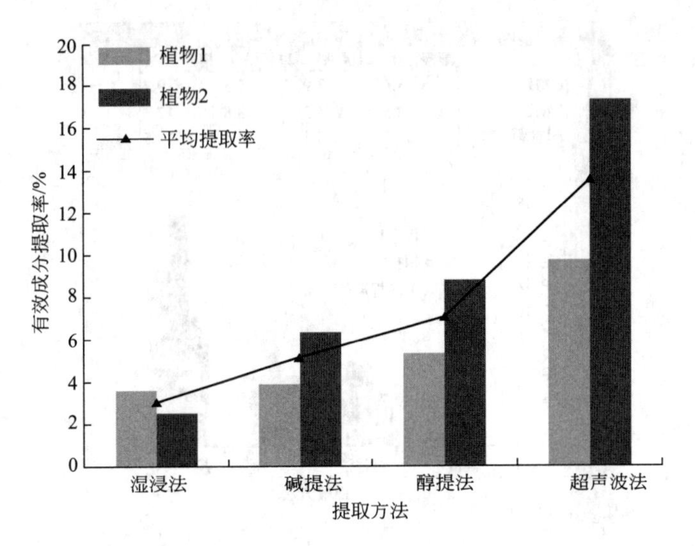

图 2-48 组合图

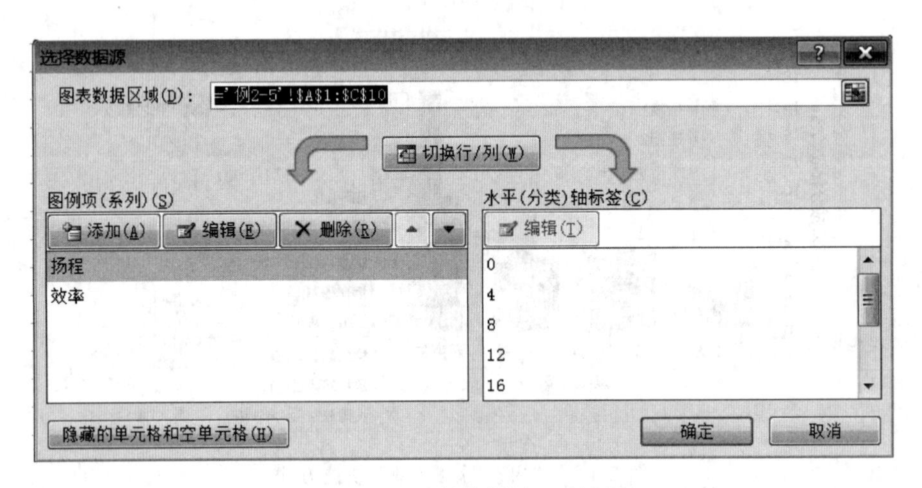

图 2-49 “选择数据源”对话框

(3) 图表格式的修改

对图表的格式进行修改，包括各图项颜色的设置、字体及其大小的改变、添加边框和模式等。如果需要对每部分的格式设置单独进行修改，通常可以直接用鼠标右键单击需要修改的部分，如图表区、坐标轴、绘图区、图例、轴标题、数据系列等，在打开的快捷菜单中，对有关格式进行修改。例如，图 2-50、图 2-51、图 2-52 分别为“设置图表区格式”、“设置坐标轴格式”和“设置绘图区格式”的对话框。

需要说明的是，复式图一定要附有图例，而单式图则可将自动生成的图例删除；如果需要将 Excel 生成图形插入到科技论文中，建议通过设置图表区格式删除自动生成的黑色边框，也建议删除自动生成的网格线和图表标题。

值得提出的是，由于计算机作出的图形都是彩色的，同一图形中的多个数据系列可以根据颜色来区分，但是对于准备黑白打印的图形，一定要对不同数据系列格式进行合理设定，如线条颜色和样式、数据点形状和大小、复式柱形图的填充色等。

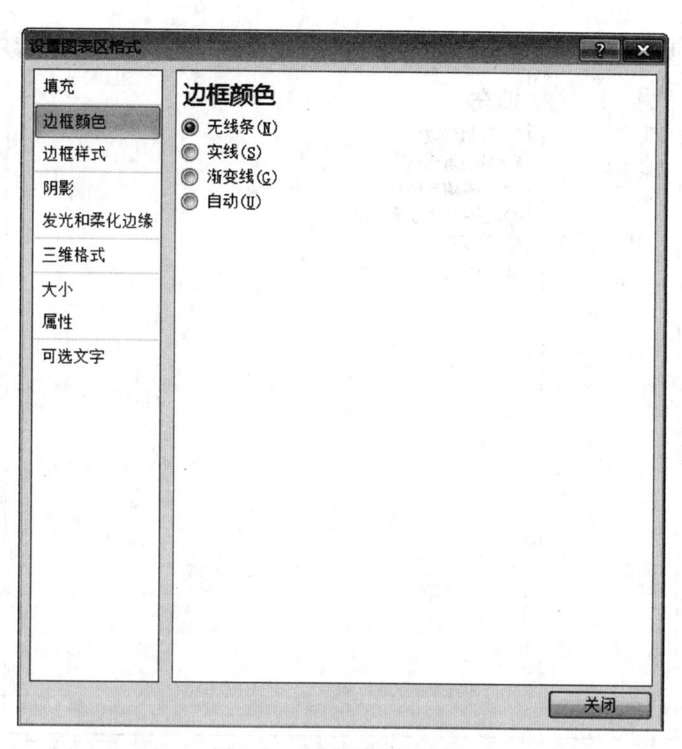

图 2-50 设置图表区格式

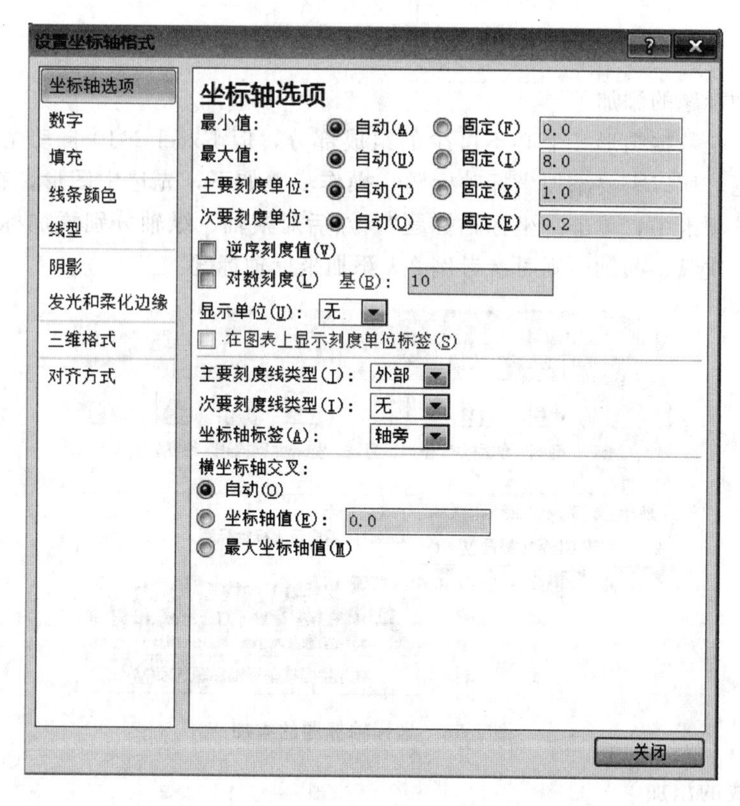

图 2-51 设置坐标轴格式

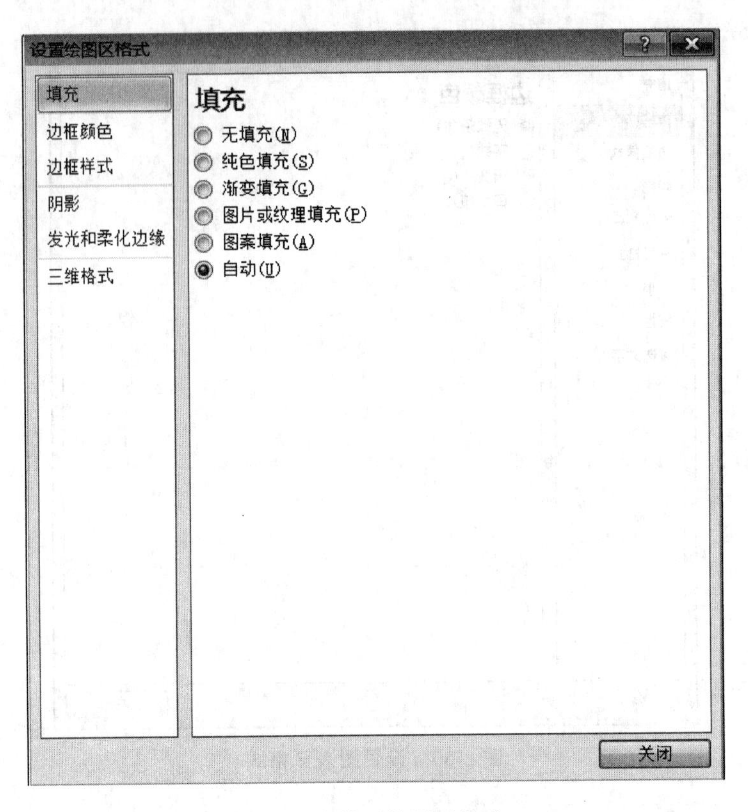

图 2-52　设置绘图区格式

(4) 坐标轴标题的添加

坐标轴标题是数据图形一个必不可少的组成部分，但 Excel 2010 自动生成的图形一般没有坐标轴标题，所以需要添加坐标轴标题。操作步骤如下，先选中图形，在【图表工具】下的【布局】选项卡中，单击"坐标轴标题"，然后对横轴、纵轴分别添加标题，如图 2-53 所示。如果有主次纵、横轴，则可参考例 2-5 添加坐标轴标题。

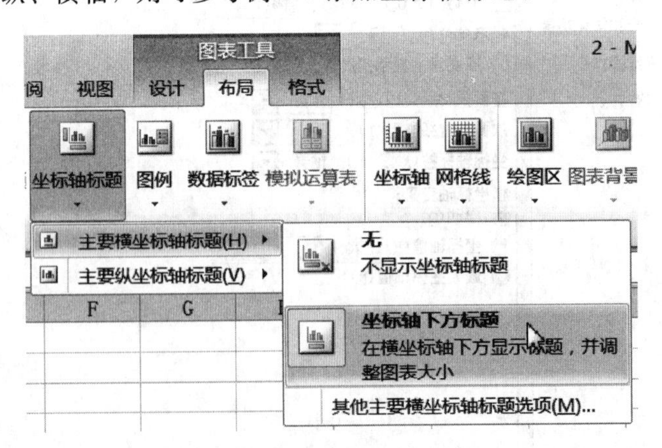

图 2-53　坐标轴标题的添加

(5) 误差线的添加

在绘图时，有时需要将试验误差表达在图形中，在 Excel 中，可以显示使用标准误差量、值的百分比 (5%) 或标准偏差的误差线 (error bar)。误差线是以图形方式显示每个数据点的潜在误差或不确定度。

在【布局】选项卡上的【分析】组中，单击“误差线”，如图 2-54 所示，有“标准误差误差线”、“百分比误差线”和“标准偏差误差线”三种误差线选项。如果单击“其他误差线选项”，则可打开“设置误差线格式”对话框（如图 2-55），这时可对“垂直误差线”或“水平误差线”的有关格式进行设置。注意，误差线的方向取决于图表类型。对于散点图，默认情况下水平误差线和垂直误差线均会显示，可以通过选择这些误差线，然后按 Delete 删除任一误差线。

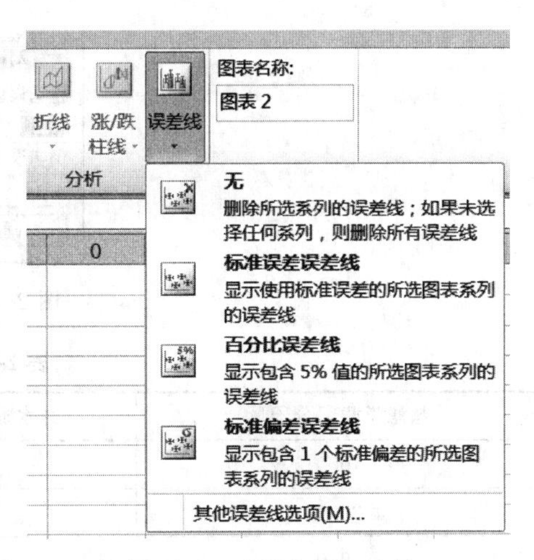

图 2-54 “误差线”选项

在设置误差线格式时，如图 2-55，在“误差量”下有多个操作选项，可在“固定值”、“百分比”、“标准偏差”对话框中对应地输入绝对误差、相对误差和标准偏差。若要使用自定义值确定误差量，则选中“自定义”，单击“指定值”按钮，此时会显示图 2-56 所示的对话框，然后在“正误差值”和“负误差值”框中，输入指定要用作误差量值的工作表区域，或者键入要使用的值（用逗号分隔）。

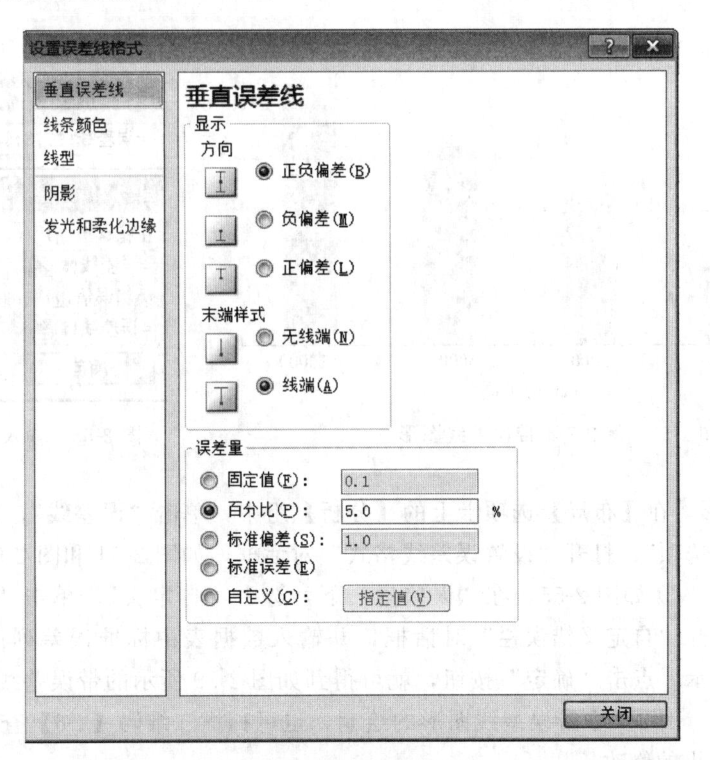

图 2-55 设置误差线格式

例 2-7 测量了不同截留分子量的聚砜超滤膜，在 0.2MPa、25℃时的纯水通量 J [$g/(m^2 \cdot s)$]，对每种膜进行三次平行试验，根据原始试验数据整理出如表 2-7 的试验结果表。试根据表 2-7 中的数据作出图形，并标出误差线（基于标准误差）。

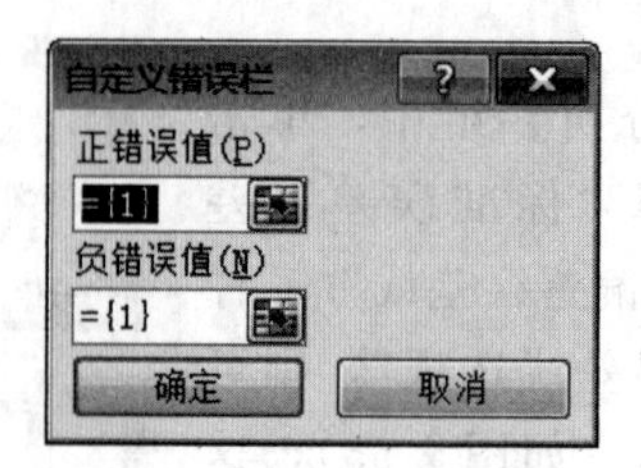

图 2-56 自定义误差量

表 2-7 例 2-7 数据表

超滤膜截留分子量	纯水通量 J/[g/(m²·s)]	标准误差
1000	1.07	0.045
2000	2.06	0.050
5000	2.68	0.073
10000	3.54	0.159

解：① 在 Excel 中列出数据表，作出如图 2-57 所示的不带误差线的柱形图。注意，由于要用柱形图表达试验结果，“截留分子量”为横坐标（分类轴），所以该列数据应该以文本形式输入，而不是数值。

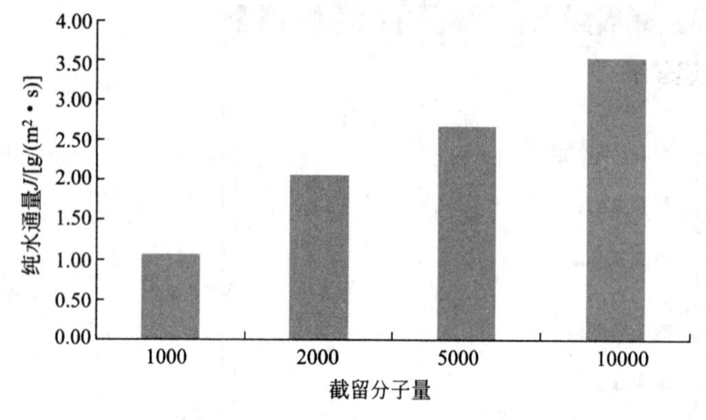

图 2-57 例 2-7 不带误差线图形

图 2-58 输入标准误差值

② 选中图形，在【布局】选项卡上的【分析】组中，单击“误差线”，选中“其他误差线选项”，打开“设置误差线格式”对话框，如图 2-54 和图 2-55 所示。

③ 如图 2-55，在“误差量”下，选中“自定义”，单击“指定值”按钮，打开“自定义错误栏”对话框，并输入数据表中标准误差列区域，如图 2-58 所示。点击“确定”按钮，就可得到如图 2-59 所示的带误差线的图形。

【2-6】

例 2-7 中带误差线图形的绘制，也可扫描二维码【2-6】查看。

（6）图形大小的修改

为了使图形的比例满足需要，可以单击图表区，这时图表边框出现 8 个尺寸控制点，位于 4 个顶点和 4 条边的中点处，用鼠标指向某个操作柄，当鼠标指针呈现双箭头时，按住左键不放，拖动到需要的大小时，松开左键。如果选中的是绘图区，也可用同样的方法改变图形大小。

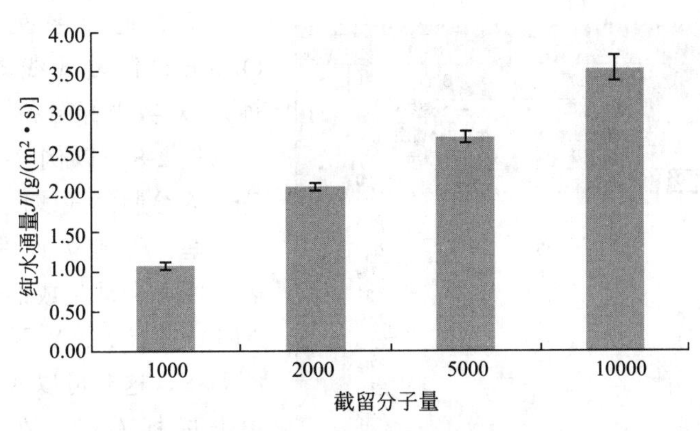

图 2-59 例 2-7 带误差线的图形

还可以使用【图表工具】中【格式】选项卡中“大小”命令（如图 2-60），直接对图形大小进行设置。

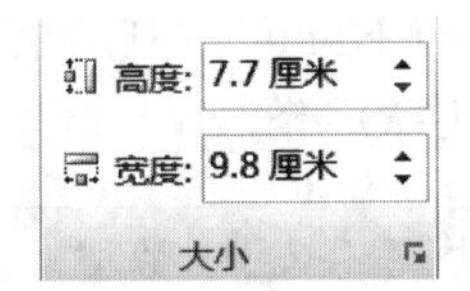

图 2-60 图表大小调整

*2.3.2 Origin 在图形绘制中的应用简介

2.3.2.1 二维图绘制的基本方法

下面通过 Origin pro 9.0 来介绍 Origin 在图形绘制中的应用，基本步骤如下。

（1）工作表的建立

Origin 工作表的主要作用是组织绘图数据，工作表中的数据可用来绘制二维和某些三维图形。打开 Origin 后会自动生成一个空白数据表（如图 2-61 所示），之后就可以在表格中直接输入或粘贴数据，建立完整的数据表。如果要建一个新工作表（New Workbook），可在 Origin 工具栏中直接单击，就可建立一个新空白工作表。

另外，也可以通过单击（或使用快捷键 Ctrl+E），打开已有的 Excel 文件，直接利用 Excel 中的数据表绘图。

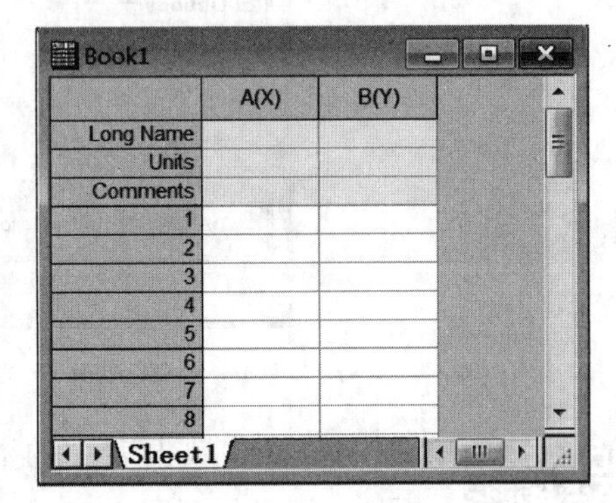

图 2-61 空白数据表

（2）图形的绘制

选中数据表中的数据，然后打开【Plot】菜单，选择图形类别即可；或者在选中数据后，直接单击图形类别工具栏中对应的按钮或子菜单（如图 2-62），就可以得到所需要的图形。

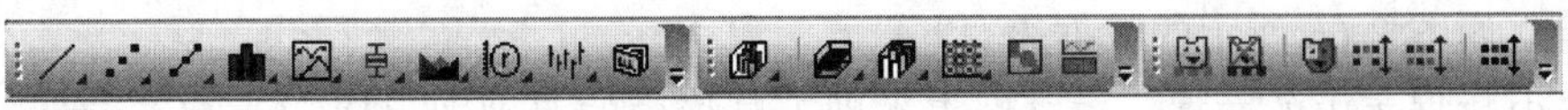

图 2-62 图形类别工具栏

	A(X)	B1(Y)	B2(Y)
Long Name	时间t	失水速率v	失水速率v
Units	h	kg水/(kg树脂·h)	kg水/(kg树脂·h)
Comments		微波法	常规法
1	0	0	0
2	1	3	23
3	2	5.5	23.3
4	3	13.3	23.6
5	4	15.5	22.9
6	5	12.3	23
7	6	11.9	22.9
8	7	11.7	22.5
9	8	11.6	22.4
10	9	11.4	22.5
11	10	11.1	22.3
12			

图 2-63 例 2-8 数据表

下面通过系列实例，介绍利用 Origin 绘制复式线图（单 Y 轴、双 Y 轴）、对数坐标图和三角图的基本方法。

例 2-8 以例 2-3 中数据为例，用 Origin 绘制复式线图（单 Y 轴）。

解：①建立如图 2-63 所示的数据表。由于自动生成的空白数据表（如图 2-61）只有 X、Y 两列，但本例应该有两列 Y，这时可以通过选中 B（Y）列，单击鼠标右键，在快捷菜单中选择“Insert”，就可插入另一个 Y 列。

为了让数据的含义更清楚，可双击列标题，打开“Column Properties”对话框（如图 2-64），可重新设置“Short Name”（列名缩写）、“Long Name”（物理量名称）、“Units”（单位）和“Comments”（注释）等。

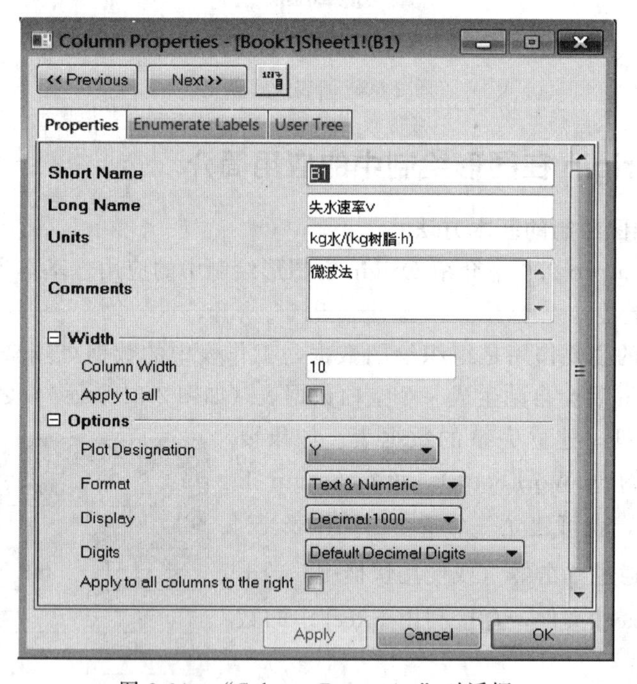

图 2-64 “Column Properties”对话框

【2-7】

② 选中数据表中的数据，单击图表类别工具栏中的（带数据点的线图），即可得到图 2-65 所示的图形。

例 2-8 图形绘制过程，也可扫描二维码【2-7】查看。

例 2-9 以例 2-5 中数据为例，用 Origin 绘制复式线图（双 Y 轴）。

① 建立如图 2-66 所示的数据表。

② 选中数据表中的数据，单击图表类别工具栏中的双轴图（Double-Y）（如图 2-67 所示），即可得到图 2-68 所示的未经编辑的图形。

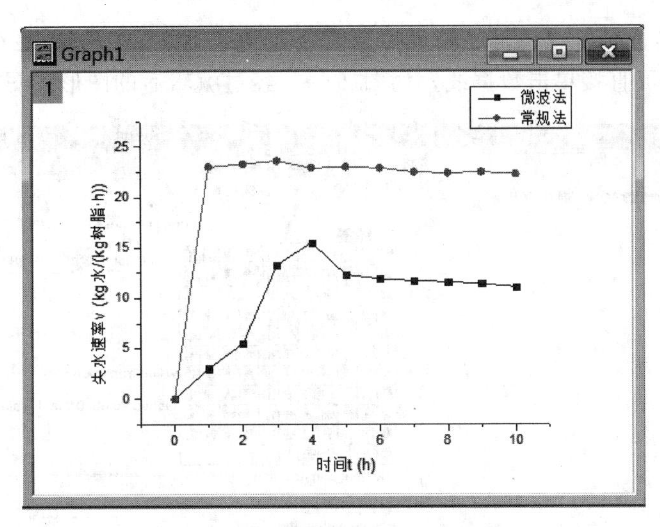

图 2-65 例 2-8 Origin 绘制的复式线图

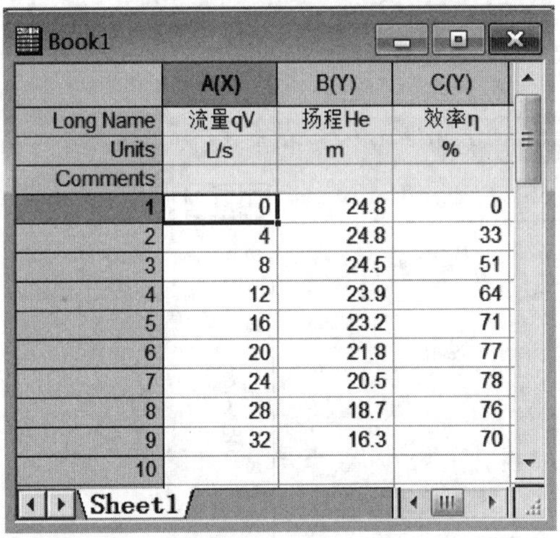

Book1

	A(X)	B(Y)	C(Y)
Long Name	流量qV	扬程He	效率η
Units	L/s	m	%
Comments			
1	0	24.8	0
2	4	24.8	33
3	8	24.5	51
4	12	23.9	64
5	16	23.2	71
6	20	21.8	77
7	24	20.5	78
8	28	18.7	76
9	32	16.3	70
10			

Sheet1

图 2-66 例 2-9 数据表

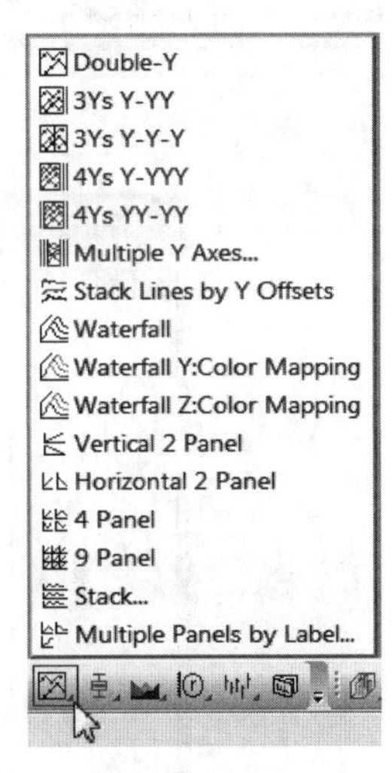

图 2-67 多轴图菜单

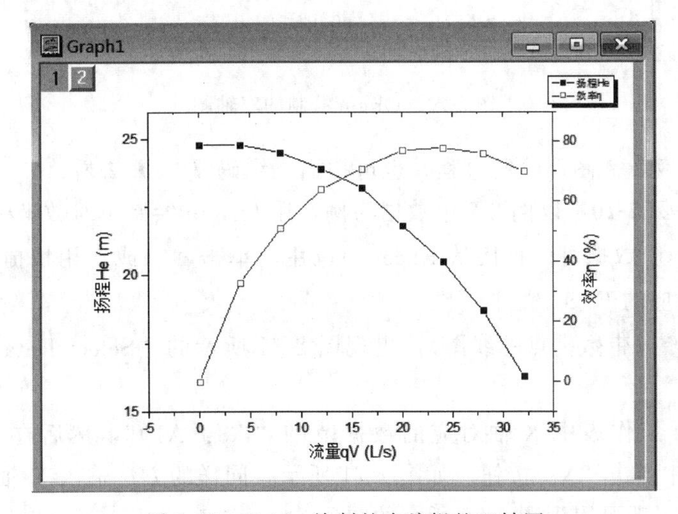

图 2-68 Origin 绘制的未编辑的双轴图

③ 如果要对坐标轴标题进行编辑，可以直接点击进行编辑；如果要对数据点和数据线格式进行编辑，也可直接单击数据线，如图 2-69。经过编辑后的图形如图 2-70 所示。

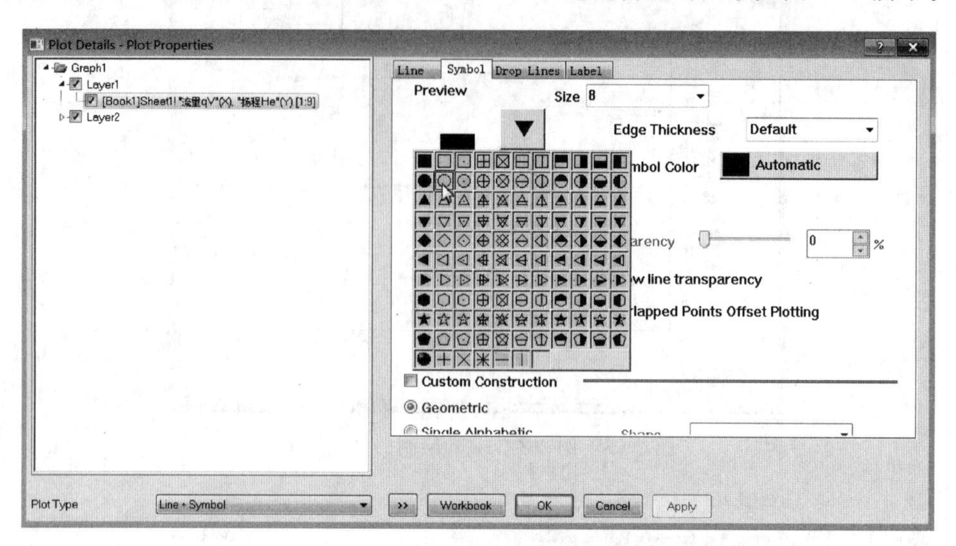

图 2-69 数据线格式设置对话框

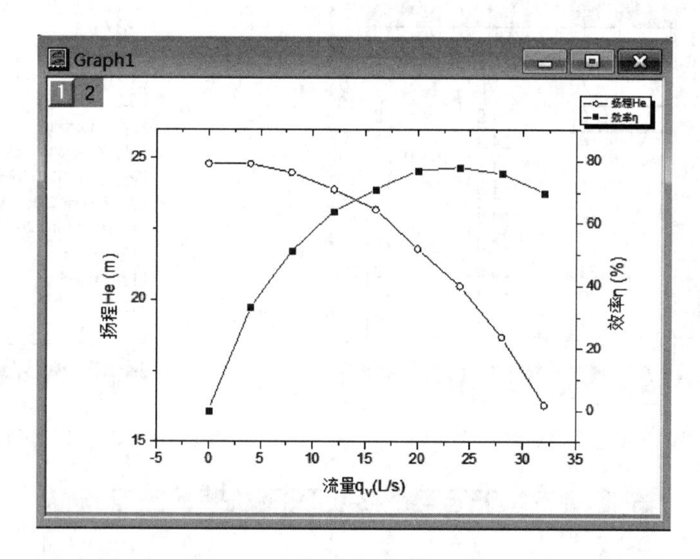

图 2-70 Origin 绘制的双轴图

【2-8】

例 2-9 图形绘制过程，也可扫描二维码【2-8】查看。

例 2-10 以例 2-2 中数据为例，用 Origin 绘制单对数坐标图。

① 数据可以直接从 Excel 中调用，单击 (或使用快捷键 Ctrl+E)，打开对应的 Excel 文件。

② 点击图标 (带数据点的线图)，出现图 2-71 所示的“Select Data for Plotting”对话框。

③ 选中 Excel 工作表中 X 轴对应的数据范围“A3：A10”，然后在“Select Data for Plotting”对话框中点击“X”按钮。如图 2-71 所示，同样的方法输入 Y 轴数据范围。最后点击“Plot”按钮，即可得到图 2-72 所示的图形。

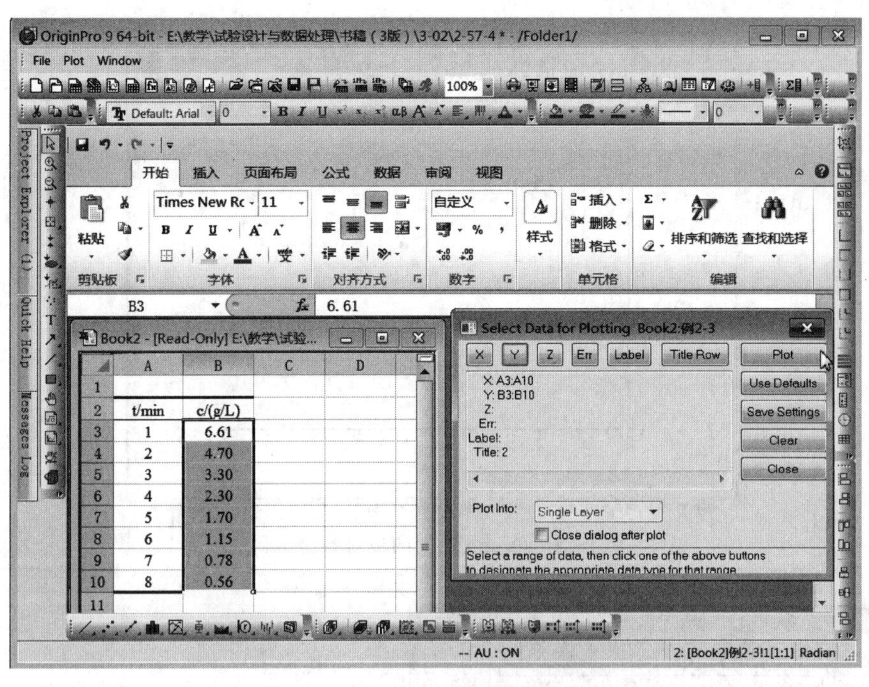

图 2-71 从 Excel 中调用数据作图

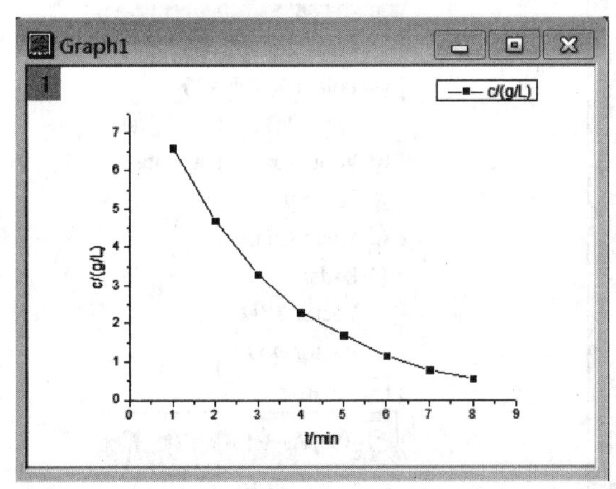

图 2-72 例 2-10 初步生成的图形

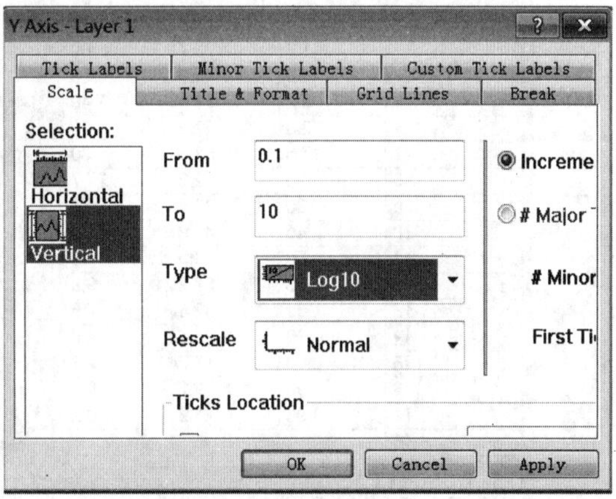

图 2-73 对数轴设置

④ 如果要将纵轴变成对数轴，需双击纵轴，这时会出现图 2-73 所示的设置 Y 轴格式的对话框。在“Type”下拉菜单中选择“Log 10”（常用对数坐标轴），并在“From”和“To”中设置好刻度范围，点击“OK”之后，就可得到图 2-74 所示的单对数坐标图。

【2-9】

例 2-10 图形绘制过程，也可扫描二维码【2-9】查看。

例 2-11 25℃时，乙醇-苯-水物系的相互溶解度数据（质量分数）如图 2-75 所示，试利用 Origin 绘出三元相图。

解：①建立如图 2-75 所示的数据表。注意必须有一个 Z 列和一个 Y 列，如果没有相关的 X 列，工作表会提供 X 的缺省值，因为数据表中每行的 X、Y、Z 具有 X+Y+Z=1 的关系。

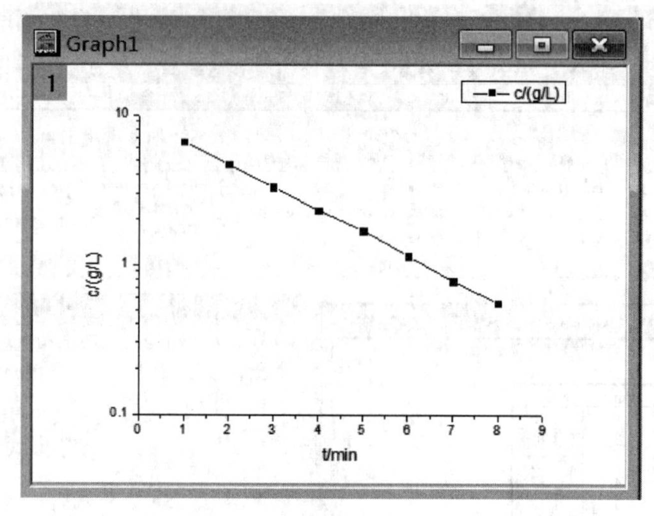

图 2-74 Origin 绘制的单对数坐标图

Book1

	A(X)	B(Y)	C(Z)
Long Name	苯	乙醇	水
Units	%	%	%
Comments			
1	0.1	19.9	80
2	0.4	29.6	70
3	1.3	38.7	60
4	4.4	45.6	50
5	9.2	50.8	40
6	12.8	52.2	35
7	17.5	52.5	30
8	20	52.3	27.7
9	30	49.5	20.5
10	40	44.8	15.2
11	50	39	11
12	53	37.2	9.8
13	60	32.5	7.5
14	70	25.4	4.6
15	80	17.7	2.3
16	90	9.2	0.8
17	95	4.8	0.2
18			

Sheet1

图 2-75 例 2-11 数据表

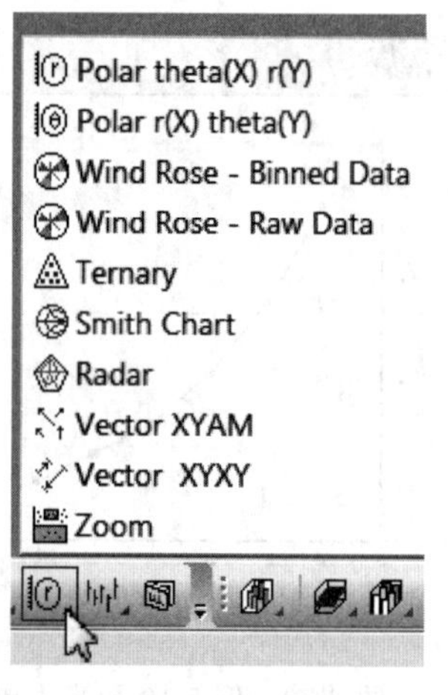

图 2-76 绘制三角图快捷菜单

【2-10】

② 选择数据区域，然后依次选择菜单【Plot】→【Specialized】→ Ternary ，或者在绘图工具快捷菜单中直接单击 Ternary 按钮（如图 2-76），就可得到如图 2-77 所示的三元相图。

例 2-11 图形绘制过程，也可扫描二维码【2-10】查看。

2.3.2.2 三维图的绘制

在 Origin 中绘制三维表面图和三维等高图时，必须采用矩阵结构存放数据，下面通过具体例子来说明上述两种三维图的绘制方法。

例 2-12 为了提高某种淀粉类高吸水性树脂的吸水倍率，在其他合成条件一定的情况下，重点考察丙烯酸中和度和交联剂用量对产品吸水倍率 z 的影响，已知丙烯

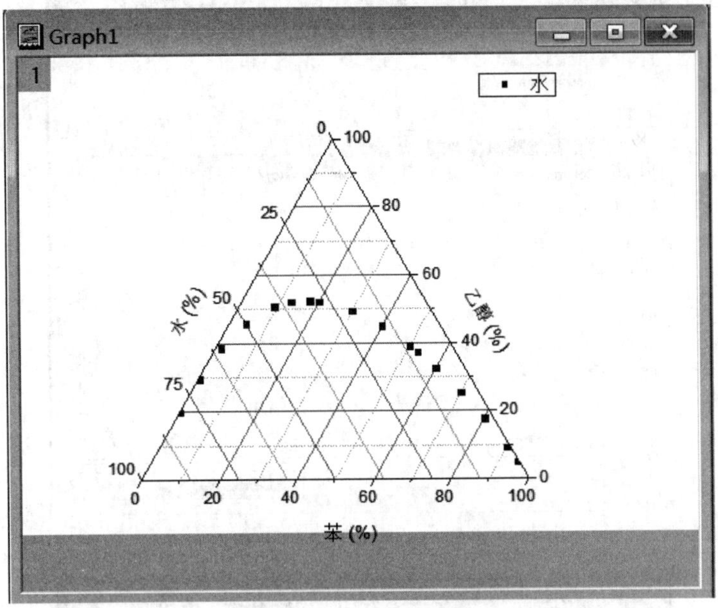

图 2-77 Origin 绘制的三角图

酸中和度（x）的变化范围为 0.7～0.9，交联剂用量（y）的变化范围为 1～3mL，这两个因素与试验指标（z）之间的函数关系如下：

$$z=-1544.0+4539.8x+227.0y-78.0xy-2678.7x^2-48.3y^2$$

试利用 Origin 绘制该曲面图和对应的等高线。

解：① 矩阵的建立。在工具栏中单击新建矩阵按钮，新建一个空矩阵（如图 2-78）。

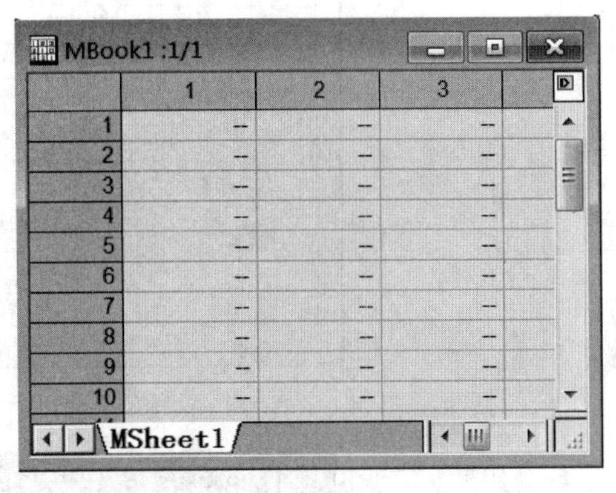

图 2-78 新建的空矩阵

② 选择菜单【Matrix】→【Set Dimensions/Labels…】，打开“Matrix Dimension and Labels”对话框。在“Matrix Dimension”下设置列数（columns）和行数（rows），Origin 的行列数的默认值都为 32，在这里可以不修改；在“xy Mapping”下设置 x 和 y 的取值范围，在本例中 x 的变化范围为 0.7～0.9，y 的变化范围为 1～3，如图 2-79 所示；在“x Labels”、“y Labels”和“z Labels”下分别设置对应坐标轴的物理量名称（Long Name）、单位（Units）和注释（Comments），如图 2-80 所示。最后按“OK”确定。这时可在菜单【View】下打开【Show X/Y】，就可观察矩阵的设置（如图 2-81）。

③ 设置矩阵数据。选择菜单【Matrix】→【Set Values…】，打开“Set Values”对话框（如图 2-82），在“Cell（i，j）＝”文本框中输入两个因素（x，y）与试验指标（z）之间的函数关系：“－1544.0＋4539.8 * x＋227.0 * y－78.0 * x * y－2678.7 * x^2－48.3 * y^2”，按“OK”之后，矩阵中每个单元格的数据就设置完成，如图 2-83 所示。

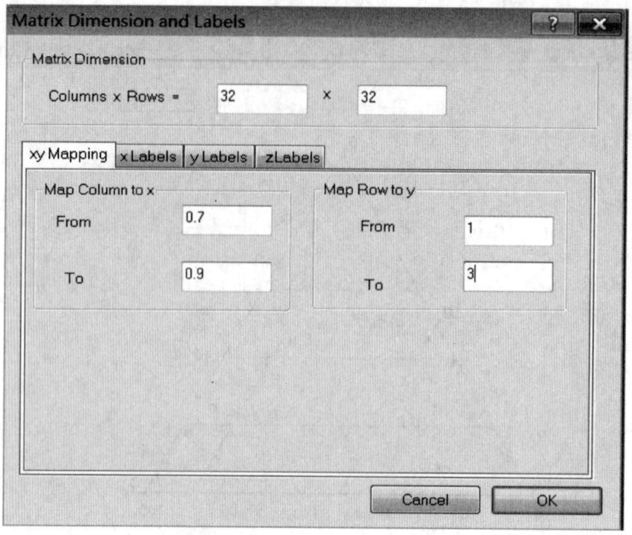

Matrix Dimension and Labels

Matrix Dimension

Columns x Rows = 32 × 32

xy Mapping | x Labels | y Labels | zLabels

Map Column to x: From 0.7 To 0.9

Map Row to y: From 1 To 3

Cancel OK

图 2-79 自变量范围设置

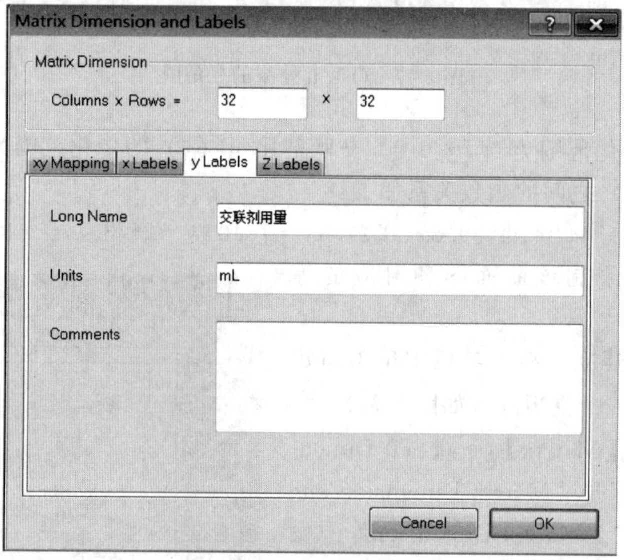

Matrix Dimension and Labels

Matrix Dimension

Columns x Rows = 32 × 32

xy Mapping | x Labels | y Labels | Z Labels

Long Name: 交联剂用量

Units: mL

Comments

Cancel OK

图 2-80 坐标轴标题设置

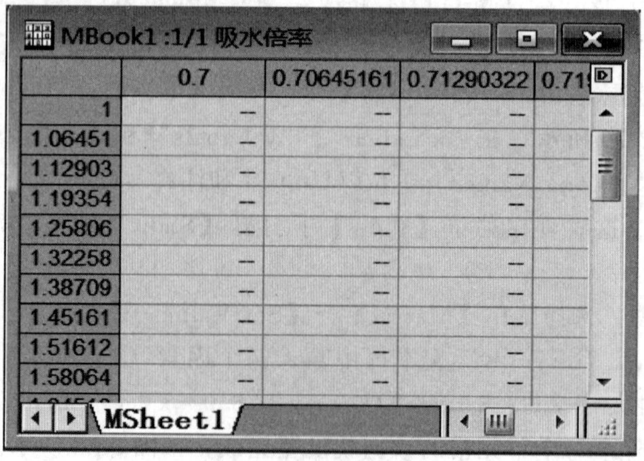

MBook1 :1/1 吸水倍率

	0.7	0.70645161	0.71290322	0.71
1	—	—	—	
1.06451	—	—	—	
1.12903	—	—	—	
1.19354	—	—	—	
1.25806	—	—	—	
1.32258	—	—	—	
1.38709	—	—	—	
1.45161	—	—	—	
1.51612	—	—	—	
1.58064	—	—	—	

MSheet1

图 2-81 矩阵行列设置

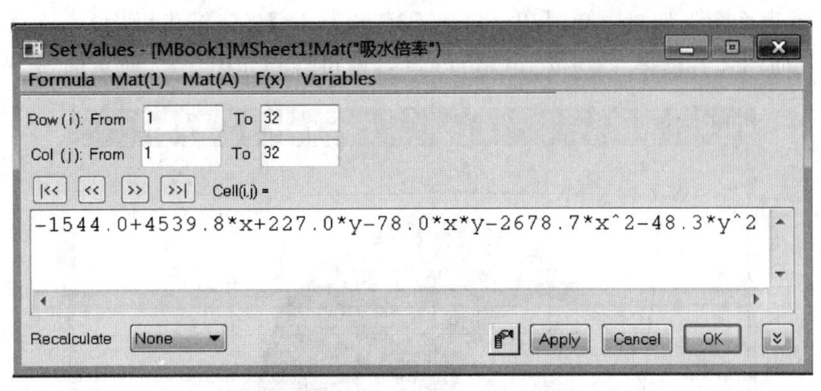

图 2-82 “Set Values”对话框

MBook1 :1/1 吸水倍率

	0.7	0.70645161	0.71290322	0.71
1	445.397	449.8766	454.13321	458
1.06451	450.08628	454.53342	458.75756	462
1.12903	454.37348	458.78815	462.97983	466
1.19354	458.2586	462.6408	466.80001	470
1.25806	461.74164	466.09138	470.21812	474
1.32258	464.8226	469.13987	473.23414	477
1.38709	467.50147	471.78628	475.84809	479
1.45161	469.77827	474.03061	478.05995	48
1.51612	471.65298	475.87285	479.86973	483
1.58064	473.12562	477.31302	481.27743	485

MSheet1

图 2-83 矩阵数据

④ 作等高线图。在矩阵数据页面上，选择菜单【Plot】→【Contour】，【Contour】下有四种形式的等高线图选项，若选择“B/W Lines+Labels”，作出的黑白等高线图如图 2-84 所示。

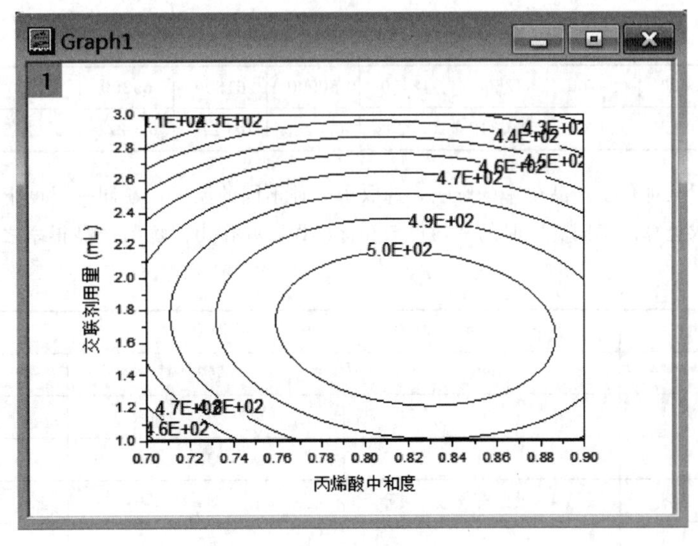

图 2-84 等高线图

⑤ 作三维表面图。选择菜单【Plot】→【3D Surface】(三维表面图)，该菜单下有多种形式的三维表面图，若选择“color fill surface”，即可得到如图 2 85 所示的三维表面图。

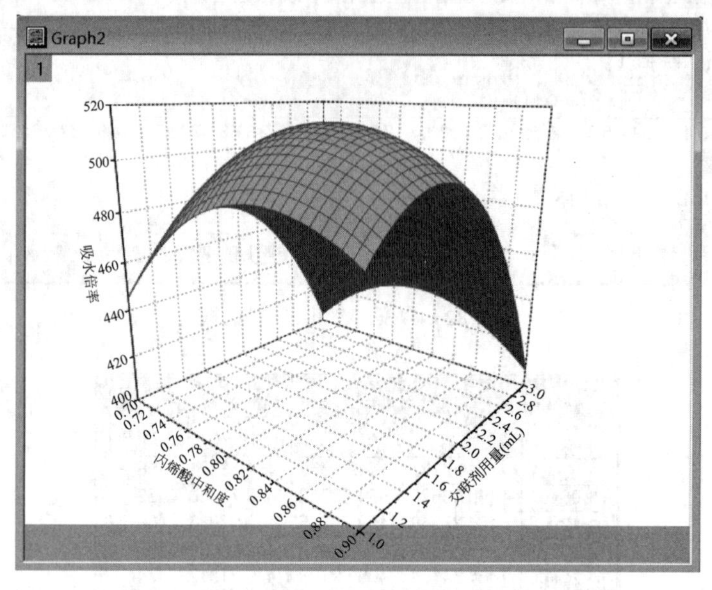

图 2-85 三维表面图

例 2-12 三维图形绘制过程，也可扫描二维码【2-11】查看。

本节（2.3）介绍了 Excel 和 Origin 在图形绘制中的基本应用，如果需要了解更多内容，请读者参考相关书籍。

习 题

1. 在流体阻力实验中，实验数据经过整理后，得到如下表所示的结果表示表，试在双对数坐标中描述 *Re*-λ 关系曲线。

Re	17500	25500	29700	37600	42400	50900	61800	69300	79300	88800	98100
λ	0.0415	0.0355	0.0336	0.0312	0.0302	0.0289	0.0277	0.0271	0.0265	0.0261	0.0257

2. 为考察温度对某种化工产品得率的影响，选取了五种不同的温度，在同一温度下各做三次试验，试验数据如下表。要求计算出不同温度时的平均得率和标准误，并作出温度与产品得率之间的关系曲线（带误差线）。

温度/℃	产品得率/%		
60	90	92	88
65	97	93	92
70	96	96	93
75	84	83	88
80	84	86	82

3. 在利用某种细菌发酵产生纤维素的研究中，选用甘露醇作为碳源，发酵液 pH 值和残糖量随发酵时间而发生变化，试验数据如下：

发酵时间/d	0	1	2	3	4	5	6	7	8
pH 值	5.4	5.8	6	5.9	5.8	5.7	5.6	5.4	5.3
残糖量/(g/L)	24.5	13.3	11.2	10.1	9.5	8.1	7.8	7.2	6.5

试根据上述数据，在一个普通直角坐标系中画出发酵时间与发酵液 pH 值，以及发酵时间与发酵液残糖量的关系曲线，并根据图形说明变化规律。

4. 用大孔吸附树脂纯化某种天然棕色素的实验中，以每克树脂的吸附量作为试验指标，通过静态吸附试验筛选合适的大孔吸附树脂，试验数据如下表所示。试选用合适的图形来表达图中数据。

树脂型号	DA-201	NKA-9	AB-8	D-4006	D-101	S-8	NKA-Ⅱ
吸附量/(mg/g)	17.14	17.77	1.87	13.71	0.55	13.33	3.67

5. 试根据以下两个产地几种植物油的凝固点（℃）数据，画出复式柱形图或条形图。

植物油	凝固点/℃		植物油	凝固点/℃	
	甲	乙		甲	乙
花生油	2.9	3.5	蓖麻油	−0.1	0.5
棉子油	−6.3	−6.2	菜子油	5.3	5.0

6. 脂肪酸是一种重要的工业原料，下表列出了某国脂肪酸的应用领域，试根据这些数据画出饼形图。

应用领域	橡胶工业	合成表面活性剂	润滑油(脂)	肥皂及洗涤剂	金属皂	其他
比例/%	18	11	5	23	21	22

*7. 在一定温度下，测得 A，B，C 三元物系的平衡数据如下表所示。试在三角形坐标图中绘出三元相图。

B	A	C	B	A	C
0.100	0.000	0.900	0.465	0.400	0.135
0.101	0.079	0.820	0.545	0.350	0.105
0.108	0.150	0.742	0.611	0.300	0.089
0.115	0.210	0.675	0.675	0.250	0.075
0.127	0.262	0.611	0.734	0.200	0.066
0.142	0.300	0.558	0.763	0.175	0.062
0.159	0.338	0.503	0.791	0.150	0.059
0.178	0.365	0.457	0.819	0.125	0.056
0.196	0.390	0.414	0.846	0.100	0.054
0.236	0.425	0.339	0.873	0.075	0.052
0.280	0.445	0.275	0.899	0.050	0.051
0.333	0.450	0.217	0.924	0.025	0.051
0.405	0.430	0.165	0.950	0.000	0.050
0.434	0.416	0.150			

*8. 已知 Y 与 X_1、X_2 之间存在如下的函数关系：$Y=18+3.0X_1+0.5X_2-3.5X_1^2-0.9X_2^2+0.5X_1X_2$，其中 X_1、X_2 的取值范围是 $[-1,1]$。试绘出 Y 与 X_1、X_2 之间的三维表面图和等高线图。

3 试验的方差分析

在试验数据的处理过程中，方差分析（analysis of variance，简称 ANOVA）是一种非常实用、有效的统计检验方法，能用于检验试验过程中，有关因素对试验结果影响的显著性。例如，对于某一化学反应，在反应时间、反应温度和压强等条件相同时，想弄清楚不同的催化剂对产物得率是否有显著影响，并从中挑选出最合适的催化剂，这就是一个典型的方差分析问题。所以方差分析实质上是研究自变量（因素）与因变量（试验结果）相互关系的。

在试验中，我们将表示试验结果特性的值，如产品的产量、产品的纯度等称为试验指标（experimental index），可以用它（们）来衡量或考核试验效果。将影响试验指标的条件称为因素（experimental factor）。因素可以分为可控因素和不可控因素，例如反应温度、原料用量、溶液浓度等是可以控制的，而测量误差、气象条件等一般是难以控制的。我们所讨论的因素一般是指可控因素（controllable factor）。方差分析中涉及的因素，可以是数量性的，如反应温度等，也可以是属性因素，如催化剂种类等。因素的不同状态或内容称为水平（level of factor），上例中催化剂的不同种类就称作不同的水平。如果方差分析只针对一个试验因素的，称为单因素方差分析（one-way analysis of variance）。如果同时针对多个试验因素进行，则称为多因素试验方差分析。

3.1 单因素试验的方差分析

3.1.1 单因素试验方差分析基本问题

单因素试验方差分析又称一元方差分析，它是讨论一种因素对试验结果有无显著影响。

设某单因素 A 有 r 种水平 A_1，A_2，…，A_r，在每种水平下的试验结果服从正态分布。如果在各水平下分别做了 $n_i(i=1,2,\cdots,r)$ 次试验，通过单因素试验方差分析可以判断因素 A 对试验结果是否有显著影响。单因素试验方差分析数据表如表 3-1 所示。

表 3-1 单因素试验数据表

试验次数	A_1	A_2	…	A_i	…	A_r
1	x_{11}	x_{21}	…	x_{i1}	…	x_{r1}
2	x_{12}	x_{22}	…	x_{i2}	…	x_{r2}
⋮	⋮	⋮	⋮	⋮	⋮	⋮

续表

试验次数	A_1	A_2	…	A_i	…	A_r
j	x_{1j}	x_{2j}	…	x_{ij}	…	x_{rj}
⋮	⋮	⋮	⋮	⋮	⋮	⋮
n_i	x_{1n1}	x_{2n2}	…	x_{inj}	…	x_{rnr}

表 3-1 中任一试验数据可以表示为 $x_{ij}(i=1,2,\cdots,r;j=1,2,\cdots,n_i)$，其中 i 表示因素 A 对应的水平，j 表示在 i 水平上的第 j 次试验。例如 x_{12} 表示的是 A_1 水平上的第 2 次试验的结果。

3.1.2 单因素试验方差分析基本步骤

为了便于理解，单因素方差分析过程可划分为以下几步。

(1) 计算平均值

如果将每种水平看成一组，令 $\overline{x}_i$ 为第 i 种水平上所有试验值的算术平均值，称为组内平均值，即：

$$\overline{x}_i=\frac{1}{n_i}\sum_{j=1}^{n_i}x_{ij},\ (i=1,2,\cdots,r) \tag{3-1}$$

所以组内和为：

$$T_i=\sum_{j=1}^{n_i}x_{ij}=n_i\overline{x}_i \tag{3-2}$$

总平均 $\overline{x}$ 为所有试验值的算术平均值，即

$$\overline{x}=\frac{1}{n}\sum_{i=1}^{r}\sum_{j=1}^{n_i}x_{ij} \tag{3-3}$$

若将式(3-2) 代入式(3-3)，可以得到总平均另两种计算式：

$$\overline{x}=\frac{1}{n}\sum_{i=1}^{r}n_i\overline{x}_i \tag{3-4}$$

$$\overline{x}=\frac{1}{n}\sum_{i=1}^{r}T_i \tag{3-5}$$

其中 n 表示总试验数，可以用下式计算

$$n=\sum_{i=1}^{r}n_i \tag{3-6}$$

(2) 计算离差平方和

在单因素试验中，各试验结果之间存在差异，这种差异可用离差平方和来表示。

① 总离差平方和　总离差平方和用 SS_T(sum of squares for total) 表示，其计算式为：

$$SS_T=\sum_{i=1}^{r}\sum_{j=1}^{n_i}(x_{ij}-\overline{x})^2 \tag{3-7}$$

它表示了各试验值与总平均值的偏差的平方和，反映了试验结果之间存在的总差异。

② 组间离差平方和　组间离差平方和可以用 SS_A(sum of squares for factor A) 表示，SS_A 计算公式如下：

$$SS_A=\sum_{i=1}^{r}\sum_{j=1}^{n_i}(\overline{x}_i-\overline{x})^2=\sum_{i=1}^{r}n_i(\overline{x}_i-\overline{x})^2 \tag{3-8}$$

由式(3-8) 可以看出，组间离差平方和反映了各组内平均值 $\overline{x}_i$ 之间的差异程度，这种差异是由于因素 A 不同水平的不同作用造成的，所以组间离差平方和又称为水平项离差平方和。

③ 组内离差平方和 组内离差平方和可以用 SS_e(sum of squares for error) 表示，SS_e 计算公式如下：

$$SS_e=\sum_{i=1}^{r}\sum_{j=1}^{n_i}(x_{ij}-\overline{x}_i)^2 \tag{3-9}$$

由式(3-9) 不难看出，组内离差平方和反映了在各水平内，各试验值之间的差异程度，这种差异是由于随机误差的作用产生的，所以组内离差平方和又称为误差项离差平方和。

可以证明这三种离差平方和之间存在如下关系：

$$SS_T=SS_A+SS_e \tag{3-10}$$

这说明了试验值之间的总差异来源于两个方面，一方面是由于因素取不同水平造成的，例如反应温度的不同导致不同的产品得率，这种差异是系统性的；另一方面是由于试验的随机误差产生的差异，例如在相同的温度下，产品得率也不一定相同。

(3) 计算自由度

由离差平方和的计算公式可以看出，在同样的误差程度下，试验数据越多，计算出的离差平方和就越大，因此仅用离差平方和来反映试验值间差异大小还是不够的，还需要考虑试验数据的多少对离差平方和带来的影响，为此需考虑自由度 (degree of freedom)。三种离差平方和对应的自由度分别如下。

SS_T 对应的自由度称为总自由度，即

$$df_T=n-1 \tag{3-11}$$

SS_A 所对应的自由度称为组间自由度，即

$$df_A=r-1 \tag{3-12}$$

SS_e 对应的自由度称为组内自由度，即

$$df_e=n-r \tag{3-13}$$

显然，上述三个自由度的关系为：

$$df_T=df_A+df_e \tag{3-14}$$

(4) 计算平均平方

用离差平方和除以对应的自由度即可得到平均平方 (mean squares)，简称均方。将 SS_A，SS_e 分别除以 df_A，df_e 就可以得到：

$$MS_A=SS_A/df_A \tag{3-15}$$

$$MS_e=SS_e/df_e \tag{3-16}$$

称 MS_A 为组间均方 (mean squares between groups)，MS_e 为组内均方 (mean squares within group)，MS_e 也被称为误差的均方 (error mean square)。

(5) F 检验

组间 (也称水平间) 均方和组内 (也称水平内) 均方之比 F 是一个统计量，即

$$F_A=\frac{\text{组间均方}}{\text{组内均方}}=\frac{MS_A}{MS_e} \tag{3-17}$$

它服从自由度为 (df_A，df_e) 的 F 分布 (F distribution)，对于给定的显著性水平 α，从附录 2 查得临界值 $F_\alpha(df_A, df_e)$，如果 $F_A>F_\alpha(df_A, df_e)$，则认为因素 A 对试验结果有

显著影响，否则认为因素 A 对试验结果没有显著影响。

为了将方差分析的主要过程表现得更清楚，通常将有关的计算结果列成方差分析表，如表 3-2 所示。

表 3-2 单因素试验的方差分析表

差异源	SS	df	MS	F	显著性
组间(因素 A)	SS_A	$r-1$	$MS_A=SS_A/(r-1)$	MS_A/MS_e	
组内(误差)	SS_e	$n-r$	$MS_e=SS_e/(n-r)$		
总和	SS_T	$n-1$			

通常，若 $F_A>F_{0.01}(df_A, df_e)$，就称因素 A 对试验结果有非常显著的影响，用两个“*”号表示；若 $F_{0.05}(df_A, df_e)<F_A<F_{0.01}(df_A, df_e)$，则因素 A 对试验结果有显著的影响，用一个“*”号表示；若 $F_A<F_{0.05}(df_A, df_e)$，则因素 A 对试验结果的影响不显著，不用“*”号。

例 3-1 为考察温度对某种化工产品得率的影响，选取了五种不同的温度，在同一温度下各作三次试验，试验数据如表 3-3。试问温度对得率有无显著影响。

表 3-3 例 3-1 试验结果表

温度/℃	产品得率/%			温度/℃	产品得率/%		
60	90	92	88	75	84	83	88
65	97	93	92	80	84	86	82
70	96	96	93				

解：(1) 计算平均值

依题意，本例为单因素试验的方差分析，单因素为温度，它有 5 种水平，即 $r=5$，在每种水平下做了 3 次试验，故 $n_i=3\ (i=1,2,\cdots,5)$，总试验次数 $n=15$。有关平均值的计算见表 3-4。

表 3-4 例 3-1 计算表

温度/℃	产品得率/%			试验次数 n_i	组内和 T_i	组内平均 $\overline{x}_i$	总平均 $\overline{x}$
60	90	92	88	3	270	90	89.6
65	97	93	92	3	282	94	
70	96	96	93	3	285	95	
75	84	83	88	3	255	85	
80	84	86	82	3	252	84	

(2) 计算离差平方和

$$SS_T=\sum_{i=1}^{5}\sum_{j=1}^{3}(x_{ij}-\overline{x})^2=(90-89.6)^2+(92-89.6)^2+\cdots+(82-89.6)^2=353.6$$

$$SS_A=\sum_{i=1}^{5}n_i(\overline{x}_i-\overline{x})^2=3\times[(90-89.6)^2+(94-89.6)^2+\cdots+(84-89.6)^2]=303.6$$

$$\therefore\quad SS_e=SS_T-SS_A=353.6-303.6=50.0$$

(3) 计算自由度

$$df_T=n-1=15-1=14$$

$$df_A=r-1=5-1=4$$

$$df_e=n-r=15-5=10$$

（4）计算均方

$$MS_A = SS_A / df_A = 303.6/4 = 75.9$$
$$MS_e = SS_e / df_e = 50.0/10 = 5.0$$

（5）F 检验

$$F_A = \frac{MS_A}{MS_e} = \frac{75.9}{5.0} = 15.2$$

从 F 分布表中查得 $F_{0.05}(df_A, df_e) = F_{0.05}(4, 10) = 3.48$，$F_{0.01}(4, 10) = 5.99$，所以因素 A，即温度对产品得率有非常显著的影响。最后将有关计算结果列于方差分析表中，如表 3-5 所示。

表 3-5 例 3-1 方差分析表

差异源	SS	df	MS	F	显著性
温度(组间)	303.6	4	75.9	15.2	* *
误差(组内)	50.0	10	5.0		
总和	353.6	14			

3.1.3 Excel 在单因素试验方差分析中的应用

可利用 Excel“分析工具库”中的“单因素方差分析”工具来进行单因素试验的方差分析，下面举例说明。

例 3-2 对于例 3-1 中试验数据，试用 Excel 的“单因素方差分析”工具来判断温度对产品得率是否有显著影响。

解：本例求解过程可扫描二维码【3-1】查看，具体步骤如下。

① 在 Excel 中将待分析的数据列成表格，如图 3-1 所示。图中的数据是按行组织的，也可以按列来组织。

【3-1】

	A	B	C	D
1				
2	温度	得 率（%）		
3	60℃	90	92	88
4	65℃	97	93	92
5	70℃	96	96	93
6	75℃	84	83	88
7	80℃	84	86	82

图 3-1 单因素方差分析数据

② 在【数据】选项卡【分析】命令组中，单击“数据分析”命令按钮，打开分析工具库，选中“方差分析：单因素方差分析”工具，即可弹出“单因素方差分析”对话框，如图 3-2 所示。

③ 按图 3-2 所示的方式填写对话框。

a. 输入区域：在此输入待分析数据区域的单元格引用。该引用必须由两个或两个以上按列或行组织的相邻数据区域组成，如图 3-2 所示。

b. 分组方式：如果需要指出输入区域中的数据是按行还是按列排列，请单击“行”或

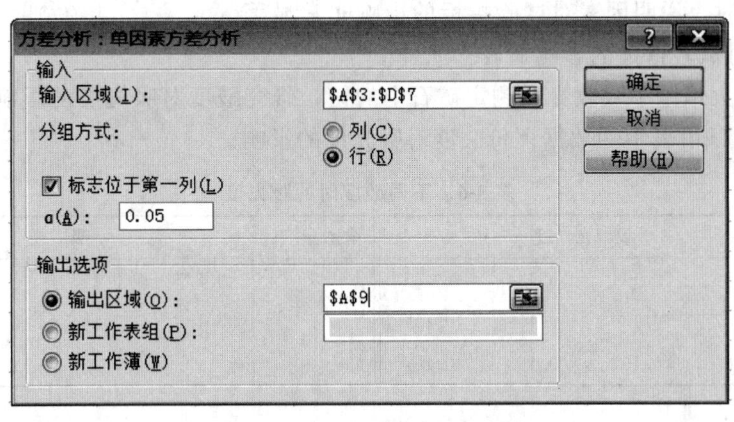

图 3-2　单因素方差分析对话框

“列”。在本例中数据是按行排列的。

c. 如果输入区域的第一行中包含标志项，则选中“标志位于第一行”复选框；如果输入区域的第一列中包含标志项，则选中“标志位于第一列”复选框；如果输入区域没有标志项，则该复选框不会被选中，Microsoft Excel 将在输出表中生成适宜的数据标志。本例的输入区域中包含了温度标志列。

d. α(A)：在此输入计算 F 检验临界值的置信度，或称显著性水平（默认值为 0.05）。

e. 输出方式：选择“输出区域”，并输入对于输出表左上角单元格的引用。本例所选的输出区域左上角的单元格为当前工作表的 A10 单元格，输出结果见图 3-3。

④ 按要求填完单因素方差分析对话框之后，单击“确定”按钮，即可得到方差分析的结果，如图 3-3 所示。

	A	B	C	D	E	F	G
9	方差分析：单因素方差分析						
10							
11	SUMMARY						
12	组	观测数	求和	平均	方差		
13	60℃	3	270	90	4		
14	65℃	3	282	94	7		
15	70℃	3	285	95	3		
16	75℃	3	255	85	7		
17	80℃	3	252	84	4		
18							
19							
20	方差分析						
21	差异源	SS	df	MS	F	P-value	F crit
22	组间	303.6	4	75.9	15.18	0.00030	3.478
23	组内	50	10	5			
24							
25	总计	353.6	14				

图 3-3　单因素方差分析结果

由图 3-3 所得到的方差分析表与例 3-1 是一致的，其中 F crit 是显著性水平为 0.05 时 F 临界值，也就是从 F 分布表中查到的 $F_{0.05}(4,10)$，所以当 $F>$F crit 时，因素（温度）对试验指标（得率）有显著影响。P-value 表示的是因素对试验结果无显著影响的概率，当

P-value≤0.01 时，说明因素对试验指标的影响非常显著（* *）；当 0.01＜P-value≤0.05 时，说明因素对试验指标的影响显著（*）。

例 3-3 用火焰原子吸收光谱测定矿石中的铋，研究酸度对吸光度的影响，得到如表 3-6 所示的结果。试由表中的数据评价酸度对吸光度的影响。

表 3-6 不同酸度时的吸光度

含酸量/%	吸光度				含酸量/%	吸光度			
0	0.140	0.141	0.144		3	0.175	0.173		
1	0.152	0.150	0.156	0.154	4	0.180	0.184	0.182	0.186
2	0.160	0.158	0.163	0.161					

解：依题意，需考察的单因素为酸度，有 5 种水平，而且在不同水平上试验次数不同。利用 Excel“分析工具库”中的“方差分析：单因素方差分析”工具，如果取 $\alpha=0.01$，数据区域不包含标志，可得到如图 3-4 所示的分析结果。

方差分析：单因素方差分析

SUMMARY

组	观测数	求和	平均	方差
行 1	3	0.425	0.142	4.33E-06
行 2	4	0.612	0.153	6.67E-06
行 3	4	0.642	0.161	4.33E-06
行 4	2	0.348	0.174	2.00E-06
行 5	4	0.732	0.183	6.67E-06

方差分析

差异源	SS	df	MS	F	P-value	F crit
组间	3.62E-03	4	9.06E-04	170.8	1.83E-10	5.412
组内	6.37E-05	12	5.31E-06			
总计	3.69E-03	16				

图 3-4 例 3-3 方差分析结果

【3-2】

根据图 3-4 所示结果，$F>F_{0.01}(4,12)=5.41$，P-value＜0.01，因此酸度对吸光度有非常显著的影响，在试验的酸度范围内，吸光度随酸度的增加而增大。

本例解题过程，可扫描二维码【3-2】查看。

应当注意的是，对于单因素多水平的试验，各水平上试验次数 n_i 可以相同，也可以不同，在总的试验次数 n 相同时，n_i 相同时的试验精度更高一些，因此，应尽量安排 n_i 相同的单因素多水平试验。

3.2 双因素试验的方差分析

双因素试验的方差分析（two-way analysis of variance）是讨论两个因素对试验结果影响的显著性，所以又称二元方差分析。根据两因素每种组合水平上的试验次数，可以将双因素试验的方差分析分为无重复试验和重复试验的方差分析。

3.2.1 双因素无重复试验的方差分析

设在某试验中，有两个因素A和B在变化，A有r种水平A_1，A_2，…，A_r，B有s种水平B_1，B_2，…，B_s，在每一种组合水平（A_i，B_j）上做1次试验，试验结果为$x_{ij}(i=1,2,\cdots,r;j=1,2,\cdots,s)$，所有$x_{ij}$相互独立，且服从正态分布。双因素无重复试验数据如表3-7所示。

表3-7 双因素无重复试验数据表

因素	B_1	B_2	…	B_s
A_1	x_{11}	x_{12}	…	x_{1s}
A_2	x_{21}	x_{22}	…	x_{2s}
⋮	⋮	⋮	⋮	⋮
A_r	x_{r1}	x_{r2}	…	x_{rs}

对于任一个试验值x_{ij}，其中i表示A因素对应的水平，j表示B因素对应的水平。例如，x_{12}表示的是在（A_1，B_2）组合水平上的试验。显然总试验次数$n=rs$。

双因素无重复试验的方差分析的基本步骤如下：

（1）计算平均值

令

$$\overline{x}=\frac{1}{rs}\sum_{i=1}^{r}\sum_{j=1}^{s}x_{ij} \tag{3-18}$$

$$\overline{x}_{i\cdot}=\frac{1}{s}\sum_{j=1}^{s}x_{ij} \tag{3-19}$$

$$\overline{x}_{\cdot j}=\frac{1}{r}\sum_{i=1}^{r}x_{ij} \tag{3-20}$$

所以有：

$$\overline{x}=\frac{1}{r}\sum_{i=1}^{r}\overline{x}_{i\cdot}=\frac{1}{s}\sum_{j=1}^{s}\overline{x}_{\cdot j} \tag{3-21}$$

式中 $\overline{x}$——所有试验值的算术平均值，称为总平均；

$\overline{x}_{i\cdot}$——A_i水平时所有试验值的算术平均值；

$\overline{x}_{\cdot j}$——B_j水平时所有试验值的算术平均值。

（2）计算离差平方和

总离差平方和

$$SS_{\mathrm{T}}=\sum_{i=1}^{r}\sum_{j=1}^{s}(x_{ij}-\overline{x})^2=SS_{\mathrm{A}}+SS_{\mathrm{B}}+SS_{\mathrm{e}} \tag{3-22}$$

其中：

$$SS_{\mathrm{A}}=\sum_{j=1}^{s}\sum_{i=1}^{r}(\overline{x}_{i\cdot}-\overline{x})^2=s\sum_{i=1}^{r}(\overline{x}_{i\cdot}-\overline{x})^2 \tag{3-23}$$

$$SS_{\mathrm{B}}=\sum_{i=1}^{r}\sum_{j=1}^{s}(\overline{x}_{\cdot j}-\overline{x})^2=r\sum_{j=1}^{s}(\overline{x}_{\cdot j}-\overline{x})^2 \tag{3-24}$$

$$SS_{\mathrm{e}}=\sum_{i=1}^{r}\sum_{j=1}^{s}(x_{ij}-\overline{x}_{i\cdot}-\overline{x}_{\cdot j}+\overline{x})^2 \tag{3-25}$$

称 SS_A 为因素 A 引起离差的平方和，SS_B 为因素 B 引起离差的平方和，SS_e 为误差平方和。

（3）计算自由度

SS_A 的自由度为：

$$df_A = r-1 \tag{3-26}$$

SS_B 的自由度为：

$$df_B = s-1 \tag{3-27}$$

SS_e 的自由度为：

$$df_e = (r-1)(s-1) \tag{3-28}$$

SS_T 的自由度为：

$$df_T = n-1 = rs-1 \tag{3-29}$$

显然：

$$df_T = df_A + df_B + df_e \tag{3-30}$$

（4）计算均方

$$MS_A = \frac{SS_A}{r-1} \tag{3-31}$$

$$MS_B = \frac{SS_B}{s-1} \tag{3-32}$$

$$MS_e = \frac{SS_e}{(r-1)(s-1)} \tag{3-33}$$

（5）F 检验

$$F_A = \frac{MS_A}{MS_e} \tag{3-34}$$

$$F_B = \frac{MS_B}{MS_e} \tag{3-35}$$

其中 F_A 服从自由度为（df_A，df_e）的 F 分布，对于给定的显著性水平 α，若 $F_A > F_\alpha(df_A, df_e)$，则认为因素 A 对试验结果有显著影响，否则无显著影响；F_B 服从自由度为（df_B，df_e）的 F 分布，若 $F_B > F_\alpha(df_B, df_e)$，则认为因素 B 对试验结果有显著影响，否则无显著影响。最后列出方差分析表，如表 3-8 所示。

表 3-8　无重复试验双因素方差分析表

差异源	SS	df	MS	F	显著性
因素 A	SS_A	$r-1$	$MS_A=\frac{SS_A}{r-1}$	$F_A=\frac{MS_A}{MS_e}$	
因素 B	SS_B	$s-1$	$MS_B=\frac{SS_B}{s-1}$	$F_B=\frac{MS_B}{MS_e}$	
误差	SS_e	$(r-1)(s-1)$	$MS_e=\frac{SS_e}{(r-1)(s-1)}$		
总和	SS_T	$rs-1$			

3.2.2 双因素重复试验的方差分析

在以上的讨论中，我们假设两因素是相互独立的。但是，在双因素试验中，有时还存在着两因素对试验结果的联合影响，这种联合影响称作交互作用（interaction）。例如，若因素 A 的数值和水平发生变化时，试验指标随因素 B 的变化规律也发生变化，反之，若因素 B 的数值或水平发生变化时，试验指标随因素 A 的变化规律也发生变化，则称因素 A、B 间有交互作用，记为 A×B。如果要检验交互作用对试验指标的影响是否显著，则要求在两个因素的每一个组合（A_i，B_j）上至少做 2 次试验。

设在某项试验中，有 A，B 两个因素在变化，A 有 r 种水平 A_1，A_2，…，A_r，B 有 s 种水平 B_1，B_2，…，B_s，为研究交互作用 A×B 的影响，在每一种组合水平（A_i，B_j）上重复做 $c(c\geqslant 2)$ 次试验（称为等重复性试验），每个试验值记为 $x_{ijk}(i=1,2,\cdots,r;j=1,2,\cdots,s;k=1,2,\cdots,c)$，如表 3-9 所示。

表 3-9 双因素重复试验方差分析试验表

因素	B_1	B_2	…	B_s
A_1	$x_{111},x_{112},\cdots,x_{11c}$	$x_{121},x_{122},\cdots,x_{12c}$	…	$x_{1s1},x_{1s2},\cdots,x_{1sc}$
A_2	$x_{211},x_{212},\cdots,x_{21c}$	$x_{221},x_{222},\cdots,x_{22c}$	…	$x_{2s1},x_{2s2},\cdots,x_{2sc}$
⋮	⋮	⋮	⋮	⋮
A_r	$x_{r11},x_{r12},\cdots,x_{r1c}$	$x_{r21},x_{r22},\cdots,x_{r2c}$	…	$x_{rs1},x_{rs2},\cdots,x_{rsc}$

从表 3-9 可以看出，对于任一个试验值 x_{ijk}，其中 i 表示 A 因素对应的水平，j 表示 B 因素对应的水平，k 表示在组合水平（A_i，B_j）上的第 k 次试验。例如，x_{123} 表示的是在（A_1，B_2）组合水平上的第 3 次试验。显然总试验次数 $n=rsc$。

双因素等重复试验的方差分析的基本步骤如下。

（1）计算平均值

令

$$\bar{x}=\frac{1}{rsc}\sum_{i=1}^{r}\sum_{j=1}^{s}\sum_{k=1}^{c}x_{ijk} \tag{3-36}$$

$$\bar{x}_{ij\cdot}=\frac{1}{c}\sum_{k=1}^{c}x_{ijk},i=1,2,\cdots,r;j=1,2,\cdots,s \tag{3-37}$$

$$\bar{x}_{i\cdot\cdot}=\frac{1}{sc}\sum_{j=1}^{s}\sum_{k=1}^{c}x_{ijk}=\frac{1}{s}\sum_{j=1}^{s}\bar{x}_{ij\cdot},i=1,2,\cdots,r \tag{3-38}$$

$$\bar{x}_{\cdot j\cdot}=\frac{1}{rc}\sum_{i=1}^{r}\sum_{k=1}^{c}x_{ijk}=\frac{1}{r}\sum_{i=1}^{r}\bar{x}_{ij\cdot},j=1,2,\cdots,s \tag{3-39}$$

式中 $\bar{x}$——所有试验值的算术平均值，称为总平均；

$\bar{x}_{ij\cdot}$——在任一组合水平（A_i，B_j）上的 c 次试验值的算术平均值；

$\bar{x}_{i\cdot\cdot}$——A_i 水平时所有试验值的算术平均值；

$\bar{x}_{\cdot j\cdot}$——B_j 水平时所有试验值的算术平均值。

这些平均值的含义可参见表 3-10。

表 3-10 各种平均值之间的关系

因素	B_1	B_2	…	B_s	$\bar{x}_{i\cdot\cdot}$
A_1	$\bar{x}_{11\cdot}$	$\bar{x}_{12\cdot}$	…	$\bar{x}_{1s\cdot}$	$\bar{x}_{1\cdot\cdot}$
A_2	$\bar{x}_{21\cdot}$	$\bar{x}_{22\cdot}$	…	$\bar{x}_{2s\cdot}$	$\bar{x}_{2\cdot\cdot}$
⋮	⋮	⋮	⋮	⋮	⋮
A_r	$\bar{x}_{r1\cdot}$	$\bar{x}_{r2\cdot}$	…	$\bar{x}_{rs\cdot}$	$\bar{x}_{r\cdot\cdot}$
$\bar{x}_{\cdot j\cdot}$	$\bar{x}_{\cdot 1\cdot}$	$\bar{x}_{\cdot 2\cdot}$	…	$\bar{x}_{\cdot s\cdot}$	$\bar{x}$

（2）计算离差平方和

总离差平方和

$$SS_{T}=\sum_{i=1}^{r}\sum_{j=1}^{s}\sum_{k=1}^{c}(x_{ijk}-\overline{x})^{2}=SS_{A}+SS_{B}+SS_{A\times B}+SS_{e} \tag{3-40}$$

其中

$$SS_{A}=sc\sum_{i=1}^{r}(\overline{x}_{i\cdot\cdot}-\overline{x})^{2} \tag{3-41}$$

$$SS_{B}=rc\sum_{j=1}^{s}(\overline{x}_{\cdot j\cdot}-\overline{x})^{2} \tag{3-42}$$

$$SS_{A\times B}=c\sum_{i=1}^{r}\sum_{j=1}^{s}(\overline{x}_{ij\cdot}-\overline{x}_{i\cdot\cdot}-\overline{x}_{\cdot j\cdot}+\overline{x})^{2} \tag{3-43}$$

$$SS_{e}=\sum_{i=1}^{r}\sum_{j=1}^{s}\sum_{k=1}^{c}(x_{ijk}-\overline{x}_{ij\cdot})^{2} \tag{3-44}$$

称 SS_A 为因素 A 引起的离差平方和，SS_B 为因素 B 引起的离差平方和，$SS_{A\times B}$ 为交互作用 A×B 引起的离差平方和，SS_e 为误差平方和。

（3）计算自由度

SS_A 的自由度为：

$$df_{A}=r-1 \tag{3-45}$$

SS_B 的自由度为：

$$df_{B}=s-1 \tag{3-46}$$

$SS_{A\times B}$ 的自由度为：

$$df_{A\times B}=(r-1)(s-1) \tag{3-47}$$

SS_e 的自由度为：

$$df_{e}=rs(c-1) \tag{3-48}$$

SS_T 的自由度为：

$$df_{T}=n-1=rsc-1 \tag{3-49}$$

显然：

$$df_{T}=df_{A}+df_{B}+df_{A\times B}+df_{e} \tag{3-50}$$

（4）计算均方

$$MS_{A}=\frac{SS_{A}}{r-1} \tag{3-51}$$

$$MS_{B}=\frac{SS_{B}}{s-1} \tag{3-52}$$

$$MS_{A\times B}=\frac{SS_{A\times B}}{(r-1)(s-1)} \tag{3-53}$$

$$MS_{e}=\frac{SS_{e}}{rs(c-1)} \tag{3-54}$$

（5）F 检验

$$F_{A}=\frac{MS_{A}}{MS_{e}} \tag{3-55}$$

$$F_B=\frac{MS_B}{MS_e} \tag{3-56}$$

$$F_{A\times B}=\frac{MS_{A\times B}}{MS_e} \tag{3-57}$$

其中 F_A 服从自由度为（df_A，df_e）的 F 分布，对于给定的显著性水平 α，若 $F_A>F_\alpha(df_A, df_e)$，则认为因素 A 对试验结果有显著影响，否则无显著影响；F_B 服从自由度为（df_B，df_e）的 F 分布，若 $F_B>F_\alpha(df_B, df_e)$，则认为因素 B 对试验结果有显著影响，否则无显著影响；$F_{A\times B}$ 服从自由度为（$df_{A\times B}$，df_e）的 F 分布，若 $F_{A\times B}>F_\alpha(df_{A\times B}, df_e)$，则认为交互作用 A×B 对试验结果有显著影响，否则无显著影响。

最后列出方差分析表，如表 3-11 所示。

表 3-11 有交互作用双因素试验的方差分析表

差异源	SS	df	MS	F	显著性
因素 A	SS_A	$r-1$	$MS_A=\frac{SS_A}{r-1}$	$F_A=\frac{MS_A}{MS_e}$	
因素 B	SS_B	$s-1$	$MS_B=\frac{SS_B}{s-1}$	$F_B=\frac{MS_B}{MS_e}$	
交互作用 A×B	$SS_{A\times B}$	$(r-1)(s-1)$	$MS_{A\times B}=\frac{SS_{A\times B}}{(r-1)(s-1)}$	$F_{A\times B}=\frac{MS_{A\times B}}{MS_e}$	
误差	SS_e	$rs(c-1)$	$MS_e=\frac{SS_e}{rs(c-1)}$		
总和	SS_T	$rsc-1$			

3.2.3 Excel 在双因素方差分析中的应用

(1) Excel 在双因素无重复试验方差分析中的应用

下面以例 3-4 为例，介绍如何利用“分析工具库”中的“无重复双因素方差分析”工具，来判断两个因素对试验结果是否有显著影响。

例 3-4 为了考察 pH 值和硫酸铜溶液浓度对化验血清中白蛋白与球蛋白的影响，对蒸馏水中的 pH 值（A）取了 4 个不同水平，对硫酸铜溶液浓度（B）取了 3 个不同水平，在不同水平组合下各测了一次白蛋白与球蛋白之比，其结果如图 3-5 所示。试检验两个因素对化验结果有无显著影响。

	A	B	C	D
1				
2	pH值	硫酸铜溶液浓度		
3		B_1	B_2	B_3
4	A_1	3.5	2.3	2.0
5	A_2	2.6	2.0	1.9
6	A_3	2.0	1.5	1.2
7	A_4	1.4	0.8	0.3

图 3-5 例 3-4 数据

解： ① 在 Excel 中将待分析的数据列成表格，如图 3-5 所示。

② 在【数据】选项卡【分析】命令组中，单击“数据分析”，打开分析工具库，选中“方差分析：无重复双因素分析”，即可弹出无重复双因素方差分析对话框，如图 3-6 所示。

③ 按图 3-6 所示的方式填写对话框。在本例中，由于所选的数据区域包括标志行和列，所以选中“标志”复选框。其他的操作与单因素方差分析是相同的。方差分析结果如图 3-7 所示。

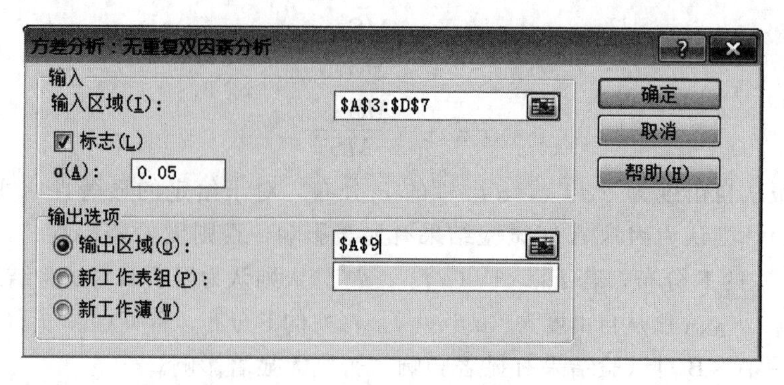

图 3-6 “无重复双因素方差分析”对话框

	A	B	C	D	E	F	G
9	方差分析：无重复双因素分析						
10							
11	SUMMARY	观测数	求和	平均	方差		
12	A1	3	7.8	2.6	0.63		
13	A2	3	6.5	2.2	0.14		
14	A3	3	4.7	1.6	0.16		
15	A4	3	2.5	0.8	0.30		
16							
17	B1	4	9.5	2.4	0.80		
18	B2	4	6.6	1.7	0.43		
19	B3	4	5.4	1.4	0.62		
20							
21							
22	方差分析						
23	差异源	SS	df	MS	F	P-value	F crit
24	行	5.3	3	1.8	40.9	0.00022	4.757
25	列	2.2	2	1.1	25.8	0.0011	5.143
26	误差	0.3	6	0.043			
27							
28	总计	7.8	11				

图 3-7 无重复双因素方差分析结果

由图 3-7，“行”代表的是 pH 值，“列”代表的是硫酸铜溶液浓度，根据 P-value＜0.01，可判断两因素都对分析结果有非常显著（* *）的影响。

本例解题过程还可扫描二维码【3-3】查看。

（2）Excel 在双因素重复试验方差分析中的应用

下面以例 3-5 为例，介绍如何利用“分析工具库”中的“重复双因素方差分析”工具，来判断两个因素和交互作用对试验结果是否有显著影响。

例 3-5 表 3-12 给出了某种化工产品在 3 种浓度、4 种温度水平下得率的数据，试检验各因素及交互作用对产品得率的影响是否显著。

表 3-12 不同浓度和温度时产品的得率 单位：%

浓度/%	10℃	24℃	38℃	52℃
2	14,10	11,11	13,9	10,12
4	9,7	10,8	7,11	6,10
6	5,11	13,14	12,13	14,10

解： 本例求解过程可扫描二维码【3-4】查看，具体步骤如下。

① 在 Excel 中将待分析的数据列成表格，如图 3-8 所示。注意，在每种组合水平上有重复试验，但不能将它们填在同一单元格中，而是应该按照图 3-8 的格式组织数据，而且不能省略标志行和列。

	A	B	C	D	E
1		10/℃	24/℃	38/℃	52/℃
2	2%	14	11	13	10
3		10	11	9	12
4	4%	9	10	7	6
5		7	8	11	10
6	6%	5	13	12	14
7		11	14	13	10

【3-4】

图 3-8　可重复双因素方差分析数据

② 在【数据】选项卡【分析】命令组中，单击“数据分析”，打开分析工具库，选中“方差分析：可重复双因素分析”，即可弹出可重复双因素方差分析对话框，如图 3-9 所示。

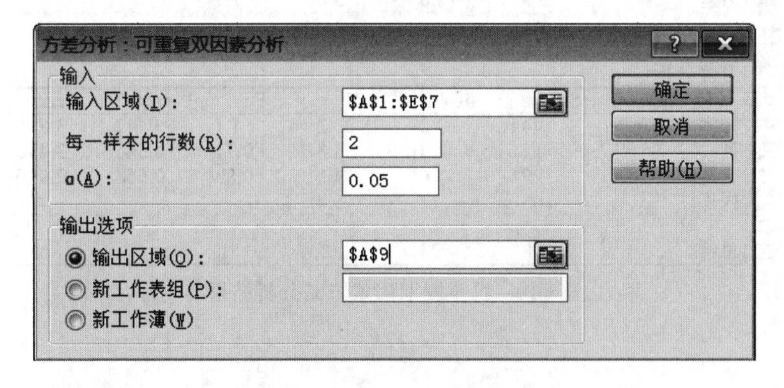

图 3-9　“可重复双因素方差分析”对话框

③ 按图 3-9 所示的方式填写对话框。应当注意的是，这里的输入区域一定要包括标志在内。其中“每一样本的行数”可以理解为每个组合水平上重复试验的次数，所以对于本例而言，应填入“2”。其他的操作与单因素方差分析和无重复双因素方差分析是相同的。方差分析结果如图 3-10 所示。

在方差分析表中，其中“样本”代表的是浓度，“列”代表的是温度，“交互”表示的是两因素的交互作用，“内部”表示的是误差。

由图 3-10 可知，只有因素 A，即浓度对产品得率有显著影响（*），温度和交互作用对试验结果的影响不显著。

本章介绍了方差分析的基本概念和方法，对试验设计没有要求，所以试验次数比较多，而且因素数越多，计算量也越大，如果将方差分析与合理的试验设计结合起来，例如正交试验设计，这样就更能体现方差分析的实用性。

	A	B	C	D	E	F	G
9	方差分析：可重复双因素分析						
10							
11	SUMMARY	10/℃	24/℃	38/℃	52/℃	总计	
12	0.02						
13	观测数	2	2	2	2	8	
14	求和	24	22	22	22	90	
15	平均	12	11	11	11	11.3	
16	方差	8	0	8	2	3	
17							
18	0.04						
19	观测数	2	2	2	2	8	
20	求和	16	18	18	16	68	
21	平均	8	9	9	8	8.5	
22	方差	2	2	8	8	3.1	
23							
24	0.06						
25	观测数	2	2	2	2	8	
26	求和	16	27	25	24	92	
27	平均	8	13.5	12.5	12	11.5	
28	方差	18	0.5	0.5	8	8.9	
29							
30	总计						
31	观测数	6	6	6	6		
32	求和	56	67	65	62		
33	平均	9.3	11.2	10.8	10.3		
34	方差	9.9	4.6	5.8	7.1		
35							
36							
37	方差分析						
38	差异源	SS	df	MS	F	P-value	F crit
39	样本	44	2	22.2	4.1	0.0442	3.885
40	列	12	3	3.8	0.71	0.566	3.490
41	交互	27	6	4.5	0.83	0.568	2.996
42	内部	65	12	5.4			
43							
44	总计	148	23				

图 3-10 可重复双因素方差分析结果

习 题

1. 某饮料生产企业研制出一种新型饮料。饮料的颜色共有四种，分别为橘黄色、粉色、绿色和无色透明。随机从五家超级市场收集了前一期该种饮料的销售量（万元），如下表所示，试问饮料的颜色是否对销售量产生影响。

颜 色	销售额/万元				
橘黄色	26.5	28.7	25.1	29.1	27.2
粉色	31.2	28.3	30.8	27.9	29.6
绿色	27.9	25.1	28.5	24.2	26.5
无色	30.8	29.6	32.4	31.7	32.8

2. 在用原子吸收分光光度法测定镍电解液中微量杂质铜时，研究了乙炔和空气流量变化对铜在某波长上吸光度的影响，得到下表所示的吸光度数据。试根据表中数据分析乙炔和空气流量的变化对铜吸光度的影响。

乙炔流量/(L/min)	空气流量/(L/min)				
	8	9	10	11	12
1.0	81.1	81.5	80.3	80.0	77.0
1.5	81.4	81.8	79.4	79.1	75.9
2.0	75.0	76.1	75.4	75.4	70.8
2.5	60.4	67.9	68.7	69.8	68.7

3. 为了研究铝材材质的差异对于它们在高温水中腐蚀性能的影响，用三种不同的铝材在去离子水和自来水中于170℃进行一个月的腐蚀试验，测得的深蚀率（μm）如下表所示。试由下表所述结果考察铝材材质和水质对铝材腐蚀的影响。

铝材材质	去离子水	自来水
1	2.3,1.8	5.6,5.3
2	1.5,1.5	5.3,4.8
3	1.8,2.3	7.4,7.4

4 试验数据的回归分析

4.1 基本概念

在生产过程和科学实验中，总会遇到多个变量，同一过程中的这些变量往往是相互依赖、相互制约的，也就是说它们之间存在相互关系。这种相互关系可以分为两种类型：确定性关系和相关关系。

当一个或几个变量取一定值时，另一个变量有确定值与之相对应，也就是说变量之间存在着严格的函数关系，这种关系就称为确定性关系。例如，当溶液的体积 V 一定时，溶液的物质的量浓度 c 与溶质的质量 W 之间就有确定的函数关系 $c=W/(MV)$（M 为溶质的分子量），当 W 确定后，c 也就完全确定了。

当一个或几个相互关系的变量取一定数值时，与之对应的另一变量的值虽然不确定，但它仍按某种规律在一定的范围内变化，变量之间的这种关系称为相关关系。例如，在食品加工过程中，处理温度与食品中维生素 C 含量之间的关系，虽然我们知道温度越高，维生素 C 含量会降低，但这一规律很难用一个确定的函数式来准确表达，两者间存在相关关系。

变量之间的确定性关系和相关关系，在一定的条件下是可以相互转换的。本来具有函数关系的变量，当存在试验误差时，其函数关系往往以相关的形式表现出来。相关关系虽然是不确定的，却是一种统计关系，在大量的观察下，往往会呈现出一定的规律性，这种规律性可以通过大量试验值的散点图反映出来，也可以借助相应的函数式表达出来，这种函数被称为回归函数或回归方程。

回归分析（regression analysis）是一种处理变量之间相关关系最常用的统计方法，用它可以寻找隐藏在随机性后面的统计规律。确定回归方程，检验回归方程的可信性等是回归分析的主要内容。

回归分析的类型很多。研究一个因素与试验指标间相关关系的回归分析称为一元回归分析；研究几个因素与试验指标间相关关系的称为多元回归分析。不论是一元还是多元回归分析，都可以分为线性和非线性回归两种形式。

4.2 一元线性回归分析

4.2.1 一元线性回归方程的建立

一元线性回归分析（linear regression）又称直线拟合，是处理两个变量之间关系的最简单模型。一元线性回归分析虽然简单，但从中可以了解回归分析方法的基本思想、方法和应用。

设有一组试验数据，试验值为 x_i、$y_i(i=1,2,\cdots,n)$，其中 x 是自变量，y 是因变量。若 x、y 符合线性关系，或已知经验公式为直线形式，都可拟合为直线方程，即

$$\hat{y}_i=a+bx_i \tag{4-1}$$

式(4-1) 就是变量 x、y 的一元线性回归方程，式中 a、b 称为回归系数（regression coefficient）；$\hat{y}_i$ 是对应自变量 x_i 代入回归方程的计算值，称为回归值。

注意，这里的函数计算值 $\hat{y}_i$ 与试验值 y_i 不一定相等。如果将$\hat{y}_i$ 与 y_i 之间的偏差称为残差，用 e_i 表示，则有

$$e_i=y_i-\hat{y}_i \tag{4-2}$$

显然，只有各残差平方值（考虑到残差有正有负）之和最小时，回归方程与试验值的拟合程度最好。令

$$SS_e=\sum_{i=1}^{n}e_i^2=\sum_{i=1}^{n}(y_i-\hat{y}_i)^2=\sum_{i=1}^{n}[y_i-(a+bx_i)]^2 \tag{4-3}$$

SS_e 为残差平方和，其中 x_i、y_i 是已知试验值，故 SS_e 为 a、b 的函数，为使 SS_e 值到达极小，根据极值原理，只要将上式分别对 a、b 求偏导数 $\frac{\partial(SS_e)}{\partial a}$、$\frac{\partial(SS_e)}{\partial b}$，并令其等于零，即可求得 a、b 之值，这就是最小二乘法原理。

根据最小二乘法，可以得到

$$\begin{cases}\dfrac{\partial(SS_e)}{\partial a}=-2\sum\limits_{i=1}^{n}(y_i-a-bx_i)=0\\ \dfrac{\partial(SS_e)}{\partial b}=-2\sum\limits_{i=1}^{n}(y_i-a-bx_i)x_i=0\end{cases} \tag{4-4}$$

即

$$\begin{cases}na+b\sum\limits_{i=1}^{n}x_i=\sum\limits_{i=1}^{n}y_i\\ a\sum\limits_{i=1}^{n}x_i+b\sum\limits_{i=1}^{n}x_i^2=\sum\limits_{i=1}^{n}x_iy_i\end{cases} \tag{4-5}$$

或等价于

$$\begin{bmatrix}n & \sum\limits_{i=1}^{n}x_i\\ \sum\limits_{i=1}^{n}x_i & \sum\limits_{i=1}^{n}x_i^2\end{bmatrix}\begin{bmatrix}a\\ b\end{bmatrix}=\begin{bmatrix}\sum\limits_{i=1}^{n}y_i\\ \sum\limits_{i=1}^{n}x_iy_i\end{bmatrix} \tag{4-6}$$

上述方程组称为正规方程组（normal equation）。对方程组求解，即可得到回归系数 a、b 的计算式：

$$b=\frac{n\sum_{i=1}^{n}x_iy_i-\left(\sum_{i=1}^{n}x_i\right)\left(\sum_{i=1}^{n}y_i\right)}{n\sum_{i=1}^{n}x_i^2-\left(\sum_{i=1}^{n}x_i\right)^2}=\frac{\sum_{i=1}^{n}x_iy_i-n\overline{x}\,\overline{y}}{\sum_{i=1}^{n}x_i^2-n(\overline{x})^2} \tag{4-7}$$

$$a=\overline{y}-b\overline{x} \tag{4-8}$$

上述式中，$\overline{x}$、$\overline{y}$ 分别为试验值 x_i、$y_i(i=1,2,\cdots,n)$ 的算术平均值。由式(4-8) 可以看出，回归直线通过点 $(\overline{x},\ \overline{y})$。为了方便计算，令：

$$L_{xx}=\sum_{i=1}^{n}(x_i-\overline{x})^2=\sum_{i=1}^{n}x_i^2-n(\overline{x})^2 \tag{4-9}$$

$$L_{xy}=\sum_{i=1}^{n}(x_i-\overline{x})(y_i-\overline{y})=\sum_{i=1}^{n}x_iy_i-n\overline{x}\,\overline{y} \tag{4-10}$$

于是式（4-7）可以简化为：

$$b=\frac{L_{xy}}{L_{xx}} \tag{4-11}$$

例 4-1 为研究某合成物的转化率 T(%) 与实验中的压强 p(atm，1atm=101.325kPa) 的关系，得到如表 4-1 的试验数据。试使用最小二乘法确定转化率与压强的经验公式。

表 4-1 例 4-1 数据

p/atm	2	4	5	8	9
T/%	2.01	2.98	3.50	5.02	5.07

分析：根据表 4-1 的试验数据，在普通直角坐标系中画出 T-p 散点图（如图 4-1），从图中可以看出，这些点近似于直线分布，故可设 T-p 经验公式为 $T=a+bp$。

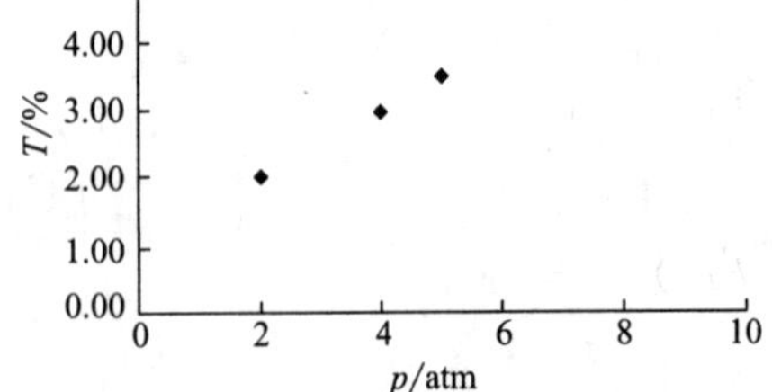

图 4-1 例 4-1 试验数据散点图

若将上述数据代入经验公式 $T=a+bp$ 中，可以得到多种组合，例如：

$$\begin{cases}a+2b=2.01\\a+4b=2.98\end{cases}\qquad\begin{cases}a+5b=3.50\\a+8b=5.02\end{cases}$$

由第一个方程组解得 $a=1.040$，$b=0.485$，由第二个方程组解得 $a=0.900$，$b=0.520$。可见，不同的组合可以解出不同的 a、b 值，这一矛盾是由于测量中存在不可避免的误差，未知量 a、b 无论取什么值总不会使以上每个方程两边都相等。但是可以利用最小二乘原理求得 a、b 的最佳值，使 $T=a+bp$ 与各组数据拟合得最好。

解：依题意，试验次数 $n=5$，T-p 为一元线性关系。为了计算方便，将 T-p 关系表示为 $y=a+bx$，其中 x 表示压强 p，y 表示转化率 T。根据最小二乘原理，有

$$\begin{pmatrix}5 & \sum_{i=1}^{5}x_i\\ \sum_{i=1}^{5}x_i & \sum_{i=1}^{5}x_i^2\end{pmatrix}\begin{pmatrix}a\\b\end{pmatrix}=\begin{pmatrix}\sum_{i=1}^{5}y_i\\ \sum_{i=1}^{5}x_iy_i\end{pmatrix}$$

或

$$\begin{cases}5a+b\sum_{i=1}^{5}x_i=\sum_{i=1}^{5}y_i\\a\sum_{i=1}^{5}x_i+b\sum_{i=1}^{5}x_i^2=\sum_{i=1}^{5}x_iy_i\end{cases}$$

根据上述正规方程组，必须先计算出 $\sum_{i=1}^{5}x_i$，$\sum_{i=1}^{5}y_i$，$\sum_{i=1}^{n}x_i^2$，$\sum_{i=1}^{n}x_iy_i$ 等，这些值列在表 4-2 中。

表 4-2　例 4-1 计算表

i	$x_i(p_i)$	$y_i(T_i)$	$x_i^2(p_i^2)$	$y_i^2(T_i^2)$	$x_iy_i(p_iT_i)$
1	2	2.01	4	4.04	4.02
2	4	2.98	16	8.88	11.92
3	5	3.50	25	12.25	17.50
4	8	5.02	64	25.20	40.16
5	9	5.07	81	25.70	45.63
$\sum_{i=1}^{5}$	28	18.58	190	76.07	119.23
$\frac{1}{5}\sum_{i=1}^{5}$	5.6	3.716			

于是可以得到以下方程组：

$$\begin{cases}5a+28b=18.58\\28a+190b=119.23\end{cases}$$

解得 $a=1.155$，$b=0.4573$。因此 T-p 关系式为：$T=1.155+0.457p$。

如果用简单算法，则有：

$$L_{xx}=\sum_{i=1}^{n}x_i^2-n(\overline{x})^2=190-5\times5.6^2=33.2$$

$$L_{xy}=\sum_{i=1}^{n}x_iy_i-n\overline{xy}=119.23-5\times5.6\times3.716=15.182$$

所以

$$b=\frac{L_{xy}}{L_{xx}}=\frac{15.182}{33.2}=0.4573$$

$$a=\overline{y}-b\overline{x}=3.716-0.4573\times5.6=1.155$$

则 T-p 关系式为：$T=1.155+0.4573p$。两种计算方法是一致的。

可见，根据试验数据建立回归方程，可采用最小二乘法，基本步骤为：

① 根据试验数据画出散点图；

② 确定经验公式的函数类型；

③ 通过最小二乘法得到正规方程组；

④ 求解正规方程组，得到回归方程的表达式。

4.2.2 一元线性回归效果的检验

在一些情况下，$n(n>2)$ 对试验值 x_i、$y_i(i=1,2,\cdots,n)$ 作出的散点图，即使一看就知道这些点不可能近似在一条直线附近，即 x 与 y 不存在线性相关关系，但是仍可以利用

最小二乘法求得 x 与 y 的线性拟合方程 $\hat{y}=a+bx_i$，这样求得的方程显然没有意义。因此，我们不仅要建立从经验上认为有意义的方程，还要对其可信性或拟合效果进行检验或衡量。下面介绍几种检验方法。

4.2.2.1 相关系数检验法

相关系数（correlation coefficient）是用于描述变量 x 与 y 的线性相关程度的，常用 r 来表示。设有 $n(n>2)$ 对试验值 x_i、$y_i(i=1,2,\cdots,n)$，则相关系数的计算式为：

$$r=\frac{L_{xy}}{\sqrt{L_{xx}L_{yy}}} \tag{4-12}$$

其中：

$$L_{yy}=\sum_{i=1}^{n}(y_i-\overline{y})^2=\sum_{i=1}^{n}y_i^2-n(\overline{y})^2 \tag{4-13}$$

比较式(4-11)与相关系数 r 的计算式(4-12)，可得：

$$r=\frac{L_{xy}}{\sqrt{L_{xx}L_{yy}}}=\frac{L_{xy}}{L_{xx}}\sqrt{\frac{L_{xx}}{L_{yy}}}=b\sqrt{\frac{L_{xx}}{L_{yy}}} \tag{4-14}$$

所以 r 与 b 有相同的符号。

相关系数 r 的平方为决定系数（determination coefficient）r^2。相关系数 r 具有以下特点：

（1）$|r|\leqslant 1$；

（2）如果 $|r|=1$［图 4-2(a)，(c)］，则表明 x 与 y 完全线性相关，这时 x 与 y 有精确的线性关系；

（3）大多数情况下 $0<|r|<1$，即 x 与 y 之间存在着一定的线性关系，当 $r>0$ 时［图 4-2(b)］，称 x 与 y 正线性相关（positive linear correlation），这时直线的斜率为正值，y 随着 x 的增加而增加，当 $r<0$［图 4-2(d)］时，称 x 与 y 负线性相关（negative linear correlation），这时直线的斜率为负值，y 随着 x 的增加而减小；

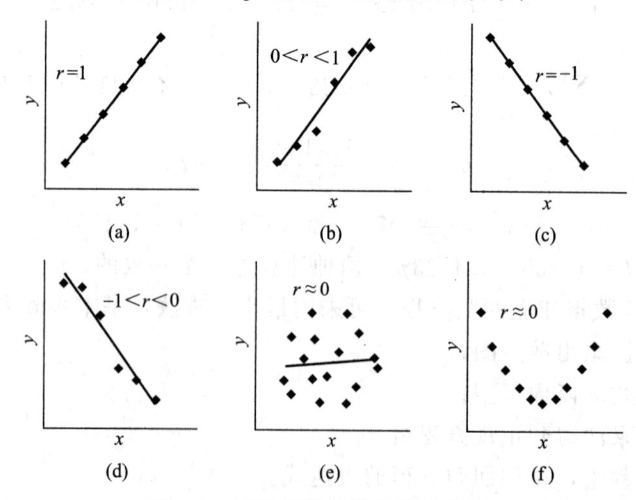

图 4-2 不同相关系数散点意义图

（4）$r\approx 0$ 时［图 4-2(e)、(f)］，则表明 x 与 y 没有线性关系，但并不意味着 x 与 y 之间不存在其他类型的关系［图 4-2(f)］，所以相关系数更精确的说法应该是线性相关系数。

从上面的分析可知，相关系数 r 越接近 1，x 与 y 的线性相关程度越高，然而 r 的大小未能回答其值达到多大时，x 与 y 之间才存在线性相关，采用线性关系才属合理，所以须对相关系数 r 进行显著性检验。

对于给定的显著性水平 α，显著性检验要求 $|r|>r_{\min}$ 时，才说明 x 与 y 之间存在密切的线性关系，或者说用线性回归方程来描述变量 x 与 y 之间的关系才有意义，否则线性相关不显著，应改用其他形式的回归方程。其中 $r_{\min}$ 称为相关系数临界值，它与给定的显著性水平 α 和试验数据组数 $n(n>2)$ 有关，可从附录 7 查得。

例 4-2 试用相关系数检验法对例 4-1 中得到的经验公式进行显著性检验。($\alpha=0.05$)

解：因为 $L_{yy}=\sum_{i=1}^{5} y_i^2-n(\overline{y})^2=76.076-5\times 3.716^2=7.033$

$$L_{xy}=\sum_{i=1}^{n} x_i y_i-n\overline{x}\,\overline{y}=119.23-5\times 5.6\times 3.716=15.182$$

$$L_{xx}=\sum_{i=1}^{n} x_i^2-n(\overline{x})^2=190-5\times 5.6^2=33.2$$

所以
$$r=\frac{L_{xy}}{\sqrt{L_{xx}L_{yy}}}=\frac{15.182}{\sqrt{33.2\times 7.033}}=0.994$$

当 $\alpha=0.05$，$n=5$ 时，查得相关系数临界值 $r_{\min}=0.8783$。所以 $r>r_{\min}$，所得的经验公式有意义。

应当指出的是，相关系数 r 有一个明显的缺点，就是它接近于 1 的程度与试验数据组数 n 有关。当 n 较小时，$|r|$ 容易接近于 1；当 n 较大时，$|r|$ 容易偏小。特别是当 $n=2$ 时，因两点确定一条直线，$|r|$ 总等于 1。所以，只有当试验次数 n 较多时，才能得出真正有实际意义的回归方程。

4.2.2.2 F 检验

F 检验实际上就是方差分析，包括以下主要内容。

(1) 离差平方和

试验值 $y_i(i=1,2,\cdots,n)$ 之间存在差异，这种差异可用试验值 y_i 与其算术平均值 $\overline{y}$ 的偏差平方和来表示，称为总离差平方和，即：

$$SS_{T}=\sum_{i=1}^{n}(y_i-\overline{y})^2=L_{yy} \tag{4-15}$$

试验值 y_i 的这种波动是由两个因素造成的。一个是由于 x 的变化而引起 y 相应的变化，它可以用回归平方和（regression sum of square）来表达，即

$$SS_{R}=\sum_{i=1}^{n}(\hat{y}-\overline{y})^2 \tag{4-16}$$

它表示的是回归值 $\hat{y}_i$ 与 y_i 的算术平均值 $\overline{y}$ 之间的偏差平方和；另一个因素是随机误差，它可以用残差平方和［式(4-3)］来表示，即 $SS_{e}=\sum_{i=1}^{n}(y_i-\hat{y})^2$，它表示的是试验值 y_i 与对应的回归值 $\hat{y}_i$ 之间偏差的平方和。显然，这三种平方和之间有下述关系：

$$SS_{T}=SS_{R}+SS_{e} \tag{4-17}$$

回归平方和 SS_{R} 与残差平方和 SS_{e} 还可以用更简单的公式计算，推导过程如下。

将 $\hat{y}_i=a+bx_i$ 和 $\overline{y}=a+b\overline{x}$ 代入式(4-16)，可得

$$SS_R=\sum_{i=1}^{n}(\hat{y}_i-\overline{y})^2=\sum_{i=1}^{n}[(a+bx_i)-(a+b\overline{x})]^2=b^2\sum_{i=1}^{n}(x_i-\overline{x})^2=b^2L_{xx} \tag{4-18}$$

又 $b=\dfrac{L_{xy}}{L_{xx}}$，所以上式可以变为：

$$SS_R=b^2L_{xx}=b\frac{L_{xy}}{L_{xx}}L_{xx}=bL_{xy} \tag{4-19}$$

（2）自由度

总离差平方和 SS_T 的自由度为： $df_T=n-1$ （4-20）

回归平方和 SS_R 的自由度为： $df_R=1$ （4-21）

残差平方和 SS_e 的自由度为： $df_e=n-2$ （4-22）

显然，三种自由度之间的关系为： $df_T=df_R+df_e$ （4-23）

（3）均方

$$MS_R=\frac{SS_R}{df_R} \tag{4-24}$$

$$MS_e=\frac{SS_e}{df_e} \tag{4-25}$$

（4）F 检验

$$F=\frac{MS_R}{MS_e} \tag{4-26}$$

F 服从自由度为（1，$n-2$）的 F 分布。在给定的显著性水平 α 下，从 F 分布表（附录 2）中查得 $F_\alpha(1,n-2)$。若 $F<F_{0.05}(1,n-2)$，则称 x 与 y 没有明显的线性关系，回归方程不可信；若 $F_{0.05}(1,n-2)<F<F_{0.01}(1,n-2)$，则称 x 与 y 有显著的线性关系，用“*”表示；若 $F>F_{0.01}(1,n-2)$，则称 x 与 y 有十分显著的线性关系，用“* *”表示。后两种情况说明 y 的变化主要是由于 x 的变化造成的。最后将计算结果列成方差分析表（表 4-3）。

表 4-3 一元线性回归方差分析表

差异源	SS	df	MS	F	显著性
回归	SS_R	1	$MS_R=SS_R$	$F=MS_R/MS_e$	
误差	SS_e	$n-2$	$MS_e=SS_e/(n-2)$		
总和	SS_T	$n-1$			

例 4-3 试用 F 检验法对例 4-1 中得到的经验公式进行显著性检验。

解：根据例 4-1 和例 4-2，知：$L_{xy}=15.182$，$L_{xx}=33.2$，$L_{yy}=7.033$，$b=0.4573$

所以
$$SS_T=L_{yy}=7.033$$
$$SS_R=bL_{xy}=0.4573\times15.182=6.943$$
$$SS_e=SS_T-SS_R=7.033-6.943=0.090$$

列出方差分析表，如表 4-4。

表 4-4 例 4-3 方差分析表

差异源	SS	df	MS	F	$F_{0.01}(1,4)$	显著性
回归	6.943	1	6.943	231.4	34.1	* *
误差	0.090	3	0.030			
总和	7.033	4				

所以，例 4-1 建立的回归方程具有十分显著的线性关系。

最后指出，无论使用哪一种方法检验回归方程是否有意义，都是一种统计上的辅助方法，关键还是要用专业知识来判断。

4.3 多元线性回归分析

4.3.1 多元线性回归方程

在解决实际问题时，往往是多个因素都对试验结果有影响，这时可以通过多元回归分析（multiple regression analysis）求出试验指标（因变量）y 与多个试验因素（自变量）$x_j(j=1,2,\cdots,m)$ 之间的近似函数关系 $y=f(x_1,x_2,\cdots,x_m)$。多元线性回归分析（multiple linear regression analysis）是多元回归分析中最简单、最常用的一种，其基本原理和方法与一元线性回归分析是相同的，但计算量比较大。

若因变量 y 与自变量 $x_j(j=1,2\cdots,m)$ 之间的近似函数关系式为

$$\hat{y}=a+b_1x_1+b_2x_2+\cdots+b_mx_m \tag{4-27}$$

则称式(4-27) 是因变量 y 关于自变量 x_1，x_2，…，x_m 的多元线性回归方程，其中 b_1，b_2，…，b_m 称为偏回归系数（partial regression coefficient）。

当变量 x_1，x_2，…，x_m 取不同试验值时，得到 n 组试验数据 x_{1i}，x_{2i}，…，x_{mi}，y_i $(i=1,2,\cdots,n)$，如果将自变量 x_{1i}，x_{2i}，…，x_{mi} 代入式(4-27) 中，就可以得到对应的函数计算值 $\hat{y}_i$，于是残差平方和为：

$$SS_e=\sum_{i=1}^{n}(y_i-\hat{y}_i)^2=\sum_{i=1}^{n}(y_i-a-b_1x_1-b_2x_2-\cdots-b_mx_m)^2 \tag{4-28}$$

根据最小二乘法原理，要使 SS_e 达到最小，则应该满足以下条件：

$$\frac{\partial(SS_e)}{\partial a}=0,\ \frac{\partial(SS_e)}{\partial b_j}=0,\ j=1,2,\cdots,m \tag{4-29}$$

即

$$\begin{aligned}
\frac{\partial(SS_e)}{\partial a}&=2\sum_{i=1}^{n}[(y_i-a-b_1x_{1i}-b_2x_{2i}-\cdots-b_mx_{mi})(-1)]=0\\
\frac{\partial(SS_e)}{\partial b_1}&=2\sum_{i=1}^{n}[(y_i-a-b_1x_{1i}-b_2x_{2i}-\cdots-b_mx_{mi})(-x_{1i})]=0\\
\frac{\partial(SS_e)}{\partial b_2}&=2\sum_{i=1}^{n}[(y_i-a-b_1x_{1i}-b_2x_{2i}-\cdots-b_mx_{mi})(-x_{2i})]=0\\
&\cdots\cdots
\end{aligned} \tag{4-30}$$

$$\frac{\partial(SS_e)}{\partial b_m}=2\sum_{i=1}^{n}[(y_i-a-b_1x_{1i}-b_2x_{2i}-\cdots-b_mx_{mi})(-x_{mi})]=0$$

由此可以得到如下的正规方程组：

$$\begin{cases}na+b_1\sum_{i=1}^{n}x_{1i}+b_2\sum_{i=1}^{n}x_{2i}+\cdots+b_m\sum_{i=1}^{n}x_{mi}=\sum_{i=1}^{n}y_i\\ a\sum_{i=1}^{n}x_{1i}+b_1\sum_{i=1}^{n}x_{1i}^2+b_2\sum_{i=1}^{n}x_{1i}x_{2i}+\cdots+b_m\sum_{i=1}^{n}x_{1i}x_{mi}=\sum_{i=1}^{n}x_{1i}y_i\\ a\sum_{i=1}^{n}x_{2i}+b_1\sum_{i=1}^{n}x_{1i}x_{2i}+b_2\sum_{i=1}^{n}x_{2i}^2+\cdots+b_m\sum_{i=1}^{n}x_{2i}x_{mi}=\sum_{i=1}^{n}x_{2i}y_i\\ \cdots\cdots\\ a\sum_{i=1}^{n}x_{mi}+b_1\sum_{i=1}^{n}x_{1i}x_{mi}+b_2\sum_{i=1}^{n}x_{2i}x_{mi}+\cdots+b_m\sum_{i=1}^{n}x_{mi}^2=\sum_{i=1}^{n}x_{mi}y_i\end{cases}\tag{4-31}$$

显然，方程组的解就是式(4-27) 中的系数 a，b_1，b_2，…，b_m。注意，为了使正规方程组有解，要求 $m<n$，即试验次数应该多于自变量的个数。

如果令

$$\overline{x}_j=\frac{1}{n}\sum_{i=1}^{n}x_{ji},\quad j=1,\ 2,\ \cdots,\ m\tag{4-32}$$

$$\overline{y}=\frac{1}{n}\sum_{i=1}^{n}y_i,\quad i=1,\ 2,\ \cdots,\ n\tag{4-33}$$

$$L_{jj}=\sum_{i=1}^{n}(x_{ji}-\overline{x}_j)^2=\left(\sum_{i=1}^{n}x_{ji}^2\right)-n(\overline{x}_j)^2,\quad j=1,\ 2,\ \cdots,\ m\tag{4-34}$$

$$L_{jk}=L_{kj}=\sum_{i=1}^{n}(x_{ji}-\overline{x}_j)(x_{ki}-\overline{x}_k)=\left(\sum_{i=1}^{n}x_{ji}x_{ki}\right)-n\overline{x}_j\overline{x}_k,\quad j,\ k=1,\ 2,\ \cdots,\ m(j\neq k)\tag{4-35}$$

$$L_{jy}=\sum_{i=1}^{n}(x_{ji}-\overline{x}_j)(y_i-\overline{y})=\left(\sum_{i=1}^{n}x_{ji}y_i\right)-n\overline{x}_j\overline{y},\quad j=1,\ 2,\ \cdots,\ m\tag{4-36}$$

则上述正规方程组可以变为（证明略）：

$$\begin{cases}a=\overline{y}-b_1\overline{x}_1-b_2\overline{x}_2-\cdots-b_m\overline{x}_m\\ L_{11}b_1+L_{12}b_2+\cdots+L_{1m}b_m=L_{1y}\\ L_{21}b_1+L_{22}b_2+\cdots+L_{2m}b_m=L_{2y}\\ \cdots\cdots\\ L_{m1}b_1+L_{m2}b_2+\cdots+L_{mm}b_m=L_{my}\end{cases}\tag{4-37}$$

例 4-4 在某化合物的合成试验中，为了提高产量，选取了原料配比（x_1）、溶剂量（x_2）和反应时间（x_3）三个因素，试验结果如表 4-5 所示。试用线性回归模型来拟合试验数据。

表 4-5 例 4-4 数据

试验号	配比(x_1)/(kg/kg)	溶剂量(x_2)/mL	反应时间(x_3)/h	收率(y)
1	1.0	13	1.5	0.330
2	1.4	19	3.0	0.336
3	1.8	25	1.0	0.294
4	2.2	10	2.5	0.476
5	2.6	16	0.5	0.209
6	3.0	22	2.0	0.451
7	3.4	28	3.5	0.482

解：依题意，试验次数 $n=7$，因素数 $m=3$。本例要求用最小二乘法求出三元线性回归方程 $y=a+b_1x_1+b_2x_2+b_3x_3$ 中的系数 a、b_1、b_2、b_3。根据式(4-31)，先进行有关计算，如表 4-6 所示。

表 4-6 例 4-4 数据计算表

No.	x_1	x_2	x_3	y	y^2	x_1^2	x_2^2	${x_3}^2$	x_1x_2	x_2x_3	x_1x_3	x_1y	x_2y	x_3y
1	1.0	13	1.5	0.33	0.109	1.00	169	2.25	13.0	19.5	1.5	0.330	4.290	0.495
2	1.4	19	3.0	0.336	0.113	1.96	361	9.00	26.6	57.0	4.2	0.470	6.384	1.008
3	1.8	25	1.0	0.294	0.086	3.24	625	1.00	45.0	25.0	1.8	0.529	7.350	0.294
4	2.2	10	2.5	0.476	0.227	4.84	100	6.25	22.0	25.0	5.5	1.047	4.760	1.190
5	2.6	16	0.5	0.209	0.044	6.76	256	0.25	41.6	8.0	1.3	0.543	3.344	0.105
6	3.0	22	2.0	0.451	0.203	9.00	484	4.00	66.0	44.0	6.0	1.353	9.922	0.902
7	3.4	28	3.5	0.482	0.232	11.56	784	12.25	95.2	98.0	11.9	1.639	13.496	1.687
$\sum_{i=1}^{7}$	15.4	133	14	2.578	1.014	38.36	2779	35.00	309.4	276.5	32.2	5.912	49.546	5.681
$\frac{1}{7}\sum_{i=1}^{7}$	2.2	19	2.0	0.3683										

根据式(4-31) 可得正规方程组为：

$$\begin{cases} na+b_1\sum_{i=1}^{7}x_{1i}+b_2\sum_{i=1}^{7}x_{2i}+b_3\sum_{i=1}^{7}x_{3i}=\sum_{i=1}^{7}y_i \\ a\sum_{i=1}^{7}x_{1i}+b_1\sum_{i=1}^{7}x_{1i}^2+b_2\sum_{i=1}^{7}x_{1i}x_{2i}+b_3\sum_{i=1}^{7}x_{1i}x_{3i}=\sum_{i=1}^{7}x_{1i}y_i \\ a\sum_{i=1}^{7}x_{2i}+b_1\sum_{i=1}^{7}x_{1i}x_{2i}+b_2\sum_{i=1}^{7}x_{2i}^2+b_3\sum_{i=1}^{7}x_{2i}x_{3i}=\sum_{i=1}^{n}x_{2i}y_i \\ a\sum_{i=1}^{7}x_{3i}+b_1\sum_{i=1}^{7}x_{1i}x_{3i}+b_2\sum_{i=1}^{7}x_{2i}x_{3i}+b_3\sum_{i=1}^{7}x_{3i}^2=\sum_{i=1}^{n}x_{3i}y_i \end{cases}$$

将表 4-6 中的有关数据代入上式，可得如下方程组

$$\begin{cases} 7a+15.4b_1+133b_2+14b_3=2.578 \\ 15.4a+38.36b_1+309.4b_2+32.2b_3=5.912 \\ 133a+309.4b_1+2779b_2+276.5b_3=49.546 \\ 14a+32.2b_1+276.5b_2+35.00b_3=5.681 \end{cases}$$

解得

$$a=0.197,\ b_1=0.0455,\ b_2=-0.00377,\ b_3=0.0715$$

或者，由表 4-6 可得：$\overline{x}_1=2.2$，$\overline{x}_2=19$，$\overline{x}_3=2.0$，$\overline{y}=0.3683$，又有

$$L_{11}=\sum_{i=1}^{n}(x_{1i}-\overline{x}_1)^2=\sum_{i=1}^{n}x_{1i}^2-n(\overline{x}_1)^2=38.36-7\times 2.2^2=4.48$$

$$L_{22}=\sum_{i=1}^{n}(x_{2i}-\overline{x}_2)^2=\sum_{i=1}^{n}x_{2i}^2-n(\overline{x}_2)^2=2779-7\times 19^2=252$$

$$L_{33}=\sum_{i=1}^{n}(x_{3i}-\overline{x}_3)^2=\sum_{i=1}^{n}x_{3i}^2-n(\overline{x}_3)^2=35.00-7\times 2.0^2=7.0$$

$$L_{12}=L_{21}=\sum_{i=1}^{n}(x_{1i}-\overline{x}_1)(x_{2i}-\overline{x}_2)=\sum_{i=1}^{n}x_{1i}x_{2i}-n\overline{x}_1\overline{x}_2=309.4-7\times 2.2\times 19=16.8$$

$$L_{23}=L_{32}=\sum_{i=1}^{n}(x_{2i}-\overline{x}_2)(x_{3i}-\overline{x}_3)=\sum_{i=1}^{n}x_{2i}x_{3i}-n\overline{x}_2\overline{x}_3=276.5-7\times 19\times 2.0=10.5$$

$$L_{31}=L_{13}=\sum_{i=1}^{n}(x_{1i}-\overline{x}_1)(x_{3i}-\overline{x}_3)=\sum_{i=1}^{n}x_{1i}x_{3i}-n\overline{x}_1\overline{x}_3=32.2-7\times 2.2\times 2.0=1.4$$

$$L_{1y}=\sum_{i=1}^{n}(x_{1i}-\overline{x}_1)(y_i-\overline{y})=\sum_{i=1}^{n}x_{1i}y_i-n\overline{x}_1\overline{y}=5.912-7\times 2.2\times 0.3683=0.240$$

$$L_{2y}=\sum_{i=1}^{n}(x_{2i}-\overline{x}_2)(y_i-\overline{y})=\sum_{i=1}^{n}x_{2i}y_i-n\overline{x}_2\overline{y}=49.546-7\times 19\times 0.3683=0.562$$

$$L_{3y}=\sum_{i=1}^{n}(x_{3i}-\overline{x}_3)(y_i-\overline{y})=\sum_{i=1}^{n}x_{3i}y_i-n\overline{x}_3\overline{y}=5.681-7\times 2.0\times 0.3683=0.525$$

所以正规方程组为：

$$\begin{cases}a=\overline{y}-b_1\overline{x}_1-b_2\overline{x}_2-b_3\overline{x}_3\\ L_{11}b_1+L_{12}b_2+L_{13}b_3=L_{1y}\\ L_{21}b_1+L_{22}b_2+L_{23}b_3=L_{2y}\\ L_{31}b_1+L_{32}b_2+L_{33}b_3=L_{3y}\end{cases}$$

即

$$\begin{cases}a=0.3683-2.2b_1-19b_2-2.0b_3\\ 4.48b_1+16.8b_2+1.4b_3=0.240\\ 16.8b_1+252b_2+10.5b_3=0.562\\ 1.4b_1+10.5b_2+7.0b_3=0.525\end{cases}$$

同样解得：

$$a=0.197,\ b_1=0.0455,\ b_2=-0.00377,\ b_3=0.0715$$

于是三元线性回归方程为：

$$y=0.197+0.0455x_1-0.00377x_2+0.0715x_3$$

但是，上述回归方程是否有意义，还需进行显著性检验。

4.3.2 多元线性回归方程显著性检验

4.3.2.1 F 检验法

总平方和：
$$SS_{\mathrm{T}}=L_{yy}=\sum_{i=1}^{n}(y_i-\overline{y})^2=\sum_{i=1}^{n}y_i^2-n\overline{y}^2 \tag{4-38}$$

回归平方和：$SS_R=\sum_{i=1}^{n}(\hat{y}_i-\overline{y})^2=b_1L_{1y}+b_2L_{2y}+\cdots+b_mL_{my}$（证明略） (4-39)

残差平方和：$$SS_e=\sum_{i=1}^{n}(y_i-\hat{y}_i)^2=SS_T-SS_R \tag{4-40}$$

这些平方和的定义式与一元线性回归时是一样的。方差分析表的形式如表 4-7 所示。

表 4-7 多元线性回归方差分析表

差 异 源	SS	df	MS	F	显著性
回归	SS_R	m	$MS_R=SS_R/m$	$F=MS_R/MS_e$	
残差	SS_e	$n-m-1$	$MS_e=SS_e/(n-m-1)$		
总和	SS_T	$n-1$			

表 4-7 中的 F 服从自由度为（m，$n-m-1$）的分布，在给定的显著性水平 α 下，从 F 分布表（附录 2）中查得 $F_\alpha(m, n-m-1)$。一般情况下，若 $F<F_{0.05}(m, n-m-1)$，则称 y 与 x_1，x_2，…，x_m 间没有明显的线性关系，回归方程不可信；若 $F_{0.05}$（m，$n-m-1$）$<F<F_{0.01}(m, n-m-1)$，则称 x 与 x_1，x_2，…，x_m 间有显著的线性关系，用“*”表示；若 $F>F_{0.01}(m, n-m-1)$，则称 y 与 x_1，x_2，…，x_m 间有十分显著的线性关系，用“**”表示。

4.3.2.2 相关系数检验法

类似于一元线性回归的相关系数 r，在多元线性回归分析中，复相关系数（multiple correlation coefficient）R 反映了一个变量 y 与多个变量 $x_j(j=1,2,\cdots,m)$ 之间线性相关程度，复相关系数的基本定义式如下：

$$R=\frac{\sum_{i=1}^{n}(y_i-\overline{y})(\hat{y}_i-\overline{y})}{\sqrt{\sum_{i=1}^{n}(y_i-\overline{y})^2\sum_{i=1}^{n}(\hat{y}_i-\overline{y})^2}} \tag{4-41}$$

复相关系数的平方称为多元线性回归方程的决定系数，用 R^2 表示。决定系数的大小反映了回归平方和 SS_R 在总离差平方和 SS_T 中所占的比重，即

$$R^2=\frac{SS_R}{SS_T}=1-\frac{SS_e}{SS_T} \tag{4-42}$$

在实际计算复相关系数时，一般不直接根据其定义式，而是先计算出决定系数 R^2，然后再求决定系数的平方根。复相关系数一般取正值，所以有

$$R=\sqrt{SS_R/SS_T} \tag{4-43}$$

这里 $0\leqslant R\leqslant 1$，当 $R=1$ 时，表明 y 与变量 x_1，x_2，…，x_m 之间存在严格的线性关系；当 $R\approx 0$ 时，则表明 y 与变量 x_1，x_2，…，x_m 之间不存在任何线性相关关系，但可能存在其他非线性关系；当 $0<R<1$ 时，表明变量之间存在一定程度的线性相关关系。可以证明，当 $m=1$，即一元线性回归时，复相关系数 R 与一元线性相关系数 r 是相等的。

对于给定的显著性水平 α，显著性检验要求 $R>R_{\min}$ 时，才说明 y 与 x_1，x_2，…，x_m 之间存在密切的线性关系，或者说用线性回归方程来描述变量 y 与 x_1，x_2，…，x_m 之间的关系才有意义，否则线性相关不显著，应改用其他形式的回归方程。其中 $R_{\min}$ 称为复相关系数临界值，它与给定的显著性水平 α 和试验数据组数 $n(n>2)$ 有关，可从附录 7 查得。

由于回归平方和 SS_R 会受到试验次数 n 影响，所以在多元线性回归分析中，还有一个常用的评价指标，称为修正自由度的决定系数（adjusted R square），其计算式如下：

$$\overline{R}^2=1-\frac{(n-1)}{(n-m-1)}(1-R^2) \tag{4-44}$$

可以看出，$\overline{R}^2 \leqslant R^2$，对于给定的 R^2 和 n 值，自变量个数 m 越多 $\overline{R}^2$ 越小。

例 4-5 试检验例 4-4 中线性回归方程的显著性。($\alpha=0.05$)

解：(1) F 检验

由例 4-4 可知，$\sum_{i=1}^{n} y_i^2=1.014$，$\overline{y}=0.3683$，$L_{1y}=0.240$，$L_{2y}=0.562$，$L_{3y}=0.525$

$$\therefore \quad SS_T=\sum_{i=1}^{n} y_i^2-n\overline{y}^2=1.014-7\times 0.3683^2=0.0645$$

$$SS_R=b_1L_{1y}+b_2L_{2y}+b_3L_{3y}$$
$$=0.0455\times 0.240-0.00377\times 0.562+0.0715\times 0.525=0.0463$$
$$SS_e=SS_T-SS_R=0.0645-0.0463=0.0182$$

方差分析结果如表 4-8 所示。

表 4-8 例 4-5 方差分析表

差异源	SS	df	MS	F	$F_{0.05}(3,3)$	显著性
回归	0.0463	$m=3$	0.0154	2.54	9.28	
残差	0.0182	$n-m-1=3$	0.00607			
总和	0.0645	$n-1=6$				

从表 4-8 可以看出，例 4-4 中所建立的线性回归方程不显著，即产品收率与所讨论的三个因素之间没有显著的线性关系，故应改变 y 与 x_j 之间的数学模型。

(2) 复相关系数检验

由于 $SS_T=0.0645$，$SS_R=0.0463$，所以有

$$R=\sqrt{SS_R/SS_T}=\sqrt{0.0463/0.0645}=0.847$$

对于给定的显著性水平 $\alpha=0.05$，自变量个数 $m=3$，试验次数 $n=7$ 时，查附录 7 得对应的临界值 $R_{min}=0.950>0.847$，所以例 4-4 所建立的线性回归方程与试验数据拟合得不好。这与 F 检验的结论是一致的。

4.3.3 因素主次的判断方法

求出 y 对 x_1，x_2，…，x_m 的线性回归方程之后，我们往往比较关心哪些因素（自变量 x_j）对试验结果影响较大，应重点考虑，哪些又是次要因素，其影响可以忽略。下面介绍两种判断因素主次的方法。

在多元线性回归方程中，偏回归系数 b_1，b_2，…，b_m 表示了 x_i 对 y 的具体效应，但在一般情况下，$b_j(j=1,2,\cdots,m)$ 本身的大小并不能直接反映自变量的相对重要性，这是因为 b_j 的取值会受到对应因素的单位和取值的影响。如果对偏回归系数 b_j 进行显著性检验，则可解决这一问题。

4.3.3.1 偏回归系数的 F 检验

在多元回归方程的 F 检验中，回归平方和 SS_R 反映了所有自变量（因素）x_1，

x_2，…，x_m 对试验指标 y 的总影响，如果对每个偏回归系数 $b_j(j=1,2,\cdots,m)$ 进行 F 检验，就可以知道每个偏回归系数的显著性，从而就能判断它们对应因素的重要程度。

首先计算每个偏回归系数的偏回归平方和 $SS_j(j=1,2,\cdots,m)$：

$$SS_j=b_jL_{jy}=b_j^2L_{jj} \tag{4-45}$$

SS_j 的大小表示了 x_j 对 y 影响程度的大小，其对应的自由度 $df_j=1$，所以 $MS_j=SS_j$，于是有

$$F_j=\frac{MS_j}{MS_e}=\frac{SS_j}{MS_e} \tag{4-46}$$

这里 F_j 服从自由度为（1，$n-m-1$）的 F 分布，对于给定的显著性水平 α，如果 $F>F_\alpha(1, n-m-1)$，则说明 x_j 对 y 的影响是显著的，否则影响不显著，这时可将它从回归方程中去掉，变成（$m-1$）元回归方程。所以可以根据 F_j 的大小判断因素的主次顺序，F_j 越大，则对应的因素越重要。

4.3.3.2 偏回归系数的 t 检验

t 检验也可用于判断某因素对试验结果影响的显著性。先计算偏回归系数 $b_j(j=1,2,\cdots,m)$ 的标准误差：

$$s_{b_j}=\sqrt{\frac{MS_e}{L_{jj}}} \quad (j=1,2,\cdots,m) \tag{4-47}$$

则 t 值的计算公式如下：

$$|t_j|=\frac{|b_j|}{s_{b_j}}=\frac{|b_j|}{\sqrt{MS_e/L_{jj}}}=\sqrt{\frac{b_j^2L_{jj}}{MS_e}}=\sqrt{\frac{SS_j}{MS_e}}=\sqrt{F_j} \quad (j=1,2,\cdots,m) \tag{4-48}$$

对于给定的显著性水平 α，查单侧 t 分布表（见附录 3），如果 $|t_j|>t_{\frac{\alpha}{2}}(n-m-1)$，则说明 x_j 对 y 的影响显著，否则影响不显著，可将该项从回归方程中去掉，以简化回归方程。由公式(4-48）容易看出，t 检验与 F 检验实际上是一致的。

4.3.4 试验优方案的预测

对于显著的线性回归方程，除了反映变量之间的线性关系之外，还能根据所建立的方程预测在一定试验范围内较优的试验方案，解决优化问题。

如果试验结果 y 与多个因素 x_i（$i=1$，2，…，m）有关，所建立回归方程为 $y=f$（x_1，x_2，…，x_m），则优化问题就是要寻找使 y 为最佳值时对应的 x_i（$i=1$，2，…，m）的取值。从数学的角度，可以通过求极大值或极小值的方法，来确定使试验结果 y 取得最大值或最小值时自变量 x_i（$i=1$，2，…，m）的取值，即最优值。注意，求极值的时候一定要同时考虑各因素的取值范围，否则所求极值无实际意义。

对于线性问题，由于方程形式较简单，可以直接根据回归方程系数的正负来预测试验优方案。如果某自变量（因素）的系数为正，则表示试验指标随该因素的增加而增加；如果系数为负，则表明试验指标随该因素的增加而减小。

注意，根据回归方程求出的所谓“最优方案”只是预测值，考虑到试验误差及过程的经济性和安全性等，预测的方案不一定是最优的，还要通过试验验证，并结合科研和生产实际来确定。

例 4-6 某种产品的得率 y 与反应温度 x_1、反应时间 x_2 及某反应物的含量 x_3 有关，

今得如表 4-9 所示的试验结果，设 y 与 x_1、x_2 和 x_3 之间呈线性关系，试求 y 与 x_1、x_2 和 x_3 之间的三元线性回归方程，判断三因素的主次，并预测试验的优方案。($\alpha=0.05$)

表 4-9 例 4-6 试验数据表

试验号	反应温度 x_1/℃	反应时间 x_2/h	反应物含量 x_3/%	得率 y
1	70	10	1	7.6
2	70	10	3	10.3
3	70	30	1	8.9
4	70	30	3	11.2
5	90	10	1	8.4
6	90	10	3	11.1
7	90	30	1	9.8
8	90	30	3	12.6

解：(1) 建立回归方程

根据计算表 4-10 和有关的计算公式，可以得到以下数值：$\overline{y}=9.99$，$\overline{x}_1=80$，$\overline{x}_2=20$，$\overline{x}_3=2$，$L_{11}=800$，$L_{22}=800$，$L_{33}=8$，$L_{12}=L_{21}=0$，$L_{13}=L_{31}=0$，$L_{23}=L_{32}=0$，$L_{1y}=39$，$L_{2y}=51$，$L_{3y}=10.5$，$L_{yy}=19.07$，所以正规方程组为：

$$\begin{cases} a=9.99-80b_1-20b_2-2b_3 \\ 800b_1=39 \\ 800b_2=51 \\ 8b_3=10.5 \end{cases}$$

解方程组得：

$$a=2.1875,\ b_1=0.04875,\ b_2=0.06375,\ b_3=1.3125$$

所以线性回归方程表达式为：

$$y=2.1875+0.04875x_1+0.06375x_2+1.3125x_3$$

表 4-10 例 4-6 数据计算表

试验号	x_1	x_2	x_3	y	y^2	x_1^2	x_2^2	x_3^2	x_1x_2	x_1x_3	x_2x_3	x_1y	x_2y	x_3y
1	70	10	1	7.6	57.76	4900	100	1	700	70	10	532	76	7.6
2	70	10	3	10.3	106.09	4900	100	9	700	210	30	721	103	30.9
3	70	30	1	8.9	79.21	4900	900	1	2100	70	30	623	267	8.9
4	70	30	3	11.2	125.44	4900	900	9	2100	210	90	784	336	33.6
5	90	10	1	8.4	70.56	8100	100	1	900	90	10	756	84	8.4
6	90	10	3	11.1	123.21	8100	100	9	900	270	30	999	111	33.3
7	90	30	1	9.8	96.04	8100	900	1	2700	90	30	882	294	9.8
8	90	30	3	12.6	158.76	8100	900	9	2700	270	90	1134	378	37.8
$\sum_{i=1}^{8}$	640	160	16	79.9	817.07	52000	4000	40	12800	1280	320	6431	1649	170.3
$\frac{1}{8}\sum_{i=1}^{8}$	80	20	2	9.9875										

(2) 方差分析及因素主次的确定

总平方和：$SS_T=L_{yy}=19.07$

偏回归平方和：

$$SS_1=b_1L_{1y}=0.04875\times39=1.90,$$
$$SS_2=b_2L_{2y}=0.06375\times51=3.25,$$
$$SS_3=b_3L_{3y}=1.3125\times10.5=13.78$$

回归平方和：

$$SS_R=SS_1+SS_2+SS_3=1.90+3.25+13.78=18.93$$

残差平方和：$SS_e = SS_T - SS_R = 19.07 - 18.93 = 0.14$。

所以得到表 4-11 所示的方差分析表。

表 4-11 例 4-6 方差分析表

差异源	SS	df	MS	F	显著性
x_1	1.90	1	1.90	54.3	* *
x_2	3.25	1	3.25	92.9	* *
x_3	13.78	1	13.78	393.7	* *
回归	18.93	$m=3$	6.31	180.3	* *
残差	0.14	$n-m-1=4$	0.035		
总和	19.07	$n-1=7$			

由于 $F_{0.01}(3,4)=16.69$，$F_{0.01}(1,4)=21.20$，由表 4-11 可以看出，所建立的回归方程具有非常显著的线性关系，三个因素对试验结果都有显著影响。根据偏回归系数 $F_j(j=1,2,3)$ 的大小，可以知道三个因素的主次顺序为：$x_3>x_2>x_1$，即反应物浓度>反应时间>反应温度。

如果对偏回归系数进行 t 检验，则有：

$$t_1=\frac{b_1}{\sqrt{MS_e/L_{11}}}=\frac{0.04875}{\sqrt{0.035/800}}=7.4$$

$$t_2=\frac{b_2}{\sqrt{MS_e/L_{22}}}=\frac{0.06375}{\sqrt{0.035/800}}=9.6$$

$$t_3=\frac{b_3}{\sqrt{MS_e/L_{33}}}=\frac{1.3125}{\sqrt{0.035/8}}=19.8$$

对于给定的显著性水平 $\alpha=0.05$，查单侧 t 分布表（见附录 3），得 $t_{0.025}(4)=2.776$，$t_{0.005}(4)=4.604$，所以三个因素 x_1、x_2、x_3 对试验结果 y 的影响都非常显著，根据 $|t|$ 值的大小，也可得出因素的主次顺序为 $x_3>x_2>x_1$，与前述结果是一致。

(3) 试验优方案的预测

根据所建立的三元线性回归方程，x_1、x_2、x_3 三个自变量的系数都为正值，所以 x_1、x_2 和 x_3 越大，则 y 越大。试验指标 y（产品得率）是越大越好，考虑到三个因素的试验范围，所以预测本试验的优方案为：反应温度（x_1）90℃，反应时间（x_2）30h，反应物浓度（x_3）3%。该方案刚好是第 8 号试验，可以不用试验验证。

4.4 非线性回归分析

在许多实际问题中，变量之间的关系并不是线性的，这时就应该考虑采用非线性回归（nolinear regression）模型。在进行非线性回归分析时，必须着重解决两方面的问题：一是如何确定非线性函数的具体形式，与线性回归不同，非线性回归函数有多种多样的具体形式，需要根据所研究的实际问题的性质和试验数据的特点作出恰当的选择；二是如何估计函数中的参数，非线性回归分析最常用的方法仍然是最小二乘法，但需要根据函数的不同类型，作适当的处理。

4.4.1 一元非线性回归分析

对于一元非线性问题，可用回归曲线 $y=f(x)$ 来描述。在许多情形下，通过适当的线性变换，可将其转化为一元线性回归问题。具体做法如下：

① 根据试验数据，在直角坐标中画出散点图；

② 根据散点图，推测 y 与 x 之间的函数关系；

③ 选择适当的变换，使之变成线性关系，参考表 4-12；

表 4-12　线性变换表

函数类型	函数关系式	线性变换（$Y=A+BX$）				备注
		Y	X	A	B	
双曲线函数	$\frac{1}{y}=a+\frac{b}{x}$	$\frac{1}{y}$	$\frac{1}{x}$	a	b	
双曲线函数	$y=a+\frac{b}{x}$	y	$\frac{1}{x}$	a	b	
对数函数	$y=a+b\lg x$	y	$\lg x$	a	b	
对数函数	$y=a+b\ln x$	y	$\ln x$	a	b	
指数函数	$y=ab^x$	$\lg y$	x	$\lg a$	$\lg b$	$\lg y=\lg a+x\lg b$
指数函数	$y=a\mathrm{e}^{bx}$	$\ln y$	x	$\ln a$	b	$\ln y=\ln a+bx$
指数函数	$y=a\mathrm{e}^{\frac{b}{x}}$	$\ln y$	$\frac{1}{x}$	$\ln a$	b	$\ln y=\ln a+\frac{b}{x}$
幂函数	$y=ax^b$	$\lg y$	$\lg x$	$\lg a$	b	$\lg y=\lg a+b\lg x$
幂函数	$y=a+bx^n$	y	x^n	a	b	
S形曲线函数	$y=\frac{c}{a+b\mathrm{e}^{-x}}$	$\frac{1}{y}$	e^{-x}	a/c	b/c	$\frac{1}{y}=\frac{a}{c}+\frac{b\mathrm{e}^{-x}}{c}$

④ 用线性回归方法求出线性回归方程；

⑤ 返回到原来的函数关系，得到要求的回归方程。

如果凭借以往的经验和专业知识，预先知道变量之间存在一定形式的非线性关系，上述前两步可以省略。如果预先不清楚变量之间的函数类型，则可以依据试验数据的特点或散点图来选择对应的函数表达式。在选择函数形式时，应注意不同的非线性函数所具有的特点，这样才能建立比较准确的数学模型。下面简单介绍实际问题中常用的几种非线性函数的特点。

① 如果 y 随着 x 的增加而增加（或减小），最初增加（或减小）很快，以后逐渐放慢并趋于稳定，则可选用双曲线函数来拟合；

② 对数函数的特点是，随着 x 的增大，x 的单位变动对因变量 y 的影响效果不断递减；

③ 指数函数的特点是，随着 x 的增大（或减小），因变量 y 逐渐趋向某一值；

④ S 形曲线函数（表达式见表 4-12）具有如下特点：y 是 x 的非减函数，开始时随着 x 的增加，y 的增长速度也逐渐加快，但当 y 达到一定水平时，其增长速度又逐渐放慢后，最后无论 x 如何增加，y 只会趋近于 c，并且永远不会超过 c。

需要指出的是，在一定的试验范围内，可能用不同的函数拟合同一组试验数据，都可以得到显著性较好的回归方程，这时应该选择其中数学形式较简单的一种。一般说来，数学形式越简单，其可操作性就越强，过于复杂的函数形式在实际的定量分析中，并没有太大的价值。

一些常用的非线性函数的线性化变换列在表 4-12 中。

例 4-7　气体的流量与压力之间的关系一般由经验公式 $M=cp^b$ 表示，式中 M 是压强为 p 时每分钟流过流量计的空气的物质的量（mol）；c、b 为常数。今进行一批试验，得到如表 4-13 所示的一组数据。试由这组数据定出常数 c、b，建立 M 和 p 之间的经验关系式，并

检验其显著性。（α=0.05）

表 4-13　例 4-7 试验数据

p/atm	2.01	1.78	1.75	1.73	1.68	1.62	1.40	1.36	0.93	0.53
M/(mol/min)	0.763	0.715	0.710	0.695	0.698	0.673	0.630	0.612	0.498	0.371

解：（1）回归方程的建立

经验公式不是线性方程，如果对其两边同时取常用对数，可得

$$\lg M=\lg c+b\lg P$$

如果令 $y=\lg M$，$x=\lg P$，$a=\lg c$，则上述经验公式可以变换成一元线性方程：

$$y=a+bx$$

已知试验次数 $n=10$，根据上述变换，对试验数据进行整理计算，如表 4-14 所示。

表 4-14　例 4-7 数据计算表

序号	p_i	M_i	x_i	y_i	x_i^2	y_i^2	x_iy_i
			$\lg p_i$	$\lg M_i$			
1	2.01	0.763	0.3032	−0.1175	0.0919	0.0138	−0.0356
2	1.78	0.715	0.2504	−0.1457	0.0627	0.0212	−0.0365
3	1.75	0.710	0.2430	−0.1487	0.0591	0.0221	−0.0361
4	1.73	0.695	0.2380	−0.1580	0.0567	0.0250	−0.0376
5	1.68	0.698	0.2253	−0.1561	0.0508	0.0244	−0.0352
6	1.62	0.673	0.2095	−0.1720	0.0439	0.0296	−0.0360
7	1.40	0.630	0.1461	−0.2007	0.0214	0.0403	−0.0293
8	1.36	0.612	0.1335	−0.2132	0.0178	0.0455	−0.0285
9	0.93	0.498	−0.0315	−0.3028	0.0010	0.0917	0.0095
10	0.53	0.371	−0.2757	−0.4306	0.0760	0.1854	0.1187
$\sum_{i=1}^{10}$	14.79	6.365	1.4420	−2.0454	0.4812	0.4989	−0.1466
$\frac{1}{10}\sum_{i=1}^{10}$	1.479	0.6365	0.1442	−0.2045			

从表 4-14 可知：$\overline{x}=0.1442$，$\overline{y}=-0.2045$，$\sum_{i=1}^{10}x_i^2=0.4812$，$\sum_{i=1}^{10}y_i^2=0.4989$，$\sum_{i=1}^{10}x_iy_i=-0.1466$

所以
$$L_{xx}=\sum_{i=1}^{10}x_i^2-n(\overline{x})^2=0.4812-10\times0.1442^2=0.2733$$

$$L_{xy}=\sum_{i=1}^{10}x_iy_i-n\overline{x}\,\overline{y}=-0.1466-10\times0.1442\times(-0.2045)=0.1483$$

$$L_{yy}=\sum_{i=1}^{10}y_i^2-n(\overline{y})^2=0.4989-10\times(-0.2045)^2=0.0807$$

所以
$$b=\frac{L_{xy}}{L_{xx}}=\frac{0.1483}{0.2733}=0.5426$$

$$a=\overline{y}-b\overline{x}=-0.2045-0.5426\times0.1442=-0.2827$$

所以 x 与 y 之间的线性方程为：$y=0.5426x-0.2827$

又因为
$$a=\lg c$$

所以 $$c=10^a=10^{-0.2827}=0.5216$$

则气体的流量 M 与压强 p 之间的经验公式可表示为：

$$M=0.5216p^{0.5426}$$

（2）回归方程显著性检验

① 相关系数检验

$$r=\frac{L_{xy}}{\sqrt{L_{xx}L_{yy}}}=\frac{0.1483}{\sqrt{0.2733\times0.0807}}=0.9986$$

根据 $\alpha=0.05$，$n=10$，$m=1$ 查相关系数临界值表，得 $r_{\min}=0.6319<r$，所以所求得的经验公式有意义。

② F 检验

已知： $$L_{xy}=0.1483,\ L_{yy}=0.0807$$

所以 $$SS_T=L_{yy}=0.0807$$

$$SS_R=bL_{xy}=0.5426\times0.1483=0.0805$$

$$SS_e=SS_T-SS_R=0.0807-0.0805=0.0002$$

方差分析结果见方差分析表 4-15。

表 4-15 例 4-7 方差分析表

差异源	SS	df	MS	F	$F_{0.01}(1,8)$	显著性
回归	0.0805	1	0.0805	3220	11.3	**
残差	0.0002	8	0.000025			
总和	0.0807	9				

所以所求得的经验公式非常显著。

4.4.2 一元多项式回归

不是所有的一元非线性函数都能转换成一元线性方程，但任何复杂的一元连续函数都可用高阶多项式近似表达，因此对于那些较难直线化的函数，可用下式来拟合：

$$\hat{y}=a+b_1x+b_2x^2+\cdots+b_mx^m \tag{4-49}$$

如果令 $X_1=x$，$X_2=x^2$，…，$X_m=x_m$，则上式可以转化为多元线性方程：

$$\hat{y}=a+b_1X_1+b_2X_2+\cdots+b_mX_m \tag{4-50}$$

这样就可以用多元线性回归分析求出系数 a，b_1，b_2，…，b_m。

虽然多项式的阶数越高，回归方程与实际数据的拟合程度越高，但阶数越高，回归计算过程中的舍入误差的积累也越大，所以当阶数 m 过高时，回归方程的精度反而会降低，甚至得不到合理的结果，故一般取 $m=2\sim4$ 即可。

例 4-8 设有一组试验数据如表 4-16 所示，要求用二次多项式来拟合这组数据。（$\alpha=0.05$）

表 4-16 例 4-8 数据

x_i	1	3	4	5	6	7	8	9	10
y_i	2	7	8	10	11	12	10	9	8

解：先在直角坐标系中根据这9组数据标出9个点，如图4-3所示，这些点近似于抛物线分布，故可设该多项式方程为：$y=a+b_1x+b_2x^2$。

如果设 $x_1=x$，$x_2=x^2$，则上述多项式可以变为 $y=a+b_1x_1+b_2x_2$ 的多元线性方程形式，x_{1i}、x_{2i} 列于表4-17中。依题意，$n=9$，$m=2$，根据式（4-31）可得正规方程组：

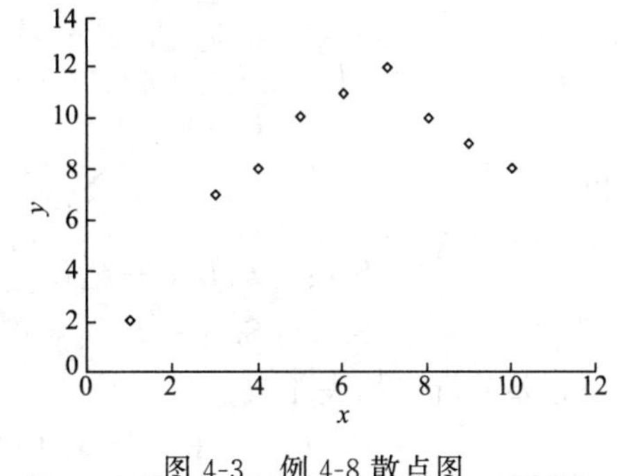

图4-3 例4-8散点图

$$\begin{bmatrix} n & \sum_{i=1}^{n}x_{1i} & \sum_{i=1}^{n}x_{2i} \\ \sum_{i=1}^{n}x_{1i} & \sum_{i=1}^{n}x_{1i}^2 & \sum_{i=1}^{n}x_{1i}x_{2i} \\ \sum_{i=1}^{n}x_{2i} & \sum_{i=1}^{n}x_{1i}x_{2i} & \sum_{i=1}^{n}x_{2i}^2 \end{bmatrix} \begin{bmatrix} a \\ b_1 \\ b_2 \end{bmatrix} = \begin{bmatrix} \sum_{i=1}^{n}y_i \\ \sum_{i=1}^{n}x_{1i}y_i \\ \sum_{i=1}^{n}x_{2i}y_i \end{bmatrix}$$

即

$$\begin{cases} na+b_1\sum_{i=1}^{n}x_{1i}+b_2\sum_{i=1}^{n}x_{2i}=\sum_{i=1}^{n}y_i \\ a\sum_{i=1}^{n}x_{1i}+b_1\sum_{i=1}^{n}x_{1i}^2+b_2\sum_{i=1}^{n}x_{1i}x_{2i}=\sum_{i=1}^{n}x_{1i}y_i \\ a\sum_{i=1}^{n}x_{2i}+b_1\sum_{i=1}^{n}x_{1i}x_{2i}+b_2\sum_{i=1}^{n}x_{2i}^2=\sum_{i=1}^{n}x_{2i}y_i \end{cases}$$

所以必须先计算出 $\sum_{i=1}^{n}x_{1i}$，$\sum_{i=1}^{n}y_i$，$\sum_{i=1}^{n}x_{2i}$，$\sum_{i=1}^{n}x_{1i}^2$，$\sum_{i=1}^{n}x_{2i}^2$，$\sum_{i=1}^{n}x_{1i}x_{2i}$，$\sum_{i=1}^{n}x_{2i}y_i$，$\sum_{i=1}^{n}x_{1i}y_i$ 等，计算表见表4-17。

表4-17 例4-8数据计算表

i	x_1	x_2	y	y^2	x_1^2	x_2^2	x_1x_2	x_1y	x_2y
1	1	1	2	4	1	1	1	2	2
2	3	9	7	49	9	81	27	21	63
3	4	16	8	64	16	256	64	32	128
4	5	25	10	100	25	625	125	50	250
5	6	36	11	121	36	1296	216	66	396
6	7	49	12	144	49	2401	343	84	588
7	8	64	10	100	64	4096	512	80	640
8	9	81	9	81	81	6561	729	81	729
9	10	100	8	64	100	10000	1000	80	800
$\sum_{i=1}^{9}$	53	381	77	727	381	25317	3017	496	3596
$\frac{1}{9}\sum_{i=1}^{9}$	5.9	42.3	8.56						

由计算表4-17，可得以下正规方程组：

$$\begin{cases} 9a+53b_1+381b_2=77 \\ 53a+381b_1+3017b_2=496 \\ 381a+3017b_1+25317b_2=3596 \end{cases}$$

解得 $a=-1.716$，$b_1=3.750$，$b_2=-0.279$，所以有

$$y=-1.716+3.750x_1-0.279x_2$$

接下来应检验该线性回归方程的显著性。根据表 4-17 可得：$\sum_{i=1}^{n} y_i^2 = 727$，$\overline{y} = 8.56$

又有
$$L_{1y} = \sum_{i=1}^{n} x_{1i} y_i - n\overline{x}_1 \overline{y} = 496 - 9 \times 5.9 \times 8.56 = 41.5$$

$$L_{2y} = \sum_{i=1}^{n} x_{2i} y_i - n\overline{x}_2 \overline{y} = 3596 - 9 \times 42.3 \times 8.56 = 337.2$$

所以
$$SS_{\mathrm{T}} = \sum_{i=1}^{n} y_i^2 - n\overline{y}^2 = 727 - 9 \times 8.56^2 = 67.5$$

$$SS_{\mathrm{R}} = b_1 L_{1y} + b_2 L_{2y} = 3.750 \times 41.5 - 0.279 \times 337.2 = 61.5$$

$$SS_{\mathrm{e}} = SS_{\mathrm{T}} - SS_{\mathrm{R}} = 67.5 - 61.5 = 6.0$$

方差分析表如表 4-18。

表 4-18　例 4-8 方差分析表

差异源	SS	df	MS	F	$F_{0.01}(2,6)$	显著性
回归	61.5	$m=2$	30.8	30.8	10.92	* *
残差	6.0	$n-m-1=6$	1.0			
总和	67.5	$n-1=8$				

从表 4-18 可以看出，所建立的线性回归方程非常显著。

如果用复相关系数检验则有

$$R = \sqrt{SS_{\mathrm{R}}/SS_{\mathrm{T}}} = \sqrt{61.5/67.5} = 0.955$$

对于给定的显著性水平 $\alpha = 0.05$，$n = 9$，自变量个数 $m = 2$ 时，查附录 7 得 $R_{\min} = 0.795$，所以所建立的线性回归方程与试验数据拟合得很好。这与 F 检验的结论是一致的。

因此所求的二次多项式为：

$$y = -1.716 + 3.750x - 0.279x^2$$

4.4.3 多元非线性回归

如果试验指标 y 与多个试验因素 $x_j (j=1,2,\cdots,m)$ 之间存在非线性关系，例如，y 与 m 个因素 x_1，x_2，…，x_m 的二次回归模型为：

$$\hat{y} = a + \sum_{j=1}^{m} b_j x_j + \sum_{j=1}^{m} b_{jj} x_j^2 + \sum_{j<k} b_{jk} x_j x_k \tag{4-51}$$

也可利用类似的方法，将其转换成线性回归模型，然后再按线性回归的方法进行处理。

例 4-9　在例 4-4 中，如果产品的收率（y）与三个因素原料配比（x_1）、溶剂量（x_2）和反应时间（x_3）三个因素之间的函数关系近似满足二次回归模型：$y = a + b_3 x_3 + b_{33} x_3^2 + b_{13} x_1 x_3$（其中溶剂用量这个因素对试验指标影响很小，所以在建立回归方程时可以不考虑）。试通过回归分析确定系数 a、b_3、b_{33}、b_{13}。($\alpha = 0.05$)

解：(1) 回归方程的建立

设 $X_1 = x_3$，$X_2 = x_3^2$，$X_3 = x_1 x_3$，$B_1 = b_3$，$B_2 = b_{33}$，$B_3 = b_{13}$，则上述方程可转换成如下的线性形式：

$$y = a + B_1 X_1 + B_2 X_2 + B_3 X_3$$

对原始试验数据的整理和计算见表 4-19 和表 4-20。

表 4-19 例 4-9 数据转换计算表

i	y	x_1	x_3	X_1	X_2	X_3
1	0.330	1.0	1.5	1.5	2.3	1.5
2	0.336	1.4	3.0	3.0	9.0	4.2
3	0.294	1.8	1.0	1.0	1.0	1.8
4	0.476	2.2	2.5	2.5	6.3	5.5
5	0.209	2.6	0.5	0.5	0.3	1.3
6	0.451	3.0	2.0	2.0	4.0	6.0
7	0.482	3.4	3.5	3.5	12.3	11.9
$\sum_{i=1}^{7}$	2.578	15.4	14	14.0	35.0	32.2
$\frac{1}{7}\sum_{i=1}^{7}$	0.3683	2.2	2.0	2.0	5.0	4.6

表 4-20 例 4-9 数据计算表

i	y^2	X_1^2	X_2^2	X_3^2	X_1X_2	X_1X_3	X_2X_3	X_1y	X_2y	X_3y
1	0.109	2.25	5.063	2.25	3.375	2.25	3.38	0.4950	0.7425	0.4950
2	0.113	9.00	81.000	17.64	27.000	12.60	37.80	1.0080	3.0240	1.4112
3	0.086	1.00	1.000	3.24	1.000	1.80	1.80	0.2940	0.2940	0.5292
4	0.227	6.25	39.063	30.25	15.625	13.75	34.38	1.1900	2.9750	2.6180
5	0.044	0.25	0.063	1.69	0.125	0.65	0.33	0.1045	0.0523	0.2717
6	0.203	4.00	16.000	36.00	8.000	12.00	24.00	0.9020	1.8040	2.7060
7	0.232	12.25	150.063	141.61	42.875	41.65	145.78	1.6870	5.9045	5.7358
$\sum_{i=1}^{7}$	1.014	35.00	292.250	232.68	98.000	84.70	247.45	5.6805	14.7963	13.7669

由表 4-19 和表 4-20 可得：$\overline{X}_1=2.0$，$\overline{X}_2=5.0$，$\overline{X}_3=4.6$，$\overline{y}=0.3683$，又有

$$L_{11}=\sum_{i=1}^{7}X_{1i}^2-n(\overline{X}_1)^2=35.00-7\times2.0^2=7.00$$

$$L_{22}=\sum_{i=1}^{7}X_{2i}^2-n(\overline{X}_2)^2=292.250-7\times5.0^2=117.25$$

$$L_{33}=\sum_{i=1}^{7}X_{3i}^2-n(\overline{X}_3)^2=232.68-7\times4.6^2=84.56$$

$$L_{12}=L_{21}=\sum_{i=1}^{7}X_{1i}x_{2i}-n\overline{X}_1\overline{X}_2=98.00-7\times2.0\times5.0=28.0$$

$$L_{23}=L_{32}=\sum_{i=1}^{7}x_{2i}X_{3i}-n\overline{X}_2\overline{X}_3=247.45-7\times5.0\times4.6=86.45$$

$$L_{31}=L_{13}=\sum_{i=1}^{7}X_{1i}X_{3i}-n\overline{X}_1\overline{X}_3=84.70-7\times2.0\times4.6=20.3$$

$$L_{1y}=\sum_{i=1}^{7}X_{1i}y_i-n\overline{X}_1\overline{y}=5.6805-7\times2.0\times0.3683=0.5423$$

$$L_{2y}=\sum_{i=1}^{7}x_{2i}y_i-n\overline{X}_2\overline{y}=14.7963-7\times5.0\times0.3683=1.9058$$

$$L_{3y}=\sum_{i=1}^{7}X_{3i}y_i-n\overline{X}_3\overline{y}=13.7669-7\times4.6\times0.3683=1.9076$$

所以正规方程组为：

$$\begin{cases} a=\overline{y}-B_1\overline{X}_1-B_2\overline{X}_2-B_3\overline{X}_3 \\ L_{11}B_1+L_{12}B_2+L_{13}B_3=L_{1y} \\ L_{21}B_1+L_{22}B_2+L_{23}B_3=L_{2y} \\ L_{31}B_1+L_{32}B_2+L_{33}B_3=L_{3y} \end{cases}$$

即

$$\begin{cases} a=0.3683-2.0B_1-5.0B_2-4.6B_3 \\ 7.00B_1+28.0B_2+20.3B_3=0.5423 \\ 28.0B_1+117.25B_2+86.45B_3=1.9058 \\ 20.3B_1+86.45B_2+84.56B_3=1.9076 \end{cases}$$

解得

$$a=0.0579,\ B_1=0.252,\ B_2=-0.0648,\ B_3=0.0283$$

于是三元线性回归方程为：$y=0.0579+0.252X_1-0.0648X_2+0.0283X_3$

（2）线性回归方程显著性检验

① F 检验

已知：$\sum_{i=1}^{n} y_i^2=1.014$，$\overline{y}=0.3683$，$L_{1y}=0.5423$，$L_{2y}=1.9058$，$L_{3y}=1.9076$

所以

$$SS_T=\sum_{i=1}^{n} y_i^2-n\overline{y}^2=1.014-7\times 0.3683^2=0.0645$$

$$SS_R=B_1L_{1y}+B_2L_{2y}+B_3L_{3y}$$

$$=0.252\times 0.5423-0.0648\times 1.9058+0.0283\times 1.9076=0.0626,$$

$$SS_e=SS_T-SS_R=0.0645-0.0626=0.0019$$

方差分析表如表 4-21。

表 4-21 例 4-9 方差分析表

差异源	SS	df	MS	F	$F_{0.05}(3,3)$	显著性
回归	0.0626	$m=3$	0.021	35.0	9.28	* *
残差	0.0019	$n-m-1=3$	0.0006			
总和	0.0645	$n-1=6$				

从表 4-21 可以看出，所建立的线性回归方程非常显著。

② 复相关系数检验

由于 $SS_T=0.0645$，$SS_R=0.0626$，所以有

$$R=\sqrt{SS_R/SS_T}=\sqrt{0.0626/0.0645}=0.971$$

对于给定的显著性水平 $\alpha=0.05$，$n=7$，自变量个数 $m=3$ 时，查附录 7 得 $R_{min}=0.950$，所以所建立的线性回归方程与试验数据拟合得较好。

因此，试验指标 y 与因素之间的近似函数关系式为：

$$y=0.0579+0.252x_3-0.0648x_3^2+0.0283x_1x_3$$

4.4.4 试验优方案的预测

如果非线性方程的形式为 $y=f(x_1, x_2, \cdots, x_m)$，可根据极值必要条件

$$
\begin{cases}
\dfrac{\partial y}{\partial x_1}=0 \\
\dfrac{\partial y}{\partial x_2}=0 \\
\cdots \\
\dfrac{\partial y}{\partial x_m}=0
\end{cases}
\tag{4-52}
$$

求出满足方程组的 x_1，x_2，…，x_m，如果所求结果满足各自变量 x_i（$i=1$，2，…，m）在试验中的取值范围，则所求值可初步定为优方案。

例如，在例 4-8 中，回归方程的形式为 $y=-1.716+3.750x-0.279x^2$，根据公式（4-52）有 $\frac{dy}{dx}=3.750-2\times0.279x=0$，求得 $x=6.7$，该值在试验范围内，所以可以预测，当 $x=6.7$ 时，试验结果 y 可能取得最佳值，最后对该方案进行试验验证。又例如，在例 4-9 中，根据 $\begin{cases}\dfrac{\partial y}{\partial x_1}=0.0283x_3=0 \\ \dfrac{\partial y}{\partial x_3}=0.252-2\times0.0648x_3+0.0283x_1=0\end{cases}$ 求出的极值不在试验范围内，所以不能当作优方案。

如果根据公式（4-52）无法确定优方案，或方程组比较复杂，建议使用本章 4.5 介绍的“规划求解”工具。

另外，对于一元非线性和二元非线性关系，也可以根据方程对应的图形（曲线或曲面、等高线图），直接观察到最优点对应的自变量取值。

需要强调的是，预测的方案一定要经过试验验证，并结合科研和生产实际来确定。

通过以上的例题可以看出，回归分析的计算量比较大，可以借助相关的计算机软件进行分析，如 Excel 等。另外，有关回归分析的内容非常丰富，本章只是介绍了回归分析的基本思想和方法，如果需要对它有更深入的了解，请参考其他相关书籍。

4.5 Excel 在回归分析中的应用

Excel 提供了众多的回归分析手段，如规划求解、内置函数、图表功能和分析工具库都能用于回归分析。

4.5.1 “规划求解”在回归分析中的应用

4.5.1.1 “规划求解”工具的安装

在试验的数据处理中，常常需要求解方程组或解决回归方程的最优化问题，这时就可以使用 Excel 的“规划求解”工具，它可以对有多个变量的线性和非线性规划问题进行求解，省去了人工编制程序和手工计算的麻烦。

“规划求解”工具的安装，可以参考 1.8.3 介绍的“分析工具库”的安装步骤，打开如图 4-4 所示的“加载宏”对话框，选中“规划求解加载项”复选框，点击确定，就可以将“规划求解”命令添加到 Excel【数据】选项卡下【分析】命令组中。“规划求解”工具的安装过程，也可扫描二维码【4-1】查看。

【4-1】

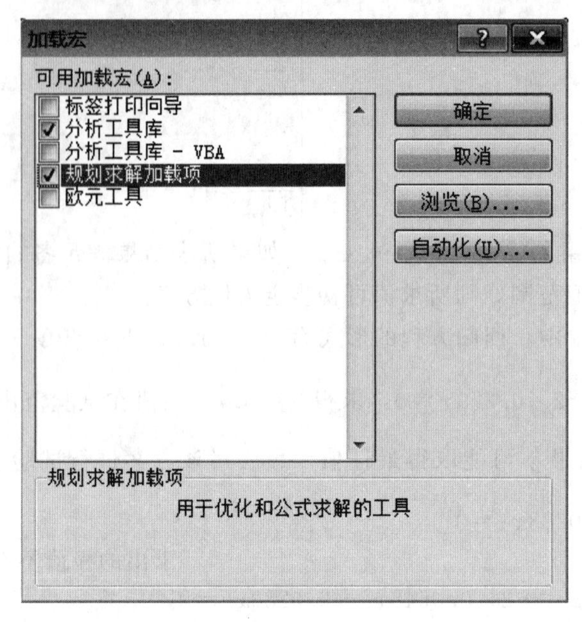

图 4-4 “加载宏”对话框

在使用“规划求解”工具之前，应建立最优化或方程组求解问题的数学模型。下面通过几个例子来说明“规划求解”的使用方法。

4.5.1.2 “规划求解”在解方程组中的应用

在利用最小二乘法求解回归方程的过程中，需通过解正规方程组，得到回归系数。如果回归方程的项数较多，正规方程组中方程的个数也会很多，利用 Excel 中的“规划求解”工具可减少计算量并提高结果的准确性。

例 4-10 在例 4-8 中得到如下的正规方程组。试利用“规划求解”工具求出回归系数。

$$\begin{cases} 9a+53b_1+381b_2=77 \\ 53a+381b_1+3017b_2=496 \\ 381a+3017b_1+25317b_2=3596 \end{cases}$$

解：① 首先将本例的方程组转变成如下形式，所有方程的右边都为 0。

$$\begin{cases} 9a+53b_1+381b_2-77=0 \\ 53a+381b_1+3017b_2-496=0 \\ 381a+3017b_1+25317b_2-3596=0 \end{cases}$$

② 设计如图 4-5 所示的工作表格。

由于在本方程组中未知数有 3 个，所以预留 3 个可变单元格的位置，即将单元格 D2：D4 设为可变单元格（如图 4-5），用来存放方程组的解，其初值可设为 0（空单元格）。

在图 4-5 中，“1、2、3”表示三个方程的代号，在 B2、B3、B4 三个单元格中分别输入三个方程等号左边部分。注意，单元格 D2 表示 a，D3 表示 b_1，D4 表示 b_2，在输入方程组的时候应该直接引用。由于 a、b_1 和 b_2 的初值都为 0，所以就有图 4-5（b）中的数值显示。

③ 在 Excel【数据】选项卡下【分析】命令组中，单击“规划求解”命令按钮，打开“规划求解参数”对话框（如图 4-6）。

图 4-6 中，“设置目标”可以选择图 4-5 中任意一个方程所在的单元格，这里选择第一

	A	B	C	D
1		方程	方程解	
2	1	=9*D2+53*D3+381*D4-77	a=	
3	2	=53*D2+381*D3+3017*D4-496	b_1=	
4	3	=381*D2+3017*D3+25317*D4-3596	b_2=	

(a) 公式显示状态

	A	B	C	D
1		方程	方程解	
2	1	-77	a=	
3	2	-496	b_1=	
4	3	-3596	b_2=	

(b) 公式未显示状态

图 4-5　例 4-10 规划求解工作表

个方程所在单元格“$B$2”为目标；“到”后选择“目标值”，然后在其后的空格内输入“0”，这表示目标单元格中的数值等于 0，即第一个方程等于 0。

图 4-6 中，将“通过更改可变单元格”设置为“$D$2：$D$4”，表示最后的输出结果在这三个单元格内，分别对应着 a、b_1 和 b_2。

图 4-6 中，在“遵守约束”中添加“$B$3=0”和“$B$4=0”，表示在第一个方程等于 0 的同时，另外两个方程也应等于 0。添加约束条件时，单击“添加”按钮，这时系统会弹出【添加约束】对话框，如图 4-7 所示。注意，在“单元格引用”中只能输入含有约束条件公式的单元格的名称，如本例中的 B3 或 B4 单元格。约束条件运算符有：小于或等于“<=”、大于或等于“>=”、等于“=”、整数“int”、二进制“bin”。在“约束”中可以直接输入某个数值，如“0”等，也可以引用单元格。输完所有约束条件后，按“确定”返回“规划求解参数”对话框。

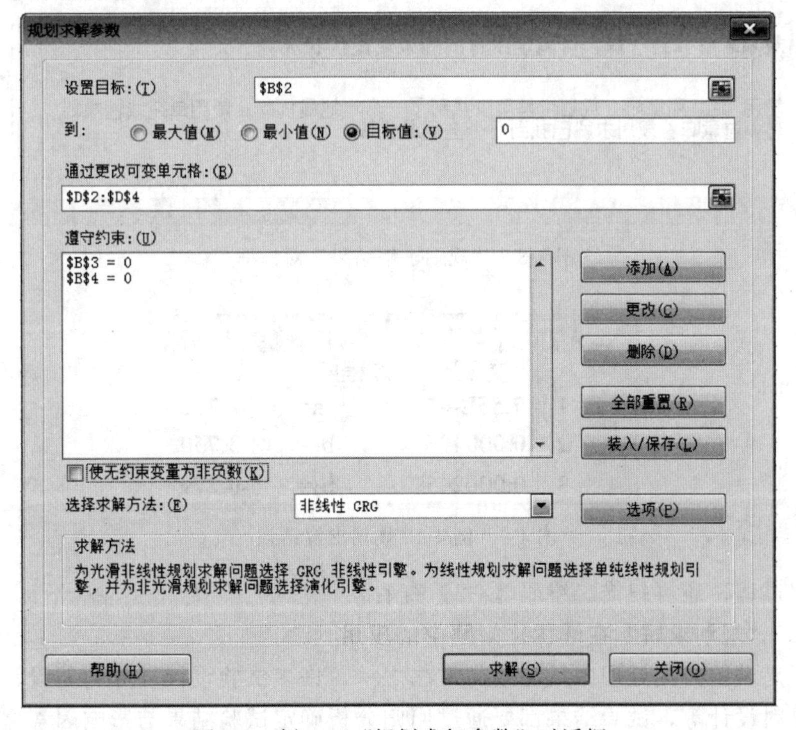

图 4-6　例 4-10“规划求解参数”对话框

图 4-7　例 4-10“添加约束”对话框

图 4-6 中，不用选中“使无约束变量为非负数”复选框，因为本例中系数可以为负数。

④ 图 4-6 中，单击“求解”，就会弹出“规划求解结果”对话框（如图 4-8），点击确定，可以得到方程组的解（如图 4-9）。说明一下，图 4-9 中 B2、B3、B4 显示的数值的小数位数未设制，如果取整数或小数点后一位的话，则都等于 0，即正规方程组的解为 $a=-1.716$，$b_1=3.750$，$b_2=-0.279$，这一结果与例 4-8 是完全一致的。

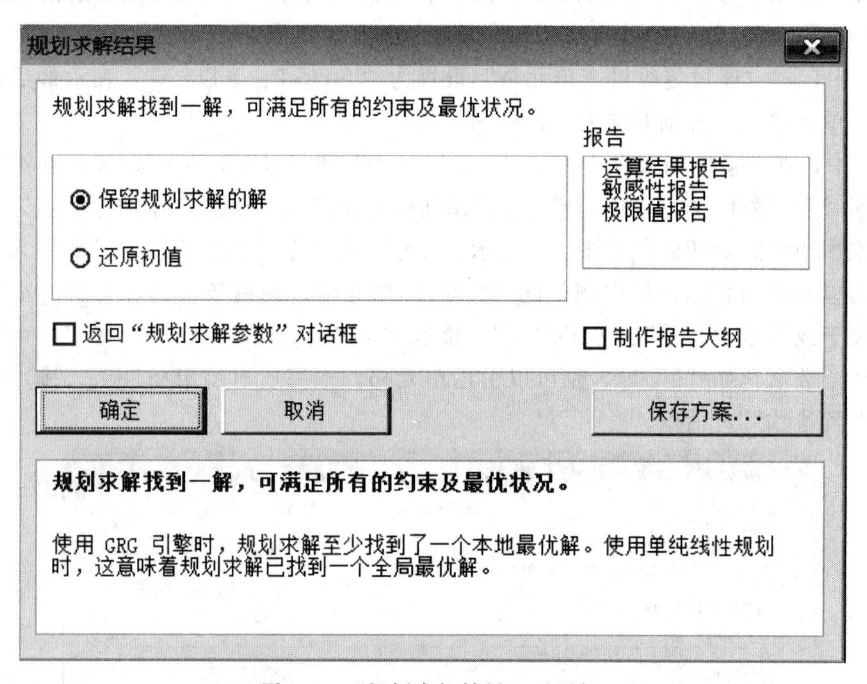

图 4-8　“规划求解结果”对话框

【4-2】

	A	B	C	D
1		方程	方程解	
2	1	7.55E-05	a=	-1.716
3	2	0.000496	b_1=	3.750
4	3	0.000245	b_2=	-0.279

图 4-9　例 4-10 规划求解结果

本例求解过程，还可扫描二维码【4-2】查看。

4.5.1.3　“规划求解”在最优化问题中的应用

回归分析是试验数据处理中最有效的方法之一，许多试验设计，如均匀设计、回归正交设计和配方混料设计等，试验结果都要通过回归分析确定试验结果与影响因素之间的回归方程，为了确定最佳工艺参数，就会遇到最优化问题，即规划问题。Excel 提供的“规划求解”工具可以解决这一问题。

例 4-11 在例 4-9 中，回归方程为 $y=0.0579+0.252x_3-0.0648x_3^2+0.0283x_1x_3$，其中 x_1 的取值范围为 1.0～3.4，x_3 的取值范围为 0.5～3.5，预测当 x_1 和 x_3 取什么值时，y 可能取得最大值，试用 Excel 中的“规划求解”工具求解。

【4-3】

解：本例提出的问题可利用求极植的方法求解，但如果方程形式很复杂，而且变量的取值范围有要求，就可体现“规划求解”工具的优势。具体步骤如下（也可扫描二维码【4-3】查看）。

① 建立 Excel 工作表后，选中一个单元格，输入方程的右边部分。如图 4-10，在目标单元格 D2 中输入公式“=0.0579+0.252＊B3－0.0648＊B3^2+0.0283＊B2＊B3”，其中单元格 B2 和 B3 为可变单元格，为 x_1 和 x_3 对应的单元格。

D2 f_x =0.0579+0.252*B3-0.0648*B3^2+0.0283*B2*B3

	A	B	C	D	E	F
1	自变量		目标函数			
2	x_1		y	0.0579		
3	x_3					

图 4-10 例 4-11 工作表

② 在 Excel【数据】选项卡下【分析】命令组中，单击“规划求解”命令按钮，打开“规划求解参数”对话框，如图 4-11，设置目标单元格等于“最大值”，并依据 x_1 和 x_3 的取值范围添加约束条件。

图 4-11 例 4-11“规划求解参数”对话框

③ 在“规划求解参数”对话框中，按“求解”后即可得到如图 4-12 所示的结果，即在试验范围内，当 $x_1=3.4$，$x_3=2.7$ 时，合成产物收率可能达到 0.526。注意，这是根据回归方程求出的试验范围内的最大值，只是预测值，还需试验验证。

	A	B	C	D
1	自变量		目标函数	
2	x_1	3.4	y	0.526
3	x_3	2.7		

图 4-12 例 4-11 规划求解结果

4.5.2 Excel 内置函数在回归分析中的应用

在利用基本公式建立回归方程和检验的过程中，会涉及一些统计量，如 L_{xx}、L_{yy}、L_{xy}、L_{jj} 和 L_{jy} 等，其中 L_{xx}、L_{yy} 和 L_{jj} 可利用 Excel 内置函数 DEVSQ 直接计算；L_{xy} 和 L_{jy} 可利用函数 COVARIANCE 计算，COVARIANCE 可用来计算协方差 $Cov(x,y)=\frac{1}{n}\sum_{i=1}^{n}(x_i-\overline{x})(y_i-\overline{y})$，所以 $L_{xy}=n*\text{COVARIANCE}$。

另外，Excel 还提供了多种用于回归分析的内置函数，如 CORREL、INTERCEPT、LINEST、LOGEST、SLOPE、TREND、STEYX、FORECAST 等函数，关于它们的功能和使用可参考 Excel 的“帮助”信息。下面举例说明其中几个函数的应用。

(1) 函数 SLOPE

函数 SLOPE 的功能是计算线性回归方程的斜率。SLOPE 函数语法为：

SLOPE (known_y's，known_x's)

其中 known_y's——因变量 y 的数据点数组或单元格区域；

known_x's——自变量 x 数据点集合。

	A	B
1	p/atm	T/%
2	2	2.01
3	4	2.98
4	5	3.50
5	8	5.02
6	9	5.07

图 4-13 例 4-1 数据工作表

以例 4-1 中的数据为例（如图 4-13），用 SLOPE 函数就可求出回归方程的斜率为 0.4573，函数表达式为“＝SLOPE (B2：B6，A2：A6)”，其中 B2：B6 表示因变量 y 的引用，A2：A6 表示自变量 x 的引用。注意，在输入数据区域时，不要将自变量和因变量的引用区域弄反。

(2) 函数 INTERCEPT

函数 INTERCEPT 的功能是计算回归直线与 y 轴的截距。函数语法为：

INTERCEPT (known_y's，known_x's)

同样对于图 4-13 中的数据，用 INTERCEPT 函数求出的回归方程的截距为 1.155，函数表达式为“＝INTERCEPT (B2：B6，A2：A6)”。这样根据函数 SLOPE 和 INTERCEPT 的计算结果就可写出线性回归方程的表达式了。

(3) 函数 CORREL

虽然用上述两个函数能够求出一元线性回归方程的表达式，但不能对其进行可靠性检验。而 CORREL 函数则能计算出单元格区域 array1 和 array2 之间的相关系数，使用相关系数可以确定两变量之间的线性相关程度。CORREL 函数语法为：

CORREL（array1，array2）

其中　array1——第一组数值单元格区域；

array2——第二组数值单元格区域。

同样对于图 4-13 中的数据，在目标单元格中输入“=CORREL（A2：A6，B2：B6）”，求出两变量之间的相关系数为 0.99，说明两变量之间存在显著的线性关系。注意，这里的两组数据不用区分自变量和因变量的前后顺序。

4.5.3 Excel 图表功能在回归分析中的应用

图表法只能解决一元回归问题，不能解决多元回归问题。下面通过例 4-12 来说明 Excel 的图表功能在回归分析中的应用。

例 4-12　已知熔融态的巧克力浆的流动服从如下的卡森（Casson）方程：

$$\sqrt{\tau}=\sqrt{\tau_y}+\sqrt{\mu_\infty \frac{\mathrm{d}u}{\mathrm{d}y}}$$

式中，μ_∞为$\frac{\mathrm{d}u}{\mathrm{d}y}$很大时的黏度，Pa·s。今由仪器测得 40℃下巧克力浆的剪应力 τ 与剪切率$\frac{\mathrm{d}u}{\mathrm{d}y}$的关系如表 4-22 所示。

表 4-22　巧克力浆的剪应力与剪切率的关系

$(\mathrm{d}u/\mathrm{d}y)/\mathrm{s}^{-1}$	0.5	1.0	5.0	10.0	50.0	100.0
τ/Pa	34	42	83	123	377	659

试用图解法确定卡森方程的表达式。

解：依题意，卡森方程为一元非线性方程，但是可以转化为一元线性方程。

设 $Y=\sqrt{\tau}$，$X=\sqrt{\frac{\mathrm{d}u}{\mathrm{d}y}}$，$a=\sqrt{\tau_y}$，$b=\sqrt{\mu_\infty}$，则卡森方程可变为如下形式：

$$Y=a+bX$$

图表法回归分析基本步骤如下（可扫描二维码【4-4】查看）。

① 对原始数据进行转换，如图 4-14 所示，只需在 C2 单元格输入公式“=A1^0.5”，回车后得到 0.7，然后选中单元格 C2，拖动填充柄至 D2 单元格，得到 5.8，然后选中 C2：D2 两连续的单元格，拖动填充柄至 C7：D7，即可得到 X-Y 系列数值。

	A	B	C	D
1	(du/dy) /s^{-1}	τ/ Pa	X	Y
2	0.5	34	0.7	5.8
3	1.0	42	1.0	6.5
4	5.0	83	2.2	9.1
5	10.0	123	3.2	11.1
6	50.0	377	7.1	19.4
7	100.0	659	10.0	25.7

【4-4】

图 4-14　例 4-12 数据表

② 选中图 4-14 中 X、Y 两列数据，作出散点图，如图 4-15 所示。

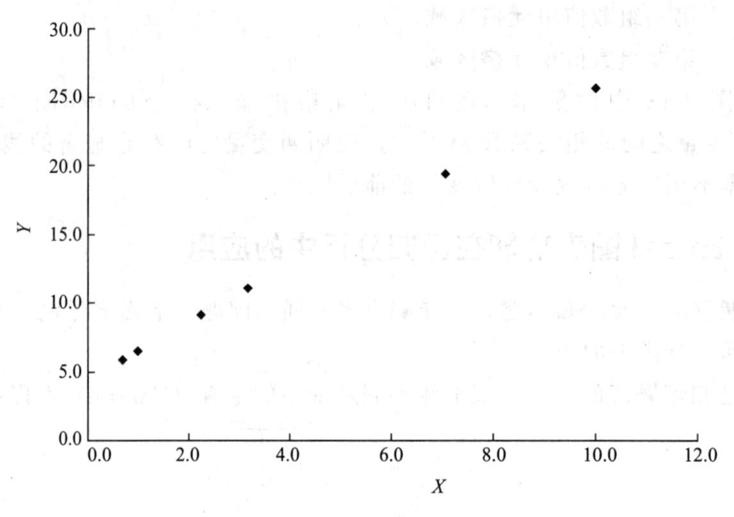

图 4-15 X-Y 散点图

③ 选中图形，在【图表工具】→【布局】选项卡下的【分析】组中，单击“趋势线”，出现图 4-16 所示的菜单，这时可根据散点图的规律，选择合适的趋势线类型。也可以选择“其他趋势线选项”，打开“设置趋势线格式”对话框（如图 4-17），这时可对趋势线进行更详细的设置。

④ 在“设置趋势线格式”对话框中，有指数、线性、对数、多项式、幂、移动平均共 6 个选项。通过观察 X-Y 散点图可知，X 与 Y 之间呈明显的线性关系，于是选择“线性”，如图 4-17 所示。

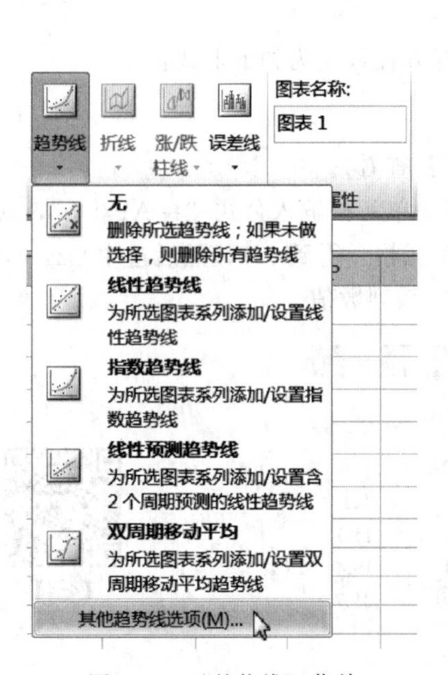

图 4-16 “趋势线”菜单

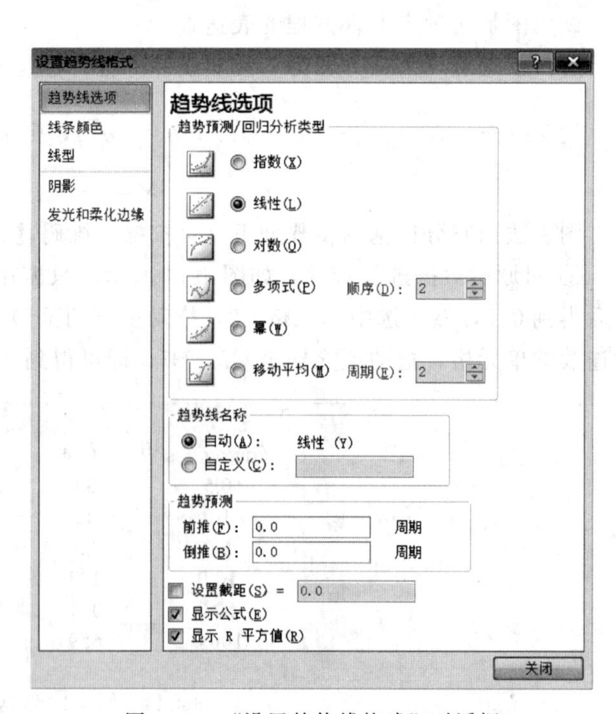

图 4-17 “设置趋势线格式”对话框

⑤ 在“设置趋势线格式”对话框中，选中“显示公式”和“显示 R 平方值”复选框，如图 4-17 所示。

⑥ 单击“关闭”之后，即可得到图 4-18 所示的图形。图 4-18 中显示了趋势线、回归方程和 R^2。

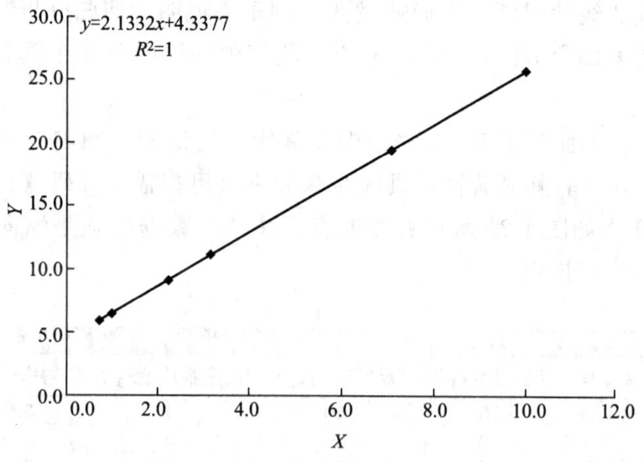

图 4-18 一元线性回归分析结果

由图 4-18 可知，$R^2=1$，即相关系数为 1，说明所建立的回归方程与试验数据拟合得很好。根据图 4-18 中的回归方程，可得

$$a=\sqrt{\tau_y}=4.3377, b=\sqrt{\mu_\infty}=2.1332$$

于是有 $\tau_y=a^2=4.3377^2\approx 19$（Pa），$\mu_\infty=b^2=2.1332^2\approx 4.6$（Pa·s）

卡森方程的表达式为：

$$\sqrt{\tau}=4.3377+2.1332\sqrt{\frac{\mathrm{d}u}{\mathrm{d}y}}$$

【4-5】

由图 4-17 可知，Excel 提供了多种回归分析类型，在利用 Excel 图表功能进行回归分析时，首先要根据数据的散点图确定图形的数学模型，然后才能得到有意义的回归方程。例如，例 4-8 中的数据就可以用二阶多项式进行拟合，得到回归方程和 R^2，见图 4-19。具体过程可扫描二维码【4-5】查看。

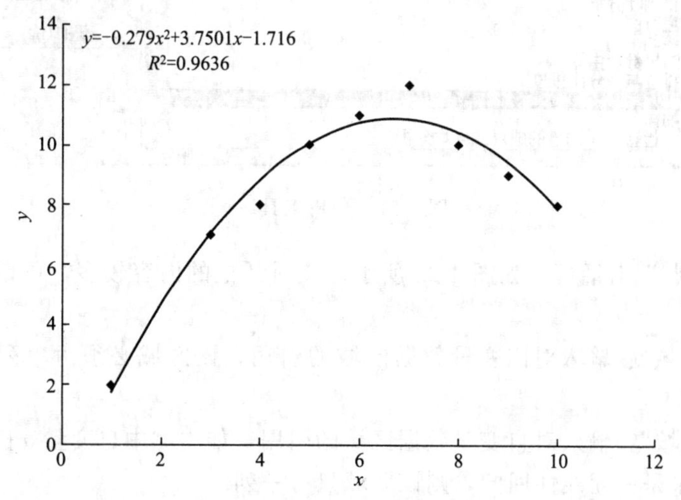

图 4-19 Excel 图表功能在非线性回归中的应用

4.5.4 分析工具库在回归分析中的应用

Excel“分析工具库”提供了“回归分析”分析工具，此工具通过对一组数据使用“最小二乘法”直线拟合，进行一元或多元线性回归分析。由于非线性回归能转变成线性回归，所以该工具也能处理非线性问题。下面通过两个例子来说明“回归分析”工具的使用。

【4-6】

例 4-13 请使用 Excel 分析工具库中的回归分析工具，对例 4-6 进行回归分析。

解：下面利用 Excel“分析工具库”提供的“回归”工具，确定线性回归方程，并检验其显著性。具体步骤如下（可扫描二维码【4-6】查看）。

① 在 Excel 中建立如图 4-20 所示的数据表。注意，数据必须是纵向排列的，而且三列自变量应该从左到右连续排列。

	A	B	C	D	E
1	试验号	反应温度x_1/℃	反应时间x_2/h	反应物浓度x_3/%	得率y/%
2	1	70	10	1	7.6
3	2	70	10	3	10.3
4	3	70	30	1	8.9
5	4	70	30	3	11.2
6	5	90	10	1	8.4
7	6	90	10	3	11.1
8	7	90	30	1	9.8
9	8	90	30	3	12.6

图 4-20 例 4-13 回归分析数据表

② 在 Excel【数据】选项卡【分析】命令组中，单击“数据分析”命令按钮，然后在“分析工具”中选择“回归”选项，如图 4-21 所示。单击“确定”之后，则弹出“回归”对话框（如图 4-22 所示）。

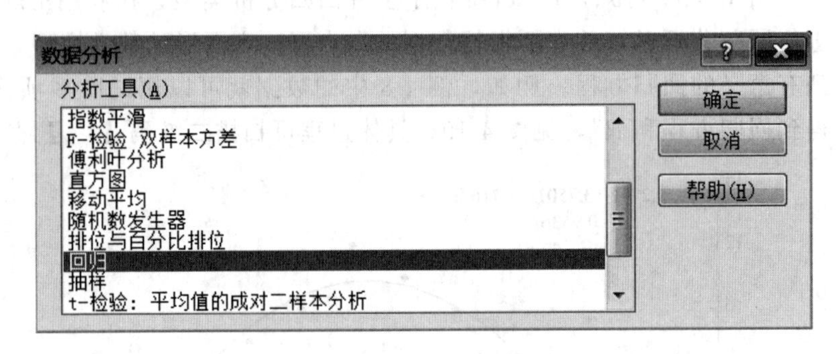

图 4-21 分析工具库

③ 填写“回归”对话框。如图 4-22 所示，该对话框的内容较多，可以根据需要，选择相关项目。

“Y 值输入区域”：输入对因变量数据区域的引用，该区域必须由单列数据组成，如本例中得率 y。

“X 值输入区域”：输入对自变量数据区域的引用，如本例中自变量 x_1、x_2、x_3 所对应的三列数据。如果是一元线性回归，则该区域只有一列。

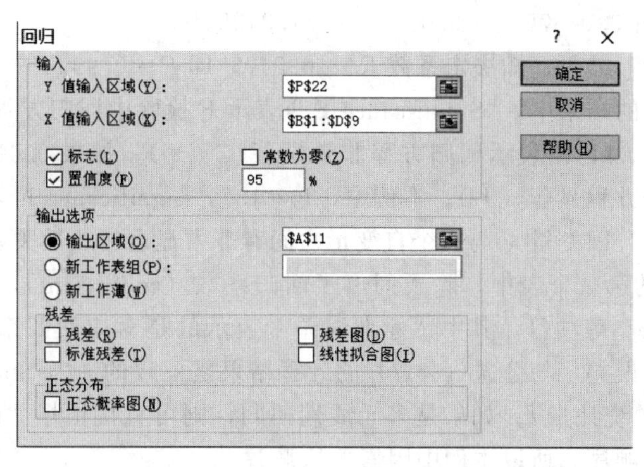

图 4-22　例 4-13 “回归” 对话框

“标志”：如果输入区域的第一行中包含标志项，则选中此复选框，本例的输入区域包括标志项；如果在输入区域中没有标志项，则应清除此复选框，Excel 将在输出表中生成适宜的数据标志。

“置信度”：如果需要在汇总输出表中包含附加的置信度信息，则选中此复选框，然后在右侧的编辑框中，输入所要使用的置信度。Excel 默认的置信度为 95%，相当于显著性水平 $\alpha=0.05$。

“常数为零”：如果要强制回归线通过原点，则选中此复选框。

“输出选项”：选择 “输出区域”，在此输入对输出表左上角单元格的引用。

“残差”：如果需要以残差输出表的形式查看残差，则选中此复选框。

“标准残差”：如果需要在残差输出表中包含标准残差，则选中此复选框。

“残差图”：如果需要生成一张图表，绘制每个自变量及其残差，则选中此复选框。

“线性拟合图”：如果需要为预测值和观察值生成一个图表，则选中此复选框。

“正态概率图”：如果需要绘制正态概率图，则选中此复选框。

④ 填好【回归】对话框之后，点击 “确定”，即可得到回归分析的结果，如图 4-23 所示（数据格式未编辑）。

	A	B	C	D	E	F	G	H	I
11	SUMMARY OUTPUT								
12									
13	回归统计								
14	Multiple R	0.99645389							
15	R Square	0.992920354							
16	Adjusted R Square	0.987610619							
17	标准误差	0.183711731							
18	观测值	8							
19									
20	方差分析								
21		df	SS	MS	F	Significance F			
22	回归分析	3	18.93375	6.31125	187	9.37555E-05			
23	残差	4	0.135	0.03375					
24	总计	7	19.06875						
25									
26		Coefficients	标准误差	t Stat	P-value	Lower 95%	Upper 95%	下限 95.0%	上限 95.0%
27	Intercept	2.1875	0.554949322	3.94180137	0.0169341	0.646713671	3.72828633	0.64671367	3.72828633
28	反应温度x1/℃	0.04875	0.006495191	7.5055535	0.0016861	0.03071646	0.06678354	0.03071646	0.06678354
29	反应时间x2/h	0.06375	0.006495191	9.81495458	0.0006041	0.04571646	0.08178354	0.04571646	0.08178354
30	反应物浓度x3/%	1.3125	0.064951905	20.2072594	3.54E-05	1.132164601	1.4928354	1.1321646	1.4928354

图 4-23　例 4-13 回归分析结果

由图 4-23 知，如果回归方程模型是 $y=a+b_1x_1+b_2x_2+b_3x_3$，根据第 3 个表 “Coefficient” 列，可知 $a=2.1875$，$b_1=0.04875$，$b_2=0.06375$，$b_3=1.3125$，所以回归方程的表

达式为：$y=2.1875+0.04875x_1+0.06375x_2+1.3125x_3$。

根据“回归统计”结果，知决定系数 $R^2=0.847$，即 $R=0.92$。

在“方差分析”的结果中，“Significance F ”表示 F 检验中回归方程不显著的概率。如果 Significance F<0.01，则表示回归方程非常显著（* *）；如果 0.01<Significance F<0.05，则可认为回归方程显著（*）。本例中，$F=187$，Significance F<0.01，所以所建立的回归方程非常显著，因变量 y 与三个自变量之间有非常显著的线性关系。

在图 4-23 所示的第 3 个表中，除了列出了回归系数（coefficient），还有“标准误差”、“t Stat”和“P-value”等项目。其中“标准误差”表示的是对应回归系数的标准误差，其中偏回归系数的标准误差，与公式（4-47）的计算结果是一致的。“t Stat”则符合公式（4-48），就是 t 检验时的统计量 t；如果是多元线性回归，则可直接根据“t Stat”的绝对值大小，判断因素的主次顺序，所以本例中因素主次顺序为 $x_3>x_2>x_1$。“P-value”表示 t 检验偏回归系数不显著的概率，如果 P-value<0.01，则可认为该系数对应的变量对试验结果影响非常显著（* *）；如果 0.01<P-value<0.05，则可认为该系数对应的变量对试验结果影响显著（*）。对于常数项，P-value 则表示常数项为零的概率。

例 4-14 以例 4-8 的数据为例，试用 Excel 中的回归分析工具进行回归分析。

解：本例求解过程可扫描二维码【4-7】查看，具体步骤如下。

① 首先在 Excel 中建立如图 4-24 所示的电子表格。由于已知 y 与 x 之间的关系方程为 $y=a+b_1x+b_2x^2$，为非线性方程，如果将 x 和 x^2 分别看作是两个自变量，则 y 与 x、x^2 之间存在二元线性关系，所以建立电子表格时将 x^2（或 $x*x$）作为一个自变量而占有一列。注意在建立电子表格时，多列自变量应是连续的区域。

【4-7】

	A	B	C
1	*y*	*x*	*x*x*
2	2	1	1
3	7	3	9
4	8	4	16
5	10	5	25
6	11	6	36
7	12	7	49
8	10	8	64
9	9	9	81
10	8	10	100

图 4-24 例 4-14 数据表

② 在【工具】选项卡【分析】命令组中，单击“数据分析”按钮，然后打开“分析工具库”中“回归”对话框，按图 4-25 填好对话框，按“确定”之后得到图 4-26 所示的结果。注意，在输入“X 值输入区域”时，应包括图 4-24 中 x 和 $x*x$ 两列的数据，而且这两列数据必须是连续的。由图 4-26 可知，回归方程表达式为 $y=-1.716+3.750x-0.279x^2$，根据 $R^2=0.96$ 和方差分析表可以判断回归方程非常显著；根据 t 检验结果，两个偏回归系数也非常显著，所建立的回归方程有意义。

最后需要说明的是，利用 Excel 中“回归”分析工具只能进行线性回归，如果是非线性关系，可以先转换成线性关系，再进行回归分析。如果非线性方程很容易转换成线性关系，则可像例 4-14 这样直接以 x 和 x^2 作为变量代号，而不必像例 4-8 那样设置新变量符号。

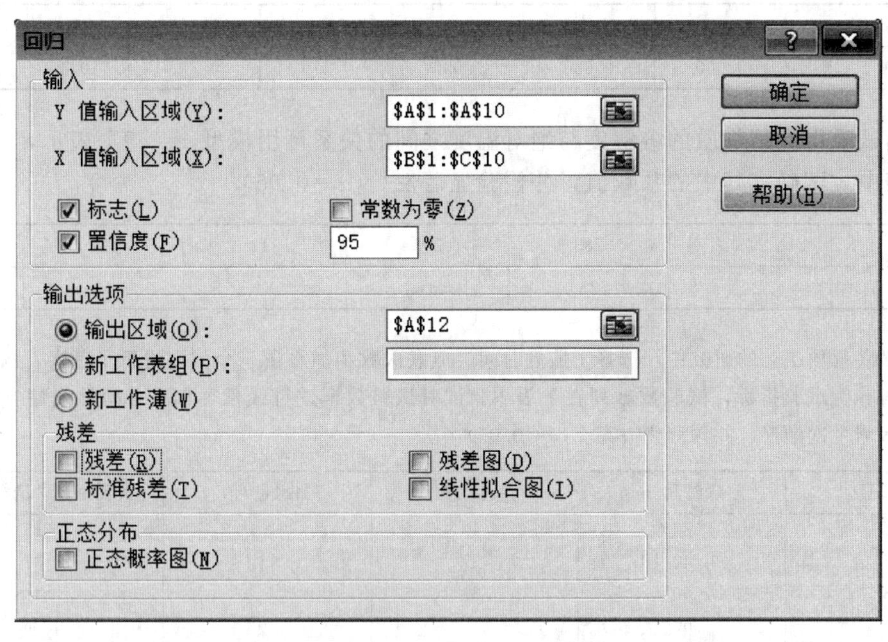

图 4-25　例 4-14“回归”对话框

	A	B	C	D	E	F	G	H	I
12	SUMMARY OUTPUT								
13									
14	回归统计								
15	Multiple R	0.982							
16	R Square	0.964							
17	Adjusted R Square	0.951							
18	标准误差	0.643							
19	观测值	9							
20									
21	方差分析								
22		df	SS	MS	F	Significance F			
23	回归分析	2	65.7	32.9	79.4	4.8E-05			
24	残差	6	2.5	0.4					
25	总计	8	68.2						
26									
27		Coefficients	标准误差	t Stat	P-value	Lower 95%	Upper 95%	下限 95.0%	上限 95.0%
28	Intercept	-1.716	0.846062	-2.02818	0.088888	-3.786206545	0.354274	-3.78621	0.354274
29	x	3.750	0.330019	11.36321	2.78E-05	2.942548567	4.557604	2.942549	4.557604
30	x*x	-0.279	0.028576	-9.76444	6.63E-05	-0.348953042	-0.20911	-0.34895	-0.20911

图 4-26　例 4-14 回归分析结果

习　　题

1. 试根据下表中所列的试验数据，画出散点图，并求取某物质在溶液中的浓度 c(%) 与其沸点温度 T 之间的函数关系，并检验所建立的函数方程式是否有意义。($\alpha=0.05$)

c/%	19.6	20.5	22.3	25.1	26.3	27.8	29.1
T/℃	105.4	106.0	107.2	108.9	109.6	110.7	111.5

2. 在分光光度法测定废水中挥发酚的实验中，测定了不同浓度 (mol/L) 的苯酚标准溶液在 510nm 处的吸光度 A，实验数据如下表所示。实验还测得废水样品在同样波长下的平均吸光度值为 0.101，求样品中挥发酚的浓度。

c/(mol/L)	0.00	1.00	3.00	6.00	10.00	12.00	15.00
A	0.000	0.030	0.095	0.176	0.303	0.360	0.454

3. 由试验得到某物质的溶解度与绝对温度之间的关系可用模型 $c=aT^b$ 表示，试验数据列在下表中，试确定其中的系数值，并检验显著性。($\alpha=0.05$)

T/K	273	283	293	313	333	353
c/%	20	25	31	34	46	58

4. 在黄芪提取工艺的研究中，选择了煎煮时间、煎煮次数和加水量三个因素进行了考察，以样品中黄芪甲苷含量作为试验指标，试验数据列在下表中。试对试验数据进行线性回归，并检验线性方程的显著性、确定因素主次顺序，并预测优方案。($\alpha=0.05$)

试验号	煎煮时间/min	煎煮次数	加水量/倍	黄芪甲苷含量/(mg/L)
1	30	1	8	15
2	40	2	11	37
3	50	3	7	46
4	60	1	10	26
5	70	2	6	34
6	80	3	9	57
7	90	3	12	57

5. 某一系列玻璃析晶上限温度 T 和其中主要三种组分 $Na_2O(X_1)$、$SiO_2(X_2)$、$CaO(X_3)$ 百分组成之间的数据如下表，已知温度 T 与 X_1、X_2、X_3 之间的回归方程满足如下模型：$T=a+b_1X_1+b_{12}X_1X_2+b_3X_3$，试确定回归方程，并分析因素的主次顺序，预测试验的优方案。($\alpha=0.05$)

试验号	T/℃	$Na_2O(X_1)$/%	$SiO_2(X_2)$/%	$CaO(X_3)$/%
1	1029	14	72.0	9.1
2	1011	14	72.0	8.1
3	1016	14	72.0	7.1
4	1006	14	73.3	8.8
5	993	14	73.3	6.8
6	1004	14	73.3	8.1
7	967	14	73.3	7.1
8	999	14	73.3	6.1
9	992	14	74.3	7.8
10	980	14	74.0	7.1
11	980	14	74.0	6.1
12	984	14	74.0	7.1
13	965	15	71.0	6.1
14	1006	15	71.0	9.1
15	988	15	72.0	7.1
16	984	15	72.0	9.1
17	967	15	72.0	8.1
18	987	15	72.0	7.1
19	979	15	72.0	8.1
20	988	15	72.0	6.1
21	968	15	73.0	8.1
22	940	15	73.0	7.1
23	956	15	73.0	6.1
24	956	15	73.0	8.1
25	925	15	73.0	6.1

5 优 选 法

在生产和科学实验中，人们为了达到优质、高产、低消耗等目的，需要对有关因素（如配方、配比、工艺操作条件等）的最佳点进行选择，所有这些选择点的问题，都称之为优选问题。

所谓优选法（optimum seeking method）就是根据生产和科研中的不同问题，利用数学原理，合理地安排试验点，减少试验次数，以求迅速地找到最佳点的一类科学方法。优选法可以解决那些试验指标与因素间不能用数学形式表达，或虽有表达式但很复杂的那些问题。

5.1 单因素优选法

常假定 $f(x)$ 是定义区间 (a, b) 的单峰函数，但 $f(x)$ 的表达式是并不知道的，只有从试验中才能得出在某一点 x_0 的数值 $f(x_0)$。应用单因素优选法，就是用尽量少的试验次数来确定 $f(x)$ 的最大值的近似位置。这里 $f(x)$ 指的是试验结果，区间 (a, b) 表示的是试验因素的取值范围。

5.1.1 来回调试方法

优选法来源于来回调试法，如图 5-1，选取一点 x_1 做试验得 $y_1=f(x_1)$，再取一点 x_2 做试验得 $y_2=f(x_2)$，假定 $x_2>x_1$，如果 $y_2>y_1$，则最大值肯定不在区间 (a, x_1) 内，因此只需考虑在 (x_1, b) 内求最大值的问题。再在 (x_1, b) 内取一点 x_3，做试验得 $y_3=f(x_3)$，如果 $x_3>x_2$，而 $y_3<y_2$，则去掉 (x_3, b)，再在 (x_1, x_3) 中取一点 x_4，…，不断做下去，通过来回调试，范围越缩越小，总可以找 $f(x)$ 的最大值。

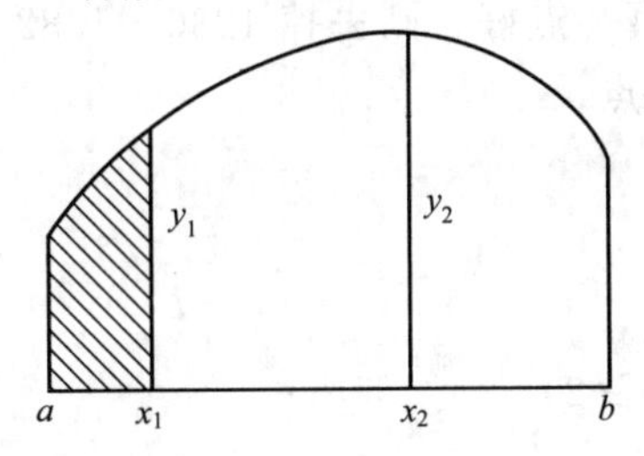

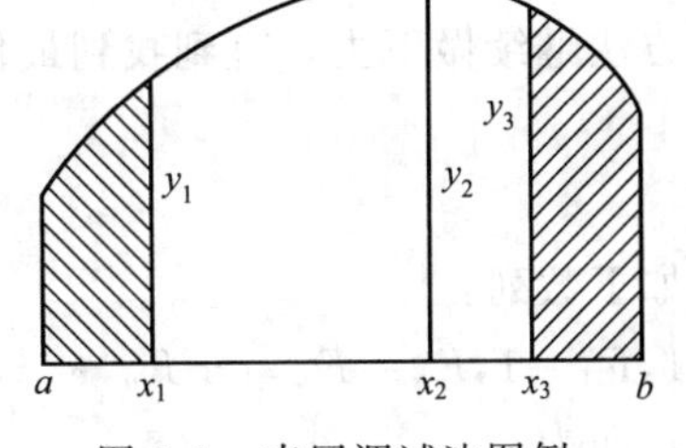

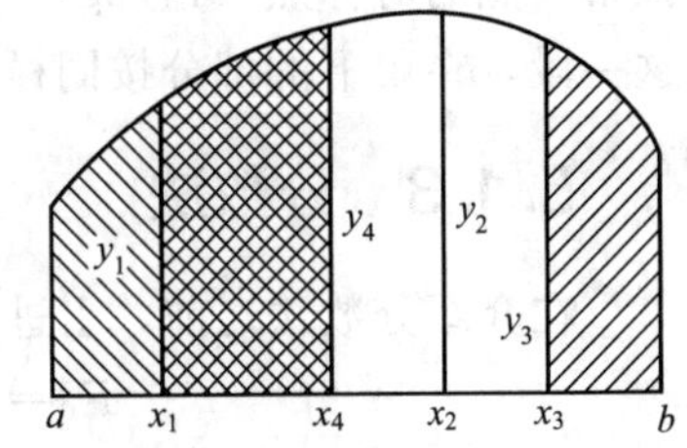

图 5-1 来回调试法图例

这种方法取点是相当任意的，只要取在上次剩下的范围内就行了；那么怎样取 x_1，x_2，…，可以最快地接近客观上存在的最高点呢？也就是怎样安排试验点的方法是最好的？下面介绍几种减少试验次数的试验方法。

5.1.2 黄金分割法(0.618 法)

所谓黄金分割指的是把长为 L 的线段分为两部分，使其中一部分对于全部之比等于另一部分对于该部分之比，这个比例就是 $\omega=\frac{\sqrt{5}-1}{2}=0.6180339887\cdots$，它的三位有效近似值就是 0.618，所以黄金分割法（gold cut method）又称为 0.618 法。

黄金分割法（如图 5-2），就是将第一个试验点 x_1 安排在试验范围内的 0.618 处（距左端点 a），即

$$x_1=a+(b-a)\times 0.618 \tag{5-1}$$

得到试验结果 $y_1=f(x_1)$；再在 x_1 的对称点 x_2，即：

$$x_2=b-(b-a)\times 0.618=a+(b-x_1)=a+(b-a)\times 0.382 \tag{5-2}$$

做一次试验，得到试验结果 $y_2=f(x_2)$；比较结果 $y_1=f(x_1)$ 及 $y_2=f(x_2)$ 哪个大，如果 $f(x_1)$ 大，就去掉（a，x_2），如图 5-2 所示，在留下的（x_2，b）中已有了一个试验点 x_1，然后再用以上的求对称点的方法做下去，一直做到达到要求为止。

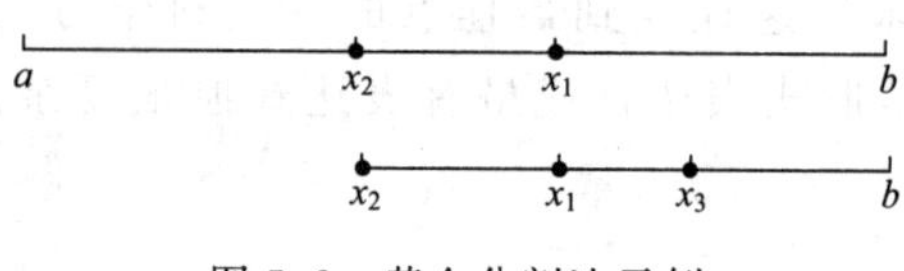

图 5-2 黄金分割法示例

在黄金分割法中，不论是哪一步，所有相互比较的两个试验点都在所在区间的两个黄金分割点上，即 0.618 和 0.382 处，而且这两个点一定是相互对称的。

例 5-1 为了达到某种产品质量指标，需要加入一种材料。已知其最佳加入量在 1000g 和 2000g 之间的某一点，现在要通过做试验的办法找到最佳加入量。

解：首先在试验范围的 0.618 处做第一个试验，这一点的加入量为

$$x_1=1000+(2000-1000)\times 0.618=1618(\text{g})$$

在这一点的对称点，即 0.382 处做第二个试验，这一点加入量为：

$$x_2=2000-(2000-1000)\times 0.618=1382(\text{g})$$

比较两次试验结果，如果第二点较第一点好，则去掉 1618g 以上部分，然后在 1000g 与 1618g 之间，找 x_2 的对称点：

$$x_3=1618-(1618-1000)\times 0.618=1236(\text{g})$$

如果仍然是第二点好，则去掉 1236g 以下的一段，在留下的部分（1236，1618），继续找第 2 点的对称点（1472g），做第四次试验。如果这一点比第 2 点好，则去掉 1236～1382 这一段，在留下的部分按同样方法继续做下去，直到找到最佳点。

5.1.3 分数法

在介绍分数法之前，引进如下数列：

$$F_0=1, F_1=1, F_n=F_{n-1}+F_{n-2} \quad (n\geqslant 2)$$

该数列称为菲波那契数列，即为：

1，1，2，3，5，8，13，21，34，55，89，144，…

我们知道，任何小数都可以表示为分数，则 0.618 也可近似地用分数$\frac{F_n}{F_{n+1}}$来表示，即

$$\frac{3}{5}, \frac{5}{8}, \frac{8}{13}, \frac{13}{21}, \frac{21}{34}, \frac{34}{55}, \frac{55}{89}, \frac{89}{144}, \frac{144}{233}, \cdots$$

分数法适用于试验点只能取整数的情况。例如，在配制某种清洗液时，要优选某材料的加入量，其加入量用 150mL 的量杯来计算，该量杯的量程分为 15 格，每格代表 10mL，由于量杯是锥形的，所以每格的高度不等，很难量出几毫升或几点几毫升，因此不便用 0.618 法。这时，可将试验范围定为 0～130mL，中间正好有 13 格，就以 8/13 代替 0.618。第一次试验点在$\frac{8}{13}$处，即 80mL 处，第二次试验点选在$\frac{8}{13}$的对称点$\frac{5}{13}$处，即 50mL 处，然后来回调试便可找到满意的结果。

在使用分数法进行单因素优选时，应根据试验区间选择合适的分数，所选择的分数不同，试验次数也不一样。如表 5-1 所示，虽然试验范围划分的份数随分数的分母增加得很快，但相邻两分数的试验次数只是增加 1。

有时试验范围中的份数不够分数中的分母数，例如 10 份，这时，可以有两种方法来解决，一种是分析一下能否缩短试验范围，如能缩短两份，则可用$\frac{5}{8}$，如果不能缩短，就可用第二种方法，即添两个数，凑足 13 份，应用$\frac{8}{13}$。

表 5-1 分数法试验

分数 F_n/F_{n+1}	第一批试验点位置	等分试验范围份数 F_{n+1}	试验次数
2/3	2/3,1/3	3	2
3/5	3/5,2/5	5	3
5/8	5/8,3/8	8	4
8/13	8/13,5/13	13	5
13/21	13/21,8/21	21	6
21/34	21/34,13/34	34	7
34/55	34/55,21/55	55	8

在受条件限制只能做几次试验的情况下，采用分数法较好。

5.1.4 对分法

前面介绍的几种方法都是先做两个试验，再通过比较，找出最好点所在的倾向性来不断缩小试验范围，最后找到最佳点，但不是所有的问题都要先做两点，有时可以只做一个试验。例如，称量质量为 20～60g 某种样品时，第一次砝码的质量为 40g，如果砝码偏轻，则可判断样品的质量为 40～60g，于是第二次砝码的质量为 50g，如果砝码又偏轻，则可判断样品的质量为 50～60g，接下来砝码的质量应为 55g，如此称下去，直到天平平衡为准。称量过程如图 5-3 所示。

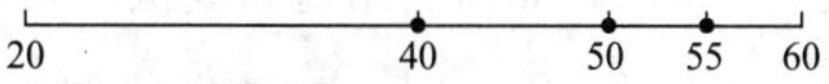

20 40 50 55 60

图 5-3 对分法图例

这个称量过程中就使用了对分法，每个试验点的位置都在试验区间的中点，每做一次试验，试验区间长度就缩短一半，可见对分法不仅分法简单，而且能很快地逼近最好点。但不是所有的问题都能用对分法，只有符合以下两个条件的时候，才能用对分法。

① 要有一个标准（或具体指标），对分法每次只有一个试验，如果没有一个标准，就无法鉴别试验结果是好是坏，在上述例子中，天平是否平衡就是一个标准；

② 要预知该因素对指标的影响规律，也就是说，能够从一个试验的结果直接分析出该因素的值是取大了还是取小了，如果没有这一条件就不能确定舍去哪段，保留哪段，也就无从下手做下一次试验。对于上例，可以根据天平倾斜的方向来判断是砝码重，还是样品重，进而可以判断样品的质量范围，即试验区间。

5.1.5 抛物线法

不管是 0.618 法，还是分数法，都只是比较两个试验结果的好坏，而不考虑试验的实际值，即目标函数值。而抛物线法是根据已得的三个试验数据，找到这三点的抛物线方程，然后求出该抛物线的极大值，作为下次试验的根据。具体方法如下：

① 在三个试验点 x_1、x_2、x_3，且 $x_1<x_2<x_3$，分别得试验值 y_1、y_2、y_3，根据 Lagrange 插值法可以得到一个二次函数，即：

$$y=y_1\frac{(x-x_2)(x-x_3)}{(x_1-x_2)(x_1-x_3)}+y_2\frac{(x-x_3)(x-x_1)}{(x_2-x_3)(x_2-x_1)}+y_3\frac{(x-x_1)(x-x_2)}{(x_3-x_1)(x_3-x_2)} \tag{5-3}$$

此处，当 $x=x_i$ 时，$y=y_i(i=1, 2, 3)$。该函数的图形是一条抛物线。

② 设上述二次函数在 x_4 取得最大值，这时

$$x_4=\frac{1}{2}\frac{y_1(x_2^2-x_3^2)+y_2(x_3^2-x_1^2)+y_3(x_1^2-x_2^2)}{y_1(x_2-x_3)+y_2(x_3-x_1)+y_3(x_1-x_2)} \tag{5-4}$$

③ 在 $x=x_4$ 处做试验，得试验结果 y_4。如果假定 y_1、y_2、y_3、y_4 中的最大值是由 x_i' 给出的，除 x_i' 之外，在 x_1、x_2、x_3 和 x_4 中取较靠近 x_i' 的左右两点，将这三点记为 x_1'、x_2'、x_3'，此处 $x_1'<x_2'<x_3'$，若在 x_1'、x_2'、x_3' 处的函数值分别为 y_1'、y_2'、y_3'，则根据这三点又可得到一条抛物线方程，如此继续下去，直到函数的极大点（或它的充分邻近的一个点）被找到为止。

粗略地说，如果穷举法（在每个试验点上都做试验）需要做 n 次试验，对于同样的效果，黄金分割法只要数量级 $\lg n$ 次就可以达到。抛物线法效果更好些，只要数量级 $\lg(\lg n)$ 次，原因就在于黄金分割法没有较多地利用函数的性质，做了两次试验，比一比大小，就把它丢掉了，抛物线法则对试验结果进行了数量方面的分析。

抛物线法常常用在 0.618 法或分数法取得一些数据的情况，这时能收到更好的效果。此外，还建议做完了 0.618 法或分数法的试验后，用最后三个数据按抛物线法求出 x_4，并计算这个抛物线在点 $x=x_4$ 处的数值，预先估计一下在点 x_4 处的试验结果，然后将这个数值与已经试得的最佳值作比较，以此作为是否在点 x_4 处再做一次试验的依据。

例 5-2 在测定某离心泵效率 η 与流量 Q 之间关系曲线的试验中，已经测得三组数据如表 5-2 所示，如何利用抛物线法尽快地找到最高效率点？

表 5-2 例 5-2 离心泵效率 η 与流量 Q 试验数据

流量 Q/(L/s)	8	20	32
效率 η/%	50	75	70

解： 首先根据这三组数据，确定抛物线的极值点，即下一试验点的位置。为了表示方便，流量用 x 表示，效率用 y 表示，于是

$$x_4=\frac{1}{2}\frac{y_1(x_2^2-x_3^2)+y_2(x_3^2-x_1^2)+y_3(x_1^2-x_2^2)}{y_1(x_2-x_3)+y_2(x_3-x_1)+y_3(x_1-x_2)}$$

$$=\frac{0.5\times[50\times(20^2-32^2)+75\times(32^2-8^2)+70\times(8^2-20^2)]}{50\times(20-32)+75\times(32-8)+70\times(8-20)}=24$$

所以，接下来的试验应在流量为 24L/s 时进行。试验表明，在该处离心泵效率 $\eta=78\%$，该效率已经非常理想了，试验一次成功。

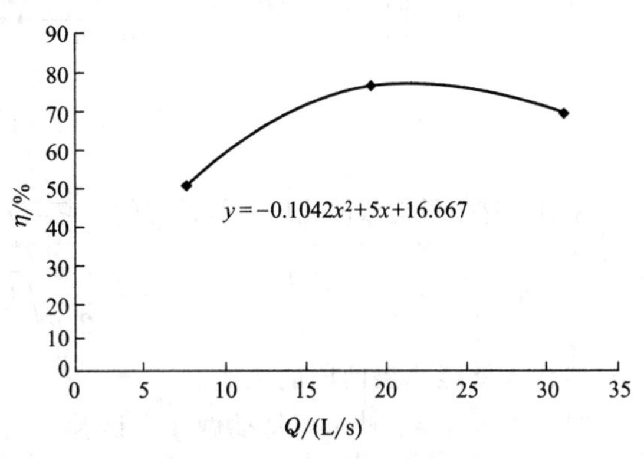

图 5-4　例 5-2 抛物线和方程

在抛物线法中，主要是确定抛物线方程和抛物线的最高点，这些都可以利用 Excel 来求解。以例 5-2 为例，先在 Excel 中画出散点图，选中图形后，在【图表工具】→【布局】选项卡下的【分析】组中，单击“趋势线”，选择“其他趋势线选项”，打开“设置趋势线格式”对话框。在“趋势预测”下选择“多项式”，“顺序”设定为 2，然后选中“显示公式”，“关闭”后即可得到如图 5-4 所示的抛物线方程。然后利用 Excel 中的“规划求解”工具求出该抛物线方程最大值对应的自变量，即为公式（5-4）中的 x_4。本例的详细求解过程，可扫描二维码【5-1】查看。

【5-1】

5.1.6　分批试验法

在生产和科学实验中，为加速试验的进行，常常采用一批同时做几个试验的方法，即分批试验法。分批试验法可分为均分分批试验法和比例分割分批试验法两种。

5.1.6.1　均分法

假设第一批做 $2n$ 个试验（n 为任意正整数），先把试验范围等分为（$2n+1$）段，在 $2n$ 个分点上作第一批试验，比较结果，留下较好的点，及其左右一段。然后把这两段都等分为（$n+1$）段，在分点处做第二批试验（共 $2n$ 个试验），这样不断地做下去，就能找到最佳点。如图 5-5 表明了 $n=2$ 的情形。

5.1.6.2　比例分割法

假设每一批做 $2n+1$ 个试验。

第一步，把试验范围划分为 $2n+2$ 段，相邻两段长度为 a 和 $b(a>b)$，这里有两种排法：一种自左至右先排短段，后排长段；另一种是先长后短。在（$2n+1$）个分点上做第一批试验，比较结果，在好试验点左右留下一长一短（也有两种情况，长在左短在右，或是短在左长在右）两段，试验范围变成 $a+b$。

第二步，把 a 分成 $2n+2$ 段，相邻两段为 a_1、$b_1(a_1>b_1)$，且 $a_1=b$，即第一步中短的一段在第二步变成长段。这样不断地做下去，就能找到最佳点。

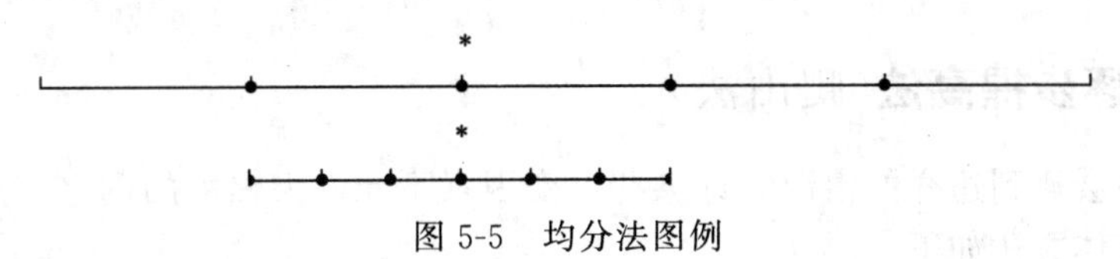

图 5-5　均分法图例

图 5-6 表示了 $n=2$ 的情形，每批做 5 个试验。

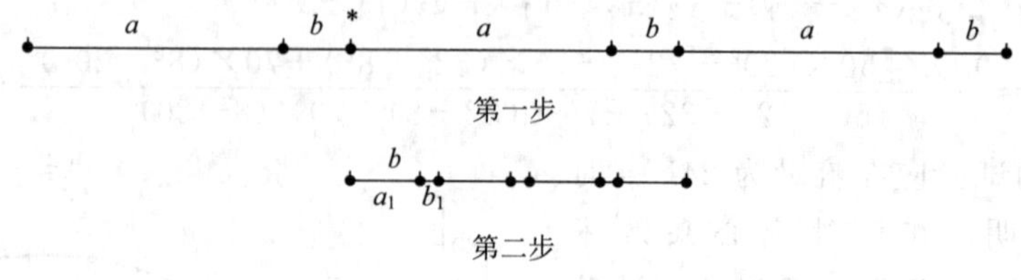

图 5-6　比例分割法图例

注意，这里长短段的比例不是任意的，它与每批试验次数有关。设$\frac{b}{a}=\frac{b_1}{a_1}=\lambda$，则可以证明

$$\lambda=\frac{1}{2}\left(\sqrt{\frac{n+5}{n+1}}-1\right) \tag{5-5}$$

把 n 值代入就能算出两段的比例。

例如，当 $n=1$ 时，即每批做 3 个试验

$$\lambda=\frac{-1+\sqrt{3}}{2}=0.366$$

若实验范围为（0,1），则 $a=0.366$，$b=0.134$，于是第一批试验点为 0.134，0.500，0.634 或 0.366，0.500，0.866；第二批试验点由 $a_1=b=0.134$，$b_1=0.366\times0.134=0.049$ 推出。

又如，当 $n=2$ 时，即每批作五个试验，$\lambda=\frac{-3+\sqrt{21}}{6}=0.264$，当试验范围为（0,1）时，$a=0.264$，$b=0.069$。故第一批试验点为 0.069，0.333，0.402，0.666，0.735 或 0.264，0.333，0.597，0.666，0.930；第二批试验点由 $a_1=b=0.069$，$b_1=0.264\times0.069=0.018$ 推出。

由上面计算可看出，试验范围为（0,1）时，$a=\lambda$。而且当 $n=0$ 时，即每次作一次试验时，$a=\lambda=\frac{-1+\sqrt{5}}{2}=0.618$，这就是黄金分割法，所以比例分割法是黄金分割法的推广。表 5-3 为试验范围为（0,1）时每批奇数个试验的安排情况。

表 5-3　试验范围为（0,1）时每批奇数个试验的安排情况

n	λ	每批试验次数($2n+1$)	第一批试验点
1	0.366	3	0.134,0.500,0.634 或 0.366,0.500,0.866
2	0.264	5	0.069,0.333,0.402,0.666,0.735 或 0.264,0.333,0.597,0.666,0.930
3	0.207	7	0.043,0.250,0.293,0.500,0.543,0.750,0.793 或 0.207,0.250,0.457,0.500,0.707,0.750,0.957
4	0.171	9	0.171,0.200,0.371,0.400,0.571,0.600,0.771,0.800,0.971 或 0.029,0.200,0.229,0.400,0.429,0.600,0.629,0.800,0.829

5.1.7　逐步提高法(爬山法)

实践中往往会遇到这样的情况，即某些可变因素不允许大幅度的调整。这种情况下，用爬山法较好。具体方法如下：

先找一个起点（可以根据经验、估计或成批生产中采用原来生产的点），在 a 点做试验后向该因素的减少方向找一点 b，做试验。如果好，就继续减少；如果不好，就往增加的方向找一点 c，做试验，如果 c 点好就继续增加，这样一步一步地提高。如爬到某点 e，再增加时反而坏了，则 e 就是该因素的最好点。这就是单因素问题的爬山法。

爬山法的效果和快慢与起点关系很大，起点选得好可以省好多次试验。所以对爬山法来说试验范围的正确与否很重要。此外，每步间隔的大小，对试验效果关系也很大。在实践中往往采取“两头小，中间大”的办法，也就是说，先在各个方向上用小步试探一下，找出有利于寻找目标的方向，当方向确定后，再根据具体情况跨大步，到快接近最好点时再改为小步。如果由于估计不正确，大步跨过最佳点，这时可退回一步，在这一步内改用小步进行。一般来说，越接近最佳点的时候，试验指标随因素的变化越缓慢。

5.1.8 多峰情况

前面介绍的方法只适用于“单峰”情况，遇到“多峰”（即有几个点，其附近的点都比它们差）的情况怎么办？可以采用下述两种办法。

① 先不管它是“单峰”还是“多峰”，就用上面介绍的方法做下去，找到一个“峰”后，如果达到生产要求，就先按它生产，以后再找其他更高的“峰”（即分区寻找）。

② 先做一批分布得比较均匀、疏松的试验，看它是否有“多峰”现象。如果有，则在每个可能出现“高峰”的范围内做试验，把这些“峰”找出来。这时，第一批试验点最好依以下的比例划分：$\alpha : \beta = 0.618 : 0.382$，如图 5-7 所示。

α β α β α

图 5-7 多峰情况试验点安排

则留下的试验区间成如图 5-8 所示的形式：

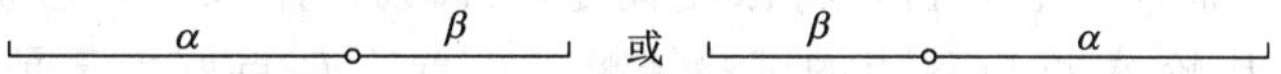

α β 或 β α

图 5-8 剩余试验区间

接下去便可用 0.618 法了。

5.2 双因素优选法

双因素优选问题，就是要迅速地找到二元函数 $z = f(x, y)$ 的最大值，以及其对应的 (x, y) 点的问题，这里 x、y 代表的是双因素。假定处理的是单峰问题，也就是把 x、y 平面作为水平面，试验结果 z 看成这一点的高度，这样的图形就像一座山，双因素优选法的几何意义是找出该山峰的最高点。如果在水平面上画出该山峰的等高线（z 值相等的点构成的曲线在 x-y 上的投影），如图 5-9 所示，最里边的一圈等高线即为最佳点。

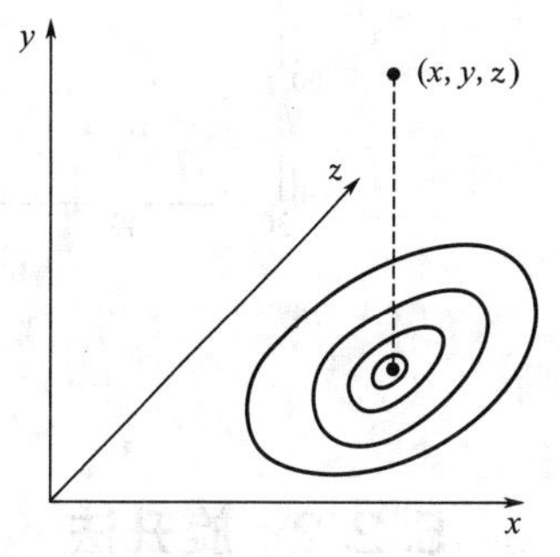

图 5-9 双因素优选法几何意义（单峰）

下面介绍几种常用的双因素优选法。

5.2.1 对开法

在直角坐标系中画出一矩形代表优选范围：

$$a<x<b,\ c<y<d$$

在中线 $x=(a+b)/2$ 上用单因素法找最大值，设最大值在 P 点。再在中线 $y=(c+d)/2$ 上用单因素法找最大值，设为 Q 点。比较 P 和 Q 的结果，如果 Q 大，去掉 $x<(a+b)/2$ 部分，否则去掉另一半。再用同样的方法来处理余下的半个矩形，不断地去其一半，逐步地得到所需要的结果。优选过程如图 5-10 所示。

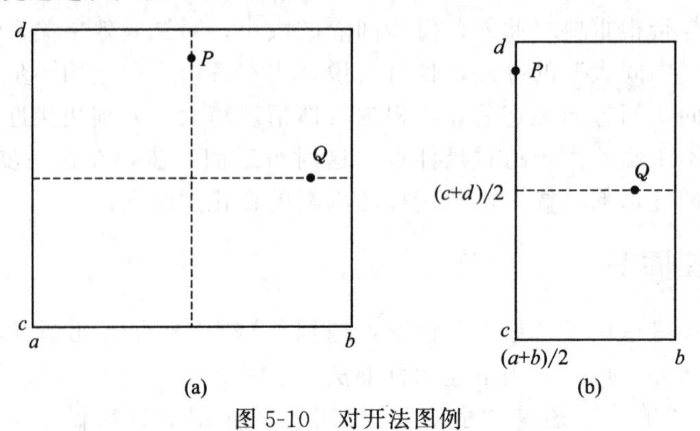

图 5-10 对开法图例

需要指出的是，如果 P、Q 两点的试验结果相等（或无法辨认好坏），这说明 P 和 Q 点位于同一条等高线上，所以可以将图上的下半块和左半块都去掉，仅留下第一象限。所以当两点试验数据的可分辨性十分接近时，可直接去掉试验范围的 3/4。

例 5-3 某化工厂试制磺酸钡，其原料磺酸是磺化油经乙醇水溶液萃取出来的。试验目的是选择乙醇水溶液的合适浓度和用量，使分离出的磺酸最多。根据经验，乙醇水溶液的浓度变化范围为 50%～90%（体积百分比），用量变化范围为 30%～70%（质量百分比）。

解： 用对开法优选，如图 5-11，先将乙醇用量固定在 50%，用 0.618 法，求得 A 点较好，即浓度为 80%；而后上下对折，将浓度固定在 70%，用 0.618 法优选，结果 B 点较好，如图 5-11(a)。比较 A 点与 B 点的试验结果，A 点比 B 点好，于是丢掉下半部分。在剩下的范围内再上下对折，将浓度固定于 80%，对用量进行优选，结果还是 A 点最好，如图 5-11(b)。于是 A 点即为所求。即乙醇水溶液浓度为 80%，用量为 50%。

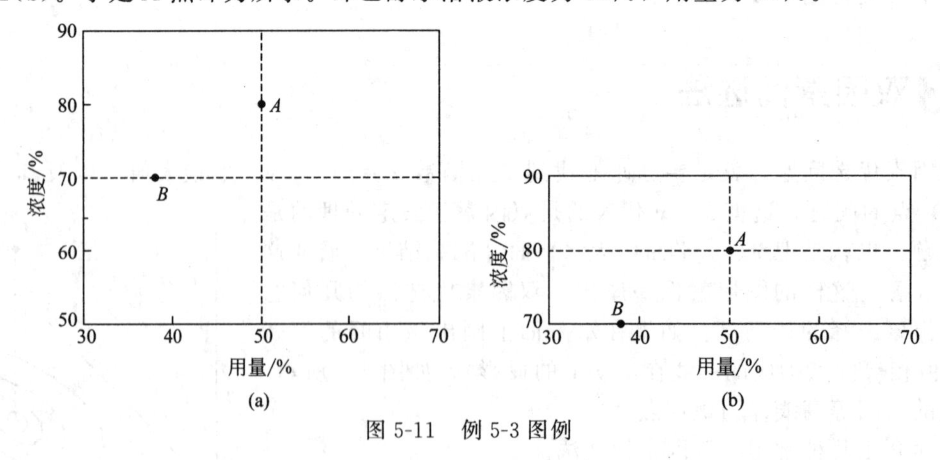

图 5-11 例 5-3 图例

5.2.2 旋升法

如图 5-12，在直角坐标系中画出一矩形代表优选范围：

$$a<x<b, c<y<d$$

先在一条中线，例如 $x=(a+b)/2$ 上，用单因素优选法求得最大值，假定在 P_1 点取得最大值，然后过 P_1 点作水平线，在这条水平线上进行单因素优选，找到最大值，假定在 P_2 处取得最大值，如图 5-12(a) 所示，这时应去掉通过 P_1 点的直线所分开的不含 P_2 点的部分；又在通过 P_2 的垂线上找最大值，假定在 P_3 处取得最大值，如图 5-12(b) 所示，此时应去掉 P_2 的以上部分，继续做下去，直到找到最佳点。

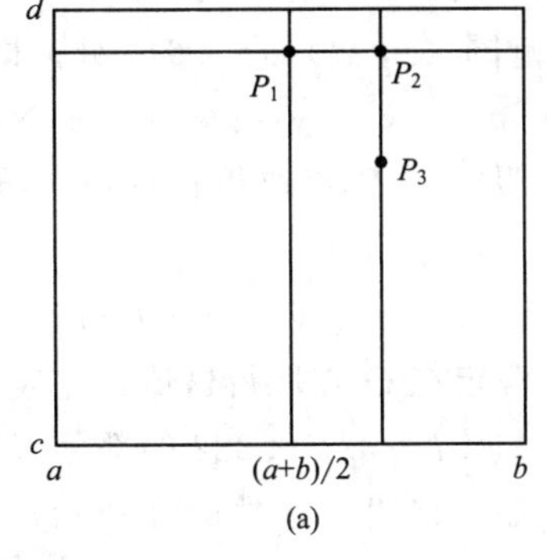

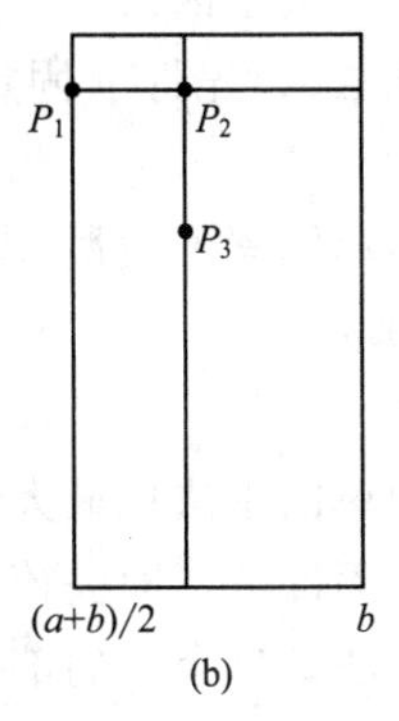

图 5-12 旋升法图例

在这个方法中，每一次单因素优选时，都是将另一因素固定在前一次优选所得最优点的水平上，故也称为"从好点出发法"。

在这个方法中，哪些因素放在前面，哪个因素放在后面，对于选优的速度影响很大，一般按各因素对试验结果影响的大小顺序，往往能较快得到满意的结果。

例 5-4 阿托品是一种抗胆碱药。为了提高产量降低成本，利用优选法选择合适的酯化工艺条件。根据分析，主要影响因素为温度与时间，其试验范围为：温度：55～75℃，时间：30～310min。

解：① 先固定温度为 65℃，用单因素优选时间，得最优时间为 150min，其收率为 41.6%；

② 固定时间为 150min，用单因素优选法优选温度，得最优温度为 67℃，其收率为 51.6%（去掉小于 65℃部分）；

③ 固定温度为 67℃，对时间进行单因素优选，得最优时间为 80min，其收率为 56.9%（去掉 150min 上半部）；

④ 再固定时间为 80min，又对温度进行优选，这时温度的优选范围为 65～75℃。优选结果还是 67℃。到此试验结束，可以认为最好的工艺条件为温度：67℃，时间 80min，得率 56.9%。

优选过程如图 5-13 所示。

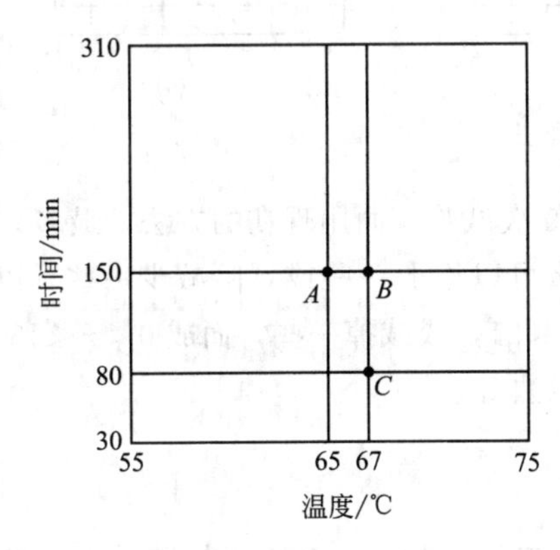

图 5-13 例 5-4 图例

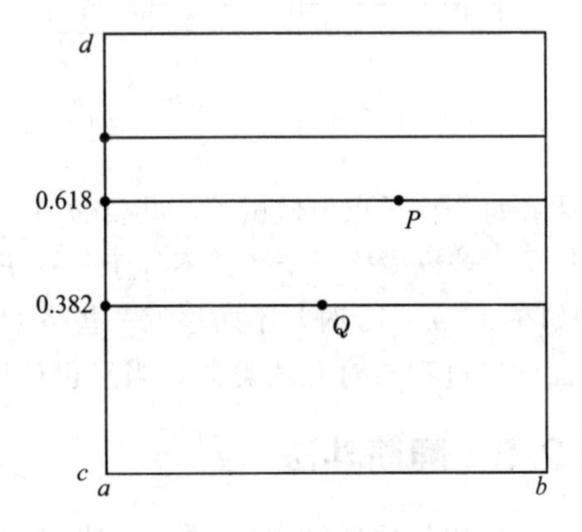

图 5-14 平行线法

5.2.3 平行线法

两个因素中，一个（例如 x）易于调整，另一个（例如 y）不易调整，则建议用“平行线法”，先将 y 固定在范围（c，d）的 0.618 处，即取

$$y=c+(d-c)\times 0.618$$

用单因素法找最大值，假定在 P 点取得这一值，再把 y 固定在范围（c，d）的 0.382 处，即取

$$y=c+(d-c)\times 0.382$$

用单因素法找最大值，假定在 Q 点取得这值，比较 P、Q 的结果，如果 P 好，则去掉 Q 点下面部分，即去掉 $y\leqslant c+(d-c)\times 0.382$ 的部分（否则去掉 P 点上面的部分），再用同样的方法处理余下的部分，如此继续，如图 5-14 所示。

注意，因素 y 的取点方法不一定要按 0.618 法，也可以固定在其他合适的地方。

5.2.4 按格上升法

首先将所考虑的区域画上格子，然后采用与上述三种方法类似的过程进行优选，但用分数法代替黄金分割法。下面举例说明。

例如优选的范围是一个 21×13 的格子图，如图 5-15(a)，先在 $x=13$ 的直线上用分数法做 5 次试验，又在 $y=8$ 的直线上也用分数法，这时 T 点已做过试验，因此只需做 $(6-1)=5$ 次试验，各得一最优点，分别记为 P 点、Q 点。比较 P 点和 Q 点，如果 Q 点比 P 点好，则留下 8×13 的格子图，如图 5-15(b)。在剩余的范围内采用同样的方法进行优选，这时可以取 $x=13+5=18$，或者 $x=21-5=16$，考虑到 $x=18$ 更靠近好点 Q，故在 $x=18$ 上用分数法。

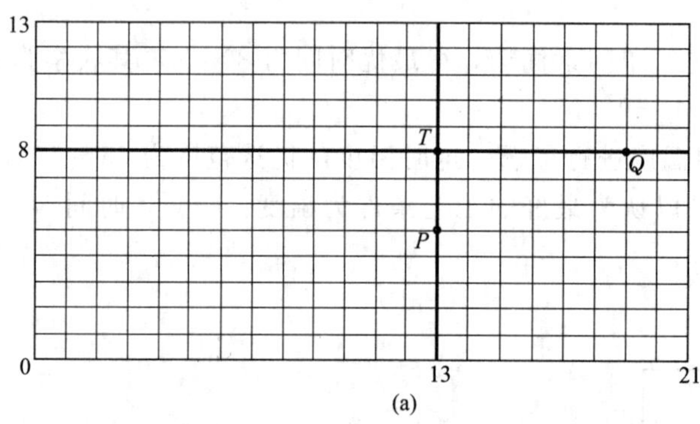

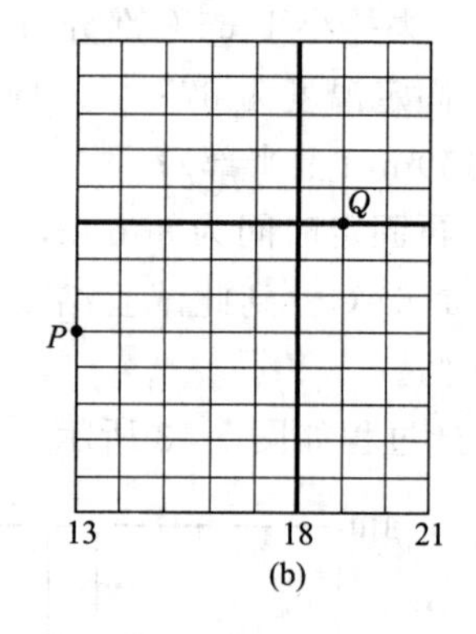

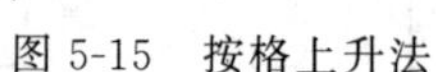
图 5-15 按格上升法

如果在每个格子点上做试验，共要做 20×12=240 次试验，而用现在的方法，最多只要 30 次就可以了。若纵横格子个数并不等于某一 F_n，那么可以添上一些或冒险减少一些，以凑成 F_n。例如在 $0<x<18$ 时，不妨添上一些格子成 $0<x<21$，或减掉一些，而成 $0<x<13$。

上面优选过程与对开法类似，当然也可用平行线法等。

5.2.5 翻筋斗法

从一个等边三角形 ABC 出发（如图 5-16），在三个顶点 A、B、C 各做一个试验，如

果 C 点所做的试验最好，则作 C 点的对顶同样大的等边三角形 CDE，在 D、E 处做试验，如果 D 点好，则再作 D 点的对顶同样大的等边三角形……一直做下去，如果在 F、G 处做试验，都没有 D 点好，则取 FD 及 GD 的中点 F'、G' 做试验，也可以取 CE 及 ED 的中点做试验，再用以上的方法，如果在 D 的两边一分再分都没有找到比 D 点好的点，一般说来，D 点就是最好点了。

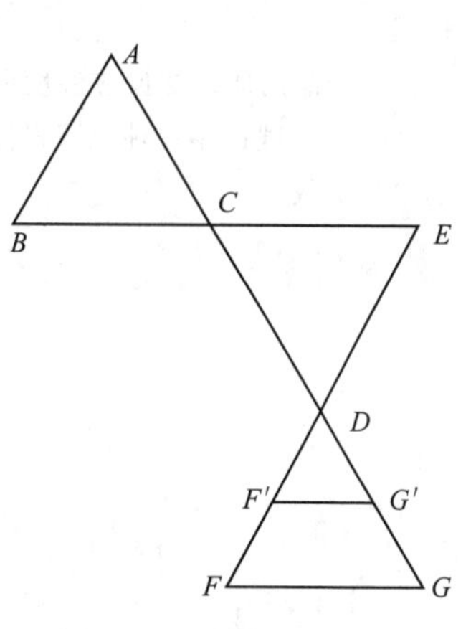

图 5-16 翻筋斗法图例

其实上面关于等边三角形的限制不是必需的，根据具体情况可用直角三角形，任意三角形都行。

最后指出，在生产和科学试验中遇到的大量问题，大多是多因素问题，优选法虽然比普通的穷举法或排列组合法更适合处理多因素问题，但随着因素数的增多，试验次数也会迅速增加（尽管比普通方法增加率慢得多），所以在使用优选法处理多因素问题时，不能把所有因素平等看待，而应该将那些影响不大的因素暂且撇开，着重于抓住少数几个、必不可少的、起决定作用的因素来进行研究。

可见，主、次因素的确定，对于优选法是很重要的。如果限于认识水平确定不了哪一个是主要因素，这时就可以通过实验来解决。这里介绍一种简单的试验判断方法，具体做法如下：先在因素的试验范围内做两个试验（一般可选 0.618 和 0.382 两点），如果这两点的效果差别显著，则为主要因素；如果这两点效果差别不大，则在 0.382～0.618、0～0.382 和 0.618～1 三段的中点分别再做一次试验，如果仍然差别不大，则此因素为非主要因素，在试验过程中可将该因素固定在 0.382～0.618 间的任一点。可得这样一个结论：当对某因素做了五点以上试验后，如果各点效果差别不明显，则该因素为次要因素，不要在该因素上继续试验，而应按同样的方法从其他因素中找到主要因素再做优选试验。

习　题

1. 已知某合成试验的反应温度范围为 340～420℃，通过单因素优选法得到当温度为 400℃时，产品的合成率最高，如果使用的是 0.618 法，问优选过程是如何进行的，共需做多少次试验。假设在试验范围内合成率是温度的单峰函数。

2. 某厂在制作某种饮料时，需要加入白砂糖，为了工人操作和投料的方便，白砂糖的加入以桶为单位。经初步摸索，加入量在 3～8 桶范围中优选。由于桶数只宜取整数，采用分数法进行单因素优选，优选结果为 6 桶，试问优选过程是如何进行的。假设在试验范围内试验指标是白砂糖桶数的单峰函数。

3. 某厂在某电解工艺技术改进时，希望提高电解率，做了初步的试验，结果如下表所示。试利用抛物线法确定下一个试验点。

电解质温度 x/℃	65	74	80
电解率/%	94.3	98.9	81.5

4. 要将 200mL 的某酸性溶液中和到中性（可用 pH 试纸判断），已知需加入 20～80mL 的某碱溶液，假设合适的碱液用量为 50～55mL，试问使用哪种单因素优选法可以较快地找到最合适碱液用量，说明优

选过程。

5. 某产品的质量受反应温度和反应时间两个因素的影响，已知温度范围为：20～100℃，时间范围为：30～160min，试选用一种双因素优选法进行优选，并简单说明可能的优选过程。假设产品质量是温度和时间的单峰函数。

6 正交试验设计

6.1 概　　述

在工业生产和科学研究等实践中，所需要考察的因素往往比较多，而且因素的水平数也常常多于2个，如果对每个因素的每个水平都相互搭配进行全面试验，试验次数是惊人的，例如，对于3因素4水平的试验，若在每个因素的每个水平搭配（或称水平组合）上只作1次试验，就要做$4^3=64$次试验，对于4因素4水平的试验，全面试验次数至少为$4^4=256$次试验，对于5因素4水平的试验，全面试验次数至少为$4^5=1024$次试验。可见，随着因素数量的增加，试验次数增加得更快，另外还要用相当长的时间对这么多试验数据进行统计分析计算，也将是非常繁重的任务，要花费大量的人力、物力。如果用正交设计来安排试验，则试验次数会大大减少，而且统计分析的计算也将变得简单。

正交试验设计简称正交设计，它是利用正交表科学地安排与分析多因素试验的方法。是最常用的试验设计方法之一。

6.1.1 正交表

正交表是根据正交原理设计的，已规范化的表格，它是正交设计中安排试验和分析试验结果的基本工具，以下介绍它的符号、特点及使用方法。

6.1.1.1 等水平正交表

（1）等水平正交表符号

所谓等水平的正交表，就是各因素的水平数是相等的。下面先看两张常用的等水平正交表，见表6-1与表6-2。

表6-1　正交表$L_8(2^7)$

试验号	列号						
	1	2	3	4	5	6	7
1	1	1	1	1	1	1	1
2	1	1	1	2	2	2	2
3	1	2	2	1	1	2	2
4	1	2	2	2	2	1	1
5	2	1	2	1	2	1	2
6	2	1	2	2	1	2	1
7	2	2	1	1	2	2	1
8	2	2	1	2	1	1	2

表6-2　正交表$L_9(3^4)$

试验号	列号			
	1	2	3	4
1	1	1	1	1
2	1	2	2	2
3	1	3	3	3
4	2	1	2	3
5	2	2	3	1
6	2	3	1	2
7	3	1	3	2
8	3	2	1	3
9	3	3	2	1

两表中的 $L_8(2^7)$、$L_9(3^4)$ 是正交表的记号，等水平的正交表可用如下符号表示：

$$L_n(r^m)$$

其中，L 为正交表代号；n 为正交表横行数（需要做的试验次数）；r 为因素水平数；m 为正交表纵列数（最多能安排的因素个数）。

所以正交表 $L_8(2^7)$ 总共有 8 行、7 列（见表 6-1），如果用它来安排正交试验，则最多可以安排 7 个 2 水平的因素，试验次数为 8，而 7 因素 2 水平的全面试验次数为 $2^7=128$ 次，显然正交试验能大大地减少了试验次数。

部分等水平正交表符号如下：

2 水平正交表：$L_4(2^3)$，$L_8(2^7)$，$L_{12}(2^{11})$，$L_{16}(2^{15})$，…

3 水平正交表：$L_9(3^4)$，$L_{18}(3^7)$，$L_{27}(3^{13})$，…

4 水平正交表：$L_{16}(4^5)$，$L_{32}(4^9)$，$L_{64}(4^{21})$，…

5 水平正交表：$L_{25}(5^6)$，$L_{50}(5^{11})$，$L_{125}(5^{31})$，…

……

常用的正交表见附录 8。

（2）等水平正交表特点

上述等水平正交表都具有以下两个重要的性质。

① 表中任一列，不同的数字出现的次数相同。也就是说每个因素的每一个水平都重复相同的次数。

例如，在表 $L_8(2^7)$ 中不同数字（或称水平）只有“1”、“2”两个，在每列中它们各出现 4 次；表 $L_9(3^4)$ 中，不同数字“1”、“2”、“3”在每列中各出现 3 次。

② 表中任意两列，把同一行的两个数字看成有序数字对时，所有可能的数字对（或称水平搭配）出现的次数相同。这里所指的数字对实际上是每两个因素组成的全面试验方案。例如，在表 $L_8(2^7)$ 中的任两列中，同一行的所有可能有序数字对为（1,1），（1,2），（2,1），（2,2）共 4 种，它们各出现 $2(=8/2^2)$ 次；表 $L_9(3^4)$ 的任意两列中，同一行的所有可能有序数字对为（1,1），（1,2），（1,3），（2,1），（2,2），（2,3），（3,1），（3,2），（3,3）共有 9 种，它们各出现 $1(=9/3^2)$ 次。

这两个性质合称为“正交性”，这使试验点在试验范围内排列整齐、规律，也使试验点在试验范围内散布均匀，即“整齐可比、均衡分散”。

6.1.1.2 混合水平正交表

在实际的科学实践中，有时由于试验条件限制，某因素不能多取水平；有时需要重点考察的因素可多取一些水平，而其他因素的水平数可适当减少。针对这些情况就产生了混合水平正交表。混合水平正交表就是各因素的水平数不完全相同的正交表，如 $L_8(4^1\times2^4)$ 就是一个混合水平正交表（如表 6-3）。

表 6-3 正交表 $L_8(4^1\times2^4)$

试验号	列号				
	1	2	3	4	5
1	1	1	1	1	1
2	1	2	2	2	2
3	2	1	1	2	2
4	2	2	2	1	1

续表

试验号	列号				
	1	2	3	4	5
5	3	1	2	1	2
6	3	2	1	2	1
7	4	1	2	2	1
8	4	2	1	1	2

正交表 $L_8(4^1\times2^4)$ 也可以简写为 $L_8(4\times2^4)$，它共有 8 行、5 列，用这个正交表安排试验，要做 8 次试验，最多可安排 5 个因素，其中 1 个是 4 水平因素（第 1 列），4 个是 2 水平因素（第 2～5 列）。以 $L_8(4^1\times2^4)$ 为例，可以看出混合水平正交表也有两个重要性质：

① 表中任一列，不同的数字出现的次数相同。在表 $L_8(4^1\times2^4)$ 中，第 1 列有“1”、“2”、“3”、“4”四个数字，它们各出现 2 次；第 2～5 列，只有“1”、“2”两个，在每列中它们各出现 4 次。

② 每两列，同行两个数字组成的各种不同的水平搭配出现的次数是相同的，但不同的两列间所组成的水平搭配种类及出现次数是不完全相同的。例如，在表 $L_8(4^1\times2^4)$ 中，第 1 列是 4 水平的列，它与其他任何一个 2 水平列所组成的同行数字对一共有 8 种：(1，1)，(1，2)，(2，1)，(2，2)，(3，1)，(3，2)，(4，1)，(4，2)，它们各出现 1 次；第 2～5 列都是 2 水平列，它们任两列组成的同行数字对为 (1，1)，(1，2)，(2，1)，(2，2) 共 4 种，它们各出现 2 次。

从这两个性质可以看出，用混合水平的正交表安排试验时，每个因素的各水平之间的搭配也是均衡的。其他混合水平正交表有：$L_{12}(3^1\times2^4)$，$L_{12}(6^1\times2^4)$，$L_{16}(4^1\times2^{12})$，$L_{16}(4^2\times2^9)$，$L_{16}(4^3\times2^6)$，$L_{16}(4^4\times2^3)$，$L_{18}(2^1\times3^7)$，$L_{18}(6^1\times3^6)$，$L_{20}(5^1\times2^8)$，$L_{24}(3^1\times4^1\times2^4)$ 等，常用的混合水平正交表见附录 8。

6.1.2 正交试验设计的优点

它的主要优点表现在如下几个方面：

① 能在所有试验方案中均匀地挑选出代表性强的少数试验方案。这一优点可以通过例 6-1 得到说明。

例 6-1 某工厂想提高某产品的质量和产量，考察了工艺中三个主要因素：温度（A），时间（B），加碱量（C），每个因素各选三个水平进行试验（见表 6-4）。试验的目的是为提高合格产品的产量，寻找最适宜的操作条件。(忽略因素间的交互作用)

表 6-4 例 6-1 的因素水平表

水平	(A)温度/℃	(B)时间/min	(C)加碱量/kg
1	(A_1)85	(B_1)90	(C_1)7
2	(A_2)80	(B_2)150	(C_2)6
3	(A_3)90	(B_3)120	(C_3)5

这是一个 3 因素 3 水平的试验，不同的试验设计方法，试验次数和试验结果的可靠性是不同的。下面通过三种试验设计方案的比较，来说明正交试验设计的这一优点。

a. 全面试验。当因素数和每个因素的水平数不多时，人们一般首先想到的是全面试验，

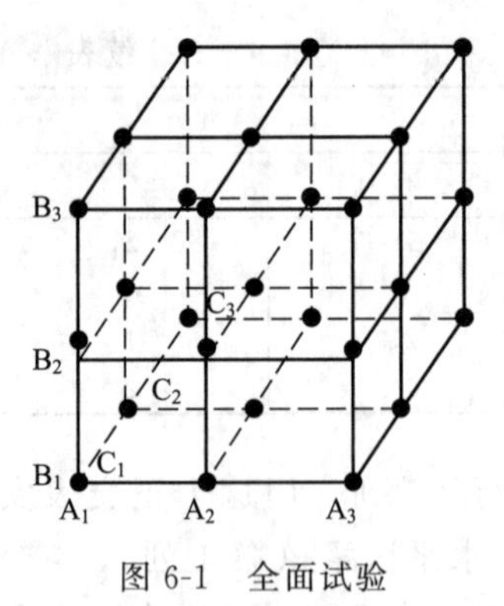

图 6-1 全面试验试验点分布

并且通过数据分析获得丰富的信息，而且结论也比较准确。此例的全面试验包括 27 种试验方案，即

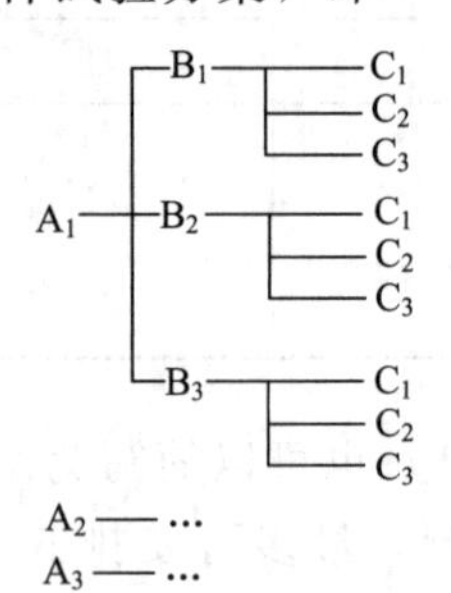

此方案数据点分布的均匀性极好（如图 6-1），各因素和水平的搭配十分全面，唯一的缺点是试验次数较多。

b. 简单比较法。此方法由于试验次数比较少，所以在科学试验中也常常被采用，具体方法如下。

第一步，先将 B 和 C 固定在某水平，只改变 A，观察因素 A 不同水平的影响。做如下三次试验：$B_1C_1A_1$，$B_1C_1A_2$，$B_1C_1A_3$。发现 $A=A_3$ 的那次试验的效果最好，合格产品的产量最高，因此认为在后面的试验中因素 A 应取 A_3 水平。

第二步，将 A 固定在 A_3 水平，将 C 固定在某水平，改变 B，做三次试验：$A_3C_1B_1$，$A_3C_1B_2$，$A_3C_1B_3$。发现 $B=B_2$ 的那次试验效果最好，因此认为因素 B 宜取 B_2 水平。

第三步，固定 A_3B_2，改变 C，做三次试验：$A_3B_2C_1$，$A_3B_2C_2$，$A_3B_2C_3$。最后发现，在 A_3B_2 条件下，因素 C 宜取 C_3 水平。

可以得出结论：为提高合格产品的产量，最适宜的操作条件为 $A_3B_2C_3$。与第一方案相比，第二方案的优点是试验的次数少（9 次）。但必须指出，第二方案的试验结果是不可靠的，当因素的数目和水平数更多时，常常会得到错误的结论，不能达到预期的目的。这是因为，根据上述试验结论，在 B_1C_1 条件下，A_3 最好，但在 B_1C_2 条件下就不一定了，同样 B_2、C_3 的确定也缺乏足够的证据；在上述的 9 次试验中，实际上只有 7 种试验方案（$A_3B_1C_1$ 和 $A_3B_2C_1$ 各重复了两次），且各因素的各水平参加试验的次数不相同；各因素的各水平之间的搭配很不均衡，数据点分布的均匀性是毫无保障的，如图 6-2 所示；用这种方法比较条件好坏时，只是对单个的试验数据，进行数值上的简单比较，不能排除必然存在的试验数据误差的干扰。

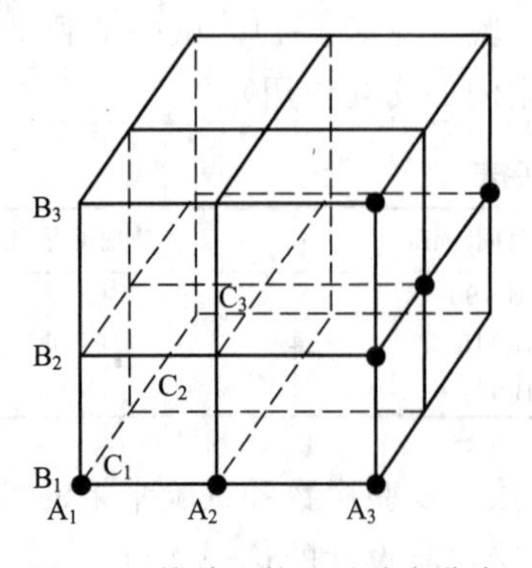

图 6-2 简单比较法试验点分布

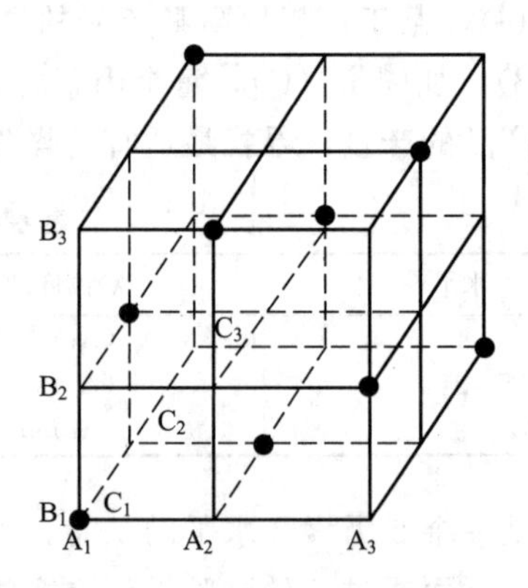

图 6-3 正交试验试验点分布

c.正交试验设计。本例可选用正交表 $L_9(3^4)$，只需要做 9 次试验，如果将 A、B、C 三个因素分别安排在正交表的 1 列、2 列、3 列，则试验方案为 $A_1B_1C_1$、$A_1B_2C_2$、$A_1B_3C_3$、$A_2B_1C_2$、$A_2B_2C_3$、$A_2B_3C_1$、$A_3B_1C_3$、$A_3B_2C_1$、$A_3B_3C_2$（这些试验方案的确定方法将在后面介绍），试验点的分布如图 6-3 所示。

可见，正交试验虽然只有 9 次试验，但这 9 个试验点分布得十分均匀，它们是 27 次全面试验的很好代表。不难理解，对正交试验的全部数据进行统计分析，所得结论的可靠性肯定会远好于简单比较法。所以正交试验设计，兼有第一和第二两种试验设计方法的优点。

② 通过对这些少数试验方案的试验结果进行统计分析，可以推出较优的方案，而且所得到的优方案往往不包含在这些少数试验方案中。

③ 对试验结果作进一步的分析，可以得到试验结果之外的更多信息。例如，各试验因素对试验结果影响的重要程度、各因素对试验结果的影响趋势等。

6.1.3 正交试验设计的基本步骤

正交试验设计总的来说包括两部分：一是试验设计，二是数据处理。基本步骤可简单归纳如下：

（1）明确试验目的，确定评价指标

任何一个试验都是为了解决某一个（或某些）问题，或为了得到某些结论而进行的，所以任何一个正交试验都应该有一个明确的目的，这是正交试验设计的基础。

试验指标，是正交试验中用来衡量试验结果的特征量。试验指标有定量指标和定性指标两种，定量指标是直接用数量表示的指标，如产量、效率、尺寸、强度等；定性指标是不能直接用数量表示的指标，如颜色、手感、外观等表示试验结果特性的值。

（2）挑选因素，确定水平

影响试验指标的因素往往很多，但由于试验条件所限，不可能全面考察，所以应对实际问题进行具体分析，并根据试验目的，选出主要因素，略去次要因素，以减少要考察的因素数。挑选的试验因素不应过多，一般以 3～7 个为宜，以免加大无效试验工作量。若第一轮试验后达不到预期目的，可在第一轮试验的基础上，调整试验因素，再进行试验。

确定因素的水平数时，一般重要因素可多取一些水平；各水平的数值应适当拉开，以利于对试验结果的分析。当因素的水平数相等时，可方便试验数据处理。最后列出因素水平表。

以上两点主要靠专业知识和实践经验来确定，是正交试验设计的基础。

（3）选正交表，进行表头设计

根据因素数和水平数来选择合适的正交表。一般要求，因素数≤正交表列数，因素水平数与正交表对应的水平数一致，在满足上述条件的前提下，可选择较小的表。例如，对于 4 因素 3 水平的试验，满足要求的表有 $L_9(3^4)$、$L_{27}(3^{13})$ 等，一般可以选择 $L_9(3^4)$。但是如果要求精度高，并且试验条件允许，可以选择较大的表。若各试验因素的水平数不相等，一般应选用相应的混合水平正交表；若考虑试验因素间的交互作用，应根据交互作用因素的多少和交互作用安排原则选用正交表。

表头设计就是将试验因素安排到所选正交表相应的列中。当试验因素数等于正交表的列数时，优先将水平改变较困难的因素放在第 1 列，水平变换容易的因素放到最后一列，其余因素可任意安排；当试验因素数少于正交表的列数，表中有空列时，若不考虑交互作用，空列可作为误差列，其位置一般放在中间或靠后。

（4）明确试验方案，进行试验，得到结果

根据正交表和表头设计确定每号试验的方案，然后进行试验，得到以试验指标形式表示的试验结果。

（5）对试验结果进行统计分析

对正交试验结果的分析，通常采用两种方法，一种是直观分析法（或称极差分析法）；另一种是方差分析法。通过试验结果分析可以得到因素主次顺序、优方案等有用信息。

（6）进行验证试验，作进一步分析

优方案是通过统计分析得出的，还需要进行试验验证，以保证优方案与实际一致，否则还需要进行新的正交试验。

6.2 正交试验设计结果的直观分析法

6.2.1 单指标正交试验设计及其结果的直观分析

根据试验指标的个数，可把正交试验设计分为单指标试验设计与多指标试验设计，下面通过例子说明如何用正交表进行单指标正交设计，以及如何对试验结果进行直观分析。

例 6-2 柠檬酸硬脂酸单甘酯是一种新型的食品乳化剂，它是柠檬酸与硬脂酸单甘酯，在一定的真空度下，通过酯化反应制得，现对其合成工艺进行优化，以提高乳化剂的乳化能力。乳化能力测定方法：将产物加入油水混合物中，经充分地混合、静置分层后，将乳状液层所占的体积百分比作为乳化能力。根据探索性试验，确定的因素与水平如表 6-5 所示，假定因素间无交互作用。

注意，为了避免人为因素导致的系统误差，因素的各水平哪一个定为 1 水平、2 水平、3 水平，最好不要简单地完全按因素水平数值由小到大或由大到小的顺序排列，应按“随机化”的方法处理，例如用抽签的方法，将 3h 定为 B_1，2h 定为 B_2，4h 定为 B_3。

表 6-5 例 6-2 的因素水平表

水平	(A)温度/℃	(B)酯化时间/h	(C)催化剂种类
1	130	3	甲
2	120	2	乙
3	110	4	丙

解：在本题中，试验的目的是提高产品的乳化能力，试验的指标为单指标乳化能力，而且因素和水平也都是已知的，所以我们可以从正交表的选取开始进行试验设计和直观分析。

（1）选正交表

本例是一个 3 水平的试验，因此要选用 $L_n(3^m)$ 型正交表，本例共有 3 个因素，且不考虑因素间的交互作用，所以要选一张 $m \geqslant 3$ 的表，而 $L_9(3^4)$ 是满足条件 $m \geqslant 3$ 最小的 $L_n(3^m)$ 型正交表，故选用正交表 $L_9(3^4)$ 来安排试验。

（2）表头设计

本例不考虑因素间的交互作用，只需将各因素分别安排在正交表 $L_9(3^4)$ 上方与列号对应的位置上，一般一个因素占有一列，不同因素占有不同的列（可以随机排列），就得到所谓的表头设计（见表 6-6）。

表 6-6 例 6-2 的表头设计

因素	A	空列	B	C
列号	1	2	3	4

不放置因素或交互作用的列称为空白列（简称空列），空白列在正交设计的方差分析中也称为误差列，一般最好留有至少一个空白列。

（3）明确试验方案

完成了表头设计之后，只要把正交表中各列上的数字 1、2、3 分别看成是该列所填因素在各个试验中的水平数，这样正交表的每一行就对应着一个试验方案，即各因素的水平组合，如表 6-7 所示。注意，空白列对试验方案没有影响。

表 6-7 例 6-2 的试验方案

试验号	A	空列	B	C	试验方案
1	1	1	1	1	$A_1B_1C_1$
2	1	2	2	2	$A_1B_2C_2$
3	1	3	3	3	$A_1B_3C_3$
4	2	1	2	3	$A_2B_2C_3$
5	2	2	3	1	$A_2B_3C_1$
6	2	3	1	2	$A_2B_1C_2$
7	3	1	3	2	$A_3B_3C_2$
8	3	2	1	3	$A_3B_1C_3$
9	3	3	2	1	$A_3B_2C_1$

例如，对于第 7 号试验，试验方案为 $A_3B_3C_2$，它表示反应条件为：温度 110℃、酯化时间 4h、乙种催化剂。

（4）按规定的方案做试验，得出试验结果

按正交表的各试验号中规定的水平组合进行试验，本例总共要做 9 个试验，将试验结果（指标）填写在表的最后一列中，如表 6-8。

表 6-8 例 6-2 试验方案及试验结果分析

试验号	A		B	C	乳化能力
1	1	1	1	1	0.56
2	1	2	2	2	0.74
3	1	3	3	3	0.57
4	2	1	2	3	0.87
5	2	2	3	1	0.85
6	2	3	1	2	0.82
7	3	1	3	2	0.67
8	3	2	1	3	0.64
9	3	3	2	1	0.66
K_1	1.87	2.10	2.02	2.07	
K_2	2.54	2.23	2.27	2.23	
K_3	1.97	2.05	2.09	2.08	
k_1	0.623	0.700	0.673	0.690	
k_2	0.847	0.743	0.757	0.743	
k_3	0.657	0.683	0.697	0.693	
极差 R	0.67	0.18	0.25	0.16	
因素主→次	A B C				
优方案	$A_2B_2C_2$				

在进行试验时，应注意以下几点：第一，必须严格按照规定的方案完成每一号试验，因为每一号试验都从不同角度提供有用信息，即使其中有某号试验事先根据专业知识可以肯定其试验结果不理想，但仍然需要认真完成该号试验；第二，试验进行的次序没有必要完全按照正交表上试验号码的顺序，可按抽签方法随机决定试验进行的顺序，事实上，试验顺序可能对试验结果有影响（例如，试验中由于先后实验操作熟练的程度不同带来的误差干扰，以及外界条件所引起的系统误差），把试验顺序打“乱”，有利于消除这一影响；第三，做试验时，试验条件的控制力求做到十分严格，尤其是在水平的数值差别不大时。例如在本例中，因素 B 的 $B_1=3h$，$B_2=2h$，$B_3=4h$，在以 $B_2=2h$ 为条件的某一个试验中，就必须严格认真地让 $B_2=2h$，若因为粗心造成 $B_2=2.5h$ 或者 $B_2=3h$，那就将使整个试验失去正交试验设计的特点，使后续的结果分析丧失了必要的前提条件，因而得不到正确的结论。

（5）计算极差，确定因素的主次顺序

首先解释表 6-8 中引入的三个符号：

K_i：表示任一列上水平号为 i（本例中 $i=1$，2 或 3）时，所对应的试验结果之和。例如，在表 6-8 中，在 B 因素所在的第 3 列上，第 1、6、8 号试验中 B 取 B_1 水平，所以 K_1 为第 1、6、8 号试验结果之和，即 $K_1=0.56+0.82+0.64=2.02$；第 2、4、9 号试验中 B 取 B_2 水平，所以 K_2 为第 2、4、9 号试验结果之和，即 $K_2=0.74+0.87+0.66=2.27$；第 3、5、7 号试验中 B 取 B_3 水平，所以 K_3 为第 3、5、7 号试验结果之和，即 $K_3=0.57+0.85+0.67=2.09$。同理可以计算出其他列中的 K_i，结果如表 6-8 所示。

k_i：$k_i=K_i/s$，其中 s 为任一列上各水平出现的次数，所以 k_i 表示任一列上因素取水平 i 时所得试验结果的算术平均值。例如，在本例中 $s=3$，在 A 因素所在的第 1 列中，$k_1=1.87/3=0.623$，$k_2=2.54/3=0.847$，$k_3=1.97/3=0.657$。同理可以计算出其他列中的 k_i，结果如表 6-8 所示。

R：称为极差，在任一列上 $R=\max\{K_1,K_2,K_3\}-\min\{K_1,K_2,K_3\}$，或 $R=\max\{k_1,k_2,k_3\}-\min\{k_1,k_2,k_3\}$。例如，在第 1 列上，最大的 K_i 为 $K_2(=2.54)$，最小的 K_i 为 $K_1(=1.87)$，所以 $R=2.54-1.87=0.67$，或 $R=0.847-0.623=0.224$。

一般来说，各列的极差是不相等的，这说明各因素的水平改变对试验结果的影响是不相同的，极差越大，表示该列因素的数值在试验范围内的变化，会导致试验指标在数值上更大的变化，所以极差最大的那一列，就是因素的水平对试验结果影响最大的因素，也就是最主要的因素。在本例中，由于 $R_A>R_B>R_C$，所以各因素的从主到次的顺序为：A（温度），B（酯化时间），C（催化剂种类）。

有时空白列的极差比其他所有因素的极差还要大，则说明因素之间可能存在不可忽略的交互作用，或者漏掉了对试验结果有重要影响的其他因素。所以，我们在进行结果分析时，尤其是对所做的试验没有足够的认知时，最好将空白列的极差一并计算出来，从中也可以得到一些有用的信息。

（6）优方案的确定

优方案是指在所做的试验范围内，各因素较优的水平组合。各因素优水平的确定与试验指标有关，若指标越大越好，则应选取使指标大的水平，即各列 K_i（或 k_i）中最大的那个值对应的水平；反之，若指标越小越好，则应选取使指标小的那个水平。

在本例中，试验指标是乳化能力，指标越大越好，所以应挑选每个因素的 K_1、K_2、K_3（或 k_1、k_2、k_3）中最大的值对应的那个水平，由于：

A 因素列：$K_2>K_3>K_1$

B 因素列：$K_2>K_3>K_1$

C 因素列：$K_2>K_3>K_1$

所以，优方案为 $A_2B_2C_2$，即反应温度 120℃，酯化时间 2h，乙种催化剂。

另外，实际确定优方案时，还应区分因素的主次，对于主要因素，一定要按有利于指标的要求选取最好的水平，而对于不重要的因素，由于其水平改变对试验结果的影响较小，则可以根据有利于降低消耗、提高效率等目的来考虑别的水平。例如，本例的 C 因素的重要性排在末尾，因此，假设丙种催化剂比乙种催化剂更价廉、易得，则可以将优方案中的 C_2 换为 C_3，于是优方案就变为 $A_2B_2C_3$，这正好是正交表中的第 4 号试验，它是已作过的 9 个试验中乳化能力最好的试验方案，也是比较好的方案。

本例中，通过直观分析（或极差分析）得到的优方案 $A_2B_2C_2$，并不包含在正交表中已做过的 9 个试验方案中，这正体现了正交试验设计的优越性。

（7）进行验证试验，作进一步的分析

上述优方案是通过理论分析得到，但它实际上是不是真正的优方案呢？还需要作进一步的验证。首先，将优方案 $A_2B_2C_2$ 与正交表中最好的第 4 号试验 $A_2B_2C_3$ 做对比试验，若方案 $A_2B_2C_2$ 比第 4 号试验的试验结果更好，通常就可以认为 $A_2B_2C_2$ 是真正的优方案，否则第 4 号试验 $A_2B_2C_3$ 就是所需的优方案。若出现后一种情况，一般来说可能是没有考虑交互作用或者试验误差较大所引起的，需要作进一步的研究，可能还有提高试验指标的潜力。

上述优方案是在给定的因素和水平的条件下得到的，若不限定给定的水平，有可能得到更好的试验方案，所以当所选的因素和水平不恰当时，该优方案也有可能达不到试验的目的，不是真正意义上的优方案，这时就应该对所选的因素和水平进行适当的调整，以找到新的更优方案。我们可以将因素水平作为横坐标，以它的试验指标的平均值 k_i 为纵坐标，画出因素与指标的关系图——趋势图。

在画趋势图时要注意，对于数量因素（如本例中的温度和时间），横坐标上的点不能按水平号顺序排列，而应按水平的实际大小顺序排列，并将各坐标点连成折线图，这样就能从图中很容易地看出指标随因素数值增大时的变化趋势；几个因素的趋势图的纵坐标应该有相同的比例尺，这样就可根据趋势图的平坦或陡峭程度判断因素的主次；如果是属性因素（如本例中的催化剂种类），由于不是连续变化的数值，则可不考虑横坐标顺序，也不用将坐标点连成折线。

图 6-4 是例 6-2 的趋势图，从图也可以看出，当反应温度 $A_2=120$℃，酯化时间 $B_2=$ 2h，选用乙种催化剂（C_2）时产品乳化能力最好，即优方案为 $A_2B_2C_2$。从趋势图还可以看出：酯化时间并不是越长越好，当酯化时间少于 3h 时，产品的乳化能力有随反应时间减少

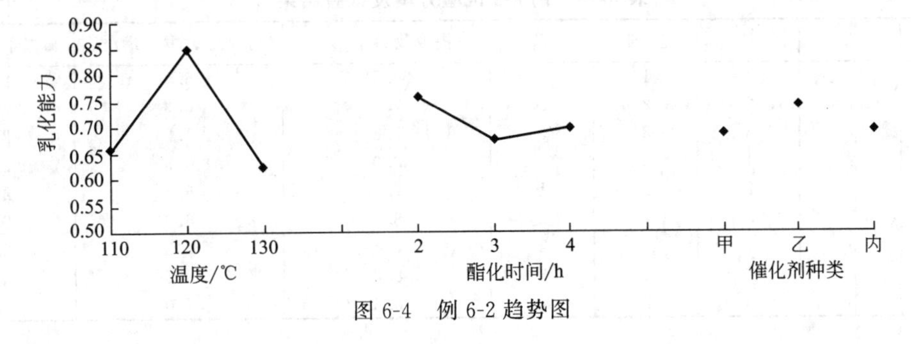

图 6-4　例 6-2 趋势图

而提高的趋势，所以适当减少酯化时间也许会找到更优的方案。因此，根据趋势图可以对一些重要因素的水平作适当调整，选取更优的水平，再安排一批新的试验。新的正交试验可以只考虑一些主要因素，次要因素则可固定在某个较好的水平上，另外还要考虑漏掉的交互作用或重要因素，所以新一轮正交试验的因素数和水平数都会减少，试验次数也会相应减少。

利用 Excel 可减小直观分析的计算量，并可进行趋势图的绘制，具体可参考本章 6.2.5 节。

6.2.2 多指标正交试验设计及其结果的直观分析

在实际生产和科学试验中，整个试验结果的好坏往往不是一个指标能全面评判的，所以多指标问题在试验设计中很常见。由于在多指标试验中，不同指标的重要程度常常是不一致的，各因素对不同指标的影响程度也不完全相同，所以多指标试验的结果分析比较复杂一些。下面介绍两种解决多指标正交试验的分析方法：综合平衡法和综合评分法。

6.2.2.1 综合平衡法

综合平衡法是，先对每个指标分别进行单指标的直观分析，得到每个指标的影响因素主次顺序和最佳水平组合，然后根据理论知识和实际经验，对各指标的分析结果进行综合比较和分析，得出较优方案。下面通过一个例子来说明这种方法。

例 6-3 在用乙醇溶液提取葛根中有效成分的试验中，为了提高葛根中有效成分的提取率，对提取工艺进行优化试验，需要考察三项指标：提取物得率（为提取物质量与葛根质量之比）、提取物中葛根总黄酮含量、总黄酮中葛根素含量，三个指标都是越大越好，根据前期探索性试验，决定选取 3 个相对重要的因素：乙醇浓度、液固比（乙醇溶液与葛根质量之比）和提取剂回流次数进行正交试验，它们各有 3 个水平，具体数据如表 6-9 所示，不考虑因素间的交互作用，试进行分析，找出较好的提取工艺条件。

表 6-9 例 6-3 因素水平表

水平	(A)乙醇浓度/%	(B)液固比	(C)回流次数
1	80	7	1
2	60	6	2
3	70	8	3

解：这是一个 3 因素 3 水平的试验，由于不考虑交互作用，所以可选用正交表 $L_9(3^4)$ 来安排试验。

表头设计、试验方案及试验结果如表 6-10 所示。

与单指标试验的分析方法相同，先对各指标分别进行直观分析，得出因素的主次和优方案（结果如表 6-11 所示），并且画出各因素与各指标的趋势图（如图 6-5 所示）。

表 6-10 例 6-3 试验方案及试验结果

试验号	A	B	空列	C	提取物得率/%	葛根总黄酮含量/%	葛根素含量/%
1	1	1	1	1	6.2	5.1	2.1
2	1	2	2	2	7.4	6.3	2.5
3	1	3	3	3	7.8	7.2	2.6
4	2	1	2	3	8.0	6.9	2.4
5	2	2	3	1	7.0	6.4	2.5
6	2	3	1	2	8.2	6.9	2.5
7	3	1	3	2	7.4	7.3	2.8
8	3	2	1	3	8.2	8.0	3.1
9	3	3	2	1	6.6	7.0	2.2

表 6-11 例 6-3 试验结果分析

指标		A	B		C
提取物得率/%	K_1	21.4	21.6	22.6	19.8
	K_2	23.2	22.6	22.0	23.0
	K_3	22.2	22.6	22.2	24.0
	k_1	7.13	7.20	7.53	6.60
	k_2	7.73	7.53	7.33	7.67
	k_3	7.40	7.53	7.40	8.00
	极差 R	1.8	1.0	0.6	4.2
	因素主次	C A B			
	优方案	$C_3A_2B_2$或$C_3A_2B_3$			
葛根总黄酮含量/%	K_1	18.6	19.3	20.0	18.5
	K_2	20.2	20.7	20.2	20.5
	K_3	22.3	21.1	20.9	22.1
	k_1	6.20	6.43	6.67	6.17
	k_2	6.73	6.90	6.73	6.83
	k_3	7.43	7.03	6.97	7.37
	极差 R	3.7	1.8	0.7	3.6
	因素主次	A C B			
	优方案	$A_3C_3B_3$			
葛根素含量/%	K_1	7.2	7.3	7.7	6.8
	K_2	7.4	8.1	7.1	7.8
	K_3	8.1	7.3	7.9	8.1
	k_1	2.40	2.43	2.57	2.27
	k_2	2.47	2.70	2.37	2.60
	k_3	2.70	2.43	2.63	2.70
	极差 R	0.9	0.8	0.8	1.3
	因素主次	C A B			
	优方案	$C_3A_3B_2$			

由表 6-11 可以看出，对于不同的指标而言，不同因素的影响程度是不一样的，所以将 3 个因素对 3 个指标影响的重要性的主次顺序统一起来是行不通的。

不同指标所对应的优方案也是不同的，但是通过综合平衡法可以得到综合的优方案。具体平衡过程如下：

因素 A：对于后两个指标都是取 A_3 好，而且对于葛根总黄酮含量，A 因素是最主要的因素，在确定优水平时应重点考虑；对于提取物得率则是取 A_2 好，从趋势图或 $K_i(k_i)$ 可以看出 A 取 A_2、A_3 时提取物得率相差不大，而且从极差可以看出，A 为较次要的因素。所以根据多数倾向和 A 因素对不同指标的重要程度，选取 A_3。

因素 B：对于提取物得率，取 B_2 或 B_3 基本相同，对于葛根总黄酮含量取 B_3 好，对于葛根素含量则是取 B_2；另外，对于这三个指标而言，B 因素都是处于末位的次要因素，所以 B 取哪一个水平对 3 个指标的影响都比较小，这时可以本着降低消耗的原则，选取 B_2，以减少溶剂耗量。

因素 C：对 3 个指标来说，都是以 C_3 为最佳水平，所以取 C_3。

综合上述的分析，优方案为 $A_3B_2C_3$，即乙醇浓度 70%，液固比 6，回流 3 次。

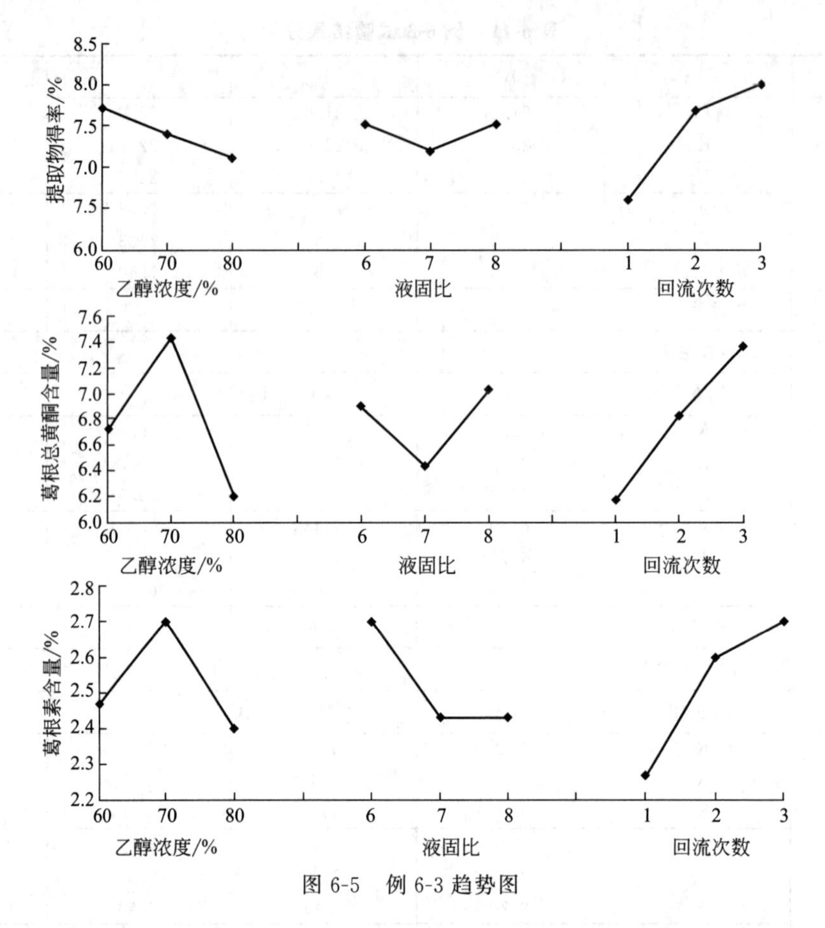

图 6-5 例 6-3 趋势图

在进行综合平衡时，我们可以依据四条原则：第一，对于某个因素，可能对某个指标是主要因素，但对另外的指标则可能是次要因素，那么在确定该因素的优水平时，应首先选取作为主要因素时的优水平；第二，若某因素对各指标的影响程度相差不大，这时可按“少数服从多数”的原则，选取出现次数较多的优水平；第三，当因素各水平相差不大时，可依据降低消耗、提高效率的原则选取合适的水平；第四，若各试验指标的重要程度不同，则在确定因素优水平时应首先满足相对重要的指标。在具体运用这几条原则时，仅仅根据其中的一条可能确定不了优水平，所以应将几条综合在一起分析。

可见，综合平衡法要对每一个指标都单独进行分析，所以计算分析的工作量大，但是同时也可以从试验结果中获得较多的信息。多指标的综合平衡有时是比较困难的，仅仅依据数学的分析往往得不到正确的结果，所以还要结合专业知识和经验，得到符合实际的优方案。

6.2.2.2 综合评分法

综合评分法是根据各个指标的重要程度，对得出的试验结果进行分析，给每一个试验评出一个分数，作为这个试验的总指标，然后根据这个总指标（分数），利用单指标试验结果的直观分析法作进一步的分析，确定较好的试验方案。显然，这个方法的关键是如何评分，下面介绍几种评分方法。

① 对每号试验结果的各个指标统一权衡，综合评价，直接给出每一号试验结果的综合分数；

② 先对每号试验的每个指标按一定的评分标准评出分数，若各指标的重要性是一样的，

可以将同一号试验中各指标的分数的总和作为该号试验的总分数；

③ 先对每号试验的每个指标按一定的评分标准评出分数，若各指标的重要性不相同，此时要先确定各指标相对重要性的权数，然后求加权和作为该号试验总分数。

第①种评分方法常常用在各试验指标很难量化的试验中，比如评判某种食品的好坏，需要从色、香、味、口感等方面进行综合评定，这时就需要有丰富实践经验的专家能将各个指标综合起来，给每号试验结果评出一个综合分，然后再进行单指标的分析。所以，这种方法的可靠性在很大程度上取决于试验者或专家的理论知识和实践经验。

对于后两种评分方法，最关键的是如何对每个指标评出合理的分数。如果指标是定性的，则可以依靠经验和专业知识直接给出一个分数，这样非数量化的指标就转换为数量化指标，使结果分析变得更容易；对于定量指标，有时指标值本身就可以作为分数，如回收率、纯度等；但不是所有的指标值本身都能作为分数，这时就可以使用“隶属度”来表示分数，隶属度的计算方法见例 6-4。

例 6-4 玉米淀粉改性制备高取代度的三乙酸淀粉酯的试验中，需要考察两个指标，即取代度和酯化率，这两个指标都是越大越好，试验的因素和水平如表 6-12 所示，不考虑因素之间的交互作用，试验目的是为了找到使取代度和酯化率都高的试验方案。

表 6-12 例 6-4 因素水平表

水平	(A)反应时间/h	(B)吡啶用量/g	(C)乙酸酐用量/g
1	3	150	100
2	4	90	70
3	5	120	130

解：这是一个 3 因素 3 水平的试验，由于不考虑交互作用，所以可选用正交表 $L_9(3^4)$ 来安排试验。

表头设计、试验方案及试验结果如表 6-13 所示。

表 6-13 例 6-4 试验方案及试验结果

试验号	A	B	空列	C	取代度	酯化率/%	取代度隶属度	酯化率隶属度	综合分
1	1	1	1	1	2.96	65.70	1.00	1	1.00
2	1	2	2	2	2.18	40.36	0	0	0
3	1	3	3	3	2.45	54.31	0.35	0.55	0.47
4	2	1	2	3	2.70	41.09	0.67	0.03	0.29
5	2	2	3	1	2.49	56.29	0.40	0.63	0.54
6	2	3	1	2	2.41	43.23	0.29	0.11	0.18
7	3	1	3	2	2.71	41.43	0.68	0.04	0.30
8	3	2	1	3	2.42	56.29	0.31	0.63	0.50
9	3	3	2	1	2.83	60.14	0.83	0.78	0.80
K_1	1.47	1.59	1.68	2.34					
K_2	1.01	1.04	1.09	0.48					
K_3	1.60	1.45	1.31	1.26					
极差 R	0.59	0.55	0.59	1.86					
因素主次	C A B								
优方案	$C_1A_3B_1$								

本例中有两个指标：取代度和酯化率，这里将两个指标都转换成它们的隶属度，用隶属度来表示分数。隶属度的计算方法如下：

$$指标隶属度=\frac{指标值-指标最小值}{指标最大值-指标最小值} \tag{6-1}$$

可见，指标最大值的隶属度为 1，而指标最小值的隶属度为 0，所以 0≤指标隶属度≤1。如果各指标的重要性一样，就可以直接将各指标的隶属度相加作为综合分数，否则求出加权和作为综合分数。

本例中的两个指标的重要性不一样，根据实际要求，取代度和酯化率的权重分别取 0.4 和 0.6，于是每号试验的综合分数＝取代度隶属度×0.4＋酯化率隶属度×0.6，满分为 1.00。评分结果和综合分数作为总指标进行的直观分析如表 6-13 所示。可以看出，这里分析出来的优方案 $C_1A_3B_1$，不包括在已经做过的 9 个试验中，所以应按照这个方案做一次验证试验，看是否比正交表中 1 号试验的结果更好，从而确定真正最好的试验方案。

可见，综合评分法是将多指标的问题，通过适当的评分方法，转换成了单指标的问题，使结果的分析计算变得简单方便。但是，结果分析的可靠性，主要取决于评分的合理性，如果评分标准、评分方法不合适，指标的权数不恰当，所得到的结论就不能反映全面情况，所以如何确定合理的评分标准和各指标的权数，是综合评分的关键，它的解决有赖于专业知识、经验和实际要求，单纯从数学上是无法解决的。

在实际应用中，如果遇到多指标的问题，究竟是采用综合平衡法，还是综合评分法，要视具体情况而定，有时可以将两者结合起来，以便比较和参考。

6.2.3 有交互作用的正交试验设计及其结果的直观分析

在前面讨论的正交试验设计及结果分析中，仅考虑了每个因素的单独作用，但是在许多试验中不仅各个因素对试验指标起作用，还要考虑因素间的交互作用对试验结果的影响。

6.2.3.1 交互作用的判别

下面说明如何判别因素间的交互作用。

设有两个因素 A 和 B，它们各取两个水平 A_1、A_2 和 B_1、B_2，这样 A、B 共有 4 种水平组合，在每种组合下各做一次试验，试验结果如表 6-14。显然，当 $B=B_1$ 时，A 由 A_1 变到 A_2 使试验指标增加 10，当 $B=B_2$ 时，A 由 A_1 变到 A_2 使试验指标减小 15，可见因素 A 由 A_1 变到 A_2 时，试验指标变化趋势相反，与 B 取哪一个水平有关；类似地，当因素 B 由 B_1 变到 B_2 时，试验指标变化趋势也相反，与 A 取哪一个水平有关，这时，可以认为 A 与 B 之间有交互作用。如果将表 6-14 中的数据描述在图中（如图 6-6），可以看到两条直线是明显相交的，这是交互作用很强的一种表现。

表 6-14 判别交互作用试验数据表（1）

	A_1	A_2
B_1	25	35
B_2	30	15

表 6-15 判别交互作用试验数据表（2）

	A_1	A_2
B_1	25	35
B_2	30	40

表 6-15 和图 6-7 给出了一个无交互作用的例子。由表 6-15 可以看出，A 或 B 对试验指标的影响与另一个因素取哪一个水平无关；在图 6-7 中两直线是互相平行的，但是由于试验误差的存在，如果两直线近似相互平行，也可以认为两因素间无交互作用，或交互作用可以忽略。

6.2.3.2 有交互作用的正交试验设计及其结果的直观分析

下面通过一个有交互作用的例题来说明。

例 6-5 用石墨炉原子吸收分光光度计法测定食品中的铅，为提高测定灵敏度，希望吸光度大。为提高吸光度，对 A（灰化温度/℃）、B（原子化温度/℃）和 C（灯电流/mA）三个因素进行了考察，并考虑交互作用 A×B、A×C，各因素及水平如表 6-16。试进行正交试验，找出最优水平组合。

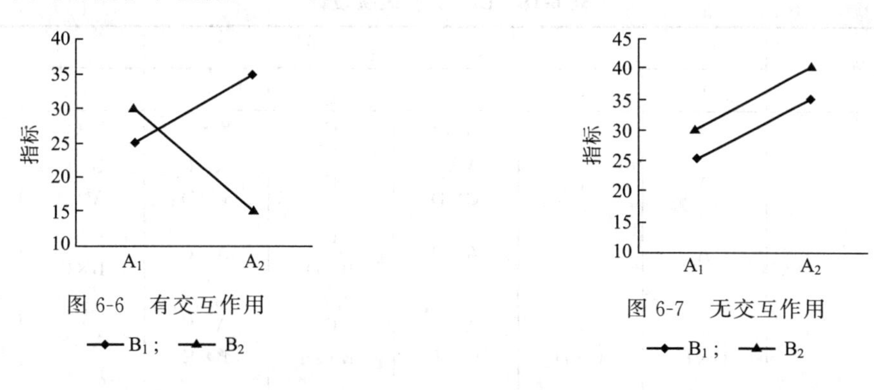

图 6-6 有交互作用

B1；B2

图 6-7 无交互作用

B1；B2

表 6-16 例 6-5 因素水平表

水平	(A)灰化温度/℃	(B)原子化温度/℃	(C)灯电流/mA
1	300	1800	8
2	700	2400	10

解：(1) 选表

这是一个 3 因素 2 水平的试验，但是还有两个交互作用，在选正交表时应将交互作用看成因素，所以本例应按照 5 因素 2 水平的情况来选正交表，于是可以选择满足这一条件的最小正交表 $L_8(2^7)$ 来安排正交试验。

(2) 表头设计

由于交互作用被看作是影响因素，所以在正交表中应该占有相应的列，称为交互作用列。但是交互作用列是不能随意安排的，一般可以通过两种方法来安排。

第一种方法是查所选正交表对应的交互作用表（见本书附录 8），表 6-17 就是正交表 $L_8(2^7)$ 对应的交互作用表。表 6-17 中写了两种列号，一种列号是带括号的，它们表示因素所在的列号；另一种列号是不带括号的，它们表示交互作用的列号。根据表 6-17 就可以查出正交表 $L_8(2^7)$ 中任何两列的交互作用列。例如，要查第 2 列和第 5 列的交互作用列，先在表对角线上找到列号 (2) 和 (5)，然后从 (2) 向右横看，从 (5) 向上竖看，交叉的数字为 7，即为它们的交互作用列，所以如果将 A，B 分别放在正交表 $L_8(2^7)$ 的第 2 列和第 5 列，则 A×B 应该放在第 7 列。类似地，从该表中还可查出其他两列间的交互作用列。

表 6-17 $L_8(2^7)$ 二列间的交互作用

列 号( )	列 号						
	1	2	3	4	5	6	7
(1)	(1)	3	2	5	4	7	6
(2)		(2)	1	6	7	4	5
(3)			(3)	7	6	5	4
(4)				(4)	1	2	3
(5)					(5)	3	2
(6)						(6)	1
(7)							(7)

第二种方法是直接查对应正交表的表头设计表，表 6-18 就是正交表 $L_8(2^7)$ 的表头设计表，它实质上是根据交互作用表整理出来的，使用起来更方便，一些常用正交表的表头设计表列在书后附录 8 中。

表 6-18 $L_8(2^7)$ 表头设计

因素数	列号						
	1	2	3	4	5	6	7
3	A	B	A×B	C	A×C	B×C	
4	A	B	A×B C×D	C	A×C B×D	B×C A×D	D
4	A	B C×D	A×B	C B×D	A×C	D B×C	A×D
5	A D×E	B C×D	A×B C×E	C B×D	A×C B×E	D A×E B×C	E A×D

在本例中，总共有 3 个因素，根据表 6-18 可知，可以将 A、B、C 依次安排在 1、2、4 列，而交互作用 A×B，A×C 分别安排在第 3 列和第 5 列上。

（3）明确试验方案、进行试验、得到试验结果

表头设计完之后，根据 A、B、C 三个因素所在的列，就可以确定本例中的 8 个试验方案。注意，交互作用虽然也占有相应的列，但它们与空白列一样，对确定试验方案不起任何作用。

按正交表规定的试验方案进行试验，测定试验结果，试验方案与试验结果 $y_i(i=1,2,\cdots,8)$ 见表 6-19。

表 6-19 例 6-5 试验方案与试验结果分析

试验号	A 1	B 2	A×B 3	C 4	A×C 5	空列 6	空列 7	吸光度 y_i
1	1	1	1	1	1	1	1	0.484
2	1	1	1	2	2	2	2	0.448
3	1	2	2	1	1	2	2	0.532
4	1	2	2	2	2	1	1	0.516
5	2	1	2	1	2	1	2	0.472
6	2	1	2	2	1	2	1	0.480
7	2	2	1	1	2	2	1	0.554
8	2	2	1	2	1	1	2	0.552
K_1	1.980	1.884	2.038	2.042	2.048	2.024	2.034	
K_2	2.058	2.154	2.000	1.996	1.990	2.014	2.004	
极差 R	0.078	0.270	0.038	0.046	0.058	0.010	0.030	
因素主次	B　A　A×C　C　A×B							

（4）计算极差、确定因素主次

极差计算结果和因素主次见表 6-19，注意，虽然交互作用对试验方案没有影响，但应将它们看作因素，所以在排因素主次顺序时，应该包括交互作用。

（5）优方案的确定

如果不考虑因素间的交互作用，根据指标越大越好，可以得到优方案为 $A_2B_2C_1$。但是根据上一步排出的因素主次，可知交互作用 A×C 比因素 C 对试验指标的影响更大，所以要确定 C 的优水平，应该按因素 A、C 各水平搭配好坏来确定。两因素的搭配表见表 6-20。

表 6-20 例 6-5 因素 A、C 水平搭配表

因素	A_1	A_2
C_1	$(y_1+y_3)/2=(0.484+0.532)/2=0.508$	$(y_5+y_7)/2=(0.472+0.554)/2=0.513$
C_2	$(y_2+y_4)/2=(0.448+0.516)/2=0.482$	$(y_6+y_8)/2=(0.480+0.552)/2=0.516$

比较表 6-20 中的四个值，0.516 最大，取 A_2C_2 好，所以考虑交互作用时的优方案为 $A_2B_2C_2$，即灰化温度 700℃、原子化温度 2400℃、灯电流 10mA。显然，不考虑交互作用和考虑交互作用时的优方案不完全一致，这正反映了因素间交互作用对试验结果的影响。说明一下，考虑交互作用时推出的优方案（$A_2B_2C_2$）刚好是表 6-19 中的第 8 号试验，其结果与第 7 号试验（$A_2B_2C_1$）相差不大，可以结合实际操作，确定其中一个方案为最终的优方案。这也从另一个角度说明，交互作用 A×C 和因素 C 对试验结果的影响不大，可以通过方差分析得到更准确的估计。

最后就有交互作用的正交试验设计补充说明如下。

① 在进行表头设计时，一般来说，表头上第一列最多只能安排一个因素或一个交互作用，不允许出现混杂（一列安排多个因素或交互作用）；对于重点要考虑的因素和交互作用，不能与任何交互作用混杂，而让次要的因素或交互作用混杂。所以当要考察的因素和交互作用比较多时，表头设计就比较麻烦，为避免混杂可以选择较大的正交表，如果选择小表，则不可避免会出现混杂。

② 两个因素间的交互作用称为一级交互作用；3 个或 3 个以上因素的交互作用，称为高级交互作用。例如，三个因素 A、B、C 的高级交互作用可记作 A×B×C。但是，在绝大多数的实际问题中，高级交互作用都可以忽略，一般只需要考察少数几个一级交互作用，其余大部分一级交互作用也是可以忽略的，至于哪些交互作用应该忽略，则是依据专业知识和实践经验来判断的。

③ 二水平因素之间的交互作用只占一列，而三水平因素之间的交互作用则占两列。r 水平两因素间的交互作用要占 $r-1$ 列。表 6-21 是 $L_{27}(3^{13})$ 表头设计的一部分，由该表可以看出，当因素数和水平数均为 3 时，交互作用 $(B\times C)_1$ 和 $(B\times C)_2$ 分别在第 8、11 列，所以交互作用 B×C 对指标影响的大小应用第 8、11 两列来计算。所以当因素的水平数≥3 时，交互作用的分析比较复杂，不便于用直观分析法，通常都用方差分析法。

表 6-21 $L_{27}(3^{13})$ 表头设计（部分）

因素数	列号												
	1	2	3	4	5	6	7	8	9	10	11	12	13
3	A	B	$(A\times B)_1$	$(A\times B)_2$	C	$(A\times C)_1$	$(A\times C)_2$	$(B\times C)_1$			$(B\times C)_2$		

④ 若试验不考虑交互作用，则表头设计可以是任意的。例如：在例 6-2 中，对 $L_9(3^4)$ 的表头设计，表 6-22 所列的各种方案都是可用的。

表 6-22 $L_9(3^4)$ 表头设计方案（不考虑交互作用）

方案	列号			
	1	2	3	4
1	A	B	C	空
2	C	空	A	B
3	B	C	空	A
…	…	…	…	…

在试验之初不考虑交互作用而选用较大的正交表，空列较多时，最好仍与有交互作用时一样，按规定进行表头设计。例如，对于 4 因素 2 水平的试验，若暂时不考虑交互作用，建议参考表 6-18，将 4 个因素依次安排在 1 列、2 列、4 列、7 列（或 1 列、2 列、4 列、6 列），只不过将交互作用列先视为空列，待试验结束后再加以判定。

6.2.4 混合水平的正交试验设计及其结果的直观分析

在实际问题中，由于具体情况不同，有时各因素的水平数是不相同的，这就是混合水平的多因素试验问题。混合水平的正交试验设计方法主要有两种：一是直接利用混合水平的正交表；二是采用拟水平法，即将混合水平问题转换为等水平的问题。

6.2.4.1 直接利用混合水平的正交表

例 6-6 某人造板厂进行胶压板制造工艺的试验，以提高胶压板的性能，因素及水平如表 6-23，胶压板的性能指标采用综合评分的方法，分数越高越好，忽略因素间的交互作用。

表 6-23 例 6-6 因素水平表

水 平	(A)压力/atm	(B)温度/℃	(C)时间/min	水 平	(A)压力/atm	(B)温度/℃	(C)时间/min
1	8	95	9	3	11		
2	10	90	12	4	12		

注：1atm＝101.325kPa。

解： 本问题中有 3 个因素，一个因素有 4 个水平，另外两个因素都为 2 个水平，正好可以选用混合水平正交表 $L_8(4^1\times2^4)$。因素 A 有 4 个水平，应安排在第 1 列，B 和 C 都为 2 个水平，可以放在后 4 列中的任何两列上，本例将 B、C 依次放在第 2、3 列上，第 4、5 列为空列。本例的试验方案、试验结果如表 6-24 所示。

表 6-24 例 6-6 试验结果及其直观分析

试验号	A	B	C	空列	空列	得 分
1	1	1	1	1	1	2
2	1	2	2	2	2	6
3	2	1	1	2	2	4
4	2	2	2	1	1	5
5	3	1	2	1	2	6
6	3	2	1	2	1	8
7	4	1	2	2	1	9
8	4	2	1	1	2	10
K_1	8	21	24	23	24	
K_2	9	29	26	27	26	
K_3	14					
K_4	19					

续表

试验号	A	B	C	空列	空列	得　分
k_1	4.0	5.2	6.0	5.8	6.0	
k_2	4.5	7.2	6.5	6.8	6.5	
k_3	7.0					
k_4	9.5					
极差 R	5.5	2.0	0.5	1	0.5	
因素主→次	A　B　C					
优方案	$A_4B_2C_2$ 或 $A_4B_2C_1$					

由于C因素是对试验结果影响较小的次要因素，它取不同的水平对试验结果的影响很小，如果从经济的角度考虑，可取9min，所以优方案也可以为 $A_4B_2C_1$，即压力12atm、温度90℃、时间9min。

上述的分析计算与前述方法基本相同。但是由于各因素的水平数不完全相同，所以在计算 k_1、k_2、k_3、k_4 时与等水平的正交设计不完全相同。例如，A因素有4个水平，每个水平出现两次，所以在计算 k_1、k_2、k_3、k_4 时，应当是相应的 K_1、K_2、K_3、K_4 分别除以2得到的；而对于因素B、C，它们都只有2个水平，每个水平出现四次，所以 k_1、k_2 应当是相应的 K_1、K_2 分别除以4得到。

还应注意，在计算极差时，应该根据 k_i（i 表示水平号）来计算，即 $R=\max\{k_i\}-\min\{k_i\}$，不能根据 K_i 计算极差。这是因为，对于A因素，K_1、K_2、K_3、K_4 分别是2个指标值之和，而对于B、C两因素，K_1、K_2 分别是4个指标值之和，所以只有根据平均值 k_i 求出的极差才有可比性。

本例中没有考虑因素间的交互作用，但混合水平正交表也是可以安排交互作用的，只不过表头设计比较麻烦，一般可以直接参考对应的表头设计表。

6.2.4.2　拟水平法

拟水平法是将混合水平的问题转化成等水平问题来处理的一种方法，下面举例说明。

例 6-7　某制药厂为提高某种药品的合成率，决定对缩合工序进行优化，因素水平表如表6-25所示，忽略因素间的交互作用。

表 6-25　例 6-7 因素水平表

水　平	(A)温度/℃	(B)甲醇钠量/mL	(C)醛状态	(D)缩合剂量/mL
1	35	3	固	0.9
2	25	5	液	1.2
3	45	4	液（加框）	1.5

分析：这是一个4因素的试验，其中3个因素是3水平，1个因素是2水平，可以套用混合水平正交表 $L_{18}(2^1\times3^7)$，需要做18次试验。假如C因素也有3个水平，则本例就变成了4因素3水平的问题，如果忽略因素间的交互作用，就可以选用等水平正交表 $L_9(3^4)$，只需要做9次试验。但是实际上因素C只能取2个水平，不能够不切实际地安排出第3个水平。这时我们可以根据实际经验，将C因素较好的一个水平重复一次，使C因素变成3水平的因素。在本例中，如果C因素的第2水平比第1水平好，就可将第2水平重复一次作为第3水平（如表6-25），由于这个第3水平是虚拟的，故称为拟水平。

解：C因素虚拟出一个水平之后，就可以选用正交表 $L_9(3^4)$ 来安排试验，试验结果及分析见表6-26。

表6-26 例6-7试验结果及其直观分析

试验号	A	B	C	D	合成率/%	(合成率−70)/%
1	1	1	1(1)	1	69.2	−0.8
2	1	2	2(2)	2	71.8	1.8
3	1	3	3(2)	3	78.0	8.0
4	2	1	2(2)	3	74.1	4.1
5	2	2	3(2)	1	77.6	7.6
6	2	3	1(1)	2	66.5	−3.5
7	3	1	3(2)	2	69.2	−0.8
8	3	2	1(1)	3	69.7	−0.3
9	3	3	2(2)	1	78.8	8.8
K_1	9.0	2.5	−4.6	15.6		
K_2	8.2	9.1	29.5	−2.5		
K_3	7.7	13.3		11.8		
k_1	3.0	0.8	−1.5	5.2		
k_2	2.7	3.0	4.9	−0.8		
k_3	2.6	4.4		3.9		
极差 R	0.4	3.6	6.4	6		
因素主→次	C D B A					
优方案	$C_2D_1B_3A_1$					

在本例中，为了简化计算，可将试验结果都减去了70%，这种简化不会影响到因素主次顺序和优方案的确定。

在试验结果的分析计算中应注意，因素C的第3水平实际上与第2水平是相等的，所以应重新安排正交表第3列中C因素的水平，将3水平改成2水平（结果如表6-26所示），于是C因素所在的第3列只有1、2两个水平，其中2水平出现6次。所以求和时只有 K_1、K_2，求平均值时 $k_1=K_1/3$，$k_2=K_2/6$。其他列的 K_1、K_2、K_3 与 k_1、k_2、k_3 的计算方法与例6-2一致。

在计算极差时，应该根据 k_i（i 表示水平号）来计算，即 $R=\max\{k_i\}-\min\{k_i\}$，不能根据 K_i 计算极差，这是因为，对于C因素，K_1 是2个指标值之和，K_2 是6个指标值之和，而对于A、B、D三因素，K_1、K_2、K_3 分别是3个指标值之和，所以只有根据平均值 k_i 求出的极差才有可比性。

在确定优方案时，由于合成率是越高越好，因素A、B、D的优水平可以根据 K_1、K_2、K_3 或 k_1、k_2、k_3 的大小顺序取较大的 K_i 或 k_i 所对应的水平，但是对于因素C，就不能根据 K_1、K_2 的大小来选择优水平，而是应根据 k_1、k_2 的大小来选择优水平。所以本例的优方案为 $C_2D_1B_3A_1$，即醛为液态、缩合剂量0.9mL、甲醇钠量4mL、温度35℃。

由上面的讨论可知，拟水平法不能保证整个正交表均衡搭配，只具有部分均衡搭配的性质。这种方法不仅可以对一个因素虚拟水平，也可以对多个因素虚拟水平，使正交表的选用更方便、灵活。

6.2.5 Excel在直观分析中应用

正交试验设计的直观分析关键是计算 K、k 和 R，这些都可利用Excel的公式和函数功能进行计算，下面通过例6-8来说明。

例 6-8 某工厂为了提高某产品的收率，根据经验和分析，认为反应温度、碱用量和催化剂种类可能会对产品的收率造成较大的影响，对这 3 个因素各取 3 种水平，列于表 6-27 中。将因素 A、B、C 依次安排在正交表 $L_9(3^4)$ 的 1、2、3 列，不考虑因素间的交互作用。9 个试验结果 y（收率/%）依次为：51，71，58，82，69，59，77，85，84。试用直观分析法确定因素主次和优方案，并画出趋势图。

表 6-27 例 6-8 因素水平表

水　平	(A)温度/℃	(B)碱用量/kg	(C)催化剂种类
1	80	85	甲
2	85	48	乙
3	90	55	丙

解：① 依据题意，在 Excel 中列出正交表和试验结果。

② K 值的计算。这里先引入一个条件求和函数 SUMIF，它的作用是对满足条件的单元格求和，其的语法为：

SUMIF(range,criteria,sum_range)

其中　range——用于条件判断的单元格区域；

criteria——确定哪些单元格将被相加求和的条件，其形式可以为数字、表达式或文本，例如，条件可以表示为 32、“32”、“>32” 或 “apples”；

sum _ range——需要求和的实际单元格范围。

B12　=SUMIF(B$2:B$10, 2, $F$2:$F$10)

	A	B	C	D	E	F
1	试验号	A	B	C	空	y
2	1	1	1	1	1	51
3	2	1	2	2	2	71
4	3	1	3	3	3	58
5	4	2	1	2	3	82
6	5	2	2	3	1	69
7	6	2	3	1	2	59
8	7	3	1	3	2	77
9	8	3	2	1	3	85
10	9	3	3	2	1	84
11	K_1	180	210	195	204	
12	K_2	210	225	237	207	
13	K_3	246	201	204	225	
14	k_1	60	70	65	68	
15	k_2	70	75	79	69	
16	k_3	82	67	68	75	
17	R	22	8	14	7	

图 6-8　正交试验设计直观分析

K 值表示的是同一水平下对应试验结果之和，以 A 因素列的 K_2 计算为例，K_2 的计算公式为=SUMIF(B$2：B$10，2，$F$2：$F$10)（如图 6-8），其中“B$2：B$10”表示用于条件判断的单元格区域，“2”表示在 B$2：B$10 范围内等于 2 的单元格，“$F$2：$F$10”表示求和实际单元格范围。选中该公式，然后水平拖动填充柄，就可计算出后三列的 K_2。为了保证在填充柄水平拖动的过程中求和的实际范围不变，就要求行和列都加上绝对引用符号 $，即 $F$2：$F$10；注意条件判断单元格区域 B$2：B$10，行号 2 和 10 最好绝对应用，这样往下拖动填充柄，就可将该公式复制到下一行的单元格，而行号范围不变，对复制到下一行的公式中的“2”改成“3”，然后再水平填充，就可计算所有的 K_3 了。

③ k 的计算。在本例中 $k=\dfrac{K}{3}$，由于在 B14：E16 范围内，每个单元格的公式都一样，故可先在其中单元格输入计算公式，然后使用填充柄对公式进行复制；也可以采用组合键快速输入，先选中单元格区域 B14：E16，在该区域的左上角第一个单元格中输入“＝B11/3”，再同时按“Ctrl＋Enter”，或者输入“＝B11：E13/3”，再同时按“Shift＋Ctrl＋Enter”，即可在 B14：E16 范围内显示图 6-8 所示结果。

④ 极差 R 的计算。图 6-8 中，在 B17 单元格中输入：＝MAX(B14:B16)－MIN(B14:B16)，回车后得到 22，然后选中该单元格，向右拖动填充柄，就可计算出后三列的极差。在本例中是按 k 来计算极差 R 的，也可以按 K 计算 R，这时应在 B17 单元格中输入：＝MAX(B11:B13)－MIN(B11：B13)。

	A	B
20		
21	80	60
22	85	70
23	90	82
24		
25	48	75
26	55	67
27	85	70
28		
29	甲	65
30	乙	79
31	丙	68

图 6-9 趋势图数据表

对于同一张正交表，上述计算 K、k 和极差 R 的公式不会随试验指标 y 的取值而发生变化，所以当下次用到 $L_9(3^4)$ 时，只需将图中 F 列的 y 值换掉，新的 K、k 和极差 R 会同时计算出来，极大地减少了工作量，起到了一劳永逸的效果。

⑤ 绘制趋势图。趋势图的纵坐标表示试验指标，横坐标则是因素的水平，一般将不同因素的趋势图画在一张图中，以便于比较。

利用 Excel 画趋势图，首先是建立数据表（如图 6-9 所示），第一列表示因素的不同水平，第二列表示对应的 k。需要注意的是，在不同因素之间至少应留有一行的间隔，以免趋势图中所有的数据点相连。注意，B 因素的三个水平是按实际大小顺序排列的，与水平编号顺序不一致。

选中图 6-9 所示的数据表区域（A20：B31），然后在【插入】选项卡中选择“折线图”，再选中二维折线图“带数据标记的折线图”，然后添加纵、横坐标轴标题，其中横轴标题为“温度/℃　碱用量/kg　催化剂种类”，纵轴为“收率/%”，可初步生成如图 6-10 所示的折线图。注意，为了让横轴标题与坐标轴上数据对齐，可选中横轴标题，在三因素名称之间输入或删除空格。

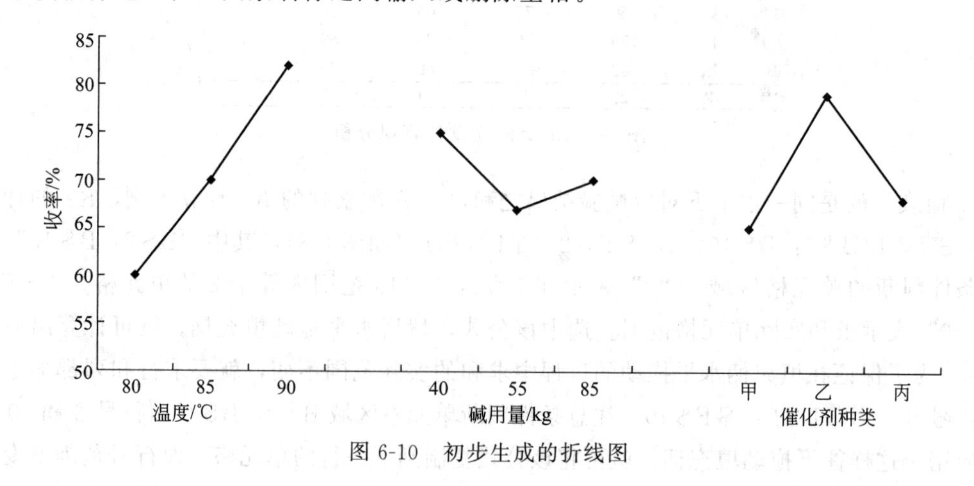

图 6-10 初步生成的折线图

生成折线图后，应当对横轴（分类轴）按图 6-11 进行设置，即在“位置坐标轴”下选择“在刻度线上”，这样才能使横轴刻度线与各因素水平对齐。

由于因素 C（催化剂种类）为非数量因素，不能连续变化，所以应将图 6-10 中对应的数据线删除。先后两次点击需删除的线段，就可选中对应的线段，然后双击该线段（或使用快捷右键），进入“设置数据点格式”对话框，在“线条颜色”标签下选择“无线条”（如图 6-12），最后得到图 6-13 所示的趋势图。

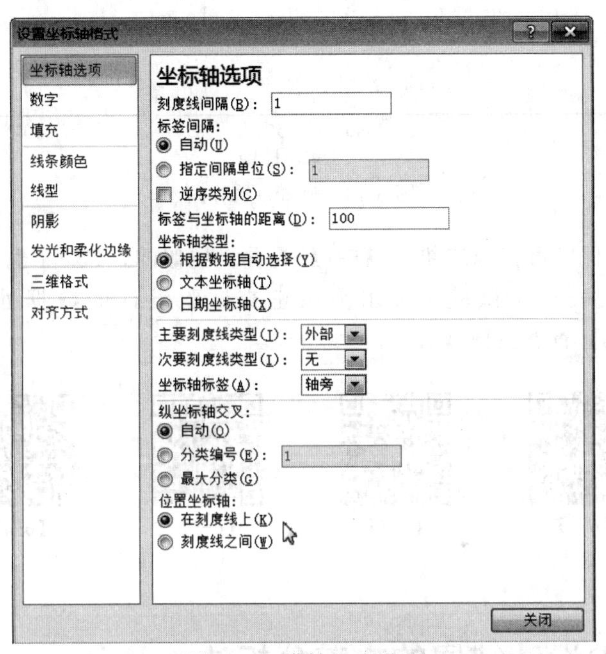

图 6-11　横轴格式设置

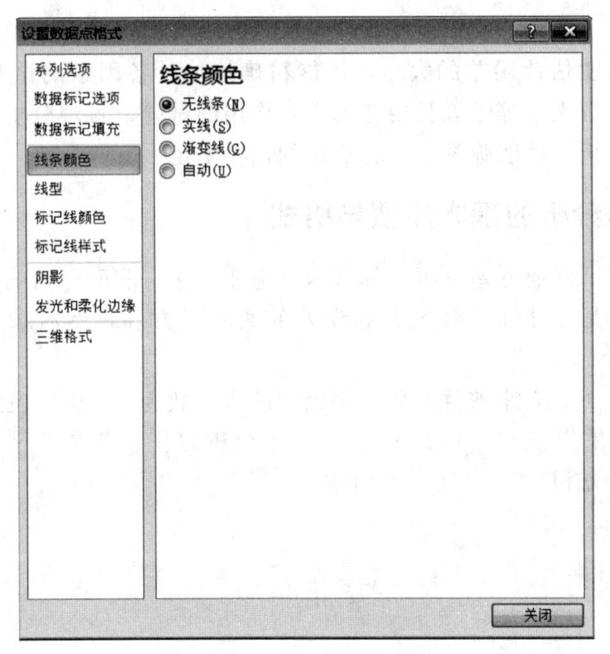

图 6-12　设置数据点格式

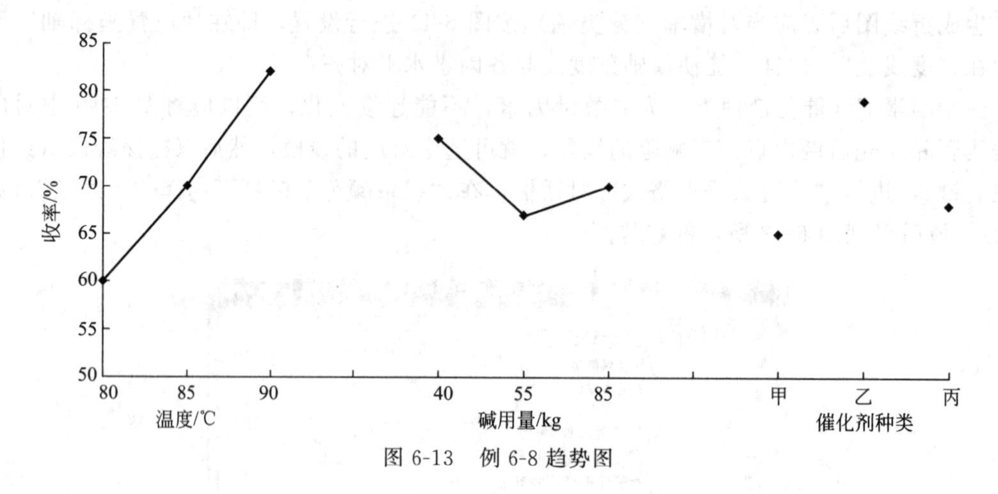

图 6-13 例 6-8 趋势图

例 6-8 的解题过程，可扫描二维码【6-1】查看。类似的，Excel 也可应用于二水平正交试验、混合水平正交表正交试验、拟水平法正交试验设计的数据处理，请扫描二维码【6-2】、【6-3】、【6-4】查看具体操作。

6.3 正交试验设计结果的方差分析法

前面介绍了正交试验设计结果的直观分析法，直观分析法具有简单直观、计算量小等优点，但直观分析法不能估计误差的大小，不能精确地估计各因素的试验结果影响的重要程度，特别是对于水平数大于等于 3 且要考虑交互作用的试验，直观分析法不便使用，如果对试验结果进行方差分析，就能弥补直观分析法的这些不足。

6.3.1 方差分析的基本步骤与格式

对于正交试验多因素的方差分析，其基本思想和方法与前面介绍的单因素和双因素的方差分析是一致的，也是先计算出各因素和误差的离差平方和，然后求出自由度、均方、F 值，最后进行 F 检验。

如果用正交表 $L_n(r^m)$ 来安排试验，则因素的水平数为 r，正交表的列数为 m，总试验次数为 n，设试验结果为 $y_i(i=1,2,\cdots,n)$。方差分析的基本步骤如下：

（1）计算离差平方和

① 总离差平方和。设

$$\overline{y}=\frac{1}{n}\sum_{i=1}^{n}y_i \tag{6-2}$$

$$T=\sum_{i=1}^{n}y_i \tag{6-3}$$

$$Q=\sum_{i=1}^{n}y_i^2 \tag{6-4}$$

$$P=\frac{1}{n}\left(\sum_{i=1}^{n}y_i\right)^2=\frac{T^2}{n} \tag{6-5}$$

则

$$SS_T=\sum_{i=1}^{n}(y_i-\overline{y})^2=\sum_{i=1}^{n}y_i^2-\frac{1}{n}\left(\sum_{i=1}^{n}y_i\right)^2=Q-P \tag{6-6}$$

SS_T 即为总离差平方和，它反映了试验结果的总差异，总离差平方和越大，则说明各试验结果之间的差异越大。因素水平的变化和试验误差是引起试验结果之间的差异的原因。

② 各因素引起的离差平方和。设因素 A 安排在正交表中的某一列上，则因素 A 引起的离差平方和为：

$$SS_A=\frac{n}{r}\sum_{i=1}^{r}(k_i-\overline{y})^2=\frac{r}{n}\left(\sum_{i=1}^{r}K_i^2\right)-\frac{T^2}{n}=\frac{r}{n}\left(\sum_{i=1}^{r}K_i^2\right)-P \tag{6-7}$$

若将因素 A 安排在正交表的第 j（$j=1, 2, \cdots, m$）列上，则有 $SS_A=SS_j$，且称 SS_j 为第 j 列所引起的离差平方和，于是有

$$SS_j=\frac{n}{r}\sum_{i=1}^{r}(k_i-\overline{y})^2=\frac{r}{n}\left(\sum_{i=1}^{r}K_i^2\right)-\frac{T^2}{n}=\frac{r}{n}\left(\sum_{i=1}^{r}K_i^2\right)-P \tag{6-8}$$

所以

$$SS_T=\sum_{j=1}^{m}SS_j \tag{6-9}$$

也就是说，总离差平方和可以分解成各列离差平方和之和。

③ 试验误差的离差平方和。为了方差分析的方便，在进行表头设计时一般要求留有空列，即误差列。所以误差的离差平方和为所有空列所对应离差平方和之和，即

$$SS_e=\sum SS_{空列} \tag{6-10}$$

④ 交互作用的离差平方和。由于交互作用在正交试验设计时作为因素看待，所以在正交表中占有相应的列，也会引起离差平方和。如果交互作用只占有一列，则其离差平方和就等于所在列的离差平方和 SS_j；如果交互作用占有多列，则其离差平方和等于所占多列离差平方和之和。例如，设交互作用 A×B 在正交表中占有 2 列，则

$$SS_{A\times B}=SS_{(A\times B)_1}+SS_{(A\times B)_2} \tag{6-11}$$

（2）计算自由度

总平方和的总自由度

$$df_T=试验总次数-1=n-1 \tag{6-12}$$

正交表任一列离差平方和对应的自由度

$$df_j=因素水平数-1=r-1 \tag{6-13}$$

显然

$$df_T=\sum_{j=1}^{n}df_j \tag{6-14}$$

两因素交互作用的自由度有两种计算方法，一是等于两因素自由度之积，例如

$$df_{A\times B}=df_A\times df_B \tag{6-15}$$

二是等于交互作用所占有的列数与每列对应自由度之和。

误差的自由度

$$df_e = \sum df_{空列} \tag{6-16}$$

（3）计算平均离差平方和（均方）

以 A 因素为例，因素的均方为：

$$MS_A = \frac{SS_A}{df_A} \tag{6-17}$$

以 A×B 为例，交互作用的均方为：

$$MS_{A\times B} = \frac{SS_{A\times B}}{df_{A\times B}} \tag{6-18}$$

试验误差的均方为：

$$MS_e = \frac{SS_e}{df_e} \tag{6-19}$$

注意，计算完均方之后，如果某因素或交互作用的均方小于或等于误差的均方，则应将它们归入误差，构成新的误差。具体方法参考例 6-9。

（4）计算 F 值

将各因素或交互作用的均方除以误差的均方，得到 F 值。例如：

$$F_A = \frac{MS_A}{MS_e} \tag{6-20}$$

$$F_{A\times B} = \frac{MS_{A\times B}}{MS_e} \tag{6-21}$$

（5）显著性检验

例如，对于给定的显著性水平 α，检验因素 A 和交互作用 A×B 对试验结果有无显著影响。先从 F 分布表中查出临界值 $F_\alpha(df_A, df_e)$ 和 $F_\alpha(df_{A\times B}, df_e)$，然后比较 F 值与临界值的大小，若 $F_A > F_\alpha(df_A, df_e)$，则因素 A 对试验结果有显著影响，若 $F_A < F_\alpha(df_A, df_e)$，则因素 A 对试验结果无显著影响；类似地，若 $F_{A\times B} > F_\alpha(df_{A\times B}, df_e)$，则说明交互作用 A×B 对试验结果有显著影响，否则无显著影响。同理可以判断其他因素或交互作用对试验结果有无显著影响。一般来说，F 值与临界值之间的差距越大，说明该因素或交互作用对试验结果的影响越显著，或者说该因素或交互作用越重要。

最后将方差分析结果列在方差分析表中。

6.3.2 二水平正交试验的方差分析

二水平的正交试验的方差分析比较简单，正交表中任一列（第 j 列）对应的离差平方和的计算可以进行如下简化：

$$SS_j = \frac{1}{n}(K_1 - K_2)^2 \tag{6-22}$$

例 6-9 某厂拟采用化学吸收法，用填料塔吸收废气中的 SO_2，为了使废气中 SO_2 的浓度达到排放标准，通过正交试验对吸收工艺条件进行了摸索，试验的因素与水平如表 6-28 所示。需要考虑交互作用 A×B、B×C。如果将 A、B、C 放在正交表 $L_8(2^7)$ 的 1、2、4 列，试验结果（SO_2 摩尔分率，%）依次为：0.15，0.25，0.03，0.02，0.09，0.16，0.19，0.08。试进行方差分析。（$\alpha = 0.05$）

表 6-28　例 6-9 因素水平表

水　平	(A)碱含量/%	(B)操作温度/℃	(C)填料种类
1	5	40	甲
2	10	20	乙

解：(1) 列出正交表 $L_8(2^7)$ 和试验结果，见表 6-29。

表 6-29　例 6-9 试验结果及分析

试验号	A 1	B 2	A×B 3	C 4	空列 5	B×C 6	空列 7	SO_2 摩尔分率×100
1	1	1	1	1	1	1	1	15
2	1	1	1	2	2	2	2	25
3	1	2	2	1	1	2	2	3
4	1	2	2	2	2	1	1	2
5	2	1	2	1	2	1	2	9
6	2	1	2	2	1	2	1	16
7	2	2	1	1	2	2	1	19
8	2	2	1	2	1	1	2	8
K_1	45	65	67	46	42	34	52	
K_2	52	32	30	51	55	63	45	$T=97$
极差 R	7	33	37	5	13	29	7	$P=1176.125$
SS_j	6.125	136.125	171.125	3.125	21.125	105.125	6.125	$Q=1625$

(2) 计算离差平方和

总离差平方和：$SS_T=Q-P=1625-1176.125=448.875$

因素与交互作用的平方和：$SS_A=SS_1=\frac{1}{n}(K_1-K_2)^2=\frac{1}{8}(45-52)^2=6.125$

同理

$$SS_B=SS_2=\frac{1}{n}(K_1-K_2)^2=\frac{1}{8}(65-32)^2=136.125$$

$$SS_{A\times B}=SS_3=\frac{1}{n}(K_1-K_2)^2=\frac{1}{8}(67-30)^2=171.125$$

$$SS_C=SS_4=\frac{1}{n}(K_1-K_2)^2=\frac{1}{8}(46-51)^2=3.125$$

$$SS_{B\times C}=SS_6=\frac{1}{n}(K_1-K_2)^2=\frac{1}{8}(34-63)^2=6.125$$

$$SS_5=\frac{1}{n}(K_1-K_2)^2=\frac{1}{8}(42-55)^2=21.125$$

$$SS_7=\frac{1}{n}(K_1-K_2)^2=\frac{1}{8}(52-45)^2=105.125$$

误差平方和：

$$SS_e=SS_5+SS_7=21.125+6.125=27.250$$

或

$$SS_e=SS_T-(SS_A+SS_B+SS_{A\times B}+SS_C+SS_{B\times C})$$
$$=448.875-(6.125+136.125+171.125+3.125+105.125)=27.250$$

（3）计算自由度

总自由度： $df_T=n-1=8-1=7$

各因素自由度： $df_A=df_B=df_C=r-1=2-1=1$

交互作用自由度： $df_{A\times B}=df_A\times df_B=1\times 1=1$

或 $df_{A\times B}=df_3=r-1=1$

同理 $df_{B\times C}=df_B\times df_C=df_6=1$

误差自由度： $df_e=df_5+df_7=1+1=2$

或

$$df_e=df_T-(df_A+df_B+df_{A\times B}+df_C+df_{B\times C})=7-(1+1+1+1+1)=2$$

（4）计算均方

由于各因素和交互作用的自由度为1，所以它们的均方应该等于它们各自的离差平方和，即

$$MS_A=SS_A=6.125$$
$$MS_B=SS_B=136.125$$
$$MS_{A\times B}=SS_{A\times B}=171.125$$
$$MS_C=SS_C=3.125$$
$$MS_{B\times C}=SS_{B\times C}=105.125$$

但误差的均方为

$$MS_e=\frac{SS_e}{df_e}=\frac{27.250}{2}=13.625$$

计算到这里，我们发现 $MS_A<MS_e$，$MS_c<MS_e$，这说明了因素A，C对试验结果的影响较小，为次要因素，所以可以将它们都归入误差，这样误差的离差平方和、自由度和均方都会随之发生变化，即

新误差平方和： $SS_e^{\Delta}=SS_e+SS_A+SS_C=27.250+6.125+3.125=36.500$

新误差自由度： $df_e^{\Delta}=df_e+df_A+df_c=2+1+1=4$

新误差均方： $MS_e^{\Delta}=\frac{SS_e^{\Delta}}{df_e^{\Delta}}=\frac{36.500}{4}=9.125$

（5）计算 F 值

$$F_B=\frac{MS_B}{MS_e^{\Delta}}=\frac{136.125}{9.125}=14.92$$

$$F_{A\times B}=\frac{MS_{A\times B}}{MS_e^{\Delta}}=\frac{171.125}{9.125}=18.75$$

$$F_{B\times C}=\frac{MS_{B\times C}}{MS_e^{\Delta}}=\frac{105.125}{9.125}=11.52$$

由于因素A，C已经并入误差，所以就不需要计算它们对应的 F 值。

（6）F检验

查得临界值 $F_{0.05}(1,4)=7.71$，$F_{0.01}(1,4)=21.20$，所以对于给定显著性水平 $\alpha=0.05$，因素B和交互作用A×B，B×C对试验结果都有显著影响。最后将分析结果列于方差分析表中（见表6-30）。

表 6-30 例 6-9 方差分析表

差异源	SS		df		MS	F	显著性
B	136.125		1		136.125	14.92	*
A×B	171.125		1		171.125	18.75	*
B×C	105.125		1		105.125	11.52	*
A } 误差 e^{Δ}	6.125	36.500	1	4	9.125		
C	3.125		1				
误差 e	27.250		2				
总和	448.125		7				

从表 6-30 中 F 值的大小也可以看出因素的主次顺序为 A×B、B、B×C，这与极差分析结果是一致的。

(7) 优方案的确定

交互作用 A×B、B×C 都对试验指标有显著影响，所以因素 A、B、C 优水平的确定应依据 A、B 水平搭配表（表 6-31）和 B、C 水平搭配表（表 6-32）。由于指标（废气中 SO_2 摩尔分率）是越小越好，所以因素 A、B 优水平搭配为 A_1B_2，因素 B、C 优水平搭配为 B_2C_2。于是，最后确定的优方案为 $A_1B_2C_2$，即碱浓度 5%，操作温度 20℃，填料选择乙。

表 6-31 例 6-9 因素 A、B 水平搭配表

因素	A_1	A_2
B_1	(15+25)/2=20.0	(9+16)/2=12.5
B_2	(3+2)/2=2.5	(19+8)/2=13.5

表 6-32 例 6-9 因素 B、C 水平搭配表

因素	C_1	C_2
B_1	(15+9)/2=12.0	(25+16)/2=20.5
B_2	(3+19)/2=11.0	(2+8)/2=5.0

6.3.3 三水平正交试验的方差分析

对于 3 水平正交试验的方差分析，由于 $r=3$，所以任一列（第 j 列）的离差平方和为

$$SS_j = \frac{3}{n}\left(\sum_{i=1}^{3} K_i^2\right) - P \tag{6-23}$$

下面举例说明。

例 6-10 为了提高某种产品的得率，考察 A、B、C、D 四个因素，每个因素取三个水平，并且考虑交互作用 A×B、A×C、A×D，试通过正交试验设计确定较好的试验方案。

解：(1) 试验设计

本试验要考虑 4 个因素和 3 种交互作用，且每种交互作用占两列，这样因素和交互作用在正交表中总共占有 10 列，所以应该选择正交表 $L_{27}(3^{13})$。根据 $L_{27}(3^{13})$ 的交互作用表或表头设计表进行表头设计（如表 6-33 所示，第 11、12、13 列为空列，未在表中列出），然后进行试验，得到试验结果 $y_i(i=1,2,\cdots,27)$。

表 6-33 例 6-10 试验设计及结果

试验号	1	2	3	4	5	6	7	8	9	10	得率 y_i
	A	B	$(A\times B)_1$	$(A\times B)_2$	C	$(A\times C)_1$	$(A\times C)_2$	$(A\times D)_2$	D	$(A\times D)_1$	
1	1	1	1	1	1	1	1	1	1	1	0.422
2	1	1	1	1	2	2	2	2	2	2	0.354
3	1	1	1	1	3	3	3	3	3	3	0.523
4	1	2	2	2	1	1	1	2	2	2	0.576

续表

试验号	1	2	3	4	5	6	7	8	9	10	得率 y_i
	A	B	$(A\times B)_1$	$(A\times B)_2$	C	$(A\times C)_1$	$(A\times C)_2$	$(A\times D)_2$	D	$(A\times D)_1$	
5	1	2	2	2	2	2	2	3	3	3	0.514
6	1	2	2	2	3	3	3	1	1	1	0.388
7	1	3	3	3	1	1	1	3	3	3	0.619
8	1	3	3	3	2	2	2	1	1	1	0.436
9	1	3	3	3	3	3	3	2	2	2	0.281
10	2	1	2	3	1	2	3	1	2	3	0.153
11	2	1	2	3	2	3	1	2	3	1	0.158
12	2	1	2	3	3	1	2	3	1	2	0.117
13	2	2	3	1	1	2	3	2	3	1	0.387
14	2	2	3	1	2	3	1	3	1	2	0.306
15	2	2	3	1	3	1	2	1	2	3	0.282
16	2	3	1	2	1	2	3	3	1	2	0.134
17	2	3	1	2	2	3	1	1	2	3	0.163
18	2	3	1	2	3	1	2	2	3	1	0.219
19	3	1	3	2	1	3	2	1	3	2	0.511
20	3	1	3	2	2	1	3	2	1	3	0.184
21	3	1	3	2	3	2	1	3	2	1	0.065
22	3	2	1	3	1	3	2	2	1	3	0.733
23	3	2	1	3	2	1	3	3	2	1	0.488
24	3	2	1	3	3	2	1	1	3	2	0.367
25	3	3	2	1	1	3	2	3	2	1	0.554
26	3	3	2	1	2	1	3	1	3	2	0.716
27	3	3	2	1	3	2	1	2	1	3	0.353
K_1	4.113	2.487	3.403	3.897	4.089	3.623	3.029	3.438	3.073	3.117	
K_2	1.919	4.041	3.529	2.754	3.319	2.763	3.720	3.254	2.916	3.362	
K_3	3.971	3.475	3.071	3.352	2.595	3.617	3.254	3.320	4.014	3.524	

（2）计算离差平方和

首先
$$T=\sum_{i=1}^{27}y_i=0.422+0.354+\cdots+0.353=10.003$$

$$Q=\sum_{i=1}^{27}y_i^2=0.422^2+0.354^2+\cdots+0.353^2=4.607$$

$$P=\frac{T^2}{n}=\frac{10.003^2}{27}=3.706$$

所以总离差平方和 $SS_T=Q-P=4.607-3.706=0.901$

$$SS_A=\frac{1}{9}\times(4.113^2+1.919^2+3.971^2)-P=0.335$$

$$SS_B=\frac{1}{9}\times(2.487^2+4.041^2+3.475^2)-P=0.137$$

$$SS_{(A\times B)_1}=\frac{1}{9}\times(3.403^2+3.529^2+3.071^2)-P=0.012$$

$$SS_{(A\times B)_2}=\frac{1}{9}\times(3.897^2+2.754^2+3.352^2)-P=0.072$$

$$SS_C=\frac{1}{9}\times(4.089^2+3.319^2+2.595^2)-P=0.124$$

$$SS_{(A\times C)_1}=\frac{1}{9}\times(3.623^2+2.763^2+3.617^2)-P=0.054$$

$$SS_{(A\times C)_2}=\frac{1}{9}\times(3.029^2+3.720^2+3.254^2)-P=0.028$$

$$SS_{(A\times D)_2}=\frac{1}{9}\times(3.438^2+3.245^2+3.320^2)-P=0.002$$

$$SS_{D}=\frac{1}{9}\times(3.073^2+2.916^2+4.014^2)-P=0.078$$

$$SS_{(A\times D)_1}=\frac{1}{9}\times(3.117^2+3.362^2+3.524^2)-P=0.009$$

所以

$$SS_{A\times B}=SS_{(A\times B)_1}+SS_{(A\times B)_2}=0.012+0.072=0.083$$
$$SS_{A\times C}=SS_{(A\times C)_1}+SS_{(A\times C)_2}=0.054+0.028=0.082$$
$$SS_{A\times D}=SS_{(A\times D)_1}+SS_{(A\times D)_2}=0.009+0.002=0.011$$

误差的离差平方和

$$\begin{aligned}SS_e&=SS_T-(SS_A+SS_B+SS_{A\times B}+SS_C+SS_{A\times C}+SS_D+SS_{A\times D})\\&=0.901-(0.335+0.137+0.084+0.124+0.082+0.078+0.011)=0.050\end{aligned}$$

(3) 计算自由度

总自由度： $df_T=n-1=27-1=26$

各因素自由度： $df_A=df_B=df_C=df_D=r-1=3-1=2$

交互作用自由度： $df_{A\times B}=df_A\times df_B=2\times2=4$

或 $df_{A\times B}=df_{(A\times B)_1}+df_{(A\times B)_2}=(r-1)+(r-1)=2+2=4$

同理 $df_{A\times C}=df_{A\times D}=4$

误差自由度：$df_e=df_{11}+df_{12}+df_{13}=(r-1)+(r-1)+(r-1)=2+2+2=6$

或

$$\begin{aligned}df_e&=df_T-(df_A+df_B+df_{A\times B}+df_C+df_{A\times C}+df_D+df_{A\times D})\\&=26-(2+2+4+2+4+2+4)=6\end{aligned}$$

(4) 计算均方

各因素和交互作用的均方为

$$MS_A=\frac{SS_A}{df_A}=\frac{0.335}{2}=0.168$$

$$MS_B=\frac{SS_B}{df_B}=\frac{0.137}{2}=0.068$$

$$MS_{A\times B}=\frac{SS_{A\times B}}{df_{A\times B}}=\frac{0.084}{4}=0.021$$

$$MS_C=\frac{SS_C}{df_C}=\frac{0.124}{2}=0.062$$

$$MS_{A\times C}=\frac{SS_{A\times C}}{df_{A\times C}}=\frac{0.082}{4}=0.020$$

$$MS_D=\frac{SS_D}{df_D}=\frac{0.078}{2}=0.039$$

$$MS_{A\times D}=\frac{SS_{A\times D}}{df_{A\times D}}=\frac{0.011}{4}=0.003$$

但误差的均方为

$$MS_e=\frac{SS_e}{df_e}=\frac{0.050}{6}=0.008$$

计算到这里，我们发现 $MS_{A\times D}<MS_e$，这说明了交互作用 A×D 对试验结果的影响较小，可以将它归入误差，这样

新误差离差平方和：$SS_e^{\Delta}=SS_e+SS_{A\times D}=0.050+0.011=0.061$

新误差自由度：$df_e^{\Delta}=df_e+df_{A\times D}=6+4=10$

新误差均方：$MS_e^{\Delta}=\frac{SS_e^{\Delta}}{df_e^{\Delta}}=\frac{0.061}{10}=0.006$

（5）计算 F 值

$$F_A=\frac{MS_A}{MS_e^{\Delta}}=\frac{0.168}{0.006}=28.00$$

$$F_B=\frac{MS_B}{MS_e^{\Delta}}=\frac{0.068}{0.006}=11.33$$

$$F_{A\times B}=\frac{MS_{A\times B}}{MS_e^{\Delta}}=\frac{0.021}{0.006}=3.50$$

$$F_C=\frac{MS_C}{MS_e^{\Delta}}=\frac{0.062}{0.006}=10.33$$

$$F_{A\times C}=\frac{MS_{A\times C}}{MS_e^{\Delta}}=\frac{0.020}{0.006}=3.33$$

$$F_D=\frac{MS_D}{MS_e^{\Delta}}=\frac{0.039}{0.006}=6.50$$

（6）F 检验

查得临界值 $F_{0.05}(2,10)=4.10$，$F_{0.01}(2,10)=7.56$，$F_{0.05}(4,10)=3.48$，$F_{0.01}(4,10)=5.99$，所以对于给定显著性水平 $\alpha=0.05$，因素 A、B、C 对试验结果有非常显著的影响，因素 D 和交互作用 A×B 对试验结果有显著影响，交互作用 A×C 对试验结果没有显著影响。最后将分析结果列于方差分析表中（见表 6-34）。

表 6-34　例 6-10 方差分析表

差异源	SS	df	MS	F	显著性
A	0.335	2	0.168	28.00	* *
B	0.137	2	0.628	11.33	* *
A×B	0.084	4	0.021	3.50	*
C	0.124	2	0.062	10.33	* *
A×C	0.082	4	0.020	3.33	
D	0.078	2	0.039	6.50	*
A×D, 误差 e } 误差 e^{Δ}	0.011, 0.050 } 0.061	4, 6 } 10	0.006		
总和	0.901	26			

(7) 优方案的确定

由于试验指标是产品得率，是越大越好，从表 6-33 可以看出，在不考虑交互作用的情况下，优方案应取各因素最大 K 值所对应的水平，即为 $A_1B_2C_1D_3$。从方差分析的结果可以看出，交互作用 A×C 和 A×D 对试验结果无显著影响，交互作用 A×B 对试验结果的影响程度也不及因素 A、B、C，所以本例在确定因素 A、B、C、D 优水平时可以不考虑交互作用，即优方案为 $A_1B_2C_1D_3$。

注意，如果交互作用对试验结果影响非常显著，则应画出对应两因素的搭配表，这里搭配表的结构与例 6-5 类似，只不过因素的水平数都为 3，总共有 9 种搭配，然后根据搭配表确定两因素较好的水平搭配，再确定优方案。

6.3.4 混合水平正交试验的方差分析

6.3.4.1 利用混合水平正交表

利用混合水平正交表时，由于不同列的水平数不同，所以不同列的有关计算会存在差别，下面以混合水平正交表 $L_8(4^1\times2^4)$ 为例进行说明。

(1) 总离差平方和

$$SS_T=Q-P$$

(2) 2 水平列

离差平方和：$SS_2=SS_3=SS_4=SS_5=\frac{1}{n}(K_1-K_2)^2=\frac{1}{8}(K_1-K_2)^2$

自由度：$df_2=df_3=df_4=df_5=2-1=1$

(3) 4 水平列

离差平方和：$SS_1=\frac{r}{n}(K_1^2+K_2^2+K_3^2+K_4^2)-P=\frac{1}{2}(K_1^2+K_2^2+K_3^2+K_4^2)-P$

自由度：$df_1=4-1=3$

例 6-11 某化工厂为了处理含有毒性物质锌和镉的废水，摸索沉淀条件，选取的因素及水平如表 6-35 所示，不考虑交互作用。用正交表 $L_8(4^1\times2^4)$ 安排试验，得到考察指标的综合评分（百分制），因素 A、B、C、D 依次放在 1 列、2 列、3 列、4 列，试验结果 y_i $(i=1,2,\cdots,8)$ 见表 6-36。

表 6-35 例 6-11 因素水平表

水平	(A)pH 值	(B)凝聚剂	(C)沉淀剂	(D)废水浓度	水平	(A)pH 值	(B)凝聚剂	(C)沉淀剂	(D)废水浓度
1	7～8	加	NaOH	稀	3	9～10			
2	8～9	不加	Na_2CO_3	浓	4	10～11			

解：(1) 试验设计（见表 6-36）

表 6-36 例 6-11 试验设计及结果

试验号	A	B	C	D	空列	得分 y_i
1	1	1	1	1	1	45
2	1	2	2	2	2	70
3	2	1	1	2	2	55
4	2	2	2	1	1	65
5	3	1	2	1	2	85

续表

试验号	A	B	C	D	空列	得分 y_i
6	3	2	1	2	1	95
7	4	1	2	2	1	90
8	4	2	1	1	2	100
K_1	115	275	295	295	295	
K_2	120	330	310	310	310	
K_3	180					
K_4	190					
k_1	57.5	68.8	73.8	73.8	73.8	
k_2	60.0	82.5	77.5	77.5	77.5	
k_3	90.0					
k_4	95.0					
极差 R	37.5	13.7	3.8	3.8	3.8	

（2）计算离差平方和

因为
$$T=\sum_{i=1}^{8} y_i = 45+70+\cdots+100=605$$
$$Q=\sum_{i=1}^{8} y_i^2 = 45^2+70^2+\cdots+100^2=48525$$
$$P=\frac{T^2}{n}=\frac{605^2}{8}=45753$$

所以
$$SS_T=Q-P=48525-45753.125=2772$$
$$SS_A=SS_1=\frac{1}{2}(K_1^2+K_2^2+K_3^2+K_4^2)-P$$
$$=\frac{1}{2}(115^2+120^2+180^2+190^2)-45753=2310$$
$$SS_B=SS_2=\frac{1}{n}(K_1-K_2)^2=\frac{1}{8}\times(275-330)^2=378$$
$$SS_C=SS_4=\frac{1}{n}(K_1-K_2)^2=\frac{1}{8}\times(295-310)^2=28$$
$$SS_D=SS_4=\frac{1}{n}(K_1-K_2)^2=\frac{1}{8}\times(295-310)^2=28$$
$$SS_e=SS_5=\frac{1}{n}(K_1-K_2)^2=\frac{1}{8}\times(295-310)^2=28$$

（3）计算自由度

$$df_T=n-1=8-1=7$$
$$df_A=4-1=3$$
$$df_B=df_C=df_D=2-1=1$$
$$df_e=df_5=2-1=1$$

（4）计算均方

$$MS_A=\frac{SS_A}{df_A}=\frac{2310}{3}=770$$
$$MS_B=\frac{SS_B}{df_B}=\frac{378}{1}=378$$

$$MS_C=\frac{SS_C}{df_C}=\frac{28}{1}=28$$

$$MS_D=\frac{SS_D}{df_D}=\frac{28}{1}=28$$

$$MS_e=\frac{SS_e}{df_e}=\frac{28}{1}=28$$

由于 $MS_C=MS_e$，$MS_D=MS_e$，所以因素 C、D 对试验结果的影响较小，可以将它归入误差，这样

新误差离差平方和：$SS_e^{\Delta}=SS_e+SS_C+SS_D=28+28+28=84$

新误差自由度：$df_e^{\Delta}=df_e+df_C+df_D=1+1+1=3$

新误差均方：$$MS_e^{\Delta}=\frac{SS_e^{\Delta}}{df_e^{\Delta}}=\frac{84}{3}=28$$

（5）计算 F 值

$$F_A=\frac{MS_A}{MS_e^{\Delta}}=\frac{770}{28}=28$$

$$F_B=\frac{MS_B}{MS_e^{\Delta}}=\frac{378}{28}=14$$

（6）F 检验

查得临界值 $F_{0.05}(3,3)=9.28$，$F_{0.01}(3,3)=29.46$，$F_{0.05}(1,3)=10.13$，$F_{0.01}(1,3)=34.12$，所以对于给定显著性水平 $\alpha=0.05$，因素 A、B 对试验结果有显著的影响，因素 C、D 对试验结果没有显著影响。最后将分析结果列于方差分析表中（见表 6-37）。

表 6-37 例 6-11 方差分析表

差异源	SS	df	MS	F	显著性
A	2310	3	770	28	*
B	378	1	378	14	*
C（误差 e^{Δ}）	28	1			
D（误差 e^{Δ}）	28（合计 84）	1（合计 3）	28		
误差 e（误差 e^{Δ}）	28	1			
总和	2772	7			

（7）优方案的确定

由于试验结果得分越高越好，从表 6-36 可以看出，在不考虑交互作用的情况下，优方案应取各因素最大 k 值所对应的水平，为 $A_4B_2C_2D_2$，即 pH 值 10～11，不加凝聚剂，沉淀剂为 Na_2CO_3，浓度高的废水。

6.3.4.2 拟水平法

在拟水平法的方差分析中，由于拟水平的存在，尤其要注意具有拟水平因素的离差平方和、自由度的计算，以及误差的离差平方和及其自由度的计算。

例 6-12 某啤酒厂在试验用不发芽的大麦制造啤酒的新工艺过程中，选择因素及其水平如表 6-38，不考虑因素间的交互作用。考察指标 y_i（$i=1,2,\cdots,9$）为粉状粒，越高越好。采用拟水平法将因素 D 的第 1 水平 136 重复一次作为第 3 水平，按 $L_9(3^4)$ 安排试验，得试验结果（如表 6-39）。试进行方差分析，并找出好的工艺条件。

表 6-38 例 6-12 因素水平表

水 平	(A)赤霉素浓度/(mg/kg)	(B)氨水浓度/%	(C)吸氨量/g	(D)底水/g
1	2.25	0.25	2	136
2	1.50	0.26	3	138
3	3.00	0.27	4	136

解：(1) 试验设计及直观分析结果见表 6-39。

表 6-39 例 6-12 试验设计及结果

试验号	A	B	C	D	粉状粒 y_i/%
1	1	1	1	1	59
2	1	2	2	2	48
3	1	3	3	3(1)	34
4	2	1	2	3(1)	39
5	2	2	3	1	23
6	2	3	1	2	48
7	3	1	3	2	36
8	3	2	1	3(1)	55
9	3	3	2	1	56
K_1	141	134	162	266	
K_2	110	126	143	132	
K_3	147	138	93		
k_1	47.0	44.7	54.0	44.3	
k_2	36.7	42.0	47.7	44.0	
k_3	49.0	46.0	31.0		
极差 R	12.3	4.0	23.0	0.3	

(2) 计算离差平方和

因为

$$T=\sum_{i=1}^{9} y_i=59+48+\cdots+56=398$$

$$Q=\sum_{i=1}^{9} y_i^2=59^2+48^2+\cdots+56^2=18752$$

$$P=\frac{T^2}{n}=\frac{398^2}{9}=17600$$

所以

$$SS_T=Q-P=18752-17600=1152$$

$$SS_A=\frac{3}{n}(K_1^2+K_2^2+K_3^2)-P=\frac{1}{3}\times(141^2+110^2+147^2)-17600=263$$

同理

$$SS_B=\frac{3}{n}(K_1^2+K_2^2+K_3^2)-P=\frac{1}{3}\times(134^2+126^2+138^2)-17600=25$$

$$SS_C=\frac{3}{n}(K_1^2+K_2^2+K_3^2)-P=\frac{1}{3}\times(162^2+143^2+93^2)-17600=847$$

因素 D 的第 1 水平共重复了 6 次，第 2 水平重复了 3 次，所以 D 因素引起的离差平方和为

$$SS_D=\frac{K_1^2}{6}+\frac{K_2^2}{3}-P=\frac{266^2}{6}+\frac{132^2}{3}-17600=1$$

误差的离差平方和为

$$SS_e=SS_T-(SS_A+SS_B+SS_C+SS_D)=1152-(263+25+847+1)=16$$

注意，对于拟水平法，虽然没有空白列，但误差的平方和与自由度都不为零。

(3) 计算自由度

$$df_T = n-1 = 9-1 = 8$$
$$df_A = df_B = df_C = 3-1 = 2$$
$$df_D = 2-1 = 1$$
$$df_e = df_T - (df_A + df_B + df_C + df_D) = 8-2-2-2-1 = 1$$

(4) 计算均方

$$MS_A = \frac{SS_A}{df_A} = \frac{263}{2} = 132$$
$$MS_B = \frac{SS_B}{df_B} = \frac{25}{2} = 12$$
$$MS_C = \frac{SS_C}{df_C} = \frac{847}{2} = 424$$
$$MS_D = \frac{SS_D}{df_D} = \frac{1}{1} = 1$$
$$MS_e = \frac{SS_e}{df_e} = \frac{16}{1} = 16$$

由于 $MS_B < MS_e$，$MS_D < MS_e$，所以因素 B、D 对试验结果的影响较小，可以将它们归入误差，这样

新误差离差平方和：$SS_e^{\Delta} = SS_e + SS_B + SS_D = 16+25+1 = 42$

新误差自由度：$df_e^{\Delta} = df_e + df_B + df_D = 1+2+1 = 4$

新误差均方：$MS_e^{\Delta} = \dfrac{SS_e^{\Delta}}{df_e^{\Delta}} = \dfrac{42}{4} = 10.5$

(5) 计算 F 值

$$F_A = \frac{MS_A}{MS_e'} = \frac{132}{10.5} = 12.6$$
$$F_C = \frac{MS_C}{MS_e'} = \frac{424}{10.5} = 40.6$$

(6) F 检验

查得临界值 $F_{0.05}(2,4) = 6.94$，$F_{0.01}(2,4) = 18.00$，所以对于给定显著性水平 $\alpha = 0.05$，因素 C 对试验结果有非常显著的影响，因素 A 对试验结果有显著的影响，因素 B、D 对试验结果影响较小，这与表 6-38 中极差的大小顺序是一致的。最后将分析结果列于方差分析表中（见表 6-40）。

表 6-40 例 6-12 方差分析表

<table>
<tr><th colspan="2">差异源</th><th colspan="2">SS</th><th colspan="2">df</th><th>MS</th><th>F</th><th>显著性</th></tr>
<tr><td colspan="2">C</td><td colspan="2">847</td><td colspan="2">2</td><td>424</td><td>40.4</td><td>* *</td></tr>
<tr><td colspan="2">A</td><td colspan="2">263</td><td colspan="2">2</td><td>132</td><td>12.6</td><td>*</td></tr>
<tr><td>B</td><td rowspan="3">误差 e^{Δ}</td><td>25</td><td rowspan="3">42</td><td>2</td><td rowspan="3">4</td><td rowspan="3">10.5</td><td rowspan="3"></td><td rowspan="3"></td></tr>
<tr><td>D</td><td>1</td><td>1</td></tr>
<tr><td>误差 e</td><td>16</td><td>1</td></tr>
<tr><td colspan="2">总和</td><td colspan="2">1152</td><td colspan="2">8</td><td></td><td></td><td></td></tr>
</table>

（7）优方案的确定

由于粉状粒越高越好，从表 6-39 可以看出，在不考虑交互作用的情况下，优方案应取各因素最大 k 值所对应的水平，即为 $A_3B_3C_1D_1$，即赤霉素浓度 3.00mg/kg，氨水浓度 0.27%，吸氨量 2g，底水 136g。

6.3.5 Excel 在方差分析中应用

与前面的单因素和双因素方差分析不同，在 Excel 中没有现成的用于正交试验设计的方差分析工具，但仍然可利用 Excel 的公式功能和内置函数解决相关的计算问题，具体方法参考例 6-13。

例 6-13 试利用 Excel 对例 6-11 进行方差分析。($\alpha=0.05$)

解：先按照例 6-8 的方法，将 K 计算出来，如后按如下的步骤进行方差分析。

① 计算平方和。由于平方和 SS 的计算通式为 $SS_j=\frac{r}{n}\sum_{i=1}^{r}K_i^2-\frac{T^2}{n}$，其中 $\sum_{i=1}^{r}K_i^2$ 可用 Excel 内置函数 SUMSQ（平方和）计算。在本例中，A 因素有 4 水平，试验次数 $n=8$，所以 $SS_A=\frac{1}{2}(K_1^2+K_2^2+K_3^2+K_4^2)-\frac{T^2}{8}$；其他列都为 2 水平，对应 SS 的计算式为 $SS=\frac{1}{4}(K_1^2+K_2^2)-\frac{T^2}{8}=\frac{(K_1-K_2)^2}{8}$。

在图 6-14 中，先在单元格 B16 中，用 SUM 函数求出试验结果的总和 T；在单元格 B17 中输入公式“=B16^2/8”，求出 $\frac{T^2}{n}$；在单元格 B14 中输入“=SUMSQ（B10：B13）/2-$B$17”，求出 SS_A；选中单元格 B14，拖动填充柄，将公式复制到单元格 C14，然后将公式改为“=SUMSQ（B10：B13）/4-$B$17”，再将该公式用填充柄复制到 D14：F14，求出 SS_j（$j=2$，3，4，5）。另外，对于 2 水平列，也可以使用简化公式，即在单元格 C14 中输入“=（C10-C11）^2/8”，再将该公式用填充柄复制到 D14：F14。

② 建立方差分析表。根据题意列出图 6-14 所示的方差分析表的标题栏。

在“差异源”列，各因素最好按主次顺序从上往下排列，暂时不包括误差 e^{Δ} 项，在最下一行列出“总和”。

在 SS 列，在单元格 B21 中输入“=B14”，将刚才计算出的 SS_A 值移到该单元格，同理，在单元格 B22、B23、B24、B25 中分别输入“=C14”、“=D14”、“=E14”和“=F14”，将前面计算出的 SS 转移到方差分析表中。

在 df 列，直接根据题意输入平方和的自由度。

在 MS 列，MS_A 对应的单元格（B21）内输入“=B21/C21”，然后下拉填充柄至单元格 D25，计算出所有的 MS。计算到这里，将各因素的 MS 与 MS_e 相比较，如果小于或等于 MS_e，就应该将对应的因素归入到误差项，得到误差 e^{Δ}。在本例中，由于 $MS_C=MS_D=MS_e$，所以将 C、D 两列的 SS 和 df 加入到误差 e，得到新误差 e^{Δ} 项（如图 6-14）。在单元格 B26 中输入“=SUM（B23：B25）”，表示 $SS_e^{\Delta}=SS_C+SS_D+SS_e$；在单元格 C26 中输入“=SUM（C23：C25）”，表示 $df_e^{\Delta}=df_C+df_D+df_e$；在单元格 D26 中输入“=B26/C26”，表示 $MS_e^{\Delta}=SS_e^{\Delta}/df_e^{\Delta}$。

在 F 列，在 F_A 对应的单元格（E21）内输入“=D21/$D$26”，表示 $F_A=MS_A/$

MS_e^{Δ}，然后下拉填充柄至单元格 E22，计算出 F_B。注意，被合并的 C 和 D 两因素不用计算 F 值。

在“P-value”列，在单元格 F21 中输入“＝F. DIST. RT（E21，C21，$C$26）”，这里“E21”引用的是 F_A 的值，“C21”引用的是 df_A（第一自由度），“$C$26”引用的是误差自由度 df_e^{Δ}(第二自由度)。选中单元格 F21，然后下拉填充柄至单元格 F22，计算出 F_B 对应的 P-value。

在“总和”行，依据定义用“SUM”计算出 SS_T 和 df_A。

③ 因素显著性判断。P-value 表示的是因素对试验结果无显著影响的概率，当 P-value≤0.01 时，说明因素对试验指标的影响非常显著（**）；当 0. 01＜P-value≤0. 05 时，说明因素对试验指标的影响显著（*）。可得出结论，因素 A 和 C 对试验结果有显著影响，在方差分析表“显著性”栏标出显著程度（如图 6-14）。

	A	B	C	D	E	F	G
10	K_1	115	275	295	295	295	
11	K_2	120	330	310	310	310	
12	K_3	180					
13	K_4	190					
14	SS	2309	378	28	28	28	
15							
16	总和T	605					
17	$P=T^2/n$	45753.125					
18							
19	方差分析表						
20	差异源	SS	df	MS	F	P-value	显著性
21	A	2309	3	770	27.4	0.0111	*
22	B	378	1	378	13.4	0.0351	*
23	C	28	1	28			
24	D	28	1	28			
25	误差e	28	1	28			
26	误差e^{Δ}	84	3	28			
27							
28	总和	2772	7				

图 6-14 利用 Excel 进行方差分析

本例的解题过程，可扫描二维码【6-5】查看。类似的，Excel 也可应用于二水平、三水平和拟水平法正交试验的方差分析中，可扫描二维码【6-6】、【6-7】、【6-8】查看。

【6-5】

【6-6】

【6-7】

【6-8】

可见，对于同一张正交表，如果表头设计相同，上述方差分析过程中，除了误差 e^{Δ} 和临界值 F_{α} 需要具体判断外，其他所用公式和各数据的相对位置都是相同的，所以可以将该工作表保存起来，只要更换试验结果，大部分结果也会随之显示出来。

习 题

1. 用乙醇水溶液分离某种废弃农作物中的木质素，考察了三个因素（溶剂浓度、温度和时间）对木质素得率的影响，因素水平如下表所示。将因素 A、B、C 依次安排在正交表 $L_9(3^4)$ 的 1 列、2 列、3 列，不考虑因素间的交互作用。9 个试验结果 y（得率/%）依次为：5.3，5.0，4.9，5.4，6.4，3.7，3.9，3.3，2.4。试用直观分析法确定因素主次和优方案，并画出趋势图。

水　平	(A)溶剂浓度/%	(B)反应温度/℃	(C)保温时间/h
1	60	140	3
2	80	160	2
3	100	180	1

2. 采用直接还原法制备超细铜粉的研究中，需要考察的影响因素有反应温度、Cu^{2+} 与氨水质量比和 $CuSO_4$ 溶液浓度，并通过初步试验确定的因素水平如下表：

水　平	(A)反应温度/℃	(B)Cu^{2+} 与氨水质量比	(C)$CuSO_4$ 溶液浓度/(g/mL)
1	70	1：0.1	0.125
2	80	1：0.5	0.5
3	90	1：1.5	1.0

试验指标有两个：(1) 转化率，越高越好；(2) 铜粉松密度，越小越好。用正交表 $L_9(3^4)$ 安排试验，将 3 个因素依次放在 1、2、3 列上，不考虑因素间的交互作用，9 次试验结果依次如下：

转化率/%：40.26，40.46，61.79，60.15，73.97，91.31，73.52，87.19，97.26；

松密度/(g/mL)：2.008，0.693，1.769，1.296，1.613，2.775，1.542，1.115，1.824。

试用综合平衡法对结果进行分析，找出最好的试验方案。

3. 通过正交试验对木犀草素的β-环糊精包合工艺进行优化，需要考察的因素及水平如下：

水　平	(A)原料配比	(B)包合温度/℃	(C)包合时间/h
1	1：1	50	3
2	1.5：1	70	1
3	2：1	60	5

试验指标有两个：包合率和包合物收率，这两个指标都是越大越好。用正交表 $L_9(3^4)$ 安排试验，将 3 个因素依次放在 1、2、3 列上，不考虑因素间的交互作用，9 次试验结果依次如下：

包合率/%：12.01，15.86，16.95，8.60，13.71，7.22，6.54，7.78，5.43

包合物收率/%：61.80，84.31，80.15，67.23，77.26，76.53，58.61，78.12，77.60

这两个指标的重要性不相同，如果化成数量，包合率与包合物收率重要性之比为 3：2，试通过综合评分法确定优方案。

4. 现有一化工项目，工程师确定该项目是 4 因素 2 水平的问题，因素及水平如下表：

水　平	(A)反应温度/℃	(B)反应时间/h	(C)硫酸浓度/%	(D)操作方法
1	80	1	17	搅拌
2	70	2	27	不搅拌

除了需要研究因素 A、B、C、D 对产品得率的影响，还要考虑反应温度与反应时间之间的交互作用 A×B，如果将因素 A、B、C、D 依次放在正交表 $L_8(2^7)$ 的 1 列、2 列、4 列、7 列上，试验结果（得率/%）依次为 65、74、71、73、70、73、62、67。试用直观分析法分析试验结果，确定较优工艺条件。

5.某农科站进行品种试验，共有4个因素：A（品种）、B（氮肥量/kg）、C（氮、磷、钾肥比例）、D（规格）。因素A有4个水平，另外3个因素都有2个水平，具体数值如下表所示。试验指标是产量，数值越大越好。用混合水平正交表$L_8(4^1\times2^4)$安排试验，试验结果（产量/kg）依次为：195，205，220，225，210，215，185，190。试找出较好的试验方案。

水平	A	B	C	D	水平	A	B	C	D
1	甲	25	3∶3∶1	6×6	3	丙			
2	乙	30	2∶1∶2	7×7	4	丁			

6.钢片在镀锌前要用酸洗的方法除锈，为了提高除锈效率，缩短酸洗时间，先安排酸洗试验，考察指标是酸洗时间。在除锈效果达到要求的情况下，酸洗时间越短越好，要考虑的因素及其水平如下表所示。采用拟水平法，将因素C的第二水平虚拟。选取正交表$L_9(3^4)$，将因素C、B、A、D依次安排在1、2、3、4列，试验结果（酸洗时间/min）依次为：36，32，20，22，34，21，16，19，37。试找出较好的试验方案。

水　平	(A)硫酸浓度/(g/L)	(B)CH_4N_2S/(g/L)	(C)洗涤剂种类/%	(D)温度/℃
1	300	12	甲	40
2	200	4	乙	90
3	250	8		70

7.为了通过正交试验寻找从某矿物中提取稀土元素的最优工艺条件，使稀土元素提取率最高，选取的因素水平如下：

水平	(A)酸用量/mL	(B)水用量/ mL	(C)反应时间/h
1	25	20	1
2	20	40	2

需要考虑的交互作用有A×B、A×C、B×C，如果将A、B、C分别安排在正交表$L_8(2^7)$的1、2、4列上，试验结果（提取量/ mL）依次为1.01、1.33、1.13、1.06、1.03、0.80、0.76、0.56。试用方差分析法（$\alpha=0.05$）分析试验结果，确定较优工艺条件。

8.为了提高陶粒混凝土的抗压强度，考察了A、B、C、D、E、F六因素，每个因素有3个水平，因素水平表如下：

水平	(A)水泥标号	(B)水泥用量/kg	(C)陶粒用量/kg	(D)含砂率/%	(E)养护方式	(F)搅拌时间/ h
1	300	180	150	38	空气	1
2	400	190	180	40	水	1.5
3	500	200	200	42	蒸气	2

根据经验还要考察交互作用A×B、A×C、B×C。如果将A、B、C、D、E、F依次安排在正交表$L_{27}(3^{13})$的1、2、5、9、12、13列上，试验结果［抗压强度/(kg/cm^2)］依次为100、98、97、95、96、99、94、99、101、85、82、98、85、90、85、91、89、80、73、90、77、84、80、76、89、78、85，试用方差分析法（$\alpha=0.05$）分析试验结果，确定较优水平组合。

9.对第1题进行方差分析。（$\alpha=0.05$）

10.对第5题进行方差分析。（$\alpha=0.05$）

11.对第6题进行方差分析。（$\alpha=0.05$）

均匀设计

均匀设计（uniform design）是中国数学家方开泰和王元于1981年首先提出来的，它是一种只考虑试验点在试验范围内均匀散布的一种试验设计方法。与正交试验设计类似，均匀设计也是通过一套精心设计的均匀表来安排试验的。由于均匀设计只考虑试验点的“均匀散布”，而不考虑“整齐可比”，因而可以大大减少试验次数，这是它与正交设计的最大不同之处。例如，在因素数为5，各因素水平数为31的试验中，若采用正交设计来安排试验，则至少要做$31^2=961$次试验，这将令人望而生畏，难以实施，但是若采用均匀设计，则只需做31次试验。可见，均匀设计在试验因素变化范围较大，需要取较多水平时，可以极大地减少试验次数。

经过20多年的发展和推广，均匀设计法已广泛应用于化工、医药、生物、食品、军事工程、电子、社会经济等诸多领域，并取得了显著的经济和社会效益。

7.1 均匀设计表

7.1.1 等水平均匀设计表

均匀设计表，简称均匀表，是均匀设计的基础，与正交表类似，每一个均匀设计表都有一个代号，等水平均匀设计表可用$U_n(r^l)$或$U_n^*(r^l)$表示，其中U表示均匀表代号；n表示均匀表横行数（需要做的试验次数）；r表示因素水平数，与n相等；l表示均匀表纵列数。代号U右上角加“*”和不加“*”代表两种不同的均匀设计表，通常加“*”的均匀设计表有更好的均匀性，应优先选用。表7-1、表7-3分别为均匀表$U_7(7^4)$与$U_7^*(7^4)$，可以看出，$U_7(7^4)$和$U_7^*(7^4)$都有7行4列，每个因素都有7个水平，但在选用时应首选$U_7^*(7^4)$。附录9中给出了常用的均匀设计表。

表7-1　$U_7(7^4)$

试验号	列号				试验号	列号			
	1	2	3	4		1	2	3	4
1	1	2	3	6	5	5	3	1	2
2	2	4	6	5	6	6	5	4	1
3	3	6	2	4	7	7	7	7	7
4	4	1	5	3					

表 7-2 $U_7(7^4)$ 的使用表

因素数	列号				D	因素数	列号				D
2	1	3			0.2398	4	1	2	3	4	0.4760
3	1	2	3		0.3721						

表 7-3 $U_7^*(7^4)$

试验号	列号				试验号	列号			
	1	2	3	4		1	2	3	4
1	1	3	5	7	5	5	7	1	3
2	2	6	2	6	6	6	2	6	2
3	3	1	7	5	7	7	5	3	1
4	4	4	4	4					

表 7-4 $U_7^*(7^4)$ 的使用表

因素数	列号			D	因素数	列号			D
2	1	3		0.1582	3	2	3	4	0.2132

每个均匀设计表都附有一个使用表，根据使用表可将因素安排在适当的列中。例如，表7-2 是 $U_7(7^4)$ 的使用表，由该表可知，两个因素时，应选用 1、3 两列来安排试验；当有三个因素时，应选用 1、2、3 三列，……。最后一列 D 表示均匀度的偏差（discrepancy），偏差值越小，表示均匀分散性越好。如果有两个因素，若选用 $U_7(7^4)$ 的 1、3 列，其偏差 $D=0.2398$；若选用 $U_7^*(7^4)$ 的 1、3 列（见表 7-4），相应偏差 $D=0.1582$。后者较小，可见当 U_n 和 U_n^* 表都能满足试验设计时，应优先选用 U_n^* 表。

由表 7-1 和表 7-3 所示的均匀表可以看出，等水平均匀表具有以下特点。

① 每列不同数字都只出现一次，也就是说，每个因素在每个水平仅做一次试验。

② 任两个因素的试验点点在平面的格子点上，每行每列有且仅有一个试验点。图 7-1 是均匀表 $U_6^*(6^4)$（表 7-5）的第 1 列和第 3 列各水平组合在平面格子点上的分布图，可见，每行每列只有一个试验点。

表 7-5 $U_6^*(6^4)$

试验号	列号				试验号	列号			
	1	2	3	4		1	2	3	4
1	1	2	3	6	4	4	1	5	3
2	2	4	6	5	5	5	3	1	2
3	3	6	2	4	6	6	5	4	1

表 7-6 $U_6^*(6^4)$ 的使用表

因素数	列号				D	因素数	列号				D
2	1	3			0.1875	4	1	2	3	4	0.2990
3	1	2	3		0.2656						

性质①和②反映了试验安排的“均衡性”，即对各因素的每个水平是一视同仁的。

③ 均匀设计表任两列组成的试验方案一般并不等价。例如用 $U_6^*(6^4)$ 的 1、3 列和 1、4 列的水平组合分别画格子点图，得图 7-1 和图 7-2。我们看到，在图 7-1 中，试验点散布得比较均匀，而图 7-2 中的点散布并不均匀。根据 $U_6^*(6^4)$ 的使用表（表 7-6），当因素数为 2 时，应将它们排在 1 列、3 列，而不是 1 列、4 列，可见图 7-1 和图 7-2 也说明了根据使用表

安排的试验，均匀性更好，均匀设计表的这一性质和正交表是不同的。

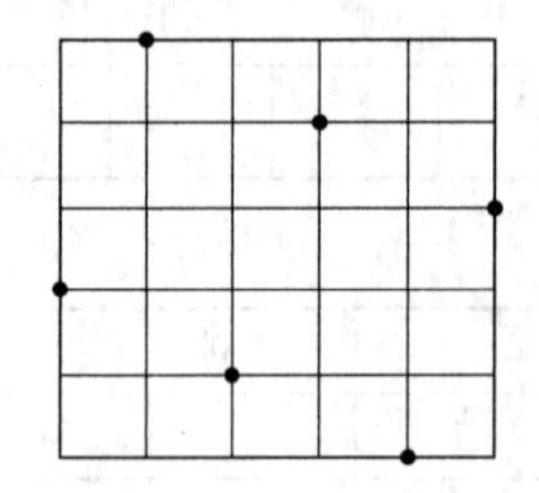

图 7-1 U_6^*（6^4）1，3 列试验点分布

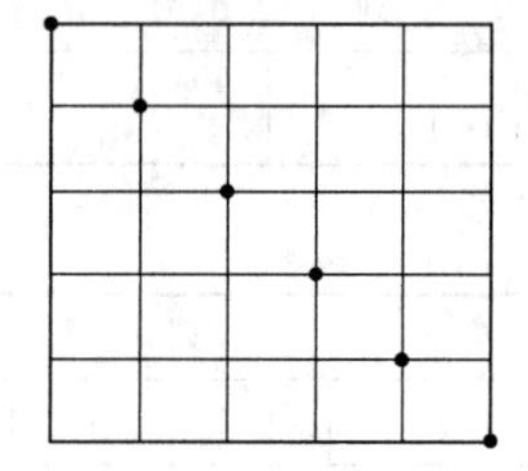

图 7-2 U_6^*（6^4）1，4 列试验点分布

④ 等水平均匀表的试验次数与水平数是一致的，所以当因素的水平数增加时，试验数按水平数的增加量在增加，即试验次数的增加具有“连续性”，例如，当水平数从 6 水平增加到 7 水平时，试验数 n 也从 6 增加到 7。而对于正交设计，当水平数增加时，试验数按水平数的平方的比例在增加，即试验次数的增加有“跳跃性”，例如，当水平数从 6 到 7 时，最少试验数将从 36 增加到 49。所以，在正交试验中增加水平数，将使试验工作量有较大的增加，但对应的均匀设计的试验量却增加得较少，由于这个特点，使均匀设计有更大的灵活性。

7.1.2 混合水平均匀设计表

均匀设计适用于因素水平数较多的试验，但在具体的试验中，有时很难保证不同因素的水平数相等，这样直接利用等水平的均匀表来安排试验就有一定的困难，下面介绍采用拟水平法将等水平均匀表转化成混合水平均匀表的方法。

如果某试验中，有 A、B、C 三个因素，其中因素 A、B 有三水平，因素 C 有二水平，分别记作 A_1、A_2、A_3、B_1、B_2、B_3 和 C_1、C_2。显然，这个试验可以用混合正交表 $L_{18}(2^1 \times 3^7)$ 来安排，需要做 18 次试验，这等价于全面试验；若用正交试验的拟水平法，则可选用正交表 $L_9(3^4)$。直接运用等水平均匀设计是有困难的，这就要运用拟水平法。

若我们选用均匀设计表 $U_6^*(6^4)$，根据使用表，将 A 和 B 放在前两列，C 放在第 3 列，并将前两列的水平进行合并：$\{1,2\} \Rightarrow 1$，$\{3,4\} \Rightarrow 2$，$\{5,6\} \Rightarrow 3$。同时，将第 3 列的水平合并为二水平：$\{1,2,3\} \Rightarrow 1$，$\{4,5,6\} \Rightarrow 2$，于是得表 7-7 所示的设计表。这是一个混合水平的设计表 $U_6(3^2 \times 2^1)$。这个表有很好的均衡性，例如，A 列和 C 列，B 列和 C 列的二因素设计正好组成它们的全面试验方案，A 列和 B 列的二因素设计中没有重复试验。

表 7-7 拟水平设计 $U_6(3^2 \times 2^1)$

试验号	A	B	C	试验号	A	B	C
1	(1)1	(2)1	(3)1	4	(4)2	(1)1	(5)2
2	(2)1	(4)2	(6)2	5	(5)3	(3)2	(1)1
3	(3)2	(6)3	(2)1	6	(6)3	(5)3	(4)2

注：表中（ ）内的数字表示原始均匀表的水平编号，下同。

又例如我们要安排一个二因素（A，B）五水平和一因素（C）二水平的试验，这项试验若用正交设计，可用 L_{50} 表，但试验次数太多，若用均匀设计来安排，可用混合水平均匀表 $U_{10}(5^2 \times 2^1)$，只需要进行 10 次试验。$U_{10}(5^2 \times 2^1)$ 可由 $U_{10}^*(10^8)$ 生成，由于表 $U_{10}^*(10^8)$ 有 8 列，我们希望从中选择三列，要求由该三列生成的混合水平表 $U_{10}(5^2 \times 2^1)$ 有好的均衡性，于是选用 1、2、5 三列，对 1、2 列采用水平合并：$\{1,2\} \Rightarrow 1$，…，$\{9,10\} \Rightarrow$

5；对第5列采用水平合并：{1,2,3,4,5}⇒1，{6,7,8,9,10}⇒2，于是得到表7-8的方案，它有较好的均衡性。

表7-8 拟水平设计 $U_{10}(5^2\times 2^1)$

试验号	A	B	C	试验号	A	B	C
1	(1)1	(2)1	(5)1	6	(6)3	(1)1	(8)2
2	(2)1	(4)2	(10)2	7	(7)4	(3)2	(2)1
3	(3)2	(6)3	(4)1	8	(8)4	(5)3	(7)2
4	(4)2	(8)4	(9)2	9	(9)5	(7)4	(1)1
5	(5)3	(10)5	(3)1	10	(10)5	(9)5	(6)2

若参照使用表，选用 $U_{10}^*(10^8)$ 的1、5、6三列，用同样的拟水平法，便可获得表7-9所示的 $U_{10}(5^2\times 2^1)$ 表，这个方案中，A和C两列的组合水平中，有两个（2,2），但没有（2,1），有两个（4,1），但没有（4,2），因此该表均衡性不好。

表7-9 拟水平设计 $U_{10}(5^2\times 2^1)$

试验号	A	B	C	试验号	A	B	C
1	(1)1	(5)3	(7)2	6	(6)3	(8)4	(9)2
2	(2)1	(10)5	(3)1	7	(7)4	(2)1	(5)1
3	(3)2	(4)2	(10)2	8	(8)4	(7)4	(1)1
4	(4)2	(9)5	(6)2	9	(9)5	(1)1	(8)2
5	(5)3	(3)2	(2)1	10	(10)5	(6)3	(4)1

可见，对同一个等水平均匀表在进行拟水平设计，可以得到不同的混合均匀表，这些表的均衡性也不相同，而且参照使用表得到的混合均匀表不一定都有较好的均衡性。本书附录9给出了一批用拟水平法生成的混合水平均匀设计表，可以直接参考选用。

在混合水平均匀表的任一列上，不同水平出现次数是相同的，但出现次数≥1，所以试验次数与各因素的水平数一般不一致，这与等水平的均匀表不同。

7.2 均匀设计基本步骤

用均匀设计表来安排试验与正交试验设计的步骤很相似，但也有一些不同之处。一般步骤如下。

（1）明确试验目的，确定试验指标。如果试验要考察多个指标，还要将各指标进行综合分析。

（2）选因素。根据实际经验和专业知识，挑选出对试验指标影响较大的因素。

（3）确定因素的水平。结合试验条件和以往的实践经验，先确定各因素的取值范围，然后在这个范围内取适当的水平。由于 U_n 奇数表的最后一行，各因素的最大水平号相遇，如果各因素的水平序号与水平实际数值的大小顺序一致，则会出现所有因素的高水平或低水平相遇的情形，如果是化学反应，则可能出现因反应太剧烈而无法控制的现象，或者反应太慢，得不到试验结果。为了避免这些情况，可以随机排列因素的水平序号，另外使用 U_n^* 均匀表也可以避免上述情况。

（4）选择均匀设计表。这是均匀设计很关键的一步，一般根据试验的因素数和水平数来选择，并首选 U_n^* 表。但是，由于均匀设计试验结果多采用多元回归分析法，在选表时还应注意均匀表的试验次数与回归分析的关系。

（5）进行表头设计。根据试验的因素数和该均匀表对应的使用表，将各因素安排在均匀表相应的列中，如果是混合水平的均匀表，则可省去表头设计这一步。需要指出的是，均匀表中的空列，既不能安排交互作用，也不能用来估计试验误差，所以在分析试验结果时不用列出。

（6）明确试验方案，进行试验。试验方案的确定与正交试验设计类似。

（7）试验结果统计分析。由于均匀表没有整齐可比性，试验结果不能用方差分析法，可采用直观分析法和回归分析方法。

① 直观分析法：如果试验目的只是为了寻找一个可行的试验方案或确定适宜的试验范围，就可以采用直观分析法，直接对所得到的几个试验结果进行比较，从中挑出试验指标最好的试验点。由于均匀设计的试验点分布均匀，用上述方法找到的试验点一般距离最佳试验点也不会很远，所以该法是一种非常有效的方法。

② 回归分析法：均匀设计的回归分析一般为多元回归分析，通过回归分析可以确定试验指标与影响因素之间的数学模型，确定因素的主次顺序和优方案等。但直接根据试验数据推导数学模型，计算量很大，一般需借助相关的计算机软件进行分析计算。

7.3 均匀设计的应用

例 7-1 在淀粉接枝丙烯酸制备高吸水性树脂的试验中，为了提高树脂吸盐水的能力，考察了丙烯酸用量（x_1）、引发剂用量（x_2）、丙烯酸中和度（x_3）和甲醛用量（x_4）四个因素，每个因素取 9 个水平，如表 7-10 所示。

表 7-10 例 7-1 因素水平表

水 平	丙烯酸用量 x_1/mL	引发剂用量 x_2/%	丙烯酸中和度 x_3/%	甲醛用量 x_4/mL
1	12.0	0.3	48.0	0.20
2	14.5	0.4	53.5	0.35
3	17.0	0.5	59.0	0.50
4	19.5	0.6	64.5	0.65
5	22.0	0.7	70.0	0.80
6	24.5	0.8	75.5	0.95
7	27.0	0.9	81.0	1.10
8	29.5	1.0	86.5	1.25
9	32.0	1.1	92.0	1.40

解：根据因素和水平，可以选取均匀设计表 $U_9^*(9^4)$ 或 $U_9(9^5)$。但由它们的使用表可以发现，均匀表 $U_9^*(9^4)$ 最多只能安排 3 个因素，所以选用 $U_9(9^5)$ 表来安排该试验。根据 $U_9(9^5)$ 的使用表，将 x_1、x_2、x_3、x_4 分别放在 $U_9(9^5)$ 表的 1 列、2 列、3 列、5 列，试验方案和试验结果列于表 7-11。

表 7-11 例 7-1 试验方案和结果

序号	丙烯酸用量 x_1/mL	引发剂用量 x_2/%	丙烯酸中和度 x_3/%	甲醛用量 x_4/mL	吸盐水倍率 y
1	1(12.0)	2(0.4)	4(64.5)	8(1.25)	34
2	2(14.5)	4(0.6)	8(86.5)	7(1.10)	42
3	3(17.0)	6(0.8)	3(59.0)	6(0.95)	40
4	4(19.5)	8(1.0)	7(81.0)	5(0.80)	45

续表

序号	丙烯酸用量 x_1/mL	引发剂用量 x_2/%	丙烯酸中和度 x_3/%	甲醛用量 x_4/mL	吸盐水倍率 y
5	5(22.0)	1(0.3)	2(53.5)	4(0.65)	55
6	6(24.5)	3(0.5)	6(75.5)	3(0.50)	59
7	7(27.0)	5(0.7)	1(48.0)	2(0.35)	60
8	8(29.5)	7(0.9)	5(70.0)	1(0.20)	61
9	9(32.0)	9(1.1)	9(92.0)	9(1.40)	63

注：表中（ ）内的数字表示因素水平值，它们与（ ）外的水平编号相对应，下同。

如果采用直观分析法，由表 7-11 可以看出第 9 号试验所得产品的吸盐水能力最强，可以将第 9 号试验对应的条件作为较优的工艺条件。

如果已知试验指标 y 与 4 个因素之间满足线性关系，利用 Excel 对上述试验结果进行回归分析，得到的分析结果如图 7-3 所示。

回归统计	
Multiple R	0.9930013
R Square	0.9860515
Adjusted R Square	0.972103
标准误差	1.8027756
观测值	9

方差分析

	df	SS	MS	F	Significance F
回归分析	4	919	229.75	70.692	0.00057825
残差	4	13	3.25		
总计	8	932			

	Coefficients	标准误差	t Stat	P-value	Lower 95%	Upper 95%	下限 95.0%	上限 95.0%
Intercept	18.584848	3.704123	5.0173	0.0074	8.30053432	28.869163	8.3005343	28.86916
丙烯酸用量（x1）/mL	1.6444444	0.126686	12.98	0.0002	1.29270655	1.9961823	1.2927066	1.996182
引发剂用量（x2）/%	-11.66667	3.167154	-3.6836	0.0211	-20.460114	-2.873219	-20.46011	-2.873219
丙烯酸中和度（x3）/%	0.1010101	0.057585	1.7541	0.1543	-0.0588708	0.260891	-0.058871	0.260891
甲醛用量（x4）/mL	-3.333333	2.111436	-1.5787	0.1895	-9.1956315	2.5289649	-9.195632	2.528965

图 7-3 例 7-1 回归分析结果（1）

由图 7-3 所示的分析结果知，回归方程可写为：

$$y=18.585+1.644x_1-11.667x_2+0.101x_3-3.333x_4$$

由复相关系数 $R=0.993$，以及方差分析结果 Significance F<0.01，说明该回归方程非常显著。

对偏回归系数进行 t 检验时，$|t|$ 越大，所对应的偏回归系数越显著，相应的因素也越重要。根据图 7-3 中 t 检验的结果，可知因素的主次顺序为 $x_1>x_2>x_3>x_4$，即丙烯酸用量>引发剂用量>丙烯酸中和度>甲醛用量；x_1 对应的“P-value”<0.01，所以因素 x_1 对试验结果影响非常显著（* *）；x_2 对应的“P-value”在 0.01 与 0.05 之间，所以因素 x_2 对试验结果影响显著（*）；由于 x_3、x_4 对应的“P-value”>0.05，所以 x_3、x_4 对应的偏回归系数不显著，可将这两项并到残差中，再利用 Excel 的“回归”分析工具，只考虑 x_1 和 x_2 两列数据，进行第二次回归分析，分析结果如图 7-4。这样四元线性方程就变成二元线性方程：

$$y=18.585+1.644x_1-11.667x_2$$

回归统计								
Multiple R	0.9864243							
R Square	0.9730329							
Adjusted R Square	0.9640439							
标准误差	2.0466775							
观测值	9							
方差分析								
	df	SS	MS	F	Significance F			
回归分析	2	906.8667	453.43	108.25	1.9611E-05			
残差	6	25.13333	4.1889					
总计	8	932						
	Coefficients	标准误差	t Stat	P-value	Lower 95%	Upper 95%	下限 95.0%	上限 95.0%
Intercept	20.393333	2.549736	7.9982	0.0002	14.1543486	26.632318	14.154349	26.63232
丙烯酸用量（x1）/mL	1.72	0.12204	14.094	8E-06	1.421378	2.018622	1.421378	2.018622
引发剂用量（x2）/%	-10.33333	3.051007	-3.3869	0.0147	-17.798883	-2.867783	-17.79888	-2.867783

图 7-4　例 7-1 回归分析结果（2）

由图 7-4 所示的分析结果可知，简化之后的回归方程非常显著，两偏回归系数也都显著，所以该二元线性方程即为所求。

由于回归方程为线性方程，所以可根据偏回归系数的正负确定优方案。依据第一个回归方程，x_1 和 x_3 的系数为正，表明试验指标随因素 x_1、x_3 的增加而增加；x_2 和 x_4 的系数为负值，则表示试验指标随因素 x_2、x_4 的增加而减少。所以，在确定优方案时，因素 x_1、x_3 的取值应偏上限即丙烯酸用量取 32mL，丙烯酸中和度取 92%；同理，因素 x_2、x_4 的取值应偏下限，即引发剂用量取 0.3%，甲醛用量取 0.20mL。将以上各值代入上述回归方程，得到 $y=76.3$，这一结果好于表 7-11 中的 9 个试验结果，但是否可行，还应进行验证试验。

【7-1】

为了得到更好的结果，还可以对上述工艺条件作进一步考察。因素 x_3 和 x_4 由于对试验结果的影响相对较小，在具体试验时，可从经济方面来确定它们的取值。又由于试验指标随因素 x_1 的增加而增加，随因素 x_2 的增加而减少，所以可将因素 x_1 的取值再增大一些，将因素 x_2 的取值再适当减小一些，也许可以得到更优的试验方案。本例求解过程，还可扫描二维码【7-1】查看。

例 7-2　利用废弃塑料制备清漆的研究中，以提高清漆漆膜的附着力作为试验目的。结合专业知识，选定了以下四个因素，并确定了每个因素的考察范围：

废弃塑料质量 x_1/kg：14～32

改性剂用量 x_2/kg：5～15

增塑剂用量 x_3/kg：5～20

混合溶剂用量 x_4/kg：50～68

各因素都分为 10 个水平，如表 7-12 所示。

表 7-12　例 7-2 因素水平表

水　平	废弃塑料质量 x_1/kg	改性剂用量 x_2/kg	增塑剂用量 x_3/kg	混合溶剂用量 x_4/kg
1	14	5	5	50
2	16	6	8	52
3	18	7	10	54
4	20	8	12	56
5	22	9	14	58

续表

水　平	废弃塑料质量 x_1/kg	改性剂用量 x_2/kg	增塑剂用量 x_3/kg	混合溶剂用量 x_4/kg
6	24	10	16	60
7	26	11	17	62
8	28	12	18	64
9	30	13	19	66
10	32	15	20	68

解：根据因素和水平，我们选取均匀设计表 $U_{10}^*(10^8)$。由它的使用表可以查到，当因素数为 4 时，应将 x_1、x_2、x_3、x_4 分别放在 $U_{10}^*(10^8)$ 表的 1、3、4、5 列上，其试验方案列于表 7-13。

表 7-13　例 7-2 试验方案和结果

序　号	废弃塑料质量 x_1/kg	改性剂用量 x_2/kg	增塑剂用量 x_3/kg	混合溶剂用量 x_4/kg	附着力评分 y
1	1(14)	3(7)	4(12)	5(58)	40
2	2(16)	6(10)	8(18)	10(68)	45
3	3(18)	9(13)	1(5)	4(56)	90
4	4(20)	1(5)	5(14)	9(66)	41
5	5(22)	4(8)	9(19)	3(54)	40
6	6(24)	7(11)	2(8)	8(64)	90
7	7(26)	10(15)	6(16)	2(52)	87
8	8(28)	2(6)	10(20)	7(62)	40
9	9(30)	5(9)	3(10)	1(50)	48
10	10(32)	8(12)	7(17)	6(60)	100

如果采用直观分析法，由表 7-13 可以看出第 10 号试验产品的吸附力最大，可以将 10 号试验对应的条件作为较优的工艺条件。

如果已知回归方程的模型为 $y=a+b_1x_1+b_2x_2+b_3x_3+b_4x_4+b_{12}x_1x_2+b_{33}x_3^2$，运用 Excel 对上述试验结果进行回归分析，回归分析结果如图 7-5 所示。

SUMMARY OUTPUT

回归统计	
Multiple R	0.997692974
R Square	0.995391271
Adjusted R Square	0.986173814
标准误差	3.039793997
观测值	10

方差分析

	df	SS	MS	F	Significance F
回归分析	6	5987.18	997.86	107.99	0.001361273
残差	3	27.721	9.2403		
总计	9	6014.9			

	Coefficients	标准误差	t Stat	P-value	Lower 95%	Upper 95%	下限 95.0%	上限 95.0%
Intercept	275.8513061	46.7831	5.8964	0.0097	126.9666158	424.736	126.96662	424.736
废弃塑料质量（x1）/kg	-9.16404959	1.28802	-7.115	0.0057	-13.26311588	-5.06498	-13.26312	-5.06498
改性剂用量（x2）/kg	-21.9032459	3.37847	-6.483	0.0074	-32.65506515	-11.1514	-32.65507	-11.1514
增塑剂用量（x3）/kg	-21.1426109	2.60376	-8.12	0.0039	-29.42893631	-12.8563	-29.42894	-12.8563
混合溶剂用量（x4）/kg	1.402877792	0.19103	7.3436	0.0052	0.794925178	2.01083	0.7949252	2.01083
x1*x2	1.16458603	0.13815	8.4299	0.0035	0.72493343	1.604239	0.7249334	1.604239
x3*x3	0.727523817	0.09758	7.4556	0.005	0.416978513	1.038069	0.4169785	1.038069

图 7-5　例 7-2 回归分析结果

由图 7-5，回归方程的表达式为：

$$y=275.85-9.16x_1-21.90x_2-21.14x_3+1.40x_4+1.16x_1x_2+0.73x_3^2$$

由于复相关系数 $R=0.998$，F 值不显著的概率为 Significance F<0.01，所以所建立的四元二次方程非常显著，与试验数据拟合得很好。

根据分析结果中各偏回归系数对应的 t 值的“P-value”可知，各偏回归系数都非常显著。

再运用 Excel 中的“规划求解”工具。如图 7-6 和图 7-7，在目标单元格 C76 中，输入回归方程的右边部分“=275.85-9.16 * B76-21.9 * B77-21.14 * B78+1.4 * B79+1.16 * B76 * B77+0.73 * B78^2”，设置目标到“最大值”，根据图 7-6 输入可变单元格范围，再根据题意添加约束条件，即 4 个自变量的变化范围。根据规划求解结果，预测本试验的优方案为：废弃塑料质量 32kg，改性剂用量 15kg，增塑剂用量 5kg，混合溶剂用量 68kg，将这些数值代入回归方程得 $y=219$。由于该方案没有试验过，所以还需做验证试验。

	A	B	C
75			y
76	x_1	32	219
77	x_2	15	
78	x_3	5	
79	x_4	68	

图 7-6 例 7-2 规划求解结果

规划求解参数

设置目标：(T) $C$76

到：◉ 最大值(M) ○ 最小值(N) ○ 目标值：(V) 0

通过更改可变单元格：(B)

$B$76:$B$79

遵守约束：(U)

$B$76 <= 32
$B$76 >= 14
$B$77 <= 15
$B$77 >= 5
$B$78 <= 20
$B$78 >= 5
$B$79 <= 68
$B$79 >= 50

添加(A) 更改(C) 删除(D) 全部重置(R) 装入/保存(L)

☑ 使无约束变量为非负数(K)

选择求解方法：(E) 非线性 GRG 选项(P)

求解方法

为光滑非线性规划求解问题选择 GRG 非线性引擎。为线性规划求解问题选择单纯线性规划引擎，并为非光滑规划求解问题选择演化引擎。

帮助(H) 求解(S) 关闭(O)

图 7-7 例 7-2 规划求解参数设置

注意，在对回归方程进行规划求解时，可能在试验范围内有多个极值点，所以有时规划求解的结果不是唯一的。在本例中，当四个自变量在规划求解之前的取值为第 10 号试验方案，即在四个可变单元格中分别填入 32、12、17、60 时，求出的 y 的极大值为 175；如果之前填入的是第 3 号试验方案，则规划求解的结果为 219；如果之前不填入任何数据（默认为 0），则所求得的极大值为 127。所以试验者应再结合实际的验证试验结果，以确定较优的试验方案。本例利用 Excel 的解题过程，还可扫描二维码【7-2】查看。

【7-2】

最后需要说明的是，在均匀设计的回归分析中，回归方程的数学模型一般是未知的，需要试验者结合自己的专业理论知识和经验，先初步设计一个简单模型（如线性模型），如果经检验不显著，再增加交互项和平方项，直到找到检验显著的回归方程。注意，只有当试验次数多于回归方程的项数时，才能对方程进行检验，所以如果要考虑的因素比较多，回归方程可能比较复杂时，应适当选择试验次数较多的均匀表。

习　题

1. 在啤酒生产的某项工艺试验中，选取了底水量（A）和吸氨时间（B）两个因素，都取了8个水平，进行均匀试验设计，因素水平如下表所示。试验指标为吸氨量，越大越好。选用均匀表 $U_8^*(8^5)$ 安排试验，8个试验结果（吸氨量/g）依次为：5.8，6.3，4.9，5.4，4.0，4.5，3.0，3.6。已知试验指标与两因素之间成二元线性关系，试用回归分析法找出较好工艺条件，并预测该条件下相应的吸氨量。

水平号	底水量(x_1)/g	吸氨时间(x_2)/min	水平号	底水量(x_1)/g	吸氨时间(x_2)/min
1	136.5	170	5	138.5	210
2	137.0	180	6	139.0	220
3	137.5	190	7	139.5	230
4	138.0	200	8	140.0	240

2. 在玻璃防雾剂配方研究中，考察了三种主要成分用量对玻璃防雾性能的影响，三个因素的水平取值如下表：

水平号	PVA(x_1)/g	ZC(x_2)/g	LAS(x_3)/g	水平号	PVA(x_1)/g	ZC(x_2)/g	LAS(x_3)/g
1	0.5	3.5	0.1	5	2.5	7.5	1.3
2	1.0	4.5	0.4	6	3.0	8.5	1.6
3	1.5	5.5	0.7	7	3.5	9.5	1.9
4	2.0	6.5	1.0				

选用均匀表 $U_7^*(7^4)$ 安排试验，7个试验结果 y（防雾性能综合评分）依次为：3.8，2.5，3.9，4.0，5.1，3.1，5.6。试用回归分析法确定因素的主次，找出较好的配方，并预测该条件下相应的防雾性能综合评分。已知试验指标 y 与 x_1、x_2、x_3 间近似满足关系式：$y=a+b_1x_1+b_3x_3+b_{23}x_2x_3$。

3. 通过均匀设计研究氯化钙含量、加工温度和螺杆转速对尼龙6熔点的影响，三个因素的水平取值如下表：

水平号	氯化钙含量(x_1)/%	加工温度(x_2)/℃	螺杆转速(x_3)/(r/min)
1	3	240	40
2	4	255	55
3	5	270	70
4	6		
5	7		
6	8		

选用均匀表 $U_6(6\times3^2)$ 安排试验，6个试验结果 y（尼龙6熔点/℃）依次为：221，208，205，206，199，190。熔点越高越好。试用三元线性回归分析法确定回归方程、偏回归系数的显著性及因素主次，并预测较好的配方及该条件下尼龙6的熔点。

8 回归正交试验设计

前面介绍的正交试验设计是一种很实用的试验设计方法，它能利用较少的试验次数获得较好的试验结果，但是通过正交设计所得到的优方案只能限制在已定的水平上，而不是一定试验范围内的最优方案；回归分析是一种有效的数据处理方法，通过所确立的回归方程，可以对试验结果进行预测和优化，但回归分析往往只能对试验数据进行被动的处理和分析，不涉及对试验设计的要求。如果能将两者的优势统一起来，不仅有合理的试验设计和较少的试验次数，还能建立有效的数学模型，这正是我们所期望的。回归正交设计（orthogonal regression design）就是这样一种试验设计方法，它可以在因素的试验范围内选择适当的试验点，用较少的试验建立一个精度高、统计性质好的回归方程，并能解决试验优化问题。

8.1 一次回归正交试验设计及结果分析

一次回归正交设计就是利用回归正交设计原理，建立试验指标（y）与 m 个试验因素 x_1，x_2，…，x_m 之间的一次回归方程：

$$\hat{y}=a+\sum_{j=1}^{m}b_j x_j+\sum_{k<j}b_{kj}x_k x_j,\quad k=1,2,\cdots,m-1(j\neq k) \tag{8-1}$$

如果不考虑交互作用，则一次回归方程为多元线性方程：

$$\hat{y}=a+b_1x_1+b_2x_2+\cdots+b_m x_m \tag{8-2}$$

8.1.1 一次回归正交设计的基本方法

（1）确定因素的变化范围

根据试验指标 y，选择需要考察的 m 个因素 $x_j(j=1,2,\cdots,m)$，并确定每个因素的取值范围。设因素 x_j 的变化范围为 $[x_{j1},\ x_{j2}]$，分别称 x_{j1} 和 x_{j2} 为因素 x_j 的下水平和上水平，并将它们的算术平均值

$$x_{j0}=\frac{x_{j1}+x_{j2}}{2} \tag{8-3}$$

称作因素 x_j 的零水平，用 x_{j0} 表示。

上水平与零水平之差或零水平与下水平之差，称为因素 x_j 的变化间距，用 Δ_j 表示，即

$$\Delta_j=x_{j2}-x_{j0}=x_{j0}-x_{j1} \tag{8-4}$$

或

$$\Delta_j=\frac{x_{j2}-x_{j1}}{2} \tag{8-5}$$

例如某试验中温度的变化范围为30～90℃，则其上水平为90℃，下水平为30℃，零水平为60℃，变化间距Δ＝30℃。

(2) 因素水平的编码

编码（coding）就是将 x_j 的各水平进行线性变换，即：

$$z_j=\frac{x_j-x_{j0}}{\Delta_j} \tag{8-6}$$

式(8-6) 中 z_j 就是因素 x_j 的编码，两者是一一对应的。显然，x_{j1}、x_{j0} 和 x_{j2} 的编码分别为−1、0 和 1，即 $z_{j1}=-1$，$z_{j0}=0$，$z_{j2}=1$。一般称 x_j 为自然变量，z_j 为规范变量。因素水平的编码结果可表示成表 8-1。

表 8-1 因素水平编码表

规范变量 z_j	自然变量 x_j				规范变量 z_j	自然变量 x_j			
	x_1	x_2	…	x_m		x_1	x_2	…	x_m
下水平(−1)	x_{11}	x_{21}	…	x_{m1}	零水平(0)	x_{10}	x_{20}	…	x_{m0}
上水平(1)	x_{12}	x_{22}	…	x_{m2}	变化间距 Δ_j	Δ_1	Δ_2	…	Δ_m

对因素 x_j 的各水平进行编码的目的，是为了使每个因素的每个水平在编码空间是“平等”的，即规范变量 z_j 的取值范围都在［−1,1］内变化，不会受到自然变量 x_j 的单位和取值大小的影响。所以编码能将试验结果 y 与因素 $x_j(j=1,2,\cdots,m)$ 各水平之间的回归问题，转换成试验结果 y 与编码值 z_j 之间的回归问题，从而大大简化了回归计算量。

(3) 一次回归正交设计编码表

将二水平正交表中“2”用“−1”代换，就可以得到一次回归正交设计编码表。例如正交表 $L_8(2^7)$ 经过变换后得到的回归正交设计表如表 8-2。

表 8-2 一次回归正交设计编码表

试验号	列号							试验号	列号						
	1	2	3	4	5	6	7		1	2	3	4	5	6	7
1	1	1	1	1	1	1	1	5	−1	1	−1	1	−1	1	−1
2	1	1	1	−1	−1	−1	−1	6	−1	1	−1	−1	1	−1	1
3	1	−1	−1	1	1	−1	−1	7	−1	−1	1	1	−1	−1	1
4	1	−1	−1	−1	−1	1	1	8	−1	−1	1	−1	1	1	−1

代换后，正交表中的编码不仅表示因素的不同水平，也表示了因素水平数值上的大小。从表 8-2 可以看出回归正交设计表具有如下特点：

① 任一列编码的和为 0，即

$$\sum_{i=1}^{n} z_{ji}=0 \tag{8-7}$$

所以有

$$\bar{z}_j=0,\quad j=1,2,\cdots,m \tag{8-8}$$

② 任两列编码的乘积之和等于零，即

$$\sum_{i=1}^{n} z_{ji}z_{ki}=0 \quad (j\neq k) \tag{8-9}$$

这些特点说明了转换之后的正交表同样具有正交性，可使回归计算大大简化。

(4) 试验方案的确定

与正交试验设计类似，在确定试验方案之前，要将规范变量 z_j 安排在一次回归正交编码表相应的列中，即表头设计。

例如，需考察三个因素 x_1、x_2、x_3，可选用 $L_8(2^7)$ 进行试验设计，根据正交表 $L_8(2^7)$ 的表头设计表，应将 x_1、x_2、x_3 分别安排在第 1、2 和 4 列，也就是将 z_1、z_2、z_3 安排在表 8-2 的第 1、2 和 4 列上。如果还要考虑交互作用 x_1x_2、x_1x_3，也可参考正交表 $L_8(2^7)$ 的交互作用表，将 z_1z_2 和 z_1z_3 分别安排在表 8-2 的第 3、5 列上，表头设计结果见表 8-3。每号试验的方案由 z_1、z_2、z_3 对应的水平确定，这与正交试验是一致的。

表 8-3　三因素一次回归正交表

试验号	1	2	3	4	5	试验号	1	2	3	4	5
	z_1	z_2	z_1z_2	z_3	z_1z_3		z_1	z_2	z_1z_2	z_3	z_1z_3
1	1	1	1	1	1	6	−1	1	−1	−1	1
2	1	1	1	−1	−1	7	−1	−1	1	1	−1
3	1	−1	−1	1	1	8	−1	−1	1	−1	1
4	1	−1	−1	−1	−1	9	0	0	0	0	0
5	−1	1	−1	1	−1	10	0	0	0	0	0

从表 8-3 可以看出，第 3 列的编码等于第 1、2 列编码的乘积，同样第 5 列的编码等于第 1、4 列编码的乘积，即交互作用列的编码等于表中对应两因素列编码的乘积，所以用回归正交表安排交互作用时，可以不参考正交表的交互作用表，直接根据这一规律写出交互作用列的编码，这比原正交表的使用更方便。

表 8-3 中的第 9、10 号试验称为零水平试验或中心试验。安排零水平试验的主要目的是为了进行更精确的统计分析（如回归方程的失拟检验等），得到精度较高的回归方程。当然，如果不考虑失拟检验，也可不安排零水平试验。

8.1.2　一次回归方程的建立

建立回归方程，关键是确定回归系数。设总试验次数为 n，其中包括 m_c 次二水平试验（原正交表所规定的试验）和 m_0 次零水平试验，即

$$n=m_c+m_0 \tag{8-10}$$

如果试验结果为 $y_i(i=1,2,\cdots,n)$，根据最小二乘原理和回归正交表的两个特点，可以得到一次回归方程系数的计算公式如下（证明略）：

$$a=\frac{1}{n}\sum_{i=1}^{n}y_i=\overline{y} \tag{8-11}$$

$$b_j=\frac{\sum_{i=1}^{n}z_{ji}y_i}{m_c},\ j=1,2,\cdots,m \tag{8-12}$$

$$b_{kj}=\frac{\sum_{i=1}^{n}(z_jz_k)_iy_i}{m_c},\ j>k,k=1,2,\cdots,m-1 \tag{8-13}$$

式中　z_{ji}——表示 z_j 列各水平的编码；

$(z_jz_k)_i$——表示 z_jz_k 列各水平的编码。

需要指出的是，如果一次回归方程中含有交互作用项 $z_jz_k(j>k)$，则回归方程不是线

性的，但交互作用项的回归系数的计算和检验与线性项 z_j 是相同的，这是因为交互作用对试验结果也有影响，可以被看作是影响因素。

通过上述方法确定偏回归系数之后，可以直接根据它们绝对值的大小来判断各因素和交互作用的相对重要性。这是因为，在回归正交设计中，所有因素的水平都经过了无量纲的编码变换，它们在所研究的范围内都是“平等的”，因而所求得的回归系数不受因素的单位和取值的影响，直接反映了该因素作用的大小。另外，回归系数的符号反映了因素对试验指标影响的正负。

8.1.3 回归方程及偏回归系数的方差分析

(1) 无零水平试验时

首先计算各种平方和及自由度。总平方和为：

$$SS_T = L_{yy} = \sum_{i=1}^{n}(y_i - \overline{y})^2 = \sum_{i=1}^{n} y_i^2 - \frac{1}{n}\left(\sum_{i=1}^{n} y_i\right)^2 \tag{8-14}$$

其自由度为 $df_T = n-1$。

容易推导出一次项偏回归平方和的计算公式为：

$$SS_j = m_c b_j^2,\quad j=1,2,\cdots,m \tag{8-15}$$

同理可以得到交互项偏回归平方和的计算公式：

$$SS_{kj} = m_c b_{kj}^2,\quad j>k, k=1,2,\cdots,m-1 \tag{8-16}$$

各种偏回归平方和的自由度都为 1。

一次项偏回归平方和与交互项偏回归平方和的总和就是回归平方和：

$$SS_R = \sum SS_{一次项} + \sum SS_{交互项} \tag{8-17}$$

所以回归平方和的自由度也是各偏回归平方和的自由度之和：

$$df_R = \sum df_{一次项} + \sum df_{交互项} \tag{8-18}$$

于是残差平方和为：

$$SS_e = SS_T - SS_R \tag{8-19}$$

其自由度为：

$$df_e = df_T - df_R \tag{8-20}$$

如果考虑了所有的一次项和交互项，则可参照表 8-4 进行方差分析。

表 8-4 一次回归正交设计的方差分析表

差异源	SS	df	MS	F
z_1	SS_1	1	SS_1	SS_1/MS_e
z_2	SS_2	1	SS_2	SS_2/MS_e
⋮	⋮	⋮	⋮	⋮
z_m	SS_m	1	SS_m	SS_m/MS_e
$z_1 z_3$	SS_{13}	1	SS_{13}	SS_{13}/MS_e
$z_2 z_3$	SS_{23}	1	SS_{23}	SS_{23}/MS_e
⋮	⋮	⋮	⋮	⋮
$z_{m-1}z_m$	$SS_{(m-1)m}$	1	$SS_{(m-1)m}$	$SS_{(m-1)m}/MS_e$
回归	SS_R	df_R	$MS_R=SS_R/df_R$	MS_R/MS_e
残差	SS_e	df_e	$MS_e=SS_e/df_e$	
总和	SS_T	$n-1$		

但是在实际做试验时，往往只需要考虑几个交互作用，甚至不考虑交互作用，所以在计算回归和残差自由度时应与实际情况相符。如果不考虑交互作用，这时 $df_R=m$，$df_e=n-m-1$。值得注意的是，无论是否考虑交互作用，都不影响偏回归系数的计算公式。

经偏回归系数显著性检验，证明对试验结果影响不显著的因素或交互作用，可将其从回归方程中剔除，而不会影响到其他回归系数的值，也不需要重新建立回归方程。但应对回归方程再次进行检验，将被剔除变量的偏回归平方和、自由度并入到残差平方和与自由度中，然后再进行相关的分析计算。

(2) 有零水平试验时

如果零水平试验的次数 $m_0\geqslant2$，则可以进行回归方程的失拟性（lack of fit）检验。前面对回归方程进行的显著性检验，只能说明相对于残差平方和而言，各因素对试验结果的影响是否显著。即使所建立的回归方程是显著的，也只反映了回归方程在试验点上与试验结果拟合得较好，不能说明在整个研究范围内回归方程都能与试验值有好的拟合。为了检验一次回归方程在整个研究范围内的拟合情况，则应安排 $m_0(m_0\geqslant2)$ 次零水平试验，进行回归方程的失拟性检验，或称拟合度检验（test of goodness of fit）。

设 m_0 次零水平试验结果为 y_{01}，y_{02}，…，y_{0m_0}，根据这 m_0 次重复试验，可以计算出重复试验误差为：

$$SS_{e1}=\sum_{i=1}^{m_0}(y_{0i}-\overline{y}_0)^2=\sum_{i=1}^{m_0}y_{0i}^2-\frac{1}{m_0}\left(\sum_{i=1}^{m_0}y_{0i}\right)^2 \tag{8-21}$$

试验误差对应的自由度为：

$$df_{e1}=m_0-1 \tag{8-22}$$

由式(8-11) 知，只有回归系数 a 与零水平试验次数 m_0 有关，其他各偏回归系数都只与二水平试验次数 m_c 有关，所以增加零水平试验后回归平方和 SS_R 没有变化，于是定义失拟平方和为：

$$SS_{Lf}=SS_T-SS_R-SS_{e1} \tag{8-23}$$

或

$$SS_{Lf}=SS_e-SS_{e1} \tag{8-24}$$

可见，失拟平方和表示了回归方程未能拟合的部分，包括未考虑的其他因素及各 x_j 的高次项等所引起的差异。它对应的自由度为：

$$df_{Lf}=df_e-df_{e1} \tag{8-25}$$

所以有

$$SS_T=SS_R+SS_e=SS_R+SS_{Lf}+SS_{e1} \tag{8-26}$$

$$df_T=df_R+df_e=df_R+df_{Lf}+df_{e1} \tag{8-27}$$

这时

$$F_{Lf}=\frac{SS_{Lf}/df_{Lf}}{SS_{e1}/df_{e1}} \tag{8-28}$$

服从自由度为（df_{Lf}，df_{e1}）的 F 分布。对于给定的显著性水平 α（一般取 0.1），当 $F_{Lf}<F_\alpha(df_{Lf}, df_{e1})$ 时，就认为回归方程失拟不显著，失拟平方和 SS_{Lf} 是由随机误差造成的，否则说明所建立的回归方程拟合得不好，需要进一步改进回归模型，如引入别的因素或建立更高次的回归方程。只有当回归方程显著、失拟检验不显著时，才能说明所建立的回归方程

拟合得很好。

最后需要指出的是，回归正交试验得到的回归方程是规范变量与试验指标之间的关系式，如有需要，则可根据编码公式对回归方程的编码值进行回代，得到自然变量与试验指标的回归关系式。

例 8-1 用石墨炉原子吸收分光光度计法测定食品中的铅，为提高测定灵敏度，希望吸光度（y）大。为提高吸光度，讨论了 x_1（灰化温度/℃）、x_2（原子化温度/℃）和 x_3（灯电流/mA）三个因素对吸光度的影响，并考虑交互作用 x_1x_2、x_1x_3。已知 $x_1=300\sim700$℃，$x_2=1800\sim2400$℃，$x_3=8\sim10$mA。试通过一次回归正交试验确定吸光度与三个因素之间的函数关系式。

解：（1）因素水平编码

因 $x_1=300\sim700$℃，所以其上水平 $x_{12}=700$℃，下水平 $x_{11}=300$℃，零水平 $x_{10}=\dfrac{x_{11}+x_{12}}{2}=\dfrac{300+700}{2}=500$℃，变化间距 $\Delta_1=x_{12}-x_{10}=700-500=200$℃，以 $x_{11}=300$℃为例，对应的编码 $z_{11}=\dfrac{300-x_{10}}{\Delta_1}=\dfrac{300-500}{200}=-1$。同理可对其他因素水平进行编码，编码结果见表 8-5。

表 8-5 例 8-1 因素水平编码表

因素 x_j	灰化温度 x_1/℃	原子化温度 x_2/℃	灯电流 x_3/mA	因素 x_j	灰化温度 x_1/℃	原子化温度 x_2/℃	灯电流 x_3/mA
上水平(1)	700	2400	10	零水平(0)	500	2100	9
下水平(−1)	300	1800	8	变化间距 Δ_j	200	300	1

（2）正交表的选择和试验方案的确定

依题意，可以选用正交表 $L_8(2^7)$，经编码转换后，得到表 8-2 所示的回归正交表。如表 8-6 所示，将 z_1、z_2、z_3 分别安排在第 1、2 和 4 列，则第 3 列和第 5 列分别为交互作用 z_1z_2、z_1z_3 列。不进行零水平试验，故总试验次数 $n=8$，试验结果也列在表 8-6 中（注：本例的试验方案和试验结果与例 6-5 是完全一样的）。

（3）回归方程的建立

依题意，$m_0=0$，$n=m_c=8$。根据回归系数的计算公式，将有关计算列在表 8-7 中。

表 8-6 例 8-1 三元一次回归正交设计试验方案及试验结果

试验号	z_1	z_2	z_1z_2	z_3	z_1z_3	灰化温度 x_1/℃	原子化温度 x_2/℃	灯电流 x_3/mA	吸光度 y_i
1	1	1	1	1	1	700	2400	10	0.552
2	1	1	1	−1	−1	700	2400	8	0.554
3	1	−1	−1	1	1	700	1800	10	0.480
4	1	−1	−1	−1	−1	700	1800	8	0.472
5	−1	1	−1	1	−1	300	2400	10	0.516
6	−1	1	−1	−1	1	300	2400	8	0.532
7	−1	−1	1	1	−1	300	1800	10	0.448
8	−1	−1	1	−1	1	300	1800	8	0.484

表 8-7 例 8-1 三元一次回归正交设计计算表

试验号	z_1	z_2	z_1z_2	z_3	z_1z_3	y	y^2	z_1y	z_2y	z_3y	$(z_1z_2)y$	$(z_1z_3)y$
1	1	1	1	1	1	0.552	0.304704	0.552	0.552	0.552	0.552	0.552
2	1	1	1	−1	−1	0.554	0.306916	0.554	0.554	−0.554	0.554	−0.554
3	1	−1	−1	1	1	0.480	0.230400	0.480	−0.480	0.480	−0.480	0.480
4	1	−1	−1	−1	−1	0.472	0.222784	0.472	−0.472	−0.472	−0.472	−0.472
5	−1	1	−1	1	−1	0.516	0.266256	−0.516	0.516	0.516	−0.516	−0.516
6	−1	1	−1	−1	1	0.532	0.283024	−0.532	0.532	−0.532	−0.532	0.532
7	−1	−1	1	1	−1	0.448	0.200704	−0.448	−0.448	0.448	0.448	−0.448
8	−1	−1	1	−1	1	0.484	0.234256	−0.484	−0.484	−0.484	0.484	0.484
Σ						4.038	2.049044	0.078	0.270	−0.046	0.038	0.058

由表 8-7 得：

$$a=\frac{1}{n}\sum_{i=1}^{n}y_i=\frac{4.038}{8}=0.50475$$

$$b_1=\frac{\sum_{i=1}^{n}z_{1i}y_i}{m_c}=\frac{0.078}{8}=0.00975$$

$$b_2=\frac{\sum_{i=1}^{n}z_{2i}y_i}{m_c}=\frac{0.270}{8}=0.03375$$

$$b_3=\frac{\sum_{i=1}^{n}z_{3i}y_i}{m_c}=\frac{-0.046}{8}=-0.00575$$

$$b_{12}=\frac{\sum_{i=1}^{n}(z_1z_2)_iy_i}{m_c}=\frac{0.038}{8}=0.00475$$

$$b_{13}=\frac{\sum_{i=1}^{n}(z_1z_3)_iy_i}{m_c}=\frac{0.058}{8}=0.00725$$

所以回归方程为

$$y=0.50475+0.00975z_1+0.03375z_2-0.00575z_3+0.00475z_1z_2+0.00725z_1z_3$$

由该回归方程中偏回归系数绝对值的大小，可以得到各因素和交互作用的主次顺序为：$z_2>z_1>z_1z_3>z_3>z_1z_2$，这与例 6-5 中正交试验的分析结果是一样的。

（4）方差分析

$$SS_T=\sum_{i=1}^{n}y_i^2-\frac{1}{n}\left(\sum_{i=1}^{n}y_i\right)^2=2.049044-\frac{4.038^2}{8}=0.010864$$

$$SS_1=m_cb_1^2=8\times0.00975^2=0.000761$$

$$SS_2=m_cb_2^2=8\times0.03375^2=0.009113$$

$$SS_3=m_cb_3^2=8\times0.00575^2=0.000265$$

$$SS_{12}=m_cb_{12}^2=8\times0.00475^2=0.000181$$

$$SS_{13}=m_c b_{13}^2=8\times 0.00725^2=0.000421$$

$$SS_R=SS_1+SS_2+SS_3+SS_{12}+SS_{13}$$

$$=0.000761+0.009113+0.000265+0.000181+0.000421=0.010741$$

$$SS_e=SS_T-SS_R=0.010864-0.010741=0.000123$$

方差分析结果见表 8-8。

表 8-8 例 8-1 方差分析表

差异源	SS	df	MS	F	显著性
z_1	0.000761	1	0.000761	12.27	
z_2	0.009113	1	0.009113	146.98	* *
z_3	0.000265	1	0.000265	4.27	
z_1z_2	0.000181	1	0.000181	2.92	
z_1z_3	0.000421	1	0.000421	6.79	
回归	0.010741	5	0.002148	34.65	*
残差 e	0.000123	2	0.000062		
总和	0.010864	$n-1=7$			

注：$F_{0.05}(1,2)=18.51$，$F_{0.01}(1,2)=98.49$，$F_{0.05}(5,2)=19.30$，$F_{0.01}(5,2)=99.30$。

由表 8-8，对于显著性水平 $\alpha=0.05$，只有因素 z_2 对试验指标 y 有非常显著的影响，其他因素和交互作用对试验指标都无显著影响，故可以将 z_1、z_3、z_1z_3、z_1z_2 的平方和及自由度并入残差项，然后再进行方差分析。这时的方差分析为一元方差分析，分析结果见表 8-9。

表 8-9 例 8-1 第二次方差分析表

差异源	SS	df	MS	F	显著性
回归(z_2)	0.009113	1	0.009113	31.21	* *
残差 e'	0.001751	6	0.000292		
总和	0.010864	$n-1=7$			

注：$F_{0.05}(1,6)=5.99$，$F_{0.01}(1,6)=13.74$。

由表 8-9，因素 z_2 对试验指标 y 有非常显著的影响，因此原回归方程可以简化为：

$$y=0.50475+0.03375z_2$$

可见，只有原子化温度 x_2 对吸光度有显著影响，两者之间存在显著的线性关系。

根据编码公式 $z_2=\dfrac{x_2-x_{20}}{\Delta_2}=\dfrac{x_2-2100}{300}$，将上述线性回归方程进行回代：

$$y=0.50475+0.03375\left(\frac{x_2-2100}{300}\right)$$

整理后得到：

$$y=0.2685+0.0001125x_2$$

(5) 预测优方案

根据方差分析的结果，因素 z_1 和 z_3 对试验结果没有显著影响，回归方程可以简化为 $y=0.50475+0.03375z_2$，为一元线性方程，显然当 z_2 取上水平 1（$x_2=2400$℃）时，预计 y 可能取得最大值。表 8-6 中第 1、2、5、6 号试验，z_2 取的都是上水平 1，结果也接近，此时可结合试验实际情况，从中选择一个作为优方案。

（6）应用 Excel 处理数据

① 回归方程的建立及检验　对于一次回归正交设计，由于对因素进行了编码，所以回归分析的计算量不大，但是如果使用 Excel 中的“回归”分析工具，则回归分析过程会变得更加快捷。

首先建立如图 8-1 所示的 Excel 表格，图中的表头是根据本例的回归模型列出的，其中 z_1z_2 列和 z_1z_3 列表示的是交互作用。按照图 8-2 填写“回归”对话框，就可得到图 8-3 所示的结果。

由图 8-3 中第三个表知，只有 z_2 对应系数的 P-value 是小于 0.05，其他项都可以删除，所以可将方程简化为 $y=0.50475+0.03375z_2$，该方程是否显著，还应进行检验。再次打开 Excel 的“回归”分析工具，以 z_2 列为自变量，y 为因变量，可以得到如图 8-4 所示的回归分析结果，可知简化后的方程非常显著（Significance F<0.01）。补充说明一下，方程简化这一步不是必需的，若建立的数学模型较复杂，则建议通过这种方法将方程简化，有利于抓住试验的关键，分析问题更方便。

	A	B	C	D	E	F	G
1							
2	序号	z_1	z_2	z_1z_2	z_3	z_1z_3	y
3	1	1	1	1	1	1	0.552
4	2	1	1	1	−1	−1	0.554
5	3	1	−1	−1	1	1	0.480
6	4	1	−1	−1	−1	−1	0.472
7	5	−1	1	−1	1	−1	0.516
8	6	−1	1	−1	−1	1	0.532
9	7	−1	−1	1	1	−1	0.448
10	8	−1	−1	1	−1	1	0.484

图 8-1　Excel 回归分析数据表

图 8-2　例 8-1“回归”对话框

	A	B	C	D	E	F	G	H	I
12	SUMMARY OUTPUT								
13									
14	回归统计								
15	Multiple R	0.9942301							
16	R Square	0.9884936							
17	Adjusted R Square	0.9597275							
18	标准误差	0.0079057							
19	观测值	8							
20									
21	方差分析								
22		df	SS	MS	F	Significance F			
23	回归分析	5	0.010739	0.002148	34.3632	0.028518282			
24	残差	2	0.000125	6.25E-05					
25	总计	7	0.010864						
26									
27		Coefficient	标准误差	t Stat	P-value	Lower 95%	Upper 95%	下限 95.0%	上限 95.0%
28	Intercept	0.50475	0.002795	180.5848	3.07E-05	0.49272372	0.5167763	0.4927237	0.5167763
29	z1	0.00975	0.002795	3.488266	0.073266	-0.00227628	0.0217763	-0.002276	0.0217763
30	z2	0.03375	0.002795	12.07477	0.006789	0.02172372	0.0457763	0.0217237	0.0457763
31	z1z2	0.00475	0.002795	1.699412	0.231342	-0.00727628	0.0167763	-0.007276	0.0167763
32	z3	-0.00575	0.002795	-2.05718	0.175939	-0.01777628	0.0062763	-0.017776	0.0062763
33	z1z3	0.00725	0.002795	2.593839	0.122018	-0.00477628	0.0192763	-0.004776	0.0192763

图 8-3　例 8-1 回归分析结果（1）

SUMMARY OUTPUT								
回归统计								
Multiple R	0.9158701							
R Square	0.8388181							
Adjusted R Square	0.8119544							
标准误差	0.0170831							
观测值	8							
方差分析								
	df	SS	MS	F	Significance F			
回归分析	1	0.009113	0.009113	31.22501	0.001396295			
残差	6	0.001751	0.000292					
总计	7	0.010864						
	Coefficient	标准误差	t Stat	P-value	Lower 95%	Upper 95%	下限 95.0%	上限 95.0%
Intercept	0.50475	0.00604	83.57067	1.98E-10	0.489971145	0.5195289	0.4899711	0.5195289
z2	0.03375	0.00604	5.587935	0.001396	0.018971145	0.0485289	0.0189711	0.0485289

图 8-4　例 8-1 回归分析结果（2）

② 预测优方案　如果回归方程未简化，则为 $y=0.50475+0.00975z_1+0.03375z_2-0.00575z_3+0.00475z_1z_2+0.00725z_1z_3$，是非线性方程，不能直接根据系数的正负来预测优方案，这时利用 Excel 的“规划求解”工具就非常方便。

建立如图 8-5 的表格，将单元格 B4 作为“目标”，并在该单元格中输入“=0.50475+0.00975 * B1+0.03375 * B2-0.00575 * B3+0.00475 * B1 * B2+0.00725 * B1 * B3”，公式中的 B1、B2、B3 是三个“可变单元格”，分别对应着 z_1、z_2 和 z_3 三个规范自变量，这三个变量的取值范围都为［-1，1］。按照图 8-6 填写规划求解参数，即可得到如图 8-5 所示的结果，即当 z_1、z_2 和 z_3 都取上水平 1 时，预测 $y=0.555$。该方案刚好是第 1 号试验，实际结果是 0.553，比第 2 号试验结果略低，所以可以选第 2 号试验作为优方案。

	A	B
1	z_1	1
2	z_2	1
3	z_3	1
4	y	0.555

图 8-5　例 8-1“规划求解”结果

【8-1】

图 8-6 例 8-1 规划求解参数

上述应用 Excel 进行数据处理的过程，可扫描二维码【8-1】查看。

例 8-2 从某种植物中提取黄酮类物质，为了对提取工艺进行优化，选取三个相对重要的因素：乙醇浓度（x_1）、液固比（x_2）和回流次数（x_3）进行了回归正交试验，不考虑交互作用。已知 $x_1=60\%\sim80\%$，$x_2=8\sim12$，$x_3=1\sim3$ 次。试通过回归正交试验确定黄酮提取率与三个因素之间的函数关系式。

解：（1）因素水平编码及试验方案的确定

由于不考虑交互作用，所以本例要求建立一个三元线性方程。因素水平编码如表 8-10 所示。选正交表 $L_8(2^7)$ 安排试验，将三个因素分别安排在回归正交表的第 1、2、4 列，试验方案及试验结果见表 8-11，表中的第 9、10、11 号试验为零水平试验。

表 8-10 例 8-2 因素水平编码表

编码 z_j	乙醇浓度（x_1）/%	液固比（x_2）	回流次数（x_3）	编码 z_j	乙醇浓度（x_1）/%	液固比（x_2）	回流次数（x_3）
−1	60	8	1	1	80	12	3
0	70	10	2	Δ_j	10	2	1

表 8-11 例 8-2 试验方案及试验结果

试验号	z_1	z_2	z_3	乙醇浓度(x_1)/%	液固比(x_2)	回流次数(x_3)	提取率 y/%
1	1	1	1	80	12	3	8.0
2	1	1	−1	80	12	1	7.3
3	1	−1	1	80	8	3	6.9
4	1	−1	−1	80	8	1	6.4
5	−1	1	1	60	12	3	6.9

续表

试验号	z_1	z_2	z_3	乙醇浓度(x_1)/%	液固比(x_2)	回流次数(x_3)	提取率 y/%
6	−1	1	−1	60	12	1	6.5
7	−1	−1	1	60	8	3	6.0
8	−1	−1	−1	60	8	1	5.1
9	0	0	0	70	10	2	6.6
10	0	0	0	70	10	2	6.5
11	0	0	0	70	10	2	6.6

(2) 回归方程的建立

将有关计算过程列在表 8-12 中。

表 8-12 例 8-2 试验结果及计算表

试验号	z_1	z_2	z_3	提取率 y/%	y^2	z_1y	z_2y	z_3y
1	1	1	1	8.0	64.00	8.0	8.0	8.0
2	1	1	−1	7.3	53.29	7.3	7.3	−7.3
3	1	−1	1	6.9	47.61	6.9	−6.9	6.9
4	1	−1	−1	6.4	40.96	6.4	−6.4	−6.4
5	−1	1	1	6.9	47.61	−6.9	6.9	6.9
6	−1	1	−1	6.5	42.25	−6.5	6.5	−6.5
7	−1	−1	1	6.0	36.00	−6.0	−6.0	6.0
8	−1	−1	−1	5.1	26.01	−5.1	−5.1	−5.1
9	0	0	0	6.6	43.56	0.0	0.0	0.0
10	0	0	0	6.5	42.25	0.0	0.0	0.0
11	0	0	0	6.6	43.56	0.0	0.0	0.0
Σ				72.8	487.1	4.1	4.3	2.5

由计算表 8-12 得：

$$a=\frac{1}{n}\sum_{i=1}^{n}y_i=\frac{72.8}{11}=6.6182$$

$$b_1=\frac{\sum_{i=1}^{n}z_{1i}y_i}{m_c}=\frac{4.1}{8}=0.5125$$

$$b_2=\frac{\sum_{i=1}^{n}z_{2i}y_i}{m_c}=\frac{4.3}{8}=0.5375$$

$$b_3=\frac{\sum_{i=1}^{n}z_{3i}y_i}{m_c}=\frac{2.5}{8}=0.3125$$

所以回归方程为

$$y=6.6182+0.5125z_1+0.5375z_2+0.3125z_3$$

由该回归方程偏回归系数绝对值的大小，可以得到各因素的主次顺序为：$z_2>z_1>z_3$，即液固比>乙醇浓度>回流次数。

(3) 回归方程显著性检验

有关平方和的计算如下：

$$SS_T = \sum_{i=1}^{n} y_i^2 - \frac{1}{n}\left(\sum_{i=1}^{n} y_i\right)^2 = 487.1 - \frac{72.8^2}{11} = 5.296$$

$$SS_1 = m_c b_1^2 = 8 \times 0.5125^2 = 2.101$$

$$SS_2 = m_c b_2^2 = 8 \times 0.5375^2 = 2.311$$

$$SS_3 = m_c b_3^2 = 8 \times 0.3125^2 = 0.781$$

$$SS_R = SS_1 + SS_2 + SS_3 = 2.101 + 2.311 + 0.781 = 5.193$$

$$SS_e = SS_T - SS_R = 5.296 - 5.193 = 0.103$$

方差分析结果见表 8-13。

表 8-13 例 8-2 方差分析表

差异源	SS	df	MS	F	显著性
z_1	2.101	1	2.101	142.9	* *
z_2	2.311	1	2.311	157.2	* *
z_3	0.781	1	0.781	53.1	* *
回归	5.193	3	1.731	117.8	* *
残差	0.103	7	0.0147		
总和	5.296	$n-1=10$			

注：$F_{0.01}(1, 7)=12.25$，$F_{0.01}(3, 7)=8.45$。

可见，三个因素对试验指标都有非常显著的影响，所建立的回归方程也非常显著。

(4) 失拟性检验

本例中，零水平试验次数 $m_0=3$，可以进行失拟性检验，有关计算如下：

$$SS_{e1} = \sum_{i=1}^{m_0} y_{0i}^2 - \frac{1}{m_0}\left(\sum_{i=1}^{m_0} y_{0i}\right)^2$$

$$= (43.56 + 42.25 + 43.56) - \frac{1}{3}(6.6 + 6.5 + 6.6)^2 = 0.00667$$

$$SS_{Lf} = SS_e - SS_{e1} = 0.103 - 0.00667 = 0.0963$$

$$df_{e1} = m_0 - 1 = 3 - 1 = 2$$

$$df_{Lf} = df_e - df_{e1} = 7 - 2 = 5$$

所以

$$F_{Lf} = \frac{SS_{Lf}/df_{Lf}}{SS_{e1}/df_{e1}} = \frac{0.0963/5}{0.00667/2} = 5.775 < F_{0.1}(5,2) = 9.29$$

检验结果表明，失拟不显著，回归模型与实际情况拟合得很好。

(5) 回归方程的回代

根据编码公式：

$$z_1 = \frac{x_1 - 70}{10}, \quad z_2 = \frac{x_2 - 10}{2}, \quad z_3 = \frac{x_3 - 2}{1} = x_3 - 2$$

代入上述回归方程得：

$$y = 6.6182 + 0.5125\left(\frac{x_1 - 70}{10}\right) + 0.5375\left(\frac{x_2 - 10}{2}\right) + 0.3125(x_3 - 2)$$

整理后得到：

$$y=-0.2818+0.05125x_1+0.26875x_2+0.3125x_3$$

（6）优方案的预测

由于回归方程为多元线性方程，所以本例可以直接根据回归系数的正负来预测优方案。根据回归方程 $y=6.6182+0.5125z_1+0.5375z_2+0.3125z_3$，当 z_1、z_2、z_3 都取上水平 1 时，即乙醇浓度 $x_1=80\%$、液固比 $x_2=12$、回流次数 $x_3=3$ 时，预测试验结果 y 可能取得最大值 8%。这个预测的优方案刚好是第 1 号试验，试验结果与预测一致，可以定为优方案。

上述数据处理也可应用 Excel 进行，具体过程可扫描二维码【8-2】查看。

【8-2】

8.2 二次回归正交组合设计

在实际生产和科学试验中，试验指标与试验因素之间的关系往往不宜用一次回归方程来描述，所以当所建立的一元回归方程经检验不显著时，就需用二次或更高次方程来拟合。

8.2.1 二次回归正交组合设计表

8.2.1.1 组合设计试验方案的确定

假设有 m 个试验因素（自变量）$x_j(j=1,2,\cdots,m)$，试验指标为因变量 y，则二次回归方程的一般形式为：

$$\hat{y}=a+\sum_{j=1}^{m}b_jx_j+\sum_{k<j}b_{kj}x_kx_j+\sum_{j=1}^{m}b_{jj}x_j^2,\quad k=1,2,\cdots,m-1(j\neq k) \tag{8-29}$$

其中 a、b_j、b_{kj}、b_{jj} 为回归系数，可以看出该方程共有 $1+m+m(m-1)/2+m=\frac{(m+1)(m+2)}{2}$ 项，要使回归系数的估算成为可能，必要条件为试验次数 $n\geqslant\frac{(m+1)(m+2)}{2}$；同时，为了计算出二次回归方程的系数，每个因素至少要取 3 个水平，所以用一次回归正交设计的方法来安排试验，往往不能满足这一条件。例如，当因素数 $m=3$ 时，二次回归方程的项数为 10，要求试验次数 $n\geqslant10$，如果用正交表 $L_9(3^4)$ 安排试验，则试验次数不符合要求，如果进行全面试验，则试验次数为 $3^3=27$ 次，试验次数又偏多。为解决这一矛盾，可以在一次回归正交试验设计的基础上再增加一些特定的试验点，通过适当的组合形成试验方案，即所谓的组合设计。

例如，设有两个因素 x_1 和 x_2，试验指标为 y，则它们之间的二次回归方程为：

$$\hat{y}=a+b_1x_1+b_2x_2+b_{12}x_1x_2+b_{11}x_1^2+b_{22}x_2^2 \tag{8-30}$$

该方程共有 6 个回归系数，所以要求试验次数 $n\geqslant6$，而二水平全面试验的次数为 $2^2=4$ 次，显然不能满足要求，于是在此基础上再增加 5 次试验，试验方案如表 8-14 和图 8-7 所示。

表 8-14 二元二次回归正交组合设计试验方案

试验号	z_1	z_2	y	说明
1	1	1	y_1	二水平试验
2	1	−1	y_2	
3	−1	1	y_3	
4	−1	−1	y_4	
5	γ	0	y_5	星号试验
6	$-\gamma$	0	y_6	
7	0	γ	y_7	
8	0	$-\gamma$	y_8	
9	0	0	y_9	零水平试验

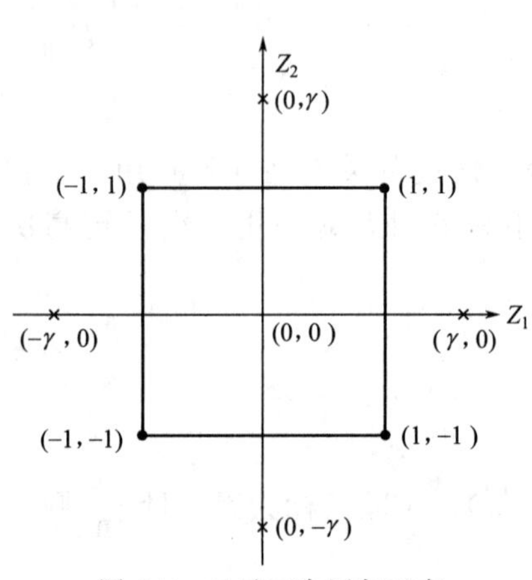

图 8-7 二元二次回归正交组合设计试验点分布图

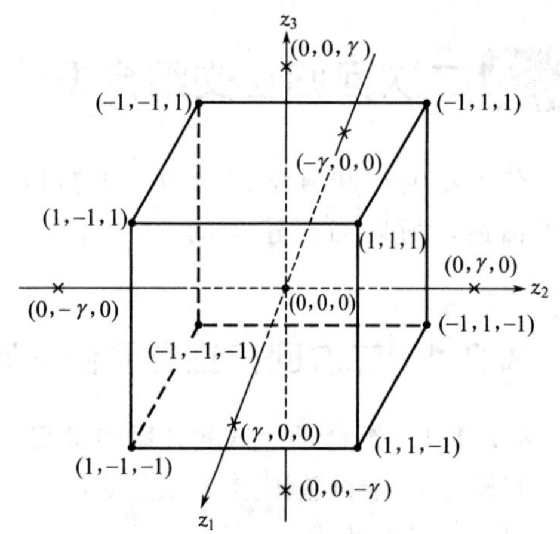

图 8-8 三元二次回归正交组合设计试验点分布图

可见，正交组合设计由三类试验点组成，即二水平试验、星号试验和零水平试验。

二水平试验是一次回归正交试验设计中的试验点，设二水平试验的次数为 m_c，若为全面试验（全实施），则 $m_c=2^m$；1/2 实施时，$m_c=2^{m-1}$；1/4 实施时 $m_c=2^{m-2}$。例如，对于二元二次回归正交组合设计，全实施时 $m_c=2^2=4$，在图 8-7 中对应着正方形的四个顶点。

由图 8-7 可以看出，5～8 号试验点都在坐标轴上，用星号表示，所以被称作星号试验，它们与原点（中心点）的距离都为 γ，称作星号臂或轴臂。星号试验次数 m_γ 与试验因素数 m 有关，即 $m_\gamma=2m$。例如，对于二元二次回归正交组合设计，$m_\gamma=2\times2=4$。

零水平试验点位于图 8-7 的中心点（原点），即各因素水平编码都为零时的试验，该试验可只做一次，也可重复多次，零水平试验次数记为 m_0。

所以，二次回归正交组合设计的总试验次数为：

$$n=m_c+2m+m_0 \tag{8-31}$$

类似的，如果有三个因素 x_1、x_2 和 x_3，则它们与试验指标 y 的三元二次回归方程为：

$$y=a+b_1x_1+b_2x_2+b_3x_3+b_{12}x_1x_2+b_{13}x_1x_3+b_{23}x_2x_3+b_{11}x_1^2+b_{22}x_2^2+b_{33}x_3^2 \tag{8-32}$$

三元二次回归正交组合设计的试验方案见表 8-15 和图 8-8。

表 8-15　三元二次回归正交组合设计试验方案

试验号	z_1	z_2	z_3	y	说　明
1	1	1	1	y_1	二水平全面试验，$m_c=2^3=8$
2	1	1	−1	y_2	
3	1	−1	1	y_3	
4	1	−1	−1	y_4	
5	−1	1	1	y_5	
6	−1	1	−1	y_6	
7	−1	−1	1	y_7	
8	−1	−1	−1	y_8	
9	γ	0	0	y_9	星号试验，$m_\gamma=2\times3=6$
10	$-\gamma$	0	0	y_{10}	
11	0	γ	0	y_{11}	
12	0	$-\gamma$	0	y_{12}	
13	0	0	γ	y_{13}	
14	0	0	$-\gamma$	y_{14}	
15	0	0	0	y_{15}	零水平试验，$m_0=1$

如果将交互项和二次项列入组合设计表中，则可得到表 8-16 和表 8-17。其中交互列和二次项列中的编码可直接由对应一次项的编码写出。例如，交互列 z_1z_2 的编码是对应 z_1 和 z_2 的乘积，而 z_1^2 的编码则是 z_1 列编码的平方。

表 8-16　二元二次回归正交组合设计

试验号	z_1	z_2	z_1z_2	z_1^2	z_2^2
1	1	1	1	1	1
2	1	−1	−1	1	1
3	−1	1	−1	1	1
4	−1	−1	1	1	1
5	γ	0	0	γ^2	0
6	$-\gamma$	0	0	γ^2	0
7	0	γ	0	0	γ^2
8	0	$-\gamma$	0	0	γ^2
9	0	0	0	0	0

表 8-17　三元二次回归正交组合设计

试验号	z_1	z_2	z_3	z_1z_2	z_1z_3	z_2z_3	z_1^2	z_2^2	z_3^2
1	1	1	1	1	1	1	1	1	1
2	1	1	−1	1	−1	−1	1	1	1
3	1	−1	1	−1	1	−1	1	1	1
4	1	−1	−1	−1	−1	1	1	1	1
5	−1	1	1	−1	−1	1	1	1	1
6	−1	1	−1	−1	1	−1	1	1	1
7	−1	−1	1	1	−1	−1	1	1	1
8	−1	−1	−1	1	1	1	1	1	1
9	γ	0	0	0	0	0	γ^2	0	0
10	$-\gamma$	0	0	0	0	0	γ^2	0	0
11	0	γ	0	0	0	0	0	γ^2	0
12	0	$-\gamma$	0	0	0	0	0	γ^2	0
13	0	0	γ	0	0	0	0	0	γ^2
14	0	0	$-\gamma$	0	0	0	0	0	γ^2
15	0	0	0	0	0	0	0	0	0

8.2.1.2 星号臂长度与二次项的中心化

由表 8-16 和表 8-17 可以看出，增加了星号试验和零水平试验之后，二次项失去了正交性，即该列编码的和不为零，与其他任一列编码的乘积和也不为零。为了使表 8-16 和表 8-17 具有正交性，就应该确定合适的星号臂长度，并对二次项进行中心化处理。

（1）星号臂长度 γ 的确定

根据正交性的要求［见式(8-7) 和式(8-9)］，可以推导出星号臂长度 γ 必须满足如下关系式（证明略）：

$$\gamma=\sqrt{\frac{\sqrt{(m_c+2m+m_0)m_c}-m_c}{2}} \tag{8-33}$$

可见，星号臂长度 γ 与因素数 m、零水平试验次数 m_0 及二水平试验数 m_c 有关。为了设计的方便，将由上述公式计算出来的一些常用的 γ 值列于表 8-18。

表 8-18 二次回归正交组合设计 γ 值表

m_0	因素数 m					
	2	3	4(1/2 实施)	4	5(1/2 实施)	5
1	1.000	1.215	1.353	1.414	1.547	1.596
2	1.078	1.287	1.414	1.483	1.607	1.662
3	1.147	1.353	1.471	1.547	1.664	1.724
4	1.210	1.414	1.525	1.607	1.719	1.784
5	1.267	1.471	1.575	1.664	1.771	1.841
6	1.320	1.525	1.623	1.719	1.820	1.896
7	1.369	1.575	1.668	1.771	1.868	1.949
8	1.414	1.623	1.711	1.820	1.914	2.000
9	1.457	1.668	1.752	1.868	1.958	2.049
10	1.498	1.711	1.792	1.914	2.000	2.097

根据表 8-18 可知，对于二元二次回归正交组合设计，当零水平试验次数 $m_0=1$ 时，$\gamma=1$。

（2）二次项的中心化

设二次回归方程中的二次项为 $z_j^2(j=1,2,\cdots,m;\ i=1,2,\cdots,n)$，其对应的编码用 z_{ji}^2 $(i=1,2,\cdots,n)$ 表示，可以用下式对二次项的每个编码进行中心化处理：

$$z_{ji}'=z_{ji}^2-\frac{1}{n}\sum_{i=1}^{n}z_{ji}^2 \tag{8-34}$$

式中，z_{ji}'是中心化之后的编码。这样组合设计表中的 z_j^2 列就变为 z_j'列。表 8-19 是二次项中心化之后的二元二次回归正交组合设计编码表。

表 8-19 二元二次回归正交组合设计编码表（$m_0=1$）

试验号	z_1	z_2	z_1z_2	z_1^2	z_2^2	z_1'	z_2'
1	1	1	1	1	1	1/3	1/3
2	1	−1	−1	1	1	1/3	1/3
3	−1	1	−1	1	1	1/3	1/3
4	−1	−1	1	1	1	1/3	1/3
5	1	0	0	1	0	1/3	−2/3
6	−1	0	0	1	0	1/3	−2/3
7	0	1	0	0	1	−2/3	1/3
8	0	−1	0	0	1	−2/3	1/3
9	0	0	0	0	0	−2/3	−2/3

表 8-19 中后两列是根据公式(8-34) 计算得到的，以 z_1^2 列的中心化为例，该列的和 $\sum_{i=1}^{9} z_{1i}^2=6$，所以有 $z_{11}'=z_{11}^2-\frac{1}{9}\sum_{i=1}^{n} z_{1i}^2=1-\frac{6}{9}=\frac{1}{3}$，…，$z_{17}'=z_{17}^2-\frac{1}{9}\sum_{i=1}^{9} z_{1i}^2=0-\frac{6}{9}=-\frac{2}{3}$等。显然，中心化之后的二次项满足$\sum z_j'=0$，也就是具有正交性。

对于三元二次回归正交组合设计，也可用同样的方法得到具有正交性的组合设计编码表，见表 8-20。

表 8-20 三元二次回归正交组合设计编码表（$m_0=1$）

试验号	z_1	z_2	z_3	z_1z_2	z_1z_3	z_2z_3	z_1'	z_2'	z_3'
1	1	1	1	1	1	1	0.270	0.270	0.270
2	1	1	−1	1	−1	−1	0.270	0.270	0.270
3	1	−1	1	−1	1	−1	0.270	0.270	0.270
4	1	−1	−1	−1	−1	1	0.270	0.270	0.270
5	−1	1	1	−1	−1	1	0.270	0.270	0.270
6	−1	1	−1	−1	1	−1	0.270	0.270	0.270
7	−1	−1	1	1	−1	−1	0.270	0.270	0.270
8	−1	−1	−1	1	1	1	0.270	0.270	0.270
9	1.215	0	0	0	0	0	0.747	−0.730	−0.730
10	−1.215	0	0	0	0	0	0.747	−0.730	−0.730
11	0	1.215	0	0	0	0	−0.730	0.747	−0.730
12	0	−1.215	0	0	0	0	−0.730	0.747	−0.730
13	0	0	1.215	0	0	0	−0.730	−0.730	0.747
14	0	0	−1.215	0	0	0	−0.730	−0.730	0.747
15	0	0	0	0	0	0	−0.730	−0.730	−0.730

8.2.2 二次回归正交组合设计的应用

8.2.2.1 二次回归正交组合设计的基本步骤

二次回归正交组合设计的基本步骤如下：

(1) 因素水平编码

确定因素 $x_j(j=1,2,\cdots,m)$ 的变化范围和零水平试验的次数 m_0，再根据星号臂长 γ 的计算公式(8-33) 或表 8-18 确定 γ 值，对因素水平进行编码，得到规范变量 $z_j(j=1,2,\cdots,m)$。如果以 x_{j2} 和 x_{j1} 分别表示因素 x_j 的上下水平，则它们的算术平均值就是因素 x_j 的零水平，以 x_{j0} 表示。设 $x_{j\gamma}$ 与 $x_{-j\gamma}$ 为因素 x_j 的上下星号臂水平，则 $x_{j\gamma}$ 与 $x_{-j\gamma}$ 是因素 x_j 的上下限，于是有

$$x_{j0}=\frac{x_{j1}+x_{j2}}{2}=\frac{x_{j\gamma}+x_{-j\gamma}}{2} \tag{8-35}$$

所以，该因素的变化间距为：

$$\Delta_j=\frac{x_{j\gamma}-x_{j0}}{\gamma} \tag{8-36}$$

然后对因素 x_j 的各个水平进行线性变换，得到水平的编码为：

$$z_j=\frac{x_j-x_{j0}}{\Delta_j} \tag{8-37}$$

这样，编码公式就将因素的实际取值 x_j 与编码值 z_j 一一对应起来了（见表 8-21），编码后，试验因素的水平被编为 $-\gamma$，-1，0，1，γ。

表 8-21　因素水平的编码表

规范变量 z_j	自然变量 x_j			
	x_1	x_2	…	x_m
上星号臂 γ	$x_{1\gamma}$	$x_{2\gamma}$	…	$x_{m\gamma}$
上水平 1	$x_{12}=x_{10}+\Delta_1$	$x_{22}=x_{20}+\Delta_2$	…	$x_{m2}=x_{m0}+\Delta_m$
零水平 0	x_{10}	x_{20}	…	x_{m0}
下水平 -1	$x_{11}=x_{10}-\Delta_1$	$x_{21}=x_{20}-\Delta_2$	…	$x_{m1}=x_{m0}-\Delta_m$
下星号臂 $-\gamma$	$x_{-1\gamma}$	$x_{-2\gamma}$	…	$x_{-m\gamma}$
变化间距 Δ_j	Δ_1	Δ_2	…	Δ_m

（2）确定合适的二次回归正交组合设计

首先根据因素数 m 选择合适的正交表进行变换，明确二水平试验方案，二水平试验次数 m_c 和星号试验次数 m_γ 也能随之确定，这一过程可以参考表 8-22。

然后对二次项进行中心化处理之后，就可以得到具有正交性的二次回归正交组合设计编码表。

表 8-22　正交表的选用

因素数 m	选用正交表	表头设计	m_c	m_γ
2	$L_4(2^3)$	1,2 列	$2^2=4$	4
3	$L_8(2^7)$	1,2,4 列	$2^3=8$	6
4(1/2 实施)	$L_8(2^7)$	1,2,4,7 列	$2^{4-1}=8$	8
4	$L_{16}(2^{15})$	1,2,4,8 列	$2^4=16$	8
5(1/2 实施)	$L_{16}(2^{15})$	1,2,4,8,15 列	$2^{5-1}=16$	10
5	$L_{32}(2^{31})$	1,2,4,8,16 列	$2^5=32$	10

（3）试验方案的实施

根据二次回归正交组合设计表确定的试验方案，进行 n 次试验，得到 n 个试验结果。

（4）回归方程的建立

计算各回归系数，建立含规范变量的回归方程。回归系数的计算公式如下。

$$a=\frac{1}{n}\sum_{i=1}^{n}y_i=\overline{y} \tag{8-38}$$

$$b_j=\frac{\sum_{i=1}^{n}z_{ji}y_i}{\sum_{i=1}^{n}z_{ji}^2},\quad j=1,2,\cdots,m \tag{8-39}$$

$$b_{kj}=\frac{\sum_{i=1}^{n}(z_k z_j)_i y_i}{\sum_{i=1}^{n}(z_k z_j)_i^2},\quad j>k,k=1,2,\cdots,m-1 \tag{8-40}$$

$$b_{jj}=\frac{\sum_{i=1}^{n}(z'_{ji})y_i}{\sum_{i=1}^{n}(z'_{ji})^2} \tag{8-41}$$

（5）回归方程显著性检验

总平方和为：

$$SS_T=\sum_{i=1}^{n}(y_i-\overline{y})^2=\sum_{i=1}^{n}y_i^2-\frac{1}{n}(\sum_{i=1}^{n}y_i)^2 \tag{8-42}$$

其自由度为 $df_T=n-1$。

一次项偏回归平方和：

$$SS_j=b_j^2\sum_{i=1}^{n}z_{ji}^2,\quad j=1,2,\cdots,m \tag{8-43}$$

交互项偏回归平方和：

$$SS_{kj}=b_{kj}^2\sum_{i=1}^{n}(z_k z_j)_i^2,\quad j>k,k=1,2,\cdots,m-1 \tag{8-44}$$

二次项偏回归平方和：

$$SS_{jj}=b_{jj}^2\sum_{i=1}^{n}(z_{ji}')^2 \tag{8-45}$$

各种偏回归平方和的自由度都为 1。

一次项、二次项、交互项偏回归平方和的总和就是回归平方和：

$$SS_R=\Sigma SS_{一次项}+\Sigma SS_{交互项}+\Sigma SS_{二次项} \tag{8-46}$$

所以回归平方和的自由度也是各偏回归平方和的自由度之和：

$$df_R=\Sigma df_{一次项}+\Sigma df_{交互项}+\Sigma df_{二次项} \tag{8-47}$$

于是残差平方和为：

$$SS_e=SS_T-SS_R \tag{8-48}$$

其自由度为：

$$df_e=df_T-df_R \tag{8-49}$$

偏回归系数和回归方程的 F 检验

$$F_j=\frac{MS_j}{MS_e}=\frac{SS_j}{SS_e/df_e} \tag{8-50}$$

$$F_{kj}=\frac{MS_{kj}}{MS_e}=\frac{SS_{kj}}{SS_e/df_e} \tag{8-51}$$

$$F_{jj}=\frac{MS_{jj}}{MS_e}=\frac{SS_{jj}}{SS_e/df_e} \tag{8-52}$$

$$F_R=\frac{MS_R}{MS_e}=\frac{SS_R/df_R}{SS_e/df_e} \tag{8-53}$$

（6）失拟性检验

失拟性检验与一次回归正交设计是相同的，这里不再重复。

（7）回归方程的回代

根据编码公式或二次项的中心化公式，将 z_j、z_j' 与试验指标 y 之间的回归关系式转换成自然变量 x_j 与试验指标 y 之间的回归关系式。

（8）最优试验方案的确定

根据极值必要条件：$\frac{\partial y}{\partial x_1}=0$，$\frac{\partial y}{\partial x_2}=0$，$\frac{\partial y}{\partial x_3}=0$，…，或者利用Excel进行规划求解，可以求出最优的试验条件。

8.2.2.2 应用举例

例 8-3 为了提高某种淀粉类高吸水性树脂的吸水倍率，在其他合成条件一定的情况下，重点考察丙烯酸中和度和交联剂用量对试验指标（产品吸水倍率）的影响，已知丙烯酸中和度（x_1）的变化范围为 0.7～0.9，交联剂用量（x_2）的变化范围为 1～3mL，试用二次回归正交组合设计分析出这两个因素与试验指标（y）之间的关系。

解：（1）因素水平编码

由于因素数 $m=2$，如果取零水平试验次数 $m_0=2$，根据星号臂长 γ 的计算公式(8-33)或表 8-18 得 $\gamma=1.078$。

依题意，丙烯酸中和度（x_1）的上限为 $x_{1\gamma}=0.9$，下限为 $x_{1\gamma}=0.7$，所以零水平为 $x_{10}=0.8$，根据式(8-36) 得变化间距 $\Delta_1=(0.9-0.8)/1.078=0.093$，上水平 $x_{12}=x_{10}+\Delta_1=0.8+0.093=0.893$，下水平 $x_{22}=x_{10}-\Delta_1=0.8-0.093=0.707$。同理可以计算出因素 x_2 的编码，如表 8-23 所示。

表 8-23 因素水平的编码表

规范变量 z_j	自然变量 x_j		规范变量 z_j	自然变量 x_j	
	x_1	x_2/mL		x_1	x_2/mL
上星号臂 γ	0.9	3	下水平 −1	0.707	1.07
上水平 1	0.893	2.93	下星号臂 $-\gamma$	0.7	1
零水平 0	0.8	2	变化间距 Δ_j	0.093	0.93

（2）正交组合设计

由于因素数 $m=2$，参考表 8-22，可以选用正交表 $L_4(2^3)$ 进行变换，二水平试验次数 $m_c=2^2=4$，星号试验的次数为 $2m=4$。试验方案见表 8-24，试验结果见表 8-25。

表 8-24 例 8-3 试验方案

试验号	z_1	z_2	丙烯酸中和度 x_1	交联剂用量 x_2/mL
1	1	1	0.893	2.93
2	1	−1	0.893	1.07
3	−1	1	0.707	2.93
4	−1	−1	0.707	1.07
5	1.078	0	0.9	2
6	−1.078	0	0.7	2
7	0	1.078	0.8	3
8	0	−1.078	0.8	1
9	0	0	0.8	2
10	0	0	0.8	2

表 8-25 例 8-3 二元二次回归正交组合设计表及试验结果

试验号	z_1	z_2	z_1z_2	z_1^2	z_2^2	z_1'	z_2'	y
1	1	1	1	1	1	0.368	0.368	423
2	1	−1	−1	1	1	0.368	0.368	486
3	−1	1	−1	1	1	0.368	0.368	418
4	−1	−1	1	1	1	0.368	0.368	454
5	1.078	0	0	1.162	0	0.530	−0.632	491
6	−1.078	0	0	1.162	0	0.530	−0.632	472
7	0	1.078	0	0	1.162	−0.632	0.530	428
8	0	−1.078	0	0	1.162	−0.632	0.530	492
9	0	0	0	0	0	−0.632	−0.632	512
10	0	0	0	0	0	−0.632	−0.632	509

根据二元二次回归正交组合设计的要求，参照式(8-34) 将二次项 z_1^2 和 z_2^2 分别进行中心化，得到 z_1' 和 z_2'，二次项中心化结果见表 8-26。

(3) 回归方程的建立

根据计算表（表 8-26）可知，$\sum_{i=1}^{n} y_i = 4685$，$\sum_{i=1}^{n} z_{1i}y_i = 57.482$，$\sum_{i=1}^{n} z_{2i}y_i = -167.992$，$\sum_{i=1}^{n} z_{1i}^2 = \sum_{i=1}^{n} z_{2i}^2 = 6.324$，$\sum_{i=1}^{n} (z_1z_2)_i y_i = -27$，$\sum_{i=1}^{n} (z_1z_2)_i^2 = 4$，$\sum_{i=1}^{n} (z'_{1i}) y_i = -62.786$，$\sum_{i=1}^{n} (z'_{2i}) y_i = -112.755$，$\sum_{i=1}^{n} (z'_{1i})^2 = \sum_{i=1}^{n} (z'_{2i})^2 = 2.701$，所以有：

$$a = \frac{1}{n}\sum_{i=1}^{n} y_i = \frac{4685}{10} = 468.5$$

$$b_1 = \frac{\sum_{i=1}^{n} z_{1i}y_i}{\sum_{i=1}^{n} z_{1i}^2} = \frac{57.482}{6.324} = 9.09$$

$$b_2 = \frac{\sum_{i=1}^{n} z_{2i}y_i}{\sum_{i=1}^{n} z_{2i}^2} = \frac{-167.992}{6.324} = -26.56$$

$$b_{12} = \frac{\sum_{i=1}^{n} (z_1z_2)_i y_i}{\sum_{i=1}^{n} (z_1z_2)_i^2} = \frac{-27}{4} = -6.75$$

$$b_{11} = \frac{\sum_{i=1}^{n} (z'_{1i}) y_i}{\sum_{i=1}^{n} (z'_{1i})^2} = \frac{-62.786}{2.701} = -23.24$$

$$b_{22}=\frac{\sum_{i=1}^{n}(z'_{2i})y_i}{\sum_{i=1}^{n}(z'_{2i})^2}=\frac{-112.755}{2.701}=-41.74$$

表 8-26 例 8-3 二元二次回归正交组合设计计算表

i	z_1	z_2	$z_1 z_2$	z'_1	z'_2	y	y^2	$z_1 y$	$z_2 y$
1	1	1	1	0.368	0.368	423	178929	423	423
2	1	−1	−1	0.368	0.368	486	236196	486	−486
3	−1	1	−1	0.368	0.368	418	174724	−418	418
4	−1	−1	1	0.368	0.368	454	206116	−454	−454
5	1.078	0	0	0.530	−0.632	491	241081	529.298	0
6	−1.078	0	0	0.530	−0.632	472	222784	−508.816	0
7	0	1.078	0	−0.632	0.530	428	183184	0	461.384
8	0	−1.078	0	−0.632	0.530	492	242064	0	−530.376
9	0	0	0	−0.632	−0.632	512	262144	0	0
10	0	0	0	−0.632	−0.632	509	259081	0	0
Σ						4685	220630	57.482	−167.992

i	$(z_1z_2)y$	$z'_1 y$	$z'_2 y$	z_1^2	z_2^2	$(z_1z_2)^2$	z'^2_1	z'^2_2
1	423	155.488	155.488	1	1	1	0.135	0.135
2	−486	178.645	178.645	1	1	1	0.135	0.135
3	−418	153.650	153.650	1	1	1	0.135	0.135
4	454	166.883	166.883	1	1	1	0.135	0.135
5	0	260.067	−310.517	1.162	0	0	0.281	0.400
6	0	250.003	−298.501	1.162	0	0	0.281	0.400
7	0	−270.674	226.698	0	1.162	0	0.400	0.281
8	0	−311.149	260.596	0	1.162	0	0.400	0.281
9	0	−323.797	−323.797	0	0	0	0.400	0.400
10	0	−321.900	−321.900	0	0	0	0.400	0.400
Σ	−27	−62.786	−112.755	6.324	6.324	4	2.701	2.701

所以规范变量与试验指标 y 之间的回归关系式为：

$$y=468.5+9.09z_1-26.56z_2-6.75z_1z_2-23.24z'_1-41.74z'_2$$

（4）回归方程及偏回归系数的显著性检验

由计算表（表 8-26）知，$\sum_{i=1}^{n}y_i^2=2206303$，所以

$$SS_T=\sum_{i=1}^{n}y_i^2-\frac{1}{n}\left(\sum_{i=1}^{n}y_i\right)^2=2206303-\frac{4685^2}{10}=11380.5$$

又

$$SS_1=b_1^2\sum_{i=1}^{n}z_{1i}^2=9.09^2\times 6.324=522.5$$

$$SS_2=b_2^2\sum_{i=1}^{n}z_{2i}^2=26.56^2\times 6.324=4461.2$$

$$SS_{12}=b_{12}^2\sum_{i=1}^{n}(z_1z_2)_i^2=6.75^2\times 4=182.3$$

$$SS_{11}=b_{11}^2\sum_{i=1}^{n}(z'_{1i})^2=23.24^2\times 2.701=1458.8$$

$$SS_{22}=b_{22}^2\sum_{i=1}^{n}(z'_{2i})^2=41.74^2\times 2.701=4705.8$$

故

$$SS_R = SS_1 + SS_2 + SS_{12} + SS_{11} + SS_{22}$$
$$= 522.5 + 4461.2 + 182.3 + 1458.8 + 4705.8 = 11330.6$$

所以
$$SS_e = SS_T - SS_R = 11380.5 - 11330.6 = 49.9$$

方差分析结果见表 8-27。

表 8-27　例 8-3 方差分析表

差异源	SS	df	MS	F	显著性
z_1	522.5	1	522.5	41.8	* *
z_2	4461.2	1	4461.2	356.9	* *
z_1z_2	182.3	1	182.3	14.6	*
z_1'	1458.8	1	1458.8	116.7	* *
z_2'	4705.8	1	4705.8	376.5	* *
回归	11330.6	5	2266.1	181.3	* *
残差	49.9	4	12.5		
总和	11380.5	$n-1=9$			

注：$F_{0.05}(1,4)=7.71$，$F_{0.01}(1,4)=21.20$，$F_{0.01}(5,4)=15.52$。

方差分析结果表明，所建立的回归方程以及各偏回归系数都达到显著水平。如果某个偏回归系数不显著，则可以将其归入残差平方和中，这与正交试验设计的方差分析类似。

（5）失拟性检验

根据本例的计算表（表 8-27），重复试验的平方和为：

$$SS_{e1} = \sum_{i=1}^{m_0} y_{0i}^2 - \frac{1}{m_0}\left(\sum_{i=1}^{m_0} y_{0i}\right)^2 = (262144 + 259081) - \frac{1}{2}(512 + 509)^2 = 4.5,$$

其自由度为：
$$df_{e1} = m_0 - 1 = 2 - 1 = 1$$

失拟平方和为：
$$SS_{Lf} = SS_e - SS_{e1} = 49.9 - 4.5 = 45.4$$

其自由度为：
$$df_{Lf} = df_e - df_{e1} = 4 - 1 = 3$$

所以
$$F_{Lf} = \frac{SS_{Lf}/df_{Lf}}{SS_{e1}/df_{e1}} = \frac{45.5/3}{4.5/1} = 3.37 < F_{0.1}(3,1) = 53.59$$

检验结果表明，失拟不显著，回归模型与实际情况拟合得很好。

（6）回归方程的回代

由二次项中心化公式(8-34）可得：

$$z'_1 = z_1^2 - \frac{1}{n}\sum_{i=1}^{n} z_{1i}^2 = z_1^2 - \frac{6.324}{10} = z_1^2 - 0.6324$$

$$z'_2 = z_2^2 - \frac{1}{n}\sum_{i=1}^{n} z_{2i}^2 = z_2^2 - \frac{6.324}{10} = z_2^2 - 0.6324$$

如果代入回归方程，则有：

$$y = 468.5 + 9.09z_1 - 26.56z_2 - 6.75z_1z_2 - 23.24(z_1^2 - 0.6324) - 41.74(z_2^2 - 0.6324)$$

整理后得

$$y = 509.6 + 9.09z_1 - 26.56z_2 - 6.75z_1z_2 - 23.24z_1^2 - 41.74z_2^2$$

又根据编码公式：

$$z_1 = \frac{x_1 - 0.8}{0.093},\quad z_2 = \frac{x_2 - 2}{0.93}$$

所以

$$y=509.6+9.09\left(\frac{x_1-0.8}{0.093}\right)-26.56\left(\frac{x_2-2}{0.93}\right)-6.75\left(\frac{x_1-0.8}{0.093}\right)\left(\frac{x_2-2}{0.93}\right)-23.24\left(\frac{x_1-0.8}{0.093}\right)^2-41.74\left(\frac{x_2-2}{0.93}\right)^2$$

整理后得到：

$$y=-1544.0+4539.8x_1+227.0x_2-78.0x_1x_2-2678.7x_1^2-48.3x_2^2$$

（7）最优试验方案的确定

根据极值的必要条件：$\frac{\partial y}{\partial x_1}=0$，$\frac{\partial y}{\partial x_2}=0$，即

$$\begin{cases}4539.8-78.0x_2-5357.4x_1=0\\227.0-78.0x_1-96.6x_2=0\end{cases}$$

解得 $x_1=0.8$，$x_2=1.7$mL 时，试验指标 y 可以达到最大值，这时树脂的吸水倍率为 514。

（8）应用 Excel 处理数据

通过回归设计的几个例子可以看出，由于回归设计表具有正交性，使得回归分析的计算量大为简化。但随着因素数和回归方程次数的增加，回归分析也变得更复杂，下面介绍利用 Excel 进行回归分析的方法，可以更快、更准确地得到回归分析的结果。

① 建立试验指标 y 与规范变量之间的函数关系式　本例属于二元二次回归正交组合设计，所建立的回归方程的模型是已知的，即为：$y=a+b_1z_1+b_2z_2+b_{12}z_1z_2+b_{11}z_1^2+b_{22}z_2^2$，可以不对平方项进行中心化处理，直接利用 Excel 的“回归”工具确定该回归方程的回归系数。

根据回归模型，列出如图 8-9 所示的待分析数据，这里的自变量都为规范变量，根据 z_1 和 z_2 两列的编码，可以分别计算出 z_1z_2、z_1^2 和 z_2^2 三列的编码，而不用手动输入。

	A	B	C	D	E	F	G
1	试验号	z_1	z_2	z_1z_2	z_1^2	z_2^2	y
2	1	1	1	1	1	1	423
3	2	1	-1	-1	1	1	486
4	3	-1	1	-1	1	1	418
5	4	-1	-1	1	1	1	454
6	5	1.078	0	0	1.162	0	491
7	6	-1.078	0	0	1.162	0	472
8	7	0	1.078	0	0	1.162	428
9	8	0	-1.078	0	0	1.162	492
10	9	0	0	0	0	0	512
11	10	0	0	0	0	0	509

图 8-9　例 8-3 回归分析数据表

进入“回归”对话框，填写有关内容（如图 8-10 所示）。回归分析结果见图 8-11。

由图 8-11 可知，回归系数（coefficient）依次为：509.59，9.09，－25.56，－6.75，－23.23，－41.74。所以回归方程的表达式为：

$$y=509.59+9.09z_1-26.56z_2-6.75z_1z_2-23.23z_1^2-41.74z_2^2$$

这一结果与前面的计算结果是一致的，但是求解过程要简单得多。

② 偏回归系数的显著性检验　根据图 8-11 中偏回归系数的“t Stat”和“P-value”可

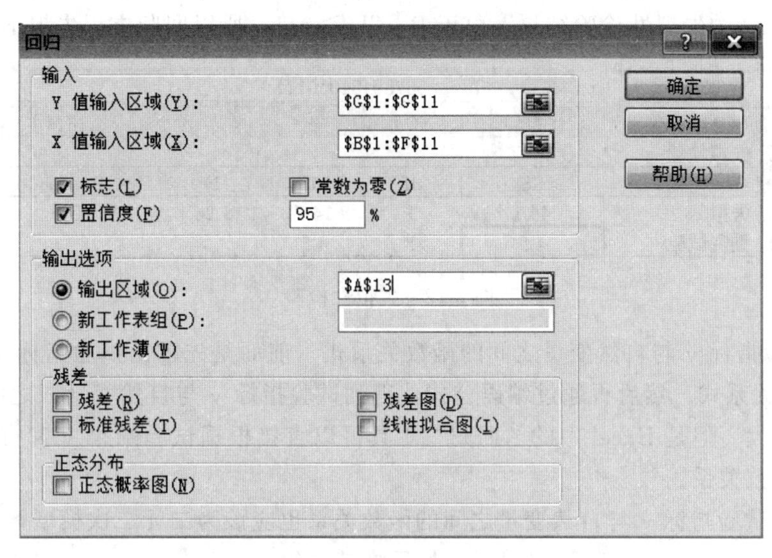

图 8-10 例 8-3 回归分析工具对话框

	A	B	C	D	E	F	G	H	I
13	SUMMARY OUTPUT								
14									
15	回归统计								
16	Multiple R	0.997863793							
17	R Square	0.99573215							
18	Adjusted R Squ	0.990397338							
19	标准误差	3.484618488							
20	观测值	10							
21									
22	方差分析								
23		df	SS	MS	F	Significance F			
24	回归分析	5	11331.93	2266.386	186.648	7.93488E-05			
25	残差	4	48.57026	12.14257					
26	总计	9	11380.5						
27									
28		Coefficients	标准误差	t Stat	P-value	Lower 95%	Upper 95%	下限 95.0%	上限 95.0%
29	Intercept	509.59	2.192975	232.3731	2.06E-09	503.4997989	515.6771	503.4998	515.6771
30	z_1	9.09	1.38565	6.559563	0.002794	5.242077773	12.93644	5.2420778	12.93644
31	z_2	-26.56	1.38565	-19.1704	4.36E-05	-30.41067528	-22.7163	-30.41068	-22.7163
32	z_1z_2	-6.75	1.742309	-3.87417	0.01793	-11.58742597	-1.91257	-11.58743	-1.91257
33	z_1^2	-23.23	2.120134	-10.9591	0.000394	-29.12109377	-17.3482	-29.12109	-17.3482
34	z_2^2	-41.74	2.120134	-19.6855	3.93E-05	-47.62233809	-35.8495	-47.62234	-35.8495

图 8-11 例 8-3 回归分析结果

知，偏回归系数 b_1、b_2、b_{11}、b_{22} 对应的 P-value＜0.01，说明这些系数都非常显著；偏回归系数 b_{12} 对应的 P-value 在 0.01 与 0.05 之间，说明该系数显著。

③ 失拟性检验 在 Excel 中先编制一个如图 8-12 所示的失拟性检验表格，然后在其中填入有关数字和公式。

如图 8-12，在单元格 B39 中输入“＝DEVSQ（G10：G11）”（参照图 8-9），求出 SS_{e1}；在 B38 中输入“＝C25－B39”，求出 SS_{Lf}，其中 C25 表示 SS_e（参照图 8-11）；在 df 列依据题意输入对应数值，其中 $df_{Lf}=3$，$df_{e1}=1$；在 D38 中输入“＝B38/C38”，求出 $MS_{Lf}=14.7$，选中单元格 D38，向下拖动填充柄至单元格 D39，将 D38 中公式复制到 D39，计算出 $MS_{e1}=4.5$；在 E38 中输入“＝D38/D39”，求出 $F_{Lf}=3.26$；在 F38 中输入“＝F.DIST.RT（E38，C38，C39）”，求出 F 值对应的不显著概率。

根据图 8-12 的失拟性检验结果，由于 P-value＞0.1，所以回归方程失拟不显著。

B39 =DEVSQ(G10:G11)

	A	B	C	D	E	F
36	失拟检验:					
37		SS	df	MS	F	P-value
38	失拟	44.1	3	14.7	3.26	0.381
39	重复试验	4.5	1	4.5		

图 8-12　失拟性检验

④ 求试验指标 y 与自然变量之间的函数关系式　前面是先求出试验指标 y 与规范变量 z 之间的函数关系式，然后再通过编码公式，得到试验指标 y 与自然变量 x 之间的函数关系式，计算量很大。但是 Excel 中的“回归”工具可以直接根据试验结果 y 和自然变量的值，确定它们的函数关系。

依题意，试验指标 y 与自然变量之间的函数关系也应该为二元二次模型，即为：$y=a+b_1x_1+b_2x_2+b_{12}x_1x_2+b_{11}x_1^2+b_{22}x_2^2$，如果将其中的 x_1、x_2、x_1x_2、$x_1{}^2$、$x_2{}^2$ 分别看作五个自变量，则上述回归方程转换成了五元线性方程，可以利用 Excel 中的“回归”工具确定回归系数，并检验回归方程的显著性程度。

首先，将表 8-24 中自然变量数据进行处理，整理之后的数据表见图 8-13。

	A	B	C	D	E	F	G
1	试验号	丙烯酸中和度 (x_1)	交联剂用量 (x_2) /mL	x_1x_2	x_1^2	x_2^2	y
2	1	0.893	2.93	2.616	0.797	8.58	423
3	2	0.893	1.07	0.956	0.797	1.14	486
4	3	0.707	2.93	2.072	0.500	8.58	418
5	4	0.707	1.07	0.756	0.500	1.14	454
6	5	0.9	2	1.8	0.81	4	491
7	6	0.7	2	1.4	0.49	4	472
8	7	0.8	3	2.4	0.64	9	428
9	8	0.8	1	0.8	0.64	1	492
10	9	0.8	2	1.6	0.64	4	512
11	10	0.8	2	1.6	0.64	4	509

图 8-13　自然变量数据整理

进入“回归”对话框，填写有关内容（同图 8-10 所示）。回归分析的结果见图 8-14。

由图 8-14 可知，回归系数（coefficient）依次为：－1544.0，4539.8，227.0，－78.0，－2678.7，－48.3（小数点后取一位）。所以回归方程的表达式为：

$$y=-1544.0+4539.8x_1+227.0x_2-78.0x_1x_2-2678.7x_1^2-48.3x_2^2$$

由于复相关系数 $R=0.998$，方差分析的结果 Significance F＜0.01，所以该回归方程非常显著。

⑤ 规划求解预测优方案　可以利用上述规范变量回归方程进行规划求解。先在 Excel 工作表中编制一个如图 8-15 所示的表格，选中单元格 B46 作为目标单元格，并在该单元格中输入方程的右边部分“=509.59+9.09 * B44－26.56 * B45－6.75 * B44 * B45－23.23 * B44^2－41.74 * B45^2”，其中单元格 B44，B45 为可变单元格，分别为 z_1 和 z_2 对应的单元格。

调用“规划求解”，进入“规划求解参数”对话框，并按图 8-16 填写有关参数，注意 z_1

	A	B	C	D	E	F	G	H	I
13	SUMMARY OUTPUT								
14									
15	回归统计								
16	Multiple R	0.997744769							
17	R Square	0.995494624							
18	Adjusted R Square	0.989862904							
19	标准误差	3.580273458							
20	观测值	10							
21									
22	方差分析								
23		df	SS	MS	F	Significance F			
24	回归分析	5	11329.22657	2265.845	176.7656	8.84058E-05			
25	残差	4	51.27343215	12.81836					
26	总计	9	11380.5						
27									
28		Coefficients	标准误差	t Stat	P-value	Lower 95%	Upper 95%	下限 95.0%	上限 95.0%
29	Intercept	-1544.0	164.2473972	-9.40028	0.000714	-1999.994942	-1087.95	-1999.99	-1087.95
30	丙烯酸中和度 (x_1)	4539.8	406.3149584	11.17309	0.000365	3411.683442	5667.906	3411.683	5667.906
31	交联剂用量 (x_2) /mL	227.0	19.45463836	11.66794	0.000308	172.9808731	281.0103	172.9809	281.0103
32	x_1 x_2	-78.0	20.69761509	-3.77066	0.019593	-135.5094966	-20.5779	-135.509	-20.5779
33	x_1^2	-2678.7	252.4439098	-10.611	0.000447	-3379.571364	-1977.78	-3379.57	-1977.78
34	x_2^2	-48.3	2.524439098	-19.1277	4.4E-05	-55.29571364	-41.2778	-55.2957	-41.2778

图 8-14　例 8-3 自然变量回归分析结果

和 z_2 的取值范围都为 [−1.078，1.078]，单击“求解”后即可得到如图 8-15 所示的结果，当 $z_1=0.24$，$z_2=-0.34$ 时，试验结果可能取得最大吸水倍率 515。为了做验证试验，需要知道上述 z_1 和 z_2 所对应的自然变量。根据编码公式有：

$$x_1=0.093z_1+0.8, x_2=0.93z_1+2$$

所以在 D44 单元格中输入“=0.093 * B44+0.8”，在 D45 单元格中输入“=0.93 * B45+2”，就可得到如图 8-15 所示的自然变量取值，即在 $x_1=0.823$、$x_2=1.69$ 条件下做优方案的验证试验。

	A	B	C	D
43	规范变量		自然变量	
44	z_1	0.24	x_1	0.823
45	z_2	-0.34	x_2	1.69
46	y	515		

图 8-15　例 8-3 规划求解结果

说明一下，也可以根据 y 与自然变量之间的函数关系式进行规划求解，结果完全一致。所以，如果试验主要目的是寻找优方案，而对方程形式无特别要求的话，只用求出 y 与规范变量之间函数式就能满足要求，无需对方程进行回代。

【8-3】

上述求解过程，也可扫描二维码【8-3】查看。

例 8-3 规划求解的结果还可以用等高线图和三维表面图得到验证，根据规范变量的回归方程（$y=509.6+9.09z_1-26.56z_2-6.75z_1z_2-23.24z_1^2-41.74z_2^2$），可以做出图 8-17 所示的等高线图和图 8-18 所示的三维表面图。根据两图可以看出，在所研究的区域内存在一个极值点，极值点对应的试验指标 $y=515.5$，与之对应的自变量在 z_1 和 z_2 的取值与上述规划求解的结果一致。根据图 8-17 和图 8-18 还可看到两自变量对试验指标 y 的影响规律，即随着 z_1 和 z_2 从小到大变化，试验指标 y 呈现先增后减的趋势。

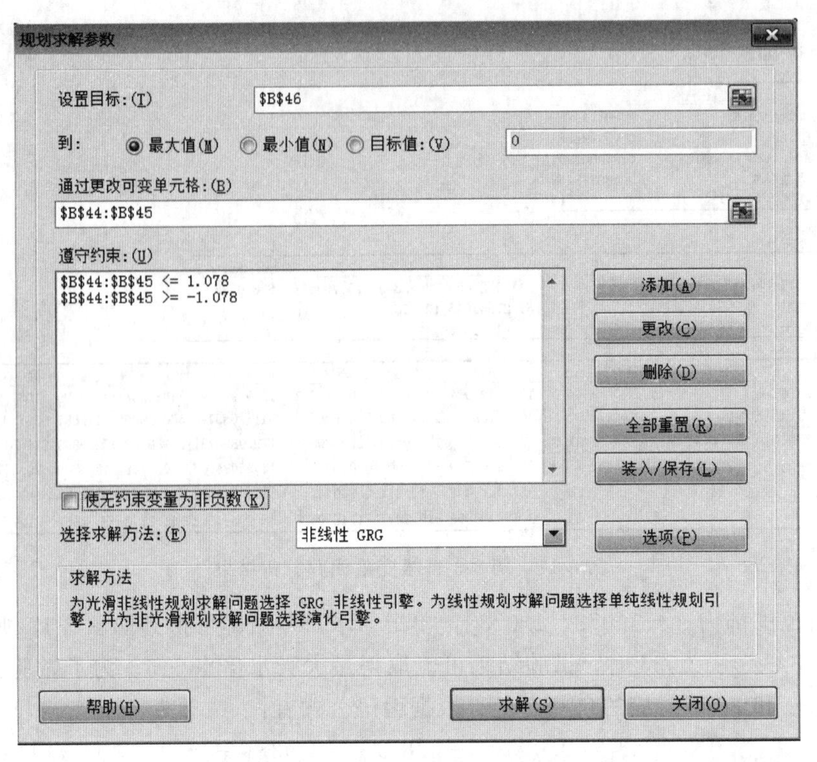

图 8-16 例 8-3 规划求解参数设置

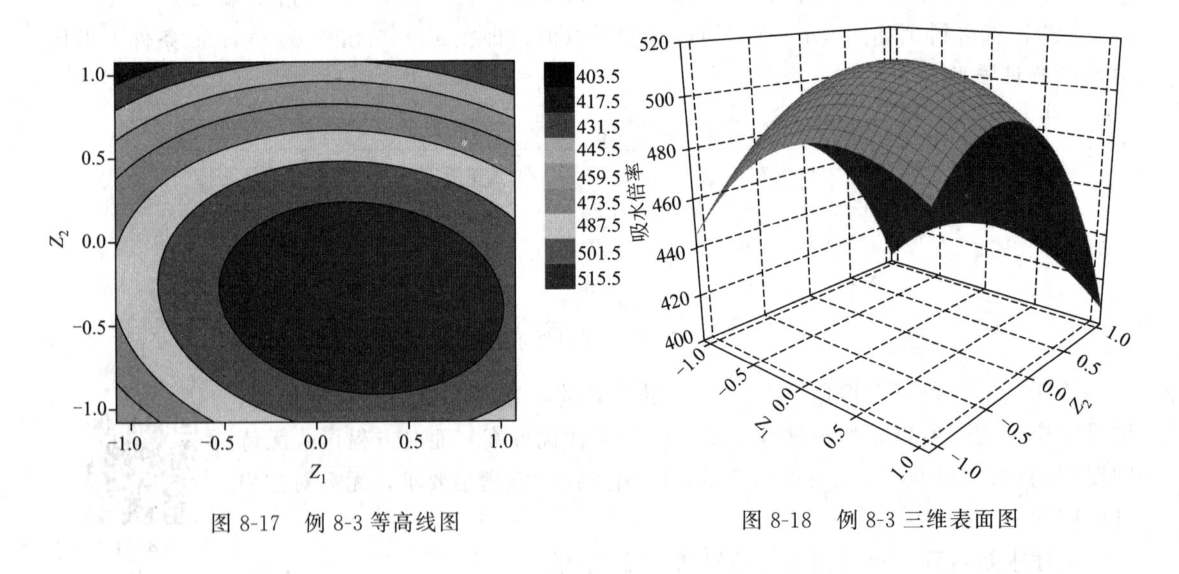

图 8-17 例 8-3 等高线图

图 8-18 例 8-3 三维表面图

*8.3 二次回归正交旋转组合设计

前面介绍的回归正交设计，具有试验次数少、计算量小等优点。但它与一般的回归分析一样，如果预测点不同，则对应预测值$\hat{y}$的方差与试验点在空间的位置密切相关，从而影响到不同点间预测值的相互比较，也难以依据预测值确定最优试验区域。如果采用回归旋转设计（regressive rotation design）则可克服这一缺点。

回归旋转正交设计具有旋转性，即规范变量空间（编码空间）内，与试验中心点（零水平点）距离相等的球面上，各点回归方程预测值$\hat{y}$的方差相等。所以依据旋转设计回归方程进行预测时，对于同一球面上的点可直接进行比较，能比较容易找到较优的试验区域，而不用考虑误差的干扰。

如何使回归正交设计具有旋转性，如何安排试验点，下面以二次回归旋转组合设计为例来进行讲述。

二次回归正交旋转组合设计也是由三类试验点组合而成。如果考虑 m 个因素对试验结果 y 的影响，总共进行 n 次试验，则

$$n=m_c+m_\gamma+m_0 \tag{8-54}$$

其中 m_c 个试验点分布在规范变量空间中半径为 $\rho_c=\sqrt{m}$ 的球面上；$m_\gamma=2m$ 个试验点分布在规范变量空间中半径为 $\rho_\gamma=\gamma$ 的球面上；m_0 个试验点分布在规范变量空间中半径为 $\rho_c=0$ 的球面上，即零水平点。

可见，总试验次数与 γ 的取值有关，为满足旋转性的要求，γ 应按下式取值

$$\gamma=\sqrt[4]{m_c} \tag{8-55}$$

在上式中，当 $m_c=2^m$（全实施）时，$\gamma=2^{\frac{m}{4}}$；当 $m_c=2^{m-1}$（1/2 实施）时，$\gamma=2^{\frac{m-1}{4}}$；当 $m_c=2^{m-2}$（1/4 实施）时，$\gamma=2^{\frac{m-2}{4}}$；当 $m_c=2^{m-3}$（1/8 实施）时，$\gamma=2^{\frac{m-3}{4}}$。

为了使二次回归正交旋转组合设计具有一定的正交性，m_0 必须满足

$$\frac{n(mm_c+2\gamma^4)}{(m+2)(m_c+2\gamma^2)^2}=1 \tag{8-56}$$

根据式(8-54)～式(8-56)，将二次回归正交组合设计的参数列于表 8-28 中，使用时可参考。

表 8-28 二次回归正交旋转组合设计参数表

因素数 m	m_c	m_γ	γ	n	m_0
2	4	4	1.414	16	8
3	8	6	1.682	23	9
4(1/2 实施)	8	8	1.682	23	7
4	16	8	2.000	36	12
5(1/2 实施)	16	10	2.000	36	10
5	32	10	2.378	59	17
6(1/4 实施)	16	12	2.000	36	8
6(1/2 实施)	32	12	2.378	59	15

根据表 8-28，就可列出 m 元二次回归正交旋转组合设计编码表。表 8-29 是二元二次回归正交旋转组合设计编码表，表 8-30 是三元二次回归正交旋转组合设计编码表。依据回归正交旋转组合设计编码表就可安排试验点，进行试验了。

表 8-29 二元二次回归正交旋转组合设计编码表

试验号	z_1	z_2
1	1	1
2	1	−1
3	−1	1
4	−1	−1

续表

试验号	z_1	z_2
5	1.414	0
6	−1.414	
7	0	1.414
8	0	−1.414
9	0	0
10	0	0
11	0	0
12	0	0
13	0	0
14	0	0
15	0	0
16	0	0

表 8-30 三元二次回归正交旋转组合设计编码表

试验号	z_1	z_2	z_3
1	1	1	1
2	1	1	−1
3	1	−1	1
4	1	−1	−1
5	−1	1	1
6	−1	1	−1
7	−1	−1	1
8	−1	−1	−1
9	1.682	0	0
10	−1.682	0	0
11	0	1.682	0
12	0	−1.682	0
13	0	0	1.682
14	0	0	−1.682
15	0	0	0
16	0	0	0
17	0	0	0
18	0	0	0
19	0	0	0
20	0	0	0
21	0	0	0
22	0	0	0
23	0	0	0

在数据处理方面，二次回归正交旋转组合设计与8.2介绍的二次回归正交组合设计相比，除了所用的设计表不完全相同之外，基本步骤是相同的，公式也可完全套用。

例 8-4 碱法提取玉米芯中木聚糖的试验中，考察了4个因素：碱液浓度 x_1（2.5～7.5mol/L）、液固质量比 x_2（10～40）、处理时间 x_3（1.0～4.0h）和处理温度 x_4（70～120℃），以木聚糖提取率（%）作为试验指标 y。试用二次回归旋转组合设计安排试验，并对试验结果进行分析。已知回归模型为：$y=a+b_1z_1+b_2z_2+b_3z_3+b_4z_4+b_{34}z_3z_4+b_{11}z_1^2+b_{22}z_2^2+b_{33}z_3^2+b_{44}z_4^2$。

解：（1）因素水平编码

由于因素数 $m=4$，根据表8-28，如果是1/2实施，则 $\gamma=1.682$，$m_0=7$。

依题意，碱液浓度（x_1）的上限为 $x_{1\gamma}=7.5$，下限为 $x_{1\gamma}=2.5$，所以零水平为 $x_{10}=5.0$，根据式（8-36）得变化间距 $\Delta_1=(7.5-5.0)/1.682=1.5$，上水平 $x_{12}=x_{10}+\Delta_1=5.0+1.5=6.5$，下水平 $x_{22}=x_{10}-\Delta_1=5.0-1.5=3.5$。同理可以计算出其他因素的编码，结果如表8-31所示。

表 8-31 例 8-4 因素水平编码表

规范变量 z_j	自然变量 x_j			
	x_1/(mol/L)	x_2	x_3/h	x_4/℃
上星号臂 γ	7.5	40	4	120
上水平 1	6.5	34	3.4	110
零水平 0	5.0	25	2.5	95
下水平 −1	3.5	16	1.6	80
下星号臂 $-\gamma$	2.5	10	1	70
变化间距 Δ_j	1.5	9	0.9	15

（2）二次回归正交旋转组合设计

由于因素数 $m=4$（1/2实施），参考表8-22，二水平试验次数 $m_c=2^{4-1}=8$，选用正交表 $L_8(2^7)$ 进行变换，四个因素依次安排在1、2、4、7列，星号试验的次数为 $2m=8$。试验方案及结果见表8-32。

表 8-32 例 8-4 试验方案及结果

序号	z_1	z_2	z_3	z_4	x_1/(mol/L)	x_2	x_3/h	x_4/℃	y/%
1	1	1	1	1	6.5	34	3.4	110	17.04
2	1	1	−1	−1	6.5	34	1.6	80	17.25
3	1	−1	1	−1	6.5	16	3.4	80	16.50
4	1	−1	−1	1	6.5	16	1.6	110	14.80
5	−1	1	1	−1	3.5	34	3.4	80	18.37
6	−1	1	−1	1	3.5	34	1.6	110	16.54
7	−1	−1	1	1	3.5	16	3.4	110	13.75
8	−1	−1	−1	−1	3.5	16	1.6	80	14.18
9	1.682	0	0	0	7.5	25	2.5	95	15.43

续表

序号	z_1	z_2	z_3	z_4	x_1/(mol/L)	x_2	x_3/h	x_4/℃	y/%
10	−1.682	0	0	0	2.5	25	2.5	95	14.48
11	0	1.682	0	0	5	40	2.5	95	17.78
12	0	−1.682	0	0	5	10	2.5	95	13.60
13	0	0	1.682	0	5	25	4	95	20.16
14	0	0	−1.682	0	5	25	1	95	18.63
15	0	0	0	1.682	5	25	2.5	120	20.48
16	0	0	0	−1.682	5	25	2.5	70	22.38
17	0	0	0	0	5	25	2.5	95	22.36
18	0	0	0	0	5	25	2.5	95	22.31
19	0	0	0	0	5	25	2.5	95	23.32
20	0	0	0	0	5	25	2.5	95	22.56
21	0	0	0	0	5	25	2.5	95	22.18
22	0	0	0	0	5	25	2.5	95	22.87
23	0	0	0	0	5	25	2.5	95	22.12

(3) 回归方程的建立及检验

根据回归模型 $y=a+b_1z_1+b_2z_2+b_3z_3+b_4z_4+b_{34}z_3z_4+b_{11}z_1^2+b_{22}z_2^2+b_{33}z_3^2+b_{44}z_4^2$，可利用 Excel 进行回归分析。先建立如图 8-19 所示的数据表，然后用分析工具库中的“回归”工具进行回归分析，分析结果如图 8-20 所示。

	A	B	C	D	E	F	G	H	I	J	K
1	序号	z_1	z_2	z_3	z_4	z_3*z_4	z_1*z_1	z_2*z_2	z_3*z_3	z_4*z_4	y/%
2	1	1	1	1	1	1	1	1	1	1	17.04
3	2	1	1	-1	-1	1	1	1	1	1	17.25
4	3	1	-1	1	-1	-1	1	1	1	1	16.50
5	4	1	-1	-1	1	-1	1	1	1	1	14.80
6	5	-1	1	1	-1	-1	1	1	1	1	18.37
7	6	-1	1	-1	1	-1	1	1	1	1	16.54
8	7	-1	-1	1	1	1	1	1	1	1	13.75
9	8	-1	-1	-1	-1	1	1	1	1	1	14.18
10	9	1.682	0	0	0	0	2.829	0	0	0	15.43
11	10	-1.682	0	0	0	0	2.829	0	0	0	14.48
12	11	0	1.682	0	0	0	0	2.829	0	0	17.78
13	12	0	-1.682	0	0	0	0	2.829	0	0	13.60
14	13	0	0	1.682	0	0	0	0	2.829	0	20.16
15	14	0	0	-1.682	0	0	0	0	2.829	0	18.63
16	15	0	0	0	1.682	0	0	0	0	2.829	20.48
17	16	0	0	0	-1.682	0	0	0	0	2.829	22.38
18	17	0	0	0	0	0	0	0	0	0	22.36
19	18	0	0	0	0	0	0	0	0	0	22.31
20	19	0	0	0	0	0	0	0	0	0	23.32
21	20	0	0	0	0	0	0	0	0	0	22.56
22	21	0	0	0	0	0	0	0	0	0	22.18
23	22	0	0	0	0	0	0	0	0	0	22.87
24	23	0	0	0	0	0	0	0	0	0	22.12

图 8-19　例 8-4 回归分析数据表

分析结果表明，回归方程的表达式为

回归统计	
Multiple R	0.998
R Square	0.995
Adjusted R Square	0.992
标准误差	0.305
观测值	23

方差分析					
	df	SS	MS	F	Significance F
回归分析	9	251.4	27.94	301	1.3476E-13
残差	13	1.2	0.09		
总计	22	252.6			

	Coefficients	标准误差	t Stat	P-value	Lower 95%	Upper 95%	下限 95.0%	上限 95.0%
Intercept	22.51	0.111566	201.8013	4E-24	22.27315857	22.755206	22.273159	22.75521
z1	0.32	0.082435	3.861628	0.002	0.140244125	0.4964261	0.1402441	0.496426
z2	1.24	0.082435	15.09938	1E-09	1.066633806	1.4228158	1.0666338	1.422816
z3	0.40	0.082435	4.852423	0.0003	0.221920779	0.5781028	0.2219208	0.578103
z4	-0.54	0.082435	-6.542	2E-05	-0.717384174	-0.361202	-0.717384	-0.3612
z3*z4	-0.50	0.107713	-4.63038	0.0005	-0.73144897	-0.266051	-0.731449	-0.26605
z1*z1	-2.65	0.076416	-34.7269	3E-14	-2.81878104	-2.488607	-2.818781	-2.48861
z2*z2	-2.39	0.076416	-31.3271	1E-13	-2.558983308	-2.22881	-2.558983	-2.22881
z3*z3	-1.08	0.076416	-14.1895	3E-09	-1.249390657	-0.919217	-1.249391	-0.91922
z4*z4	-0.36	0.076416	-4.77648	0.0004	-0.530086731	-0.199913	-0.530087	-0.19991

图 8-20 例 8-4 回归分析结果

$y=22.51+0.32z_1+1.24z_2+0.40z_3-0.54z_4-0.50z_3z_4-2.56z_1^2-2.39z_2^2-1.08z_3^2-0.36z_4^2$

该回归方程以及各偏回归系数都非常显著。

（4）失拟性检验

参照例 8-3 的方法，在 Excel 中进行分析计算，结果如图 8-21 所示，由于 P-value>0.1，所以失拟不显著，回归方程与实际情况拟合得很好。

失拟检验:					
	SS	df	MS	F	P-value
失拟	0.10	7	0.0140	0.08	0.998
重复试验	1.11	6	0.185		

图 8-21 例 8-4 失拟性检验结果

（5）预测优方案

利用 Excel 的规划求解工具，根据 z_j 在［-1.682，1.682］范围内，可以求得当 $z_1=0.06$，$z_2=0.26$，$z_3=0.42$，$z_4=-1.03$ 时，即当碱液浓度 $x_1=5.1$mol/L、液固比 $x_2=27$、处理时间 $x_3=2.9$h、处理温度 $x_4=80$℃，试验结果可能取得最大提取率 23.05%。然后在此条件下做验证试验。

上述应用 Excel 进行数据处理的过程，可扫描二维码【8-4】查看。

【8-4】

由于本例中涉及 4 个自变量，不能在三维图中表达上述预测的优方案，但是可以利用三维图分析两自变量之间的交互作用。例如，如果要研究 z_2 和 z_3 两自变量之间的关系，可以将 z_1 和 z_4 固定在零水平上（如果是自然变量，则固定在中值上），这时试验指标 y 与 z_2、z_3 的关系式为：$y=22.51+1.24z_2+0.40z_3-2.39z_2^2-1.08z_3^2$，根据此方程可以绘出如图 8-22 所示的三维表面图和等高线图。由图 8-22 可以看出，在研究区域内有一个稳定点，可以说明 z_2 和 z_3 之间存在着交互作用；又根据等高线的疏密程度，因素 z_2 较 z_3 对试验指标的影响更大。同理，也可以对其他两因素间的交互作用进行分析，此处不再赘述。

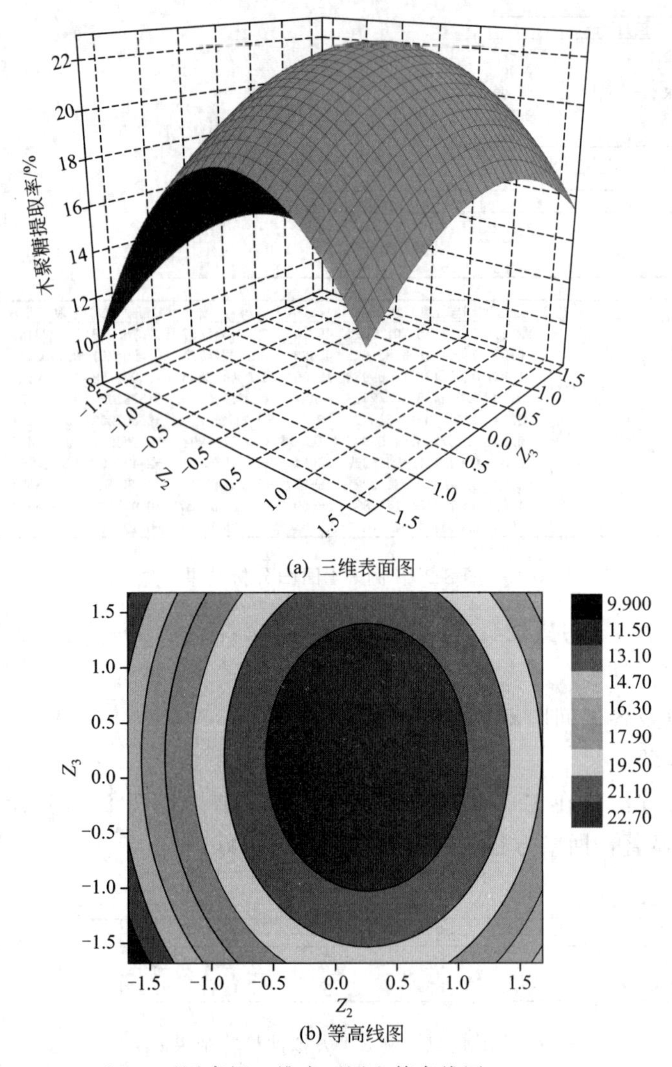

(a) 三维表面图

(b) 等高线图

图 8-22 z_2 和 z_3 两因素间三维表面图和等高线图（$z_1=0$，$z_4=0$）

习 题

1. 某产品的产量取决于 3 个因素 x_1、x_2、x_3，根据经验，因素 x_1 的变化范围为 60～80，因素 x_2 的变化范围为 1.2～1.5，因素 x_3 的变化范围为 0.2～0.3，还要考虑因素 x_1 与 x_2 之间的交互作用。试验指标 y 为产量，越高越好。选用正交表 $L_8(2^7)$ 进行一次回归正交试验，试验结果（产量/kg）依次为：66，72，71，76，70，74，62，69。试用一次回归正交试验设计求出回归方程，并对回归方程和回归系数进行显著性检验，确定因素主次，并预测优方案。

2. 某产品的得率与反应温度 x_1（70～100℃）、反应时间 x_2（1～4h）及某反应物浓度 x_3（30%～60%）有关，不考虑因素间的交互作用，选用正交表 $L_8(2^7)$ 进行一次回归正交试验，并多安排 3 次零水平试验，试验结果（得率/%）依次为：12.6，9.8，11.1，8.9，11.1，9.2，10.3，7.6，10.0，10.5，10.3。

（1）用一次回归正交试验设计求出回归方程；

（2）对回归方程和回归系数进行显著性检验；

（3）失拟性检验；

（4）确定因素主次和预测优方案。

3. 用某种菌生产酯类风味物质，为了寻找最优的发酵工艺条件，重点考察了葡萄糖用量 x_1(50～150g/L) 和蛋白胨用量 x_2(2～10g/L) 的影响，试验指标为菌体生长量 y(g/L)，其他的发酵条件不变。试验方案和结果如下：

试验号	z_1	z_2	y
1	1	1	9.61
2	1	−1	9.13
3	−1	1	9.37
4	−1	−1	8.57
5	1.078	0	9.34
6	−1.078	0	8.97
7	0	1.078	10.21
8	0	−1.078	9.48
9	0	0	10.24
10	0	0	10.33

(1) 试用二次回归正交设计在试验范围内建立二次回归方程；

(2) 对回归方程和回归系数进行显著性检验；

(3) 失拟性检验；

(4) 试验范围内最优试验方案的预测。

4. 为了提高玉米胚蛋白的提取率，考察了三个因素：液固比 x_1(8～12mL/g)、pH 值 x_2(8～9)、温度 x_3(40～60℃)，试验指标 y 为蛋白质提取率 (%)。试验设计了三元二次回归旋转组合设计，试验方案和试验结果如下：

试验号	z_1	z_2	z_3	蛋白质提取率 y/%
1	1	1	1	41.3
2	1	1	−1	38.5
3	1	−1	1	39.5
4	1	−1	−1	40.2
5	−1	1	1	35.2
6	−1	1	−1	34.1
7	−1	−1	1	41.3
8	−1	−1	−1	39.8
9	1.682	0	0	50.1
10	−1.682	0	0	39.5
11	0	1.682	0	48.3
12	0	−1.682	0	46.1
13	0	0	1.682	52.3
14	0	0	−1.682	47.6
15	0	0	0	57.5
16	0	0	0	58.1
17	0	0	0	59.1
18	0	0	0	57.9
19	0	0	0	58.2
20	0	0	0	56.8
21	0	0	0	57.3
22	0	0	0	58.5
23	0	0	0	59.1

(1) 建立二次回归方程；

(2) 对回归方程和回归系数进行显著性检验，并确定因素的主次顺序；

(3) 试用“规划求解”预测优方案。

9 配方试验设计

配方配比问题是工业生产及科学试验中经常遇到的一类问题，在化工、医药、食品、材料等工业领域，许多产品都是由多种组分按一定比例混合起来加工而成，这类产品的质量指标只与各组分的百分比有关，而与混料总量无关。为了提高产品质量，试验者要通过试验得出各种成分比例与指标的关系，以确定最佳的产品配方。

配方试验设计（formula experiment design）又称混料试验设计（mixture experiment design），其目的就是合理地选择少量的试验点，通过一些不同配比的试验，得到试验指标与成分百分比之间的回归方程，并进一步探讨组成与试验指标之间的内在规律。配方设计的方法很多，如本章将要介绍的单纯形格子点设计（simplex-lattice design），单纯形重心设计（simplex-centroid design），配方均匀设计等。

9.1 配方试验设计约束条件

在配方试验（formula experiment）或混料试验（experiment with mixtures）中，如果用 y 表示试验指标，x_1，x_2，…，x_m 表示配方中 m 种组分各占的百分比，显然每个组分的比例必须是非负的，而且它们的总和必须是 1，所以混料约束条件可以表示为

$$x_j \geqslant 0(j=1,2,\cdots,m),\ x_1+x_2+\cdots+x_m=1 \tag{9-1}$$

可见，在配方试验中，试验因素为各组分的百分比，而且是无量纲的，这些因素一般是不独立的，所以往往不能直接使用前面介绍的用于独立变量的试验设计方法。

配方设计要建立试验指标 y 与混料系统中各组分 x_j 的回归方程，再利用回归方程来求取最佳配方。混料约束条件决定了混料配方设计中的数学模型，不同于一般回归设计中所采用的模型。

例如，设某产品含有三种成分，它们在配方中所占的比例分别为 x_1，x_2，x_3，则试验指标 y 与 x_1，x_2，x_3 之间的三元二次回归方程可写为：

$$y=a+b_1x_1+b_2x_2+b_3x_3+b_{12}x_1x_2+b_{13}x_1x_3+b_{23}x_2x_3+b_{11}x_1^2+b_{22}x_2^2+b_{33}x_3^2$$

因为 $a=a(x_1+x_2+x_3)$，$x_1^2=x_1(1-x_2-x_3)$，$x_2^2=x_2(1-x_1-x_3)$，$x_3^2=x_3(1-x_1-x_2)$，所以上述回归方程可以变换为如下形式的三元一次方程：

$$y=b_1x_1+b_2x_2+b_3x_3+b_{12}x_1x_2+b_{13}x_1x_3+b_{23}x_2x_3$$

它没有常数项与二次项，只有一次项与交互项。

又由于 $x_3=1-x_1-x_2$，所以上述三元二次回归方程也可变为如下的二元二次方程：

$$y=a+b_1x_1+b_2x_2+b_{12}x_1x_2+b_{11}x_1^2+b_{22}x_2^2$$

可见，混料配方设计的回归分析具有自己的特点，最佳配方可以通过对回归方程的分析而获得。

9.2 单纯形配方设计

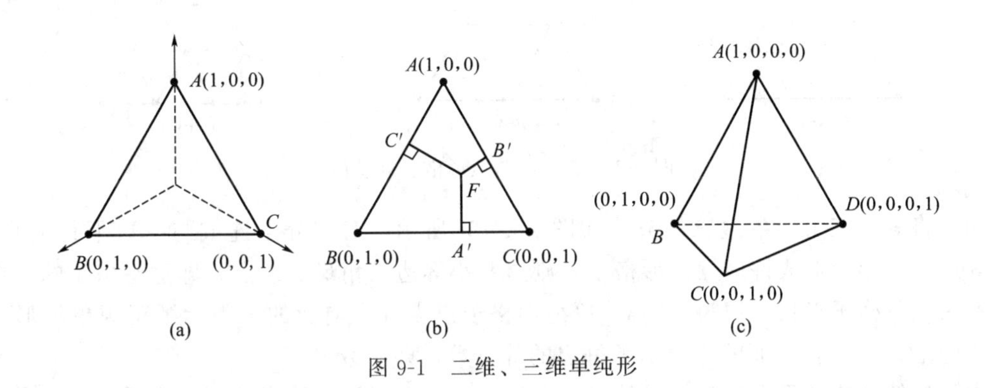

图 9-1　二维、三维单纯形

9.2.1　单纯形的概念

在配方问题中，各组分百分比的变化范围要受约束条件［式(9-1)］的限制，所以在几何上，各分量 x_j 的变化范围可由一个（$m-1$）维正规单纯形来表示，它是包含 m 个节点的凸多面体。平面上的正规单纯形是等边三角形，三维空间的正规单纯形是正四面体，如图 9-1(b)、(c) 所示，当维数>3 时正规单纯形不能用图画出。正规单纯形的顶点代表单一成分组成的混料，棱上的点代表两种成分组成的混料，面上的点代表多于两种而少于等于 m 种成分组成的混料，而单纯形内部的点则是代表全部 m 种成分组成的混料。

下面以组分数 $m=3$ 为例说明，为什么受条件［式(9-1)］约束的点只能取在正规单纯形上。取如图 9-1(a) 所示的空间直角坐标系，分别在三个坐标轴上取三点 $A(1, 0, 0)$、$B(0, 1, 0)$、$C(0, 0, 1)$，分别代表 A、B、C 三种纯物质，由于约束条件的限制，三种组分的百分比 x_A、x_B 和 x_C 只能在△ABC 上取值，也就是说，三组分配方试验的试验点只能取在二维正规单纯形等边三角形上。为简便起见，使用时将不再画出三个坐标轴，只画出一个等边三角形就可以了，取此等边三角形的高为 1，则此等边三角形内任一点 F 到三边距离之和为 1。这样，如图 9-1(b) 所示，可以把 FA' 长度看成是 F 点的 x_A 坐标值，把 FB' 与 FC' 的长度分别看成是 F 点的 x_B 值与 x_C 值，依据这一原则，△ABC 三条边上的点表示的是对应两顶点纯组分的二元混合物。

同样地，我们可以在三维（或多维）空间内取一个高为 1 的正规单纯形，则此正规单纯形内任一点到各个面的距离之和是 1，把此点到各个面的距离分别看成是相应的坐标，即各组分的百分比。

9.2.2　单纯形格子点设计

单纯形格子点设计是 Scheffe 于 1958 年提出的，它是混料配方设计中最早出现和最基本的一种设计方案。

9.2.2.1 单纯形格子点设计原理

如果将图 9-2(a) 中高为 1 的等边三角形三条边各二等分，如图 9-2(b) 所示，则此三角形的三个顶点与三个边中点的总体称为二阶格子点集，记为 {3,2} 单纯形格子点设计，其中 3 表示正规单纯形的顶点个数，即组分数 $m=3$，2 表示每边的等分数，即阶数 $d=2$。

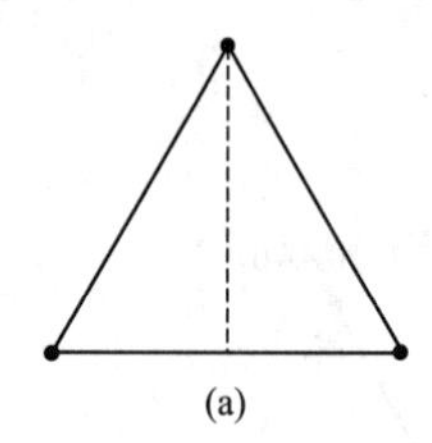
(a)

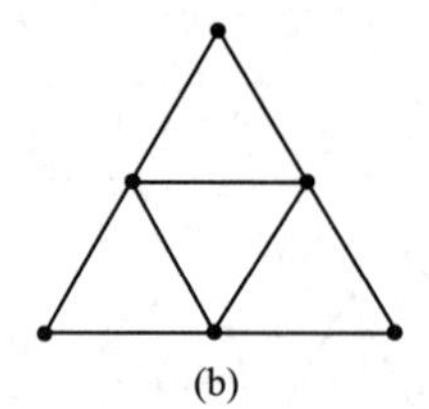
(b)

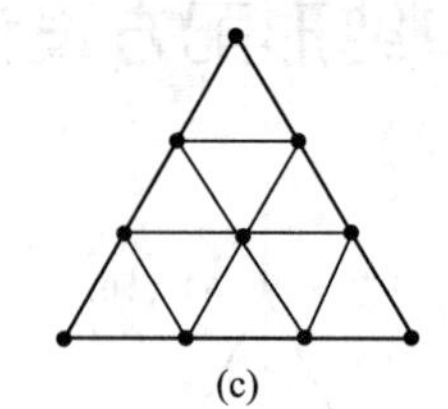
(c)

图 9-2 {3,d} 单纯形格子点设计

如果将等边三角形各边三等分，如图 9-2(c) 所示，对应分点连成与一边平行的直线，则在等边三角形上形成许多三角形格子，则这些小等边三角形的顶点，即这些格子的顶点的总体称为三阶格子点集，记为 {3,3} 单纯形格子点设计，前面的 3 表示了正规单纯形顶点个数，即组分数 m，后面的 3 表示了每边的等分数，即阶数 d。

用类似的方法，可得到其他各种格子点集。三顶点正规单纯形的四阶格子点集记为 {3,4}，总共有 15 个点。四顶点正规单纯形的二阶和三阶格子点集分别用 {4,2} 和 {4,3} 表示。

如果将试验点取在相应阶数的正规单纯形格子点上，这样的试验设计称为单纯形格子点设计。它可以保证试验点均匀分布，而且计算简单、准确。

在单纯形格子点设计中，m 组分 d 阶格子点集 {m,d} 中共有 $\frac{(m+d-1)!}{d!(m-1)!}$ 个点，正好与所采用的 d 阶完全型规范多项式回归方程中待估计的回归系数的个数相等，故单纯形格子点设计是饱和设计。常用的单纯形格子点设计的试验点数及相应的完全型规范多项式回归方程阶数 d 之间的关系如表 9-1 所示。

表 9-1 {m,d} 单纯形格子点设计试验点数

组分数 m	2 阶	3 阶	4 阶	组分数 m	2 阶	3 阶	4 阶
3	6	10	15	6	21	56	126
4	10	20	35	8	36	120	330
5	15	35	70	10	55	220	715

9.2.2.2 单纯形格子点设计试验方案的确定

(1) 无约束单纯形格子点设计

所谓无约束的配方设计，是指除了约束条件 [式(9-1)] 之外，不再有对各组分含量加以限制的其他条件。

在无约束配方设计中，各组分含量 x_j 的变化范围可以用高为 1 的正单纯形表示。每种组分的百分比 x_j 的取值与阶数 d 有关，为 $1/d$ 的倍数，即

$$x_j=0,1/d,2/d,\cdots,d/d=1$$

如果对每种组分的百分比 x_j 进行线性变换（即编码），则规范变量 z_j 与自然变量 x_j 的值相等，即 $x_j=z_j$，所以对于无约束单纯形格子点设计，不必区分规范变量与自然变量。

例如，当 $m=3$，$d=1$ 时，只有 3 个试验点：(1，0，0)，(0，1，0)，(0，0，1)，即

正三角形的三个顶点；当 $m=3$，$d=2$ 时，有 6 个试验点（如表 9-2 所示），它们与图 9-2（b）中的 6 个点对应；当 $m=3$，$d=3$ 时，有 10 个试验点（如表 9-3 所示），它们与图 9-2（c）中的 10 个点对应。

表 9-2 {3,2} 单纯形格子点设计

试验号	z_1	z_2	z_3	y	试验号	z_1	z_2	z_3	y
1	1	0	0	y_1	4	1/2	1/2	0	y_{12}
2	0	1	0	y_2	5	1/2	0	1/2	y_{13}
3	0	0	1	y_3	6	0	1/2	1/2	y_{23}

表 9-3 {3,3} 单纯形格子点设计

试验号	z_1	z_2	z_3	y	试验号	z_1	z_2	z_3	y
1	1	0	0	y_1	6	2/3	0	1/3	y_{113}
2	0	1	0	y_2	7	1/3	0	2/3	y_{133}
3	0	0	1	y_3	8	0	2/3	1/3	y_{223}
4	2/3	1/3	0	y_{112}	9	0	1/3	2/3	y_{233}
5	1/3	2/3	0	y_{122}	10	1/3	1/3	1/3	y_{123}

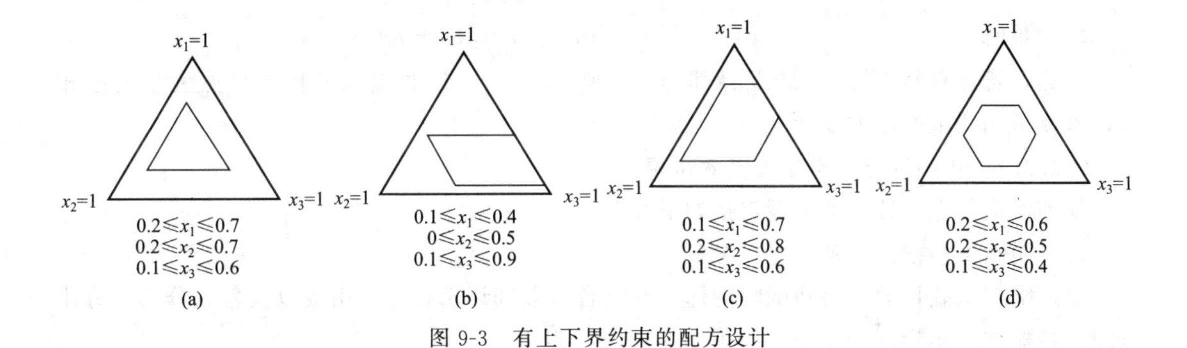

图 9-3 有上下界约束的配方设计

更多的单纯形格子点设计表可参考附录 10。这些设计表也同样适合于有约束的单纯形格子点设计。

（2）有约束单纯形格子点设计

上面讨论的配方设计对混料中各分量 x_j 是一视同仁的，但是在实际的配方试验中，有些成分的含量除受约束条件［式(9-1)］限制外，还要受其他约束条件限制，如：

$$a_j \leqslant x_j \leqslant b_j, \ j=1,2,\cdots,m \tag{9-2}$$

则这种配方称为有约束的配方。对于有约束配方的设计，试验点空间变得更加复杂，是正规单纯形内的一个几何体。兼有上、下界约束的 m 组分混料问题，其试验空间是正规单纯形内的一个凸几何体。例如对于三组分的混料试验，当有上、下界约束条件时，有可能出现如图 9-3 所示的几种情况，由于实际的试验区域往往不是规则的单纯形，不能使用单纯形格子点设计。

本节只介绍有下界约束的单纯形格子点设计，此时试验范围为原正规单纯形内的一个小正规单纯形（如图 9-4 所示），所以仍然可以使用单纯形设计。

对于有下界约束的混料设计，在选用单纯形格子点设计表之前，应将自然变量 x_j（$j=1，2，\cdots，m$）转换成规范变量（编码值）z_j。编码公式如下：

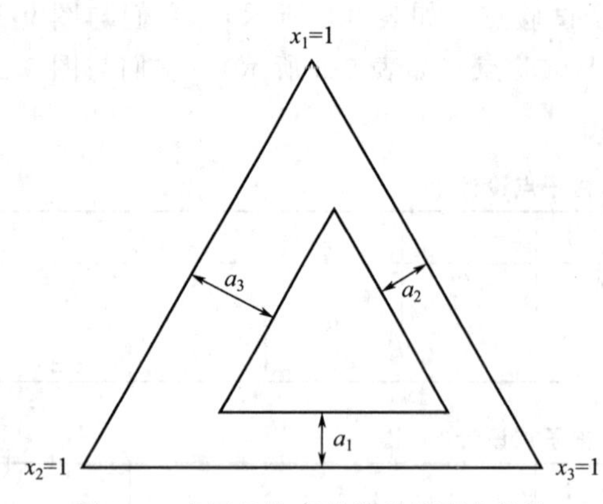

图 9-4 有下界约束的单纯形配方设计

$$x_j - a_j = (1 - \sum_{j=1}^{m} a_j) z_j \tag{9-3}$$

或

$$z_j = \frac{x_j - a_j}{1 - \sum_{j=1}^{m} a_j} \tag{9-4}$$

其中 a_j 为各自然变量 x_j 对应的最小值（下界），其几何意义如图 9-4 所示，所以有

$$x_j \geqslant a_j \tag{9-5}$$

例如，某种产品由 3 种组分组成，各自所占的百分比分别为 x_1、x_2、x_3，有如下约束条件：$x_1 \geqslant a_1$，$x_2 \geqslant a_2$，$x_3 \geqslant a_3$，$a_1 + a_2 + a_3 < 1$，$x_1 + x_2 + x_3 = 1$，则

$$x_1 = [1 - (a_1 + a_2 + a_3)] z_1 + a_1$$
$$x_2 = [1 - (a_1 + a_2 + a_3)] z_2 + a_2$$
$$x_3 = [1 - (a_1 + a_2 + a_3)] z_3 + a_3$$

显然，若各自然变量 x_j 的下界都为 0，则 $x_j = z_j$，这时规范变量与自然变量的值相等，也就是无约束的配方设计。

9.2.2.3 单纯形格子点设计基本步骤

单纯形格子点设计基本步骤包括如下几步：

(1) 明确试验指标，确定混料组分

根据配方试验目的，明确试验指标，并结合专业知识选择配方组成以及各成分的百分比范围。各配方的实际百分比用 x_1，x_2，…，x_m 表示。

(2) 选择单纯形格子点设计表，进行试验设计

根据配方试验中的组分数 m 和所确定的阶数 d，选择相应的 $\{m,d\}$ 单纯形格子点设计表。设计表中的数值为规范变量 z_j($j=1$，2，…，m)，根据编码式(9-3) 或式(9-4) 计算出自然变量 x_j 的值，并列出试验方案。

(3) 回归方程的建立

在回归模型已知的情况下，直接将每号试验的编码及试验结果 y 代入对应的回归模型中，就可求出各回归系数。

对于 $\{m,1\}$ 单纯形格子点设计，规范变量 z_j 与试验指标 y 之间的回归模型为：

$$\hat{y} = \sum_{j=1}^{m} b_j z_j \tag{9-6}$$

其中回归系数的计算公式如下：

$$b_j = y_j (j = 1, 2, \cdots, m) \tag{9-7}$$

对于 $\{m,2\}$ 单纯形格子点设计，回归变量 z_j 与试验指标 y 之间的回归模型为：

$$\hat{y} = \sum_{j=1}^{m} b_j z_j + \sum_{k<j} b_{kj} x_k z_j \tag{9-8}$$

其中回归系数的计算公式如下：

$$\begin{cases} b_j = y_j \\ b_{kj} = 4y_{kj} - 2(y_k + y_j) \end{cases}, \ k<j, k=1,2,\cdots,m-1 \tag{9-9}$$

对于 $\{m,3\}$ 单纯形格子点设计，回归变量 z_j 与试验指标 y 之间的回归模型为：

$$\hat{y} = \sum_{j=1}^{m} b_j z_j + \sum_{k<j} b_{kj} z_k z_j + \sum_{k<j} \gamma_{kj} z_k z_j (z_k - z_j) + \sum_{l<k<j} b_{lkj} z_l z_k z_j \tag{9-10}$$

其中回归系数的计算公式如下：

$$\begin{cases} b_j = y_j \\ b_{kj} = \dfrac{9}{4}(y_{kjj} + y_{kkj} - y_k - y_j) \\ \gamma_{kj} = \dfrac{27}{4}(y_{kkj} - y_{kjj}) - \dfrac{9}{4}(y_k - y_j) \\ b_{lkj} = 27y_{lkj} + \dfrac{9}{2}(y_l + y_k + y_j) - \dfrac{27}{4}(y_{kjj} + y_{kkj} + y_{ljj} + y_{llj} + y_{lkk} + y_{llk}) \end{cases}$$

$$l<k<j, \ l=1,2,\cdots,m-2 \tag{9-11}$$

(4) 最优配方的确定

根据规范变量 z_j 与试验指标 y 之间的回归方程以及有关约束条件，可以预测最佳的试验指标值，及其对应规范变量 z_j 的最佳取值。如果将最佳规范变量 z_j 转换成自然变量，就可得到最优配方。理论上的最优配方可以利用 Excel 中的“规划求解”工具确定。

(5) 回归方程的回代

如果各组分百分比 x_j 有下界约束，可根据编码公式，将试验指标 y 与规范变量 z_j 的回归关系转换成试验指标 y 与自然变量 x_j 的回归关系；如果各组分百分比 x_j 下界无约束，则不需要转换。

例 9-1 某种葡萄汁饮料主要是由纯净水（x_1）、白砂糖（x_2）和红葡萄浓缩汁（x_3）三种成分组成，其中要求红葡萄浓缩汁（x_3）的含量不得低于 10%，试通过配方试验确定使试验指标 y 最大的最优配方。试验指标为综合评分，越高越好。

解：依题意，$x_1 \geqslant 0$，$x_2 \geqslant 0$，$x_3 \geqslant 0.1$，即 $a_1=0$，$a_2=0$，$a_3=0.1$，所以有

$$x_1 = (1 - \sum_{j=1}^{3} a_j) z_1 + a_1 = (1-0.1)z_1 + 0 = 0.9z_1$$

$$x_2 = (1 - \sum_{j=1}^{3} a_j) z_2 + a_2 = (1-0.1)z_2 + 0 = 0.9z_2$$

$$x_3 = (1 - \sum_{j=1}^{3} a_j) z_3 + a_3 = (1-0.1)z_3 + 0.1 = 0.9z_3 + 0.1$$

由于 $m=3$，故可以选择 $\{3,2\}$ 单纯形格子点设计，试验方案和试验结果见表 9-4。

表 9-4 例 9-1 {3,2} 单纯形格子点设计方案及试验结果

试验号	z_1	z_2	z_3	纯净水 x_1	白砂糖 x_2	红葡萄浓缩汁 x_3	评分 y
1	1	0	0	0.9	0	0.1	6.5(y_1)
2	0	1	0	0	0.9	0.1	5.5(y_2)
3	0	0	1	0	0	1	7.5(y_3)
4	1/2	1/2	0	0.45	0.45	0.1	8.5(y_{12})
5	1/2	0	1/2	0.45	0	0.55	6.8(y_{13})
6	0	1/2	1/2	0	0.45	0.55	5.4(y_{23})

本例 $\{3,2\}$ 单纯形格子点设计的回归方程为：

$$y=b_1z_1+b_2z_2+b_3z_3+b_{12}z_1z_2+b_{13}z_1z_3+b_{23}z_2z_3$$

将每号试验代入上述方程，得

$$b_1=y_1=6.5$$
$$b_2=y_2=5.5$$
$$b_3=y_3=7.5$$
$$\frac{b_1}{2}+\frac{b_2}{2}+\frac{b_{12}}{4}=y_{12}=8.5$$
$$\frac{b_1}{2}+\frac{b_3}{2}+\frac{b_{13}}{4}=y_{13}=6.8$$
$$\frac{b_2}{2}+\frac{b_3}{2}+\frac{b_{23}}{4}=y_{23}=5.4$$

所以有

$$b_{12}=4y_{12}-2(y_1+y_2)=4\times8.5-2\times(6.5+5.5)=10$$
$$b_{13}=4y_{13}-2(y_1+y_3)=4\times6.8-2\times(6.5+7.5)=-0.8$$
$$b_{23}=4y_{23}-2(y_2+y_3)=4\times5.4-2\times(5.5+7.5)=-4.4$$

所以试验指标 y 与规范变量之间的回归方程为：

$$y=6.5z_1+5.5z_2+7.5z_3+10z_1z_2-0.8z_1z_3-4.4z_2z_3$$

利用 Excel 中的“规划求解”工具，根据上述回归方程和有关约束条件，得到该回归方程在 $z_1=0.55$，$z_2=0.45$，$z_3=0$ 时指标值 y 取得最大值 8.5。

由于 $z_1=\frac{x_1}{0.9}$，$z_2=\frac{x_2}{0.9}$，$z_3=\frac{x_3-0.1}{0.9}$，所以有当 $x_1=0.5$，$x_2=0.4$，$x_3=0.1$ 时，预测该饮料的评分最高。注意，这里的最佳配方是根据回归方程预测的，还应进行验证试验。

将上述编码计算式代入试验指标 y 与规范变量之间的回归方程，得到

$$\begin{aligned}y=&6.5\left(\frac{x_1}{0.9}\right)+5.5\left(\frac{x_2}{0.9}\right)+7.5\left(\frac{x_3-0.1}{0.9}\right)+10\left(\frac{x_1}{0.9}\right)\left(\frac{x_2}{0.9}\right)-0.8\left(\frac{x_1}{0.9}\right)\left(\frac{x_3-0.1}{0.9}\right)-\\&4.4\left(\frac{x_2}{0.9}\right)\left(\frac{x_3-0.1}{0.9}\right)\\=&-0.833+7.32x_1+6.65x_2+8.33x_3+12.35x_1x_2-0.99x_1x_3-5.43x_2x_3\\=&7.5-2x_1-7.11x_2+18.87x_1x_2+0.99x_1^2+5.43x_2^2\end{aligned}$$

9.2.3 单纯形重心设计

9.2.3.1 单纯形重心设计试验方案的确定

单纯形重心设计就是将试验点安排在单纯形的重心上。对于一个 $m-1$ 维的单纯形，共有 2^m-1 个重心。单个顶点的重心就是顶点本身，共有 m 个；任意两个顶点组成一条棱边，棱的中点即为两顶点的重心，共有$\frac{m(m-1)}{2}$个；任意三个顶点组成一个正三角形，该三角形的中心称为三顶点的重心，共有 $\frac{m(m-1)(m-2)}{3!}$ 个；四个顶点的重心有 $\frac{m(m-1)(m-2)(m-3)}{4!}$，…，$m$ 个顶点的重心，即单纯形的中心有 1 个。例如正三角形

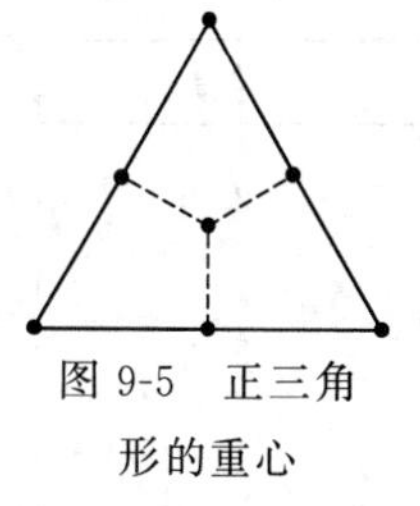
图 9-5 正三角形的重心

的重心数为 $2^3-1=7$（如图 9-5），正四面体的重心数为 $2^4-1=15$。所以 m 维的单纯形重心设计共有 2^m-1 个重心，即试验点数为 2^m-1 个。

单纯形重心设计所有的试验点中，包括 m 个单一成分的点：(1,0,0,…,0)，(0,1,0,…,0)，…，(0,0,0,…,1)；$\frac{m(m-1)}{2!}$个二种成分相等的试验点：(1/2,1/2,0,…,0)，(0,1/2,1/2,…,0) …，(0,…,0,1/2,1/2)；$\frac{m(m-1)(m-2)}{3!}$个三种成分相等的试验点：(1/3,1/3,1/3,0,…,0)，(0,1/3,1/3,1/3,…,0)，…，(0,…,0,1/3,1/3,1/3)；……；1 个 m 种成分相等的试验点：(1/m,1/m,…,1/m)。

例如，当 $m=3$ 时，共有 7 个试验点，如图 9-5 所示，它们为 (1,0,0)，(0,1,0)，(0,0,1)，(1/2,1/2,0)，(0,1/2,1/2)，(0,1/2,1/2)，(1/3,1/3,1/3)。单纯形重心设计方案的确定可以直接参考单纯形重心设计表（见附录 11）。表中的数值为组分百分比的编码值 z_j，若是无约束配方设计，则 $z_j=x_j$。

9.2.3.2 单纯形重心设计结果分析

单纯形重心设计与单纯形格子点设计的结果分析步骤是一致的。规范变量（z_j）与自然变量（x_j）之间的转换公式也是相同的［见式(9-3) 和式(9-4)］。

若 $m=3$，则单纯形重心设计规范变量 z_j 与试验指标 y 之间的回归方程为：

$$\hat{y}=\sum_{j=1}^{3}b_j z_j+\sum_{k<j}b_{kj}z_k z_j+b_{123}z_1 z_2 z_3 \tag{9-12}$$

若将每号试验的编码及试验结果代入式(9-12)，就可得到各回归系数的计算公式如下：

$$\begin{cases}b_j=y_j\\ b_{kj}=4y_{kj}-2(y_k+y_j) \qquad (k<j)\\ b_{123}=27y_{123}-12(y_{12}+y_{13}+y_{23})+3(y_1+y_2+y_3)\end{cases} \tag{9-13}$$

若 $m=4$，则规范变量 z_j 与试验指标 y 之间的回归方程为：

$$\hat{y}=\sum_{j=1}^{4}b_j z_j+\sum_{k<j}b_{kj}z_k z_j+\sum_{l<k<j}b_{lkj}z_l z_k z_j+b_{1234}z_1 z_2 z_3 z_4 \tag{9-14}$$

可以推出其中回归系数的计算公式为：

$$\begin{cases}b_j=y_j\\ b_{kj}=4y_{kj}-2(y_k+y_j)\\ b_{lkj}=27y_{lkj}-12(y_{lk}+y_{lj}+y_{kj})+3(y_l+y_k+y_j) \qquad (l<k<j)\\ b_{1234}=256y_{1234}-4\sum_{j=1}^{4}y_j+32\sum_{k<j}y_{kj}-108\sum_{l<k<j}y_{lkj}\end{cases} \tag{9-15}$$

例 9-2 为控制草莓虫害，可向草莓株体上喷洒化学杀虫剂。现有 4 种化学杀虫剂可供喷洒。可以单独使用某一种，也可以几种混合在一起使用，为得到最好的杀虫效果，要进行混料试验。设 x_1、x_2、x_3、x_4 分别表示 A、B、C、D 四种杀虫剂在混合杀虫剂配方中所占的比例。采用了单纯形重心设计（$m=4$），共有 15 种配方。在四块地上分别实施这 15 种配方，在每块地上将每个配方的农药分别在三株草莓体上喷洒。杀虫效果的指标是 7 天后害虫的残存率。表 9-5 中列出了各种混合杀虫剂中各成分比例及相应的平均观测值（四块地每种混合杀虫剂效果的平均）。

表 9-5 例 9-2 试验方案及结果

试验号	x_1	x_2	x_3	x_4	害虫残存百分比/%
1	1	0	0	0	1.8(y_1)
2	0	1	0	0	25.4(y_2)
3	0	0	1	0	28.6(y_3)
4	0	0	0	1	38.5(y_4)
5	0.5	0.5	0	0	4.9(y_{12})
6	0.5	0	0.5	0	3.1(y_{13})
7	0.5	0	0	0.5	23.7(y_{14})
8	0	0.5	0.5	0	3.4(y_{23})
9	0	0.5	0	0.5	37.4(y_{24})
10	0	0	0.5	0.5	10.7(y_{34})
11	0.33	0.33	0.33	0	22.0(y_{123})
12	0.33	0.33	0	0.33	2.4(y_{124})
13	0.33	0	0.33	0.33	2.5(y_{134})
14	0	0.33	0.33	0.33	11.1(y_{234})
15	0.25	0.25	0.25	0.25	0.8(y_{1234})

解：除了基本约束条件之外，各种组分无上下界约束，所以各实际百分比与规范变量在数值上是相等的，即单纯形重心设计表中的数值即为各组分的实际百分比。

由于 $m=4$，所以回归方程的形式如下：

$$y=b_1x_1+b_2x_2+b_3x_3+b_4x_4+b_{12}x_1x_2+b_{13}x_1x_3+b_{14}x_1x_4+b_{23}x_2x_3+b_{24}x_2x_4+b_{34}x_3x_4+b_{123}x_1x_2x_3+b_{124}x_1x_2x_4+b_{134}x_1x_3x_4+b_{234}x_2x_3x_4+b_{1234}x_1x_2x_3x_4$$

将表 9-5 中的数据代入上式，可得 15 方程，联立这 15 个方程就可计算出回归方程的 15 个回归系数；或者套用公式(9-15)，也可算得各回归系数。得到害虫残存率 y 相对于 4 种化学杀虫剂含量百分比的多项式回归方程为：

$$y=1.8x_1+25.4x_2+28.6x_3+38.5x_4-34.8x_1x_2-48.4x_1x_3+14.2x_1x_4-94.4x_2x_3+21.8x_2x_4-91.4x_3x_4+624.6x_1x_2x_3-530.1x_1x_2x_4-175.8x_1x_3x_4-40.8x_2x_3x_4-1614.0x_1x_2x_3x_4$$

如果采用本章 9.4 的方法，也可得到与上述方程等价的方程形式：

$$y=1.8x_1+25.4x_2+28.6x_3+38.5x_4-34.8x_1x_2-48.4x_1x_3+14.2x_1x_4-94.4x_2x_3+21.8x_2x_4-638.0x_3x_4+624.6x_1x_2x_3-540.2x_1x_2x_4-182.5x_1x_3x_4-43.6x_2x_3x_4-1589.3x_1x_2x_3x_4$$

由于试验指标为害虫残存率，越小越好，运用 Excel 的“规划求解”工具可以得到多组配方。例如，当 $x_1=0.29$、$x_2=0.22$、$x_3=0.23$、$x_4=0.26$ 时，当 $x_1=0.85$、$x_2=0$、$x_3=0.15$、$x_4=0$ 时，或当 $x_1=0.39$、$x_2=0.47$、$x_3=0$、$x_4=0.14$ 时，理论害虫残存率可达到最小值 0。我们可以结合各种杀虫剂的安全性、价格等因素，通过验证试验确定一个优方案。

*9.3 配方均匀设计

上面介绍的两种单纯形设计虽然比较简单，但是试验点在试验范围内的分布并不十分均匀，而且试验边界上的试验点过多，缺乏典型性。为了克服上述缺点，可以运用均匀设计思想来进行配方设计，即配方均匀设计。

对于无约束的配方设计，m 种组分的试验范围是单纯形，如果需要比较 n 种不同的配方，这些配方对应单纯形中的 n 个点，配方均匀设计的思想就是使这 n 个点在单纯形中散布尽可能均匀。其设计方案可用如下步骤获得。

① 根据混料中的组分数 m 和试验次数 n，选择合适的等水平均匀设计表 $U_n(n^l)$ 或 $U_n^*(n^l)$，这里要求均匀设计表所能安排的因素数≥m，然后根据均匀表的使用表，选择相应的 $(m-1)$ 列进行变换。例如，如果试验次数 $n=7$，组分数 $m=3$，则可以选择均匀表 $U_7^*(7^4)$ 或 $U_7(7^4)$ 中的 $(m-1)$ 列（第1、3列）进行变换。

② 如果用 q_{ji} 表示所选均匀表第 j 列中的第 $i(i=1,2,\cdots,n)$ 个数，将这个数进行如下转换：

$$C_{ji}=\frac{2q_{ji}-1}{2n},\ j=1,2,\cdots,m-1 \tag{9-16}$$

③ 将 $\{C_{ji}\}$ 转换成 $\{x_{ji}\}$，计算公式如下：

$$\begin{cases}x_{ji}=(1-C_{ji}^{\frac{1}{m-j}})\prod_{k=1}^{j-1}C_{ki}^{\frac{1}{m-k}}\\x_{mi}=\prod_{k=1}^{m-1}C_{ki}^{\frac{1}{m-k}}\end{cases} \tag{9-17}$$

上式中 $\prod$ 为连乘符。

于是 $\{x_{ji}\}$ 就给出了对应 n、m 的配方均匀设计，并用代号 $UM_n(n^m)$ 或 $UM_n^*(n^m)$ 表示，其中 n 表示了试验次数，m 表示了组分数。

当 $m=3$ 时，计算公式(9-17) 可简化成如下形式：

$$\begin{cases}x_{1i}=1-\sqrt{C_{1i}}\\x_{2i}=\sqrt{C_{1i}}(1-C_{2i})\\x_{3i}=\sqrt{C_{1i}}C_{2i}\end{cases} \tag{9-18}$$

例如，表 9-6 给出了产生 $UM_7^*(7^3)$ 的过程。这时 $n=7$，$m=3$，应选用 $U_7^*(7^4)$ 中的两列进行变换，根据 $U_7^*(7^4)$ 的使用表，这两列为第 1，3 列。在表 9-6 中，当 $i=1$ 时，在第 1 号试验中，$q_{11}=1$（第 1 列第 1 个数），$q_{21}=5$（第 2 列第 1 个数），所以根据式(9-16) 得：

$$C_{11}=\frac{2q_{11}-1}{2n}=\frac{2\times1-1}{2\times7}=\frac{1}{14}=0.071$$

$$C_{21}=\frac{2q_{21}-1}{2n}=\frac{2\times5-1}{2\times7}=\frac{9}{14}=0.643$$

又根据式(9-17) 或式(9-18) 可得：

$$x_{11}=1-\sqrt{C_{11}}=1-\sqrt{0.0714}=0.733$$

$$x_{21}=\sqrt{C_{11}}(1-C_{21})=\sqrt{0.0714}\times(1-0.643)=0.095$$

$$x_{31}=\sqrt{C_{11}}C_{21}=\sqrt{0.0714}\times0.643=0.172$$

同理可以计算出余下试验的配方组成，结果如表 9-6 所示。

表 9-6 $UM_7^*(7^3)$ 及其生成过程

试验号	1	3	C_1	C_2	x_1	x_2	x_3
1	1	5	0.0714	0.643	0.733	0.095	0.172
2	2	2	0.214	0.214	0.537	0.364	0.099
3	3	7	0.357	0.929	0.402	0.043	0.555

续表

试验号	1	3	C_1	C_2	x_1	x_2	x_3
4	4	4	0.500	0.500	0.293	0.354	0.354
5	5	1	0.643	0.071	0.198	0.745	0.057
6	6	6	0.786	0.786	0.114	0.190	0.696
7	7	3	0.929	0.357	0.036	0.619	0.344

因 $x_1+x_2+x_3=1$，所以可以只计算其中两个成分的百分比。注意，由于计算过程中多余数字的舍去，使配方均匀设计表中每号试验 $x_1+x_2+x_3\approx1$，但不影响使用。用同样的方法也可以生成其他的配方均匀设计表，可以参考附录 12。

可见，配方均匀设计表规定了每号试验中每种组分的百分比，这些试验点均匀地分散在试验范围内。用配方均匀设计安排好试验后，获得试验指标 $y_i(i=1, 2, \cdots, n)$ 的值，试验结果的分析可用直观分析或回归分析。

例 9-3 某种新材料由三种金属组成，它们的含量分别为 x_1、x_2、x_3，选择了 $UM_{15}(15^3)$ 表来安排配方试验，因 $x_1+x_2+x_3=1$，故表 9-7 中仅仅列出 x_1 和 x_2。试验方案和试验指标 y 值（越大越好）列于表 9-7 中。试确定最优配方。

表 9-7 例 9-3 试验方案和结果

试验号	x_1	x_2	y	试验号	x_1	x_2	y
1	0.817	0.055	8.508	9	0.247	0.326	9.809
2	0.684	0.179	9.464	10	0.204	0.557	9.732
3	0.592	0.340	9.935	11	0.163	0.809	8.933
4	0.517	0.048	9.400	12	0.124	0.204	9.971
5	0.452	0.201	10.680	13	0.087	0.456	9.881
6	0.394	0.384	9.748	14	0.051	0.727	8.892
7	0.342	0.592	9.698	15	0.017	0.033	10.139
8	0.293	0.118	10.238				

解： ① 直观分析法

由于配方均匀设计的试验点分布得比较均匀，所以可以通过直观分析法，结合实际情况直接选用其中较好的试验点作为最优配方。例如本例中的第 5、8、15 号试验。

② 回归分析法

由于 $x_1+x_2+x_3=1$，可利用二元二次回归模型确定试验指标 y 与 x_1、x_2 之间的回归方程。求得回归方程为：

$$y=10.090+0.804x_1-3.464x_1^2-2.672x_2^2+3.886x_1x_2$$

相应的复相关系数 $R=0.90$，Significance F：$0.0012<0.01$。

【9-1】

运用 Excel 的“规划求解”工具，求得当 $x_1=0.196$，$x_2=0.143$，$x_3=0.661$ 时，回归方程取得最大值 10.169。该最大值低于表中的 10.680 和 10.238，这是由于回归方程只是试验指标 y 与 x_1、x_2 之间近似的函数关系式，试验值与回归值之间存在偏差，所以应将直观分析和回归分析结合起来，找到与实际相符合的最优配方。上述数据处理过程，可扫描二维码【9-1】查看。

注意，如果用回归分析法分析配方均匀设计结果，在选择配方均匀设计表时应注意，试验次数应多于回归方程回归系数的个数。

有约束的配方均匀设计比较复杂，可以借助中国均匀设计协会所推荐的软件包，也可以将各组分的百分比看作独立变量，在对应的试验范围内确定若干水平，直接运用均匀设计确定最优的配方。

9.4 Excel在配方设计中的应用

对于单纯形配方设计，由于回归方程项数（不包括常数项）与试验次数相等，不能直接利用Excel的回归分析工具来求回归系数。但是，可以利用已知的回归模型，利用Excel中“规划求解”，通过解方程组求出回归系数。对于配方均匀设计，当回归模型已知时，可用Excel的回归分析工具来进行回归分析。

在利用“规划求解”确定最优配方设计时，由于配方设计约束条件的存在，在对回归方程进行规划求解时，与前面章节介绍的方法略有不同。

例9-4 对于例9-1，试利用Excel中的“规划求解”工具确定回归方程系数，并预测理论最优配方。

解：(1) 回归系数的确定

在单纯型设计中，回归模型是已知的，将每号试验的编码及试验结果 y 代入回归模型中，就可得一组方程，这组方程的个数刚好与所求系数的个数一致，方程组的解就是回归方程的系数。这里可以利用Excel的“规划求解”工具来解方程组，具体步骤如下。

① 首先建立如图9-6所示的工作表。在单元格E10中输入“＝$B$10*B2＋$B$11*C2＋$B$12*D2＋$B$13*B2*C2＋$B$14*B2*D2＋$B$15*C2*D2－E2”，其中$B$10：$B$15对应的是6个回归系数的单元格引用，B2：D2对应的是第1号试验各变量的编码值，E2对应的是第1号试验的结果，所以上述输入内容对应的方程形式是“$= b_1z_1 + b_2z_2 + b_3z_3 + b_{12}z_1z_2 + b_{13}z_1z_3 + b_{23}z_2z_3 - y$”。

② 选中单元格E10，然后向下拖动填充柄至E15，这样6个方程输入完毕，结果如图9-6所示。

	A	B	C	D	E
1	试验号	z_1	z_2	z_3	评分y
2	1	1	0	0	6.5
3	2	0	1	0	5.5
4	3	0	0	1	7.5
5	4	1/2	1/2	0	8.5
6	5	1/2	0	1/2	6.8
7	6	0	1/2	1/2	5.4
8					
9	系数			方程	
10	b_1			1	-6.5
11	b_2			2	-5.5
12	b_3			3	-7.5
13	b_{12}			4	-8.5
14	b_{13}			5	-6.8
15	b_{23}			6	-5.4
16					

图9-6 例9-4回归系数求解工作表

③ 在【数据】选项卡【分析】命令组中，点击“规划求解”，弹出“规划求解参数”对话框，填写有关项目（如图9-7）。

设置第一个方程为目标（也可是其他方程），由于 $b_1z_1+b_2z_2+b_3z_3+b_{12}z_1z_2+b_{13}z_1z_3+b_{23}z_2z_3-y=0$，所以设置目标值等于 0；设置回归系数所在的单元格 ＄B＄10：＄B＄15 为可变单元格；在解方程组时，不仅要求第一个方程为 0，同时其他所有方程也应该等于 0，所以这里设置的约束条件是另外 5 个方程等于 0。

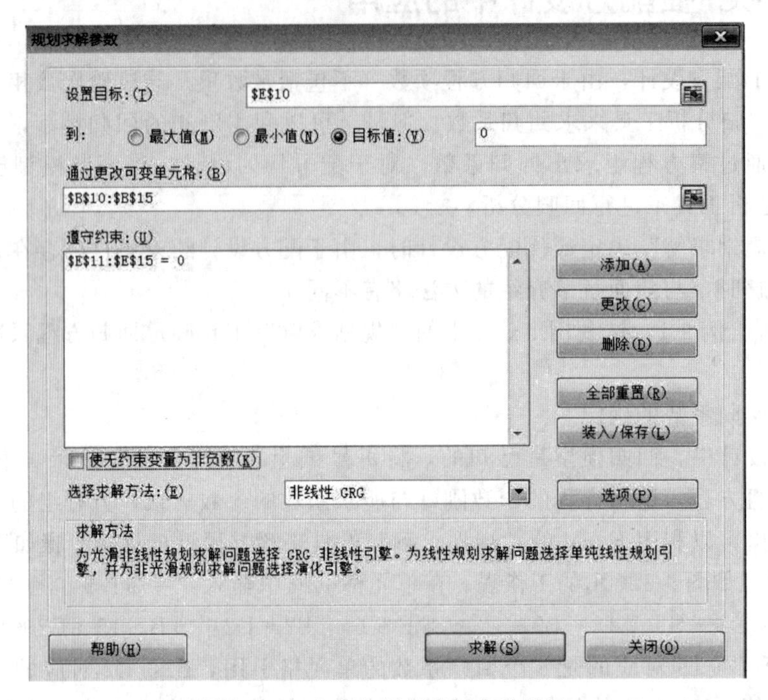

图 9-7 解方程组规划求解参数设置

④ 填完“规划求解参数”对话框之后，单击“求解”，即可得到图 9-8 所示的回归系数求解结果。

	A	B	C	D	E
9	系数			方程	
10	b_1	6.5		1	0.00
11	b_2	5.5		2	0.00
12	b_3	7.5		3	0.00
13	b_{12}	10.0		4	0.00
14	b_{13}	-0.8		5	0.00
15	b_{23}	-4.4		6	0.00

图 9-8 例 9-4 回归系数求解结果

（2）预测最优配方

方便起见，最好利用 y 与规范变量之间关系式进行规划求解，即 $y=6.5z_1+5.5z_2+7.5z_3+10z_1z_2-0.8z_1z_3-4.4z_2z_3$。具体步骤如下。

① 首先建立如图 9-9 所示的工作表格。

其中 B1、B2、B3 三个单元格分别用于存放规范变量 z_1、z_2、z_3，为可变单元格。选择单元格 C2 为目标单元格，在该单元格中应该输入上述回归方程的右边部分，如图 9-9 所示。

三个可变单元格可以空着，也可以输入任何一个试验方案（三种组分的规范变量值）。图 9-9 中，在 B1、B2、B3 中输入了第 1 号试验方案（见表 9-4）。值得注意的是，如果在

B1、B2、B3 三个可变单元格中输入的是其他试验方案，最后规划求解结果可能不同，建议填入不同的初始值，看规划求解的结果是否唯一，否则将不同结果进行验证比较，选择其中较为合理的方案。

由于存在约束条件 $z_1+z_2+z_3=1$，所以在 B5 单元格内输入“=B2+B3+B4”或“=SUM（B2：B3）”。为了同时求得优方案对应的自然变量 x，可以根据编码公式，在 D2、D3、D4 三个单元格中分别输入“=0．9＊B2”、“=0．9＊B3”和“=0．9＊B4+0．1”。

E2　fx　=6.5*B2+5.5*B3+7.5*B4+10*B2*B3-0.8*B2*B4-4.4*B3*B4

	A	B	C	D	E	F	G
1	z		x		y		
2	z_1	1.00	x_1	0.90	6.5		
3	z_2	0.00	x_2	0.00			
4	z_3	0	x_3	0.10			
5	$z_1+z_2+z_3$	1					

图 9-9　规划求解预测最优配方工作表格

② 在【数据】选项卡【分析】命令组中，点击“规划求解”，弹出“规划求解参数”对话框，填写有关项目（如图 9-10）。

由于希望找到评分（y）最高时的配方，所以设置目标到“最大值”。在添加约束条件时，除了图 9-10 中的“$B$5=1”之外，还应保证所有的规范变量为非负值，这时还应选中“使无约束变量为非负数”复选框。

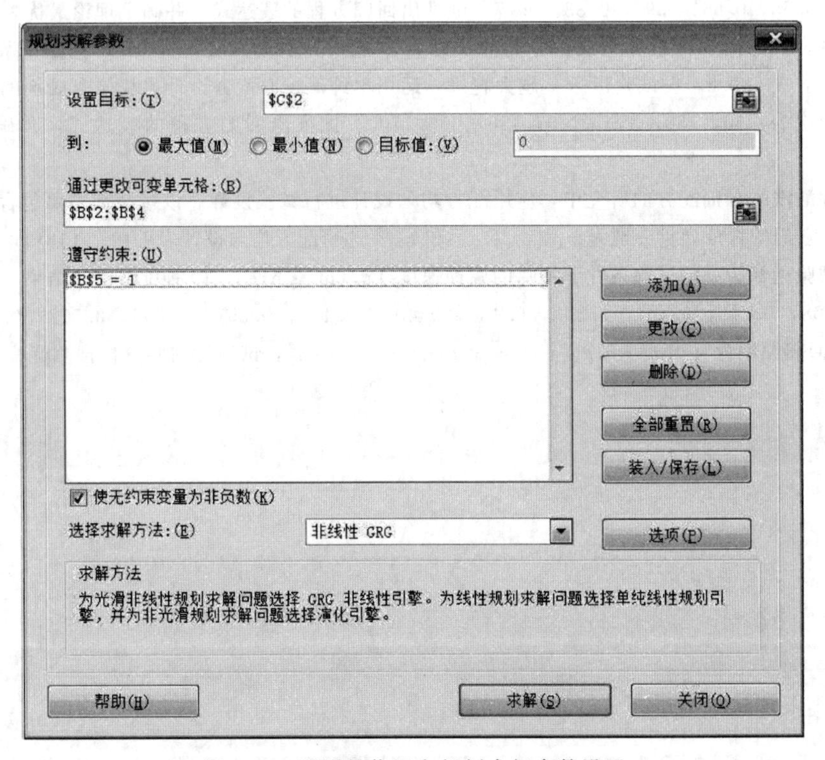

图 9-10　预测最优配方规划求解参数设置

③ 填完“规划求解参数”对话框之后，单击“求解”，即可得到图 9-11 所示的结果。

上述利用 Excel 的解题过程，可扫描二维码【9-2】查看。类似的，例 9-2 也可利用 Excel

	A	B	C	D	E
1	z		x		y
2	z_1	0.55	x_1	0.50	8.5
3	z_2	0.45	x_2	0.40	
4	z_3	0	x_3	0.10	
5	$z_1+z_2+z_3$	1			

图 9-11 例 9-4 预测最优配方规划求解结果

进行数据处理，可扫描二维码【9-3】查看详细过程。

【9-2】

【9-3】

习 题

1. 免烧砖是由水泥、石灰、黏土三种材料构成，为进一步提高免烧砖的软化系数，必须优化配比。由于成本和其他条件的要求，水泥、石灰、黏土三种材料有以下的约束条件：黏土 $x_1 \geqslant 90\%$，水泥 $x_2 \geqslant 4\%$，石灰 $x_3 \geqslant 0$，且 $x_1+x_2+x_3=1$。选用了 {3,2} 单纯形格子点设计，6 个试验结果（软化系数）依次为：0.82，0.65，0.66，0.95，0.83，0.77。试推出回归方程的表达式，并确定理论最优配方。

2. 已知某合成剂由 3 种组分组成，它们的实际百分含量分别为 x_1、x_2、x_3，且受下界约束：$x_1 \geqslant 0.2$，$x_2 \geqslant 0.4$，$x_3 \geqslant 0.2$，设试验指标 y 越大越好，运用单纯形重心配方设计寻找该合成剂的最优配方，7 个试验结果依次为：50，150，350，100，450，650，700。试推出回归方程的表达式，并确定理论最优配方。

3. 在某种酸洗缓蚀剂配方的研究中，应用配方均匀设计进行试验设计。该缓蚀剂主要包含 A、B、C 和 D 四种组分，它们的百分含量分别为 x_1、x_2、x_3 和 x_4。选用配方均匀设计表 $UM_{13}(13^4)$，进行了 13 种配方试验，试验指标为一定试验条件下钢片的腐蚀速度 [g/(m^2·h)]。13 种配方试验结果 [g/(m^2·h)] 依次为：0.108，0.245，0.401，0.303，0.438，0.401，0.473，0.251，0.657，0.512，0.766，0.266，0.704。已知回归模型为 $y=a+b_1x_1+b_3x_3+b_{13}x_1x_3+b_{22}x_2^2$，试通过回归分析预测优配方。

附 录

附录 1 χ^2 分布表

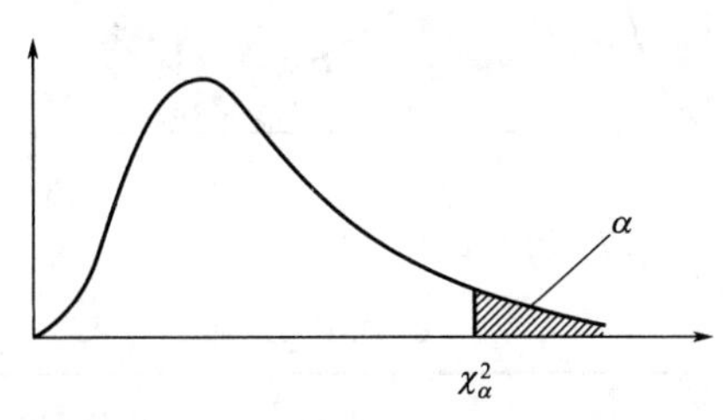

$P\{\chi^2(df)>\chi^2_\alpha(df)\}=\alpha$

df	α											
	0.995	0.99	0.975	0.95	0.9	0.75	0.25	0.1	0.05	0.025	0.01	0.005
1	0.000	0.000	0.001	0.004	0.016	0.102	1.323	2.706	3.841	5.024	6.635	7.879
2	0.010	0.020	0.051	0.103	0.211	0.575	2.773	4.605	5.991	7.378	9.210	10.597
3	0.072	0.115	0.216	0.352	0.584	1.213	4.108	6.251	7.815	9.348	11.345	12.838
4	0.207	0.297	0.484	0.711	1.064	1.923	5.385	7.779	9.488	11.143	13.277	14.860
5	0.412	0.554	0.831	1.145	1.610	2.675	6.626	9.236	11.070	12.833	15.086	16.750
6	0.676	0.872	1.237	1.635	2.204	3.455	7.841	10.645	12.592	14.449	16.812	18.548
7	0.989	1.239	1.690	2.167	2.833	4.255	9.037	12.017	14.067	16.013	18.475	20.278
8	1.344	1.646	2.180	2.733	3.490	5.071	10.219	13.362	15.507	17.535	20.090	21.955
9	1.735	2.088	2.700	3.325	4.168	5.899	11.389	14.684	16.919	19.023	21.666	23.589
10	2.156	2.558	3.247	3.940	4.865	6.737	12.549	15.987	18.307	20.483	23.209	25.188
11	2.603	3.053	3.816	4.575	5.578	7.584	13.701	17.275	19.675	21.920	24.725	26.757
12	3.074	3.571	4.404	5.226	6.304	8.438	14.845	18.549	21.026	23.337	26.217	28.300
13	3.565	4.107	5.009	5.892	7.042	9.299	15.984	19.812	22.362	24.736	27.688	29.819
14	4.075	4.660	5.629	6.571	7.790	10.165	17.117	21.064	23.685	26.119	29.141	31.319
15	4.601	5.229	6.262	7.261	8.547	11.037	18.245	22.307	24.996	27.488	30.578	32.801
16	5.142	5.812	6.908	7.962	9.312	11.912	19.369	23.542	26.296	28.845	32.000	34.267
17	5.697	6.408	7.564	8.672	10.085	12.792	20.489	24.769	27.587	30.191	33.409	35.718
18	6.265	7.015	8.231	9.390	10.865	13.675	21.605	25.989	28.869	31.526	34.805	37.156
19	6.844	7.633	8.907	10.117	11.651	14.562	22.718	27.204	30.144	32.852	36.191	38.582
20	7.434	8.260	9.591	10.851	12.443	15.452	23.828	28.412	31.410	34.170	37.566	39.997
21	8.034	8.897	10.283	11.591	13.240	16.344	24.935	29.615	32.671	35.479	38.932	41.401
22	8.643	9.542	10.982	12.338	14.041	17.240	26.039	30.813	33.924	36.781	40.289	42.796
23	9.260	10.196	11.689	13.091	14.848	18.137	27.141	32.007	35.172	38.076	41.638	44.181
24	9.886	10.856	12.401	13.848	15.659	19.037	28.241	33.196	36.415	39.364	42.980	45.559
25	10.520	11.524	13.120	14.611	16.473	19.939	29.339	34.382	37.652	40.646	44.314	46.928
26	11.160	12.198	13.844	15.379	17.292	20.843	30.435	35.563	38.885	41.923	45.642	48.290
27	11.808	12.879	14.573	16.151	18.114	21.749	31.528	36.741	40.113	43.195	46.963	49.645
28	12.461	13.565	15.308	16.928	18.939	22.657	32.620	37.916	41.337	44.461	48.278	50.993
29	13.121	14.256	16.047	17.708	19.768	23.567	33.711	39.087	42.557	45.722	49.588	52.336
30	13.787	14.953	16.791	18.493	20.599	24.478	34.800	40.256	43.773	46.979	50.892	53.672
31	14.458	15.655	17.539	19.281	21.434	25.390	35.887	41.422	44.985	48.232	52.191	55.003
32	15.134	16.362	18.291	20.072	22.271	26.304	36.973	42.585	46.194	49.480	53.486	56.328
33	15.815	17.074	19.047	20.867	23.110	27.219	38.058	43.745	47.400	50.725	54.776	57.648
34	16.501	17.789	19.806	21.664	23.952	28.136	39.141	44.903	48.602	51.966	56.061	58.964
35	17.192	18.509	20.569	22.465	24.797	29.054	40.223	46.059	49.802	53.203	57.342	60.275
36	17.887	19.233	21.336	23.269	25.643	29.973	41.304	47.212	50.998	54.437	58.619	61.581
37	18.586	19.960	22.106	24.075	26.492	30.893	42.383	48.363	52.192	55.668	59.893	62.883
38	19.289	20.691	22.878	24.884	27.343	31.815	43.462	49.513	53.384	56.896	61.162	64.181
39	19.996	21.426	23.654	25.695	28.196	32.737	44.539	50.660	54.572	58.120	62.428	65.476
40	20.707	22.164	24.433	26.509	29.051	33.660	45.616	51.805	55.758	59.342	63.691	66.766
41	21.421	22.906	25.215	27.326	29.907	34.585	46.692	52.949	56.942	60.561	64.950	68.053
42	22.138	23.650	25.999	28.144	30.765	35.510	47.766	54.090	58.124	61.777	66.206	69.336
43	22.859	24.398	26.785	28.965	31.625	36.436	48.840	55.230	59.304	62.990	67.459	70.616
44	23.584	25.148	27.575	29.787	32.487	37.363	49.913	56.369	60.481	64.201	68.710	71.893
45	24.311	25.901	28.366	30.612	33.350	38.291	50.985	57.505	61.656	65.410	69.957	73.166

附录 2 F 分布表

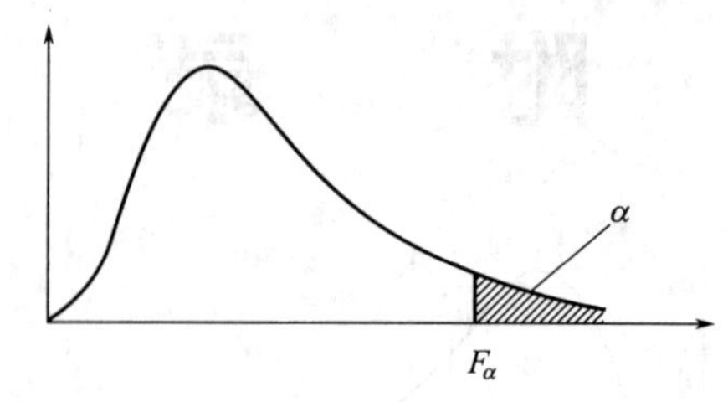

$$P\{F(df_1, df_2) > F_\alpha(df_1, df_2)\} = \alpha$$

$\alpha=0.10$

df_2	df_1																	
	1	2	3	4	5	6	7	8	9	10	12	15	20	24	30	40	60	120
1	39.86	49.50	53.59	55.83	57.24	58.20	58.91	59.44	59.86	60.19	60.71	61.22	61.74	62.00	62.26	62.53	62.79	63.06
2	8.53	9.00	9.16	9.24	9.29	9.33	9.35	9.37	9.38	9.39	9.41	9.42	9.44	9.45	9.46	9.47	9.47	9.48
3	5.54	5.46	5.39	5.34	5.31	5.28	5.27	5.25	5.24	5.23	5.22	5.20	5.18	5.18	5.17	5.16	5.15	5.14
4	4.54	4.32	4.19	4.11	4.05	4.01	3.98	3.95	3.94	3.92	3.90	3.87	3.84	3.83	3.82	3.80	3.79	3.78
5	4.06	3.78	3.62	3.52	3.45	3.40	3.37	3.34	3.32	3.30	3.27	3.24	3.21	3.19	3.17	3.16	3.14	3.12
6	3.78	3.46	3.29	3.18	3.11	3.05	3.01	2.98	2.96	2.94	2.90	2.87	2.84	2.82	2.80	2.78	2.76	2.74
7	3.59	3.26	3.07	2.96	2.88	2.83	2.78	2.75	2.72	2.70	2.67	2.63	2.59	2.58	2.56	2.54	2.51	2.49
8	3.46	3.11	2.92	2.81	2.73	2.67	2.62	2.59	2.56	2.54	2.50	2.46	2.42	2.40	2.38	2.36	2.34	2.32
9	3.36	3.01	2.81	2.69	2.61	2.55	2.51	2.47	2.44	2.42	2.38	2.34	2.30	2.28	2.25	2.23	2.21	2.18
10	3.29	2.92	2.73	2.61	2.52	2.46	2.41	2.38	2.35	2.32	2.28	2.24	2.20	2.18	2.16	2.13	2.11	2.08
11	3.23	2.86	2.66	2.54	2.45	2.39	2.34	2.30	2.27	2.25	2.21	2.17	2.12	2.10	2.08	2.05	2.03	2.00
12	3.18	2.81	2.61	2.48	2.39	2.33	2.28	2.24	2.21	2.19	2.15	2.10	2.06	2.04	2.01	1.99	1.96	1.93
13	3.14	2.76	2.56	2.43	2.35	2.28	2.23	2.20	2.16	2.14	2.10	2.05	2.01	1.98	1.96	1.93	1.90	1.88
14	3.10	2.73	2.52	2.39	2.31	2.24	2.19	2.15	2.12	2.10	2.05	2.01	1.96	1.94	1.91	1.89	1.86	1.83
15	3.07	2.70	2.49	2.36	2.27	2.21	2.16	2.12	2.09	2.06	2.02	1.97	1.92	1.90	1.87	1.85	1.82	1.79
16	3.05	2.67	2.46	2.33	2.24	2.18	2.13	2.09	2.06	2.03	1.99	1.94	1.89	1.87	1.84	1.81	1.78	1.75
17	3.03	2.64	2.44	2.31	2.22	2.15	2.10	2.06	2.03	2.00	1.96	1.91	1.86	1.84	1.81	1.78	1.75	1.72
18	3.01	2.62	2.42	2.29	2.20	2.13	2.08	2.04	2.00	1.98	1.93	1.89	1.84	1.81	1.78	1.75	1.72	1.69
19	2.99	2.61	2.40	2.27	2.18	2.11	2.06	2.02	1.98	1.96	1.91	1.86	1.81	1.79	1.76	1.73	1.70	1.67
20	2.97	2.59	2.38	2.25	2.16	2.09	2.04	2.00	1.96	1.94	1.89	1.84	1.79	1.77	1.74	1.71	1.68	1.64
21	2.96	2.57	2.36	2.23	2.14	2.08	2.02	1.98	1.95	1.92	1.87	1.83	1.78	1.75	1.72	1.69	1.66	1.62
22	2.95	2.56	2.35	2.22	2.13	2.06	2.01	1.97	1.93	1.90	1.86	1.81	1.76	1.73	1.70	1.67	1.64	1.60
23	2.94	2.55	2.34	2.21	2.11	2.05	1.99	1.95	1.92	1.89	1.84	1.80	1.74	1.72	1.69	1.66	1.62	1.59
24	2.93	2.54	2.33	2.19	2.10	2.04	1.98	1.94	1.91	1.88	1.83	1.78	1.73	1.70	1.67	1.64	1.61	1.57
25	2.92	2.53	2.32	2.18	2.09	2.02	1.97	1.93	1.89	1.87	1.82	1.77	1.72	1.69	1.66	1.63	1.59	1.56
26	2.91	2.52	2.31	2.17	2.08	2.01	1.96	1.92	1.88	1.86	1.81	1.76	1.71	1.68	1.65	1.61	1.58	1.54
27	2.90	2.51	2.30	2.17	2.07	2.00	1.95	1.91	1.87	1.85	1.80	1.75	1.70	1.67	1.64	1.60	1.57	1.53
28	2.89	2.50	2.29	2.16	2.06	2.00	1.94	1.90	1.87	1.84	1.79	1.74	1.69	1.66	1.63	1.59	1.56	1.52
29	2.89	2.50	2.28	2.15	2.06	1.99	1.93	1.89	1.86	1.83	1.78	1.73	1.68	1.65	1.62	1.58	1.55	1.51
30	2.88	2.49	2.28	2.14	2.05	1.98	1.93	1.88	1.85	1.82	1.77	1.72	1.67	1.64	1.61	1.57	1.54	1.50
40	2.84	2.44	2.23	2.09	2.00	1.93	1.87	1.83	1.79	1.76	1.71	1.66	1.61	1.57	1.54	1.51	1.47	1.42
60	2.79	2.39	2.18	2.04	1.95	1.87	1.82	1.77	1.74	1.71	1.66	1.60	1.54	1.51	1.48	1.44	1.40	1.35
120	2.75	2.35	2.13	1.99	1.90	1.82	1.77	1.72	1.68	1.65	1.60	1.55	1.48	1.45	1.41	1.37	1.32	1.26

$\alpha=0.05$

df_2	df_1 = 1	2	3	4	5	6	7	8	9	10	12	15	20	24	30	40	60	120
1	161.45	199.50	215.71	224.58	230.16	233.99	236.77	238.88	240.54	241.88	243.91	245.95	248.01	249.05	250.10	251.14	252.20	253.25
2	18.51	19.00	19.16	19.25	19.30	19.33	19.35	19.37	19.38	19.40	19.41	19.43	19.45	19.45	19.46	19.47	19.48	19.49
3	10.13	9.55	9.28	9.12	9.01	8.94	8.89	8.85	8.81	8.79	8.74	8.70	8.66	8.64	8.62	8.59	8.57	8.55
4	7.71	6.94	6.59	6.39	6.26	6.16	6.09	6.04	6.00	5.96	5.91	5.86	5.80	5.77	5.75	5.72	5.69	5.66
5	6.61	5.79	5.41	5.19	5.05	4.95	4.88	4.82	4.77	4.74	4.68	4.62	4.56	4.53	4.50	4.46	4.43	4.40
6	5.99	5.14	4.76	4.53	4.39	4.28	4.21	4.15	4.10	4.06	4.00	3.94	3.87	3.84	3.81	3.77	3.74	3.70
7	5.59	4.74	4.35	4.12	3.97	3.87	3.79	3.73	3.68	3.64	3.57	3.51	3.44	3.41	3.38	3.34	3.30	3.27
8	5.32	4.46	4.07	3.84	3.69	3.58	3.50	3.44	3.39	3.35	3.28	3.22	3.15	3.12	3.08	3.04	3.01	2.97
9	5.12	4.26	3.86	3.63	3.48	3.37	3.29	3.23	3.18	3.14	3.07	3.01	2.94	2.90	2.86	2.83	2.79	2.75
10	4.96	4.10	3.71	3.48	3.33	3.22	3.14	3.07	3.02	2.98	2.91	2.85	2.77	2.74	2.70	2.66	2.62	2.58
11	4.84	3.98	3.59	3.36	3.20	3.09	3.01	2.95	2.90	2.85	2.79	2.72	2.65	2.61	2.57	2.53	2.49	2.45
12	4.75	3.89	3.49	3.26	3.11	3.00	2.91	2.85	2.80	2.75	2.69	2.62	2.54	2.51	2.47	2.43	2.38	2.34
13	4.67	3.81	3.41	3.18	3.03	2.92	2.83	2.77	2.71	2.67	2.60	2.53	2.46	2.42	2.38	2.34	2.30	2.25
14	4.60	3.74	3.34	3.11	2.96	2.85	2.76	2.70	2.65	2.60	2.53	2.46	2.39	2.35	2.31	2.27	2.22	2.18
15	4.54	3.68	3.29	3.06	2.90	2.79	2.71	2.64	2.59	2.54	2.48	2.40	2.33	2.29	2.25	2.20	2.16	2.11
16	4.49	3.63	3.24	3.01	2.85	2.74	2.66	2.59	2.54	2.49	2.42	2.35	2.28	2.24	2.19	2.15	2.11	2.06
17	4.45	3.59	3.20	2.96	2.81	2.70	2.61	2.55	2.49	2.45	2.38	2.31	2.23	2.19	2.15	2.10	2.06	2.01
18	4.41	3.55	3.16	2.93	2.77	2.66	2.58	2.51	2.46	2.41	2.34	2.27	2.19	2.15	2.11	2.06	2.02	1.97
19	4.38	3.52	3.13	2.90	2.74	2.63	2.54	2.48	2.42	2.38	2.31	2.23	2.16	2.11	2.07	2.03	1.98	1.93
20	4.35	3.49	3.10	2.87	2.71	2.60	2.51	2.45	2.39	2.35	2.28	2.20	2.12	2.08	2.04	1.99	1.95	1.90
21	4.32	3.47	3.07	2.84	2.68	2.57	2.49	2.42	2.37	2.32	2.25	2.18	2.10	2.05	2.01	1.96	1.92	1.87
22	4.30	3.44	3.05	2.82	2.66	2.55	2.46	2.40	2.34	2.30	2.23	2.15	2.07	2.03	1.98	1.94	1.89	1.84
23	4.28	3.42	3.03	2.80	2.64	2.53	2.44	2.37	2.32	2.27	2.20	2.13	2.05	2.01	1.96	1.91	1.86	1.81
24	4.26	3.40	3.01	2.78	2.62	2.51	2.42	2.36	2.30	2.25	2.18	2.11	2.03	1.98	1.94	1.89	1.84	1.79
25	4.24	3.39	2.99	2.76	2.60	2.49	2.40	2.34	2.28	2.24	2.16	2.09	2.01	1.96	1.92	1.87	1.82	1.77
26	4.23	3.37	2.98	2.74	2.59	2.47	2.39	2.32	2.27	2.22	2.15	2.07	1.99	1.95	1.90	1.85	1.80	1.75
27	4.21	3.35	2.96	2.73	2.57	2.46	2.37	2.31	2.25	2.20	2.13	2.06	1.97	1.93	1.88	1.84	1.79	1.73
28	4.20	3.34	2.95	2.71	2.56	2.45	2.36	2.29	2.24	2.19	2.12	2.04	1.96	1.91	1.87	1.82	1.77	1.71
29	4.18	3.33	2.93	2.70	2.55	2.43	2.35	2.28	2.22	2.18	2.10	2.03	1.94	1.90	1.85	1.81	1.75	1.70
30	4.17	3.32	2.92	2.69	2.53	2.42	2.33	2.27	2.21	2.16	2.09	2.01	1.93	1.89	1.84	1.79	1.74	1.68
40	4.08	3.23	2.84	2.61	2.45	2.34	2.25	2.18	2.12	2.08	2.00	1.92	1.84	1.79	1.74	1.69	1.64	1.58
60	4.00	3.15	2.76	2.53	2.37	2.25	2.17	2.10	2.04	1.99	1.92	1.84	1.75	1.70	1.65	1.59	1.53	1.47
120	3.92	3.07	2.68	2.45	2.29	2.18	2.09	2.02	1.96	1.91	1.83	1.75	1.66	1.61	1.55	1.50	1.43	1.35

$\alpha=0.025$

df_2	df_1 = 1	2	3	4	5	6	7	8	9	10	12	15	20	24	30	40	60	120
1	647.8	799.5	864.2	899.6	921.8	937.1	948.2	956.7	963.3	968.6	976.7	984.9	993.1	997.2	1001.4	1005.6	1009.8	1014.0
2	38.51	39.00	39.17	39.25	39.30	39.33	39.36	39.37	39.39	39.40	39.41	39.43	39.45	39.46	39.46	39.47	39.48	39.49
3	17.44	16.04	15.44	15.10	14.88	14.73	14.62	14.54	14.47	14.42	14.34	14.25	14.17	14.12	14.08	14.04	13.99	13.95

续表

df_2	df_1																	
	1	2	3	4	5	6	7	8	9	10	12	15	20	24	30	40	60	120
4	12.22	10.65	9.98	9.60	9.36	9.20	9.07	8.98	8.90	8.84	8.75	8.66	8.56	8.51	8.46	8.41	8.36	8.31
5	10.01	8.43	7.76	7.39	7.15	6.98	6.85	6.76	6.68	6.62	6.52	6.43	6.33	6.28	6.23	6.18	6.12	6.07
6	8.81	7.26	6.60	6.23	5.99	5.82	5.70	5.60	5.52	5.46	5.37	5.27	5.17	5.12	5.07	5.01	4.96	4.90
7	8.07	6.54	5.89	5.52	5.29	5.12	4.99	4.90	4.82	4.76	4.67	4.57	4.47	4.41	4.36	4.31	4.25	4.20
8	7.57	6.06	5.42	5.05	4.82	4.65	4.53	4.43	4.36	4.30	4.20	4.10	4.00	3.95	3.89	3.84	3.78	3.73
9	7.21	5.71	5.08	4.72	4.48	4.32	4.20	4.10	4.03	3.96	3.87	3.77	3.67	3.61	3.56	3.51	3.45	3.39
10	6.94	5.46	4.83	4.47	4.24	4.07	3.95	3.85	3.78	3.72	3.62	3.52	3.42	3.37	3.31	3.26	3.20	3.14
11	6.72	5.26	4.63	4.28	4.04	3.88	3.76	3.66	3.59	3.53	3.43	3.33	3.23	3.17	3.12	3.06	3.00	2.94
12	6.55	5.10	4.47	4.12	3.89	3.73	3.61	3.51	3.44	3.37	3.28	3.18	3.07	3.02	2.96	2.91	2.85	2.79
13	6.41	4.97	4.35	4.00	3.77	3.60	3.48	3.39	3.31	3.25	3.15	3.05	2.95	2.89	2.84	2.78	2.72	2.66
14	6.30	4.86	4.24	3.89	3.66	3.50	3.38	3.29	3.21	3.15	3.05	2.95	2.84	2.79	2.73	2.67	2.61	2.55
15	6.20	4.77	4.15	3.80	3.58	3.41	3.29	3.20	3.12	3.06	2.96	2.86	2.76	2.70	2.64	2.59	2.52	2.46
16	6.12	4.69	4.08	3.73	3.50	3.34	3.22	3.12	3.05	2.99	2.89	2.79	2.68	2.63	2.57	2.51	2.45	2.38
17	6.04	4.62	4.01	3.66	3.44	3.28	3.16	3.06	2.98	2.92	2.82	2.72	2.62	2.56	2.50	2.44	2.38	2.32
18	5.98	4.56	3.95	3.61	3.38	3.22	3.10	3.01	2.93	2.87	2.77	2.67	2.56	2.50	2.44	2.38	2.32	2.26
19	5.92	4.51	3.90	3.56	3.33	3.17	3.05	2.96	2.88	2.82	2.72	2.62	2.51	2.45	2.39	2.33	2.27	2.20
20	5.87	4.46	3.86	3.51	3.29	3.13	3.01	2.91	2.84	2.77	2.68	2.57	2.46	2.41	2.35	2.29	2.22	2.16
21	5.83	4.42	3.82	3.48	3.25	3.09	2.97	2.87	2.80	2.73	2.64	2.53	2.42	2.37	2.31	2.25	2.18	2.11
22	5.79	4.38	3.78	3.44	3.22	3.05	2.93	2.84	2.76	2.70	2.60	2.50	2.39	2.33	2.27	2.21	2.14	2.08
23	5.75	4.35	3.75	3.41	3.18	3.02	2.90	2.81	2.73	2.67	2.57	2.47	2.36	2.30	2.24	2.18	2.11	2.04
24	5.72	4.32	3.72	3.38	3.15	2.99	2.87	2.78	2.70	2.64	2.54	2.44	2.33	2.27	2.21	2.15	2.08	2.01
25	5.69	4.29	3.69	3.35	3.13	2.97	2.85	2.75	2.68	2.61	2.51	2.41	2.30	2.24	2.18	2.12	2.05	1.98
26	5.66	4.27	3.67	3.33	3.10	2.94	2.82	2.73	2.65	2.59	2.49	2.39	2.28	2.22	2.16	2.09	2.03	1.95
27	5.63	4.24	3.65	3.31	3.08	2.92	2.80	2.71	2.63	2.57	2.47	2.36	2.25	2.19	2.13	2.07	2.00	1.93
28	5.61	4.22	3.63	3.29	3.06	2.90	2.78	2.69	2.61	2.55	2.45	2.34	2.23	2.17	2.11	2.05	1.98	1.91
29	5.59	4.20	3.61	3.27	3.04	2.88	2.76	2.67	2.59	2.53	2.43	2.32	2.21	2.15	2.09	2.03	1.96	1.89
30	5.57	4.18	3.59	3.25	3.03	2.87	2.75	2.65	2.57	2.51	2.41	2.31	2.20	2.14	2.07	2.01	1.94	1.87
40	5.42	4.05	3.46	3.13	2.90	2.74	2.62	2.53	2.45	2.39	2.29	2.18	2.07	2.01	1.94	1.88	1.80	1.72
60	5.29	3.93	3.34	3.01	2.79	2.63	2.51	2.41	2.33	2.27	2.17	2.06	1.94	1.88	1.82	1.74	1.67	1.58
120	5.15	3.80	3.23	2.89	2.67	2.52	2.39	2.30	2.22	2.16	2.05	1.94	1.82	1.76	1.69	1.61	1.53	1.43

$\alpha=0.01$

df_2	df_1																	
	1	2	3	4	5	6	7	8	9	10	12	15	20	24	30	40	60	120
1	4052	4999	5403	5625	5764	5859	5928	5981	6022	6056	6106	6157	6209	6235	6261	6287	6313	6339
2	98.50	99.00	99.17	99.25	99.30	99.33	99.36	99.37	99.39	99.40	99.42	99.43	99.45	99.46	99.47	99.47	99.48	99.49
3	34.12	30.82	29.46	28.71	28.24	27.91	27.67	27.49	27.35	27.23	27.05	26.87	26.69	26.60	26.50	26.41	26.32	26.22
4	21.20	18.00	16.69	15.98	15.52	15.21	14.98	14.80	14.66	14.55	14.37	14.20	14.02	13.93	13.84	13.75	13.65	13.56
5	16.26	13.27	12.06	11.39	10.97	10.67	10.46	10.29	10.16	10.05	9.89	9.72	9.55	9.47	9.38	9.29	9.20	9.11
6	13.75	10.92	9.78	9.15	8.75	8.47	8.26	8.10	7.98	7.87	7.72	7.56	7.40	7.31	7.23	7.14	7.06	6.97

续表

df_2	df_1																	
	1	2	3	4	5	6	7	8	9	10	12	15	20	24	30	40	60	120
7	12.25	9.55	8.45	7.85	7.46	7.19	6.99	6.84	6.72	6.62	6.47	6.31	6.16	6.07	5.99	5.91	5.82	5.74
8	11.26	8.65	7.59	7.01	6.63	6.37	6.18	6.03	5.91	5.81	5.67	5.52	5.36	5.28	5.20	5.12	5.03	4.95
9	10.56	8.02	6.99	6.42	6.06	5.80	5.61	5.47	5.35	5.26	5.11	4.96	4.81	4.73	4.65	4.57	4.48	4.40
10	10.04	7.56	6.55	5.99	5.64	5.39	5.20	5.06	4.94	4.85	4.71	4.56	4.41	4.33	4.25	4.17	4.08	4.00
11	9.65	7.21	6.22	5.67	5.32	5.07	4.89	4.74	4.63	4.54	4.40	4.25	4.10	4.02	3.94	3.86	3.78	3.69
12	9.33	6.93	5.95	5.41	5.06	4.82	4.64	4.50	4.39	4.30	4.16	4.01	3.86	3.78	3.70	3.62	3.54	3.45
13	9.07	6.70	5.74	5.21	4.86	4.62	4.44	4.30	4.19	4.10	3.96	3.82	3.66	3.59	3.51	3.43	3.34	3.25
14	8.86	6.51	5.56	5.04	4.69	4.46	4.28	4.14	4.03	3.94	3.80	3.66	3.51	3.43	3.35	3.27	3.18	3.09
15	8.68	6.36	5.42	4.89	4.56	4.32	4.14	4.00	3.89	3.80	3.67	3.52	3.37	3.29	3.21	3.13	3.05	2.96
16	8.53	6.23	5.29	4.77	4.44	4.20	4.03	3.89	3.78	3.69	3.55	3.41	3.26	3.18	3.10	3.02	2.93	2.84
17	8.40	6.11	5.18	4.67	4.34	4.10	3.93	3.79	3.68	3.59	3.46	3.31	3.16	3.08	3.00	2.92	2.83	2.75
18	8.29	6.01	5.09	4.58	4.25	4.01	3.84	3.71	3.60	3.51	3.37	3.23	3.08	3.00	2.92	2.84	2.75	2.66
19	8.18	5.93	5.01	4.50	4.17	3.94	3.77	3.63	3.52	3.43	3.30	3.15	3.00	2.92	2.84	2.76	2.67	2.58
20	8.10	5.85	4.94	4.43	4.10	3.87	3.70	3.56	3.46	3.37	3.23	3.09	2.94	2.86	2.78	2.69	2.61	2.52
21	8.02	5.78	4.87	4.37	4.04	3.81	3.64	3.51	3.40	3.31	3.17	3.03	2.88	2.80	2.72	2.64	2.55	2.46
22	7.95	5.72	4.82	4.31	3.99	3.76	3.59	3.45	3.35	3.26	3.12	2.98	2.83	2.75	2.67	2.58	2.50	2.40
23	7.88	5.66	4.76	4.26	3.94	3.71	3.54	3.41	3.30	3.21	3.07	2.93	2.78	2.70	2.62	2.54	2.45	2.35
24	7.82	5.61	4.72	4.22	3.90	3.67	3.50	3.36	3.26	3.17	3.03	2.89	2.74	2.66	2.58	2.49	2.40	2.31
25	7.77	5.57	4.68	4.18	3.85	3.63	3.46	3.32	3.22	3.13	2.99	2.85	2.70	2.62	2.54	2.45	2.36	2.27
26	7.72	5.53	4.64	4.14	3.82	3.59	3.42	3.29	3.18	3.09	2.96	2.81	2.66	2.58	2.50	2.42	2.33	2.23
27	7.68	5.49	4.60	4.11	3.78	3.56	3.39	3.26	3.15	3.06	2.93	2.78	2.63	2.55	2.47	2.38	2.29	2.20
28	7.64	5.45	4.57	4.07	3.75	3.53	3.36	3.23	3.12	3.03	2.90	2.75	2.60	2.52	2.44	2.35	2.26	2.17
29	7.60	5.42	4.54	4.04	3.73	3.50	3.33	3.20	3.09	3.00	2.87	2.73	2.57	2.49	2.41	2.33	2.23	2.14
30	7.56	5.39	4.51	4.02	3.70	3.47	3.30	3.17	3.07	2.98	2.84	2.70	2.55	2.47	2.39	2.30	2.21	2.11
40	7.31	5.18	4.31	3.83	3.51	3.29	3.12	2.99	2.89	2.80	2.66	2.52	2.37	2.29	2.20	2.11	2.02	1.92
60	7.08	4.98	4.13	3.65	3.34	3.12	2.95	2.82	2.72	2.63	2.50	2.35	2.20	2.12	2.03	1.94	1.84	1.73
120	6.85	4.79	3.95	3.48	3.17	2.96	2.79	2.66	2.56	2.47	2.34	2.19	2.03	1.95	1.86	1.76	1.66	1.53

$\alpha=0.95$

df_2	df_1																	
	1	2	3	4	5	6	7	8	9	10	12	15	20	24	30	40	60	120
1	0.006	0.054	0.099	0.130	0.151	0.167	0.179	0.188	0.195	0.201	0.211	0.220	0.230	0.235	0.240	0.245	0.250	0.255
2	0.005	0.053	0.105	0.144	0.173	0.194	0.211	0.224	0.235	0.244	0.257	0.272	0.286	0.294	0.302	0.309	0.317	0.326
3	0.005	0.052	0.108	0.152	0.185	0.210	0.230	0.246	0.259	0.270	0.287	0.304	0.323	0.332	0.342	0.352	0.363	0.373
4	0.004	0.052	0.110	0.157	0.193	0.221	0.243	0.261	0.275	0.288	0.307	0.327	0.349	0.360	0.372	0.384	0.396	0.409
5	0.004	0.052	0.111	0.160	0.198	0.228	0.252	0.271	0.287	0.301	0.322	0.345	0.369	0.382	0.395	0.408	0.422	0.437
6	0.004	0.052	0.112	0.162	0.202	0.233	0.259	0.279	0.296	0.311	0.334	0.358	0.385	0.399	0.413	0.428	0.444	0.460
7	0.004	0.052	0.113	0.164	0.205	0.238	0.264	0.286	0.304	0.319	0.343	0.369	0.398	0.413	0.428	0.445	0.462	0.479
8	0.004	0.052	0.113	0.166	0.208	0.241	0.268	0.291	0.310	0.326	0.351	0.379	0.409	0.425	0.441	0.459	0.477	0.496
9	0.004	0.052	0.113	0.167	0.210	0.244	0.272	0.295	0.315	0.331	0.358	0.386	0.418	0.435	0.452	0.471	0.490	0.511

续表

df_2	df_1																	
	1	2	3	4	5	6	7	8	9	10	12	15	20	24	30	40	60	120
10	0.004	0.052	0.114	0.168	0.211	0.246	0.275	0.299	0.319	0.336	0.363	0.393	0.426	0.444	0.462	0.481	0.502	0.523
11	0.004	0.052	0.114	0.168	0.213	0.248	0.278	0.302	0.322	0.340	0.368	0.399	0.433	0.451	0.470	0.491	0.512	0.535
12	0.004	0.052	0.114	0.169	0.214	0.250	0.280	0.305	0.325	0.343	0.372	0.404	0.439	0.458	0.478	0.499	0.522	0.545
13	0.004	0.051	0.115	0.170	0.215	0.251	0.282	0.307	0.328	0.346	0.376	0.408	0.445	0.464	0.485	0.507	0.530	0.555
14	0.004	0.051	0.115	0.170	0.216	0.253	0.283	0.309	0.331	0.349	0.379	0.412	0.449	0.470	0.491	0.513	0.538	0.563
15	0.004	0.051	0.115	0.171	0.217	0.254	0.285	0.311	0.333	0.351	0.382	0.416	0.454	0.474	0.496	0.520	0.545	0.571
16	0.004	0.051	0.115	0.171	0.217	0.255	0.286	0.312	0.335	0.354	0.385	0.419	0.458	0.479	0.501	0.525	0.551	0.579
17	0.004	0.051	0.115	0.171	0.218	0.256	0.287	0.314	0.336	0.356	0.387	0.422	0.462	0.483	0.506	0.530	0.557	0.585
18	0.004	0.051	0.115	0.172	0.218	0.257	0.288	0.315	0.338	0.357	0.389	0.425	0.465	0.487	0.510	0.535	0.562	0.592
19	0.004	0.051	0.115	0.172	0.219	0.257	0.289	0.316	0.339	0.359	0.391	0.427	0.468	0.490	0.514	0.540	0.567	0.597
20	0.004	0.051	0.115	0.172	0.219	0.258	0.290	0.317	0.341	0.360	0.393	0.430	0.471	0.493	0.518	0.544	0.572	0.603
21	0.004	0.051	0.116	0.173	0.220	0.259	0.291	0.318	0.342	0.362	0.395	0.432	0.473	0.496	0.521	0.548	0.577	0.608
22	0.004	0.051	0.116	0.173	0.220	0.259	0.292	0.319	0.343	0.363	0.396	0.434	0.476	0.499	0.524	0.551	0.581	0.613
23	0.004	0.051	0.116	0.173	0.221	0.260	0.293	0.320	0.344	0.364	0.398	0.435	0.478	0.502	0.527	0.555	0.585	0.617
24	0.004	0.051	0.116	0.173	0.221	0.260	0.293	0.321	0.345	0.365	0.399	0.437	0.480	0.504	0.530	0.558	0.588	0.622
25	0.004	0.051	0.116	0.173	0.221	0.261	0.294	0.322	0.346	0.366	0.400	0.439	0.482	0.506	0.532	0.561	0.592	0.626
26	0.004	0.051	0.116	0.174	0.221	0.261	0.294	0.322	0.346	0.367	0.402	0.440	0.484	0.508	0.535	0.564	0.595	0.630
27	0.004	0.051	0.116	0.174	0.222	0.262	0.295	0.323	0.347	0.368	0.403	0.441	0.486	0.510	0.537	0.566	0.598	0.633
28	0.004	0.051	0.116	0.174	0.222	0.262	0.295	0.324	0.348	0.369	0.404	0.443	0.487	0.512	0.539	0.569	0.601	0.637
29	0.004	0.051	0.116	0.174	0.222	0.262	0.296	0.324	0.349	0.370	0.405	0.444	0.489	0.514	0.541	0.571	0.604	0.640
30	0.004	0.051	0.116	0.174	0.222	0.263	0.296	0.325	0.349	0.370	0.405	0.445	0.490	0.516	0.543	0.573	0.606	0.643
40	0.004	0.051	0.116	0.175	0.224	0.265	0.299	0.329	0.354	0.376	0.412	0.454	0.502	0.529	0.558	0.591	0.627	0.669
60	0.004	0.051	0.117	0.176	0.226	0.267	0.303	0.333	0.359	0.382	0.419	0.463	0.514	0.543	0.575	0.611	0.652	0.700
120	0.004	0.051	0.117	0.177	0.227	0.270	0.306	0.337	0.364	0.388	0.427	0.473	0.527	0.559	0.594	0.634	0.682	0.740

$\alpha=0.975$

df_2	df_1																	
	1	2	3	4	5	6	7	8	9	10	12	15	20	24	30	40	60	120
1	0.002	0.026	0.057	0.082	0.100	0.113	0.124	0.132	0.139	0.144	0.153	0.161	0.170	0.175	0.180	0.184	0.189	0.194
2	0.001	0.026	0.062	0.094	0.119	0.138	0.153	0.165	0.175	0.183	0.196	0.210	0.224	0.232	0.239	0.247	0.255	0.263
3	0.001	0.026	0.065	0.100	0.129	0.152	0.170	0.185	0.197	0.207	0.224	0.241	0.259	0.269	0.279	0.289	0.299	0.310
4	0.001	0.025	0.066	0.104	0.135	0.161	0.181	0.198	0.212	0.224	0.243	0.263	0.285	0.296	0.308	0.320	0.332	0.346
5	0.001	0.025	0.067	0.107	0.140	0.167	0.189	0.208	0.223	0.236	0.257	0.280	0.304	0.317	0.330	0.344	0.359	0.374
6	0.001	0.025	0.068	0.109	0.143	0.172	0.195	0.215	0.231	0.246	0.268	0.293	0.320	0.334	0.349	0.364	0.381	0.398
7	0.001	0.025	0.068	0.110	0.146	0.176	0.200	0.221	0.238	0.253	0.277	0.304	0.333	0.348	0.364	0.381	0.399	0.418
8	0.001	0.025	0.069	0.111	0.148	0.179	0.204	0.226	0.244	0.259	0.285	0.313	0.343	0.360	0.377	0.395	0.415	0.435
9	0.001	0.025	0.069	0.112	0.150	0.181	0.207	0.230	0.248	0.265	0.291	0.320	0.353	0.370	0.388	0.408	0.428	0.450
10	0.001	0.025	0.069	0.113	0.151	0.183	0.210	0.233	0.252	0.269	0.296	0.327	0.361	0.379	0.398	0.419	0.440	0.464
11	0.001	0.025	0.070	0.114	0.152	0.185	0.212	0.236	0.256	0.273	0.301	0.332	0.368	0.387	0.407	0.428	0.451	0.476

续表

df_2	df_1																	
	1	2	3	4	5	6	7	8	9	10	12	15	20	24	30	40	60	120
12	0.001	0.025	0.070	0.114	0.153	0.186	0.214	0.238	0.259	0.276	0.305	0.337	0.374	0.394	0.415	0.437	0.461	0.487
13	0.001	0.025	0.070	0.115	0.154	0.188	0.216	0.240	0.261	0.279	0.309	0.342	0.379	0.400	0.422	0.445	0.470	0.497
14	0.001	0.025	0.070	0.115	0.155	0.189	0.218	0.242	0.263	0.282	0.312	0.346	0.384	0.405	0.428	0.452	0.478	0.506
15	0.001	0.025	0.070	0.116	0.156	0.190	0.219	0.244	0.265	0.284	0.315	0.349	0.389	0.410	0.433	0.458	0.485	0.514
16	0.001	0.025	0.070	0.116	0.156	0.191	0.220	0.245	0.267	0.286	0.317	0.353	0.393	0.415	0.439	0.464	0.492	0.522
17	0.001	0.025	0.070	0.116	0.157	0.192	0.221	0.247	0.269	0.288	0.320	0.356	0.396	0.419	0.443	0.470	0.498	0.529
18	0.001	0.025	0.070	0.116	0.157	0.192	0.222	0.248	0.270	0.290	0.322	0.358	0.400	0.423	0.448	0.475	0.504	0.536
19	0.001	0.025	0.071	0.117	0.158	0.193	0.223	0.249	0.271	0.291	0.324	0.361	0.403	0.426	0.452	0.479	0.509	0.542
20	0.001	0.025	0.071	0.117	0.158	0.193	0.224	0.250	0.273	0.293	0.325	0.363	0.406	0.430	0.456	0.484	0.514	0.548
21	0.001	0.025	0.071	0.117	0.158	0.194	0.225	0.251	0.274	0.294	0.327	0.365	0.408	0.433	0.459	0.488	0.519	0.553
22	0.001	0.025	0.071	0.117	0.159	0.195	0.225	0.252	0.275	0.295	0.329	0.367	0.411	0.436	0.462	0.491	0.523	0.559
23	0.001	0.025	0.071	0.117	0.159	0.195	0.226	0.253	0.276	0.296	0.330	0.369	0.413	0.438	0.465	0.495	0.528	0.564
24	0.001	0.025	0.071	0.117	0.159	0.195	0.227	0.253	0.277	0.297	0.331	0.370	0.415	0.441	0.468	0.498	0.531	0.568
25	0.001	0.025	0.071	0.118	0.160	0.196	0.227	0.254	0.278	0.298	0.332	0.372	0.417	0.443	0.471	0.501	0.535	0.573
26	0.001	0.025	0.071	0.118	0.160	0.196	0.228	0.255	0.278	0.299	0.334	0.373	0.419	0.445	0.473	0.504	0.539	0.577
27	0.001	0.025	0.071	0.118	0.160	0.197	0.228	0.255	0.279	0.300	0.335	0.375	0.421	0.447	0.476	0.507	0.542	0.581
28	0.001	0.025	0.071	0.118	0.160	0.197	0.228	0.256	0.280	0.301	0.336	0.376	0.423	0.449	0.478	0.510	0.545	0.585
29	0.001	0.025	0.071	0.118	0.160	0.197	0.229	0.256	0.280	0.301	0.337	0.377	0.424	0.451	0.480	0.512	0.548	0.588
30	0.001	0.025	0.071	0.118	0.161	0.197	0.229	0.257	0.281	0.302	0.337	0.378	0.426	0.453	0.482	0.515	0.551	0.592
40	0.001	0.025	0.071	0.119	0.162	0.200	0.232	0.260	0.285	0.307	0.344	0.387	0.437	0.466	0.498	0.533	0.573	0.620
60	0.001	0.025	0.071	0.120	0.163	0.202	0.235	0.264	0.290	0.313	0.351	0.396	0.450	0.481	0.515	0.555	0.600	0.654
120	0.001	0.025	0.072	0.120	0.165	0.204	0.238	0.268	0.295	0.318	0.359	0.406	0.464	0.498	0.536	0.580	0.632	0.698

附录 3 t 分布单侧分位数表

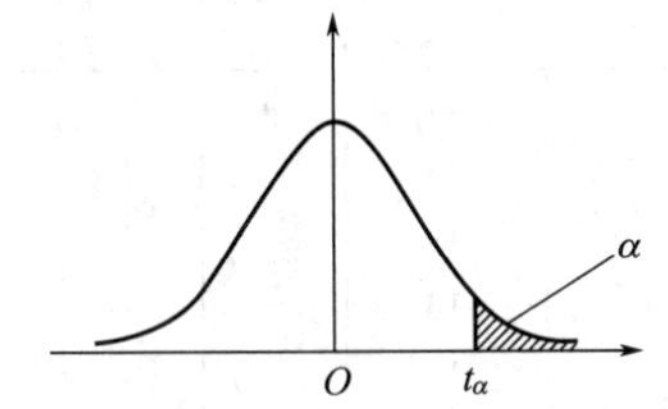

$P\{|t|>t_\alpha\}=\alpha$

df	α				
	0.1	0.05	0.025	0.01	0.005
1	3.078	6.314	12.706	31.821	63.657
2	1.886	2.920	4.303	6.965	9.925
3	1.638	2.353	3.182	4.541	5.841
4	1.533	2.132	2.776	3.747	4.604
5	1.476	2.015	2.571	3.365	4.032
6	1.440	1.943	2.447	3.143	3.707
7	1.415	1.895	2.365	2.998	3.499
8	1.397	1.860	2.306	2.896	3.355
9	1.383	1.833	2.262	2.821	3.250
10	1.372	1.812	2.228	2.764	3.169
11	1.363	1.796	2.201	2.718	3.106
12	1.356	1.782	2.179	2.681	3.055
13	1.350	1.771	2.160	2.650	3.012

续表

df	α				
	0.1	0.05	0.025	0.01	0.005
14	1.345	1.761	2.145	2.624	2.977
15	1.341	1.753	2.131	2.602	2.947
16	1.337	1.746	2.120	2.583	2.921
17	1.333	1.740	2.110	2.567	2.898
18	1.330	1.734	2.101	2.552	2.878
19	1.328	1.729	2.093	2.539	2.861
20	1.325	1.725	2.086	2.528	2.845
21	1.323	1.721	2.080	2.518	2.831
22	1.321	1.717	2.074	2.508	2.819
23	1.319	1.714	2.069	2.500	2.807
24	1.318	1.711	2.064	2.492	2.797
25	1.316	1.708	2.060	2.485	2.787
26	1.315	1.706	2.056	2.479	2.779
27	1.314	1.703	2.052	2.473	2.771
28	1.313	1.701	2.048	2.467	2.763
29	1.311	1.699	2.045	2.462	2.756
30	1.310	1.697	2.042	2.457	2.750
40	1.303	1.684	2.021	2.423	2.704
60	1.296	1.671	2.000	2.390	2.660
120	1.289	1.658	1.980	2.358	2.617

附录 4　秩和临界值表

n_1	n_2	$\alpha=0.025$		$\alpha=0.05$		n_1	n_2	$\alpha=0.025$		$\alpha=0.05$	
		T_1	T_2	T_1	T_2			T_1	T_2	T_1	T_2
2	4			3	11	5	5	18	37	19	36
	5			3	13		6	19	41	20	40
	6	3	15	4	14		7	20	45	22	43
	7	3	17	4	16		8	21	49	23	47
	8	3	19	4	18		9	22	53	25	50
	9	3	21	4	20		10	24	56	26	54
	10	4	22	5	21	6	6	26	52	28	50
3	3			6	15		7	28	56	30	54
	4	6	18	7	17		8	29	61	32	58
	5	6	21	7	20		9	31	65	33	63
	6	7	23	8	22		10	33	69	35	67
	7	8	25	9	24	7	7	37	68	39	66
	8	8	28	9	27		8	39	73	41	71
	9	9	30	10	29		9	41	78	43	76
	10	9	33	11	31		10	43	83	46	80
4	4	11	25	12	24	8	8	49	87	52	84
	5	12	28	13	27		9	51	93	54	90
	6	12	32	14	30		10	54	98	57	95
	7	13	35	15	33	9	9	63	108	66	105
	8	14	38	16	36		10	66	114	69	111
	9	15	41	17	39	10	10	79	131	83	127
	10	16	44	18	42						

附录5 格拉布斯（Grubbs）检验临界值$G_{(\alpha,n)}$表

n	显著性水平 α				n	显著性水平 α			
	0.05	0.025	0.01	0.005		0.05	0.025	0.01	0.005
3	1.153	1.155	1.155	1.155	30	2.745	2.908	3.103	3.236
4	1.463	1.481	1.492	1.496	31	2.759	2.924	3.119	3.253
5	1.672	1.715	1.749	1.764	32	2.773	2.938	3.135	3.270
6	1.822	1.887	1.944	1.973	33	2.786	2.952	3.150	3.286
7	1.938	2.020	2.097	2.139	34	2.799	2.965	3.164	3.301
8	2.032	2.126	2.221	2.274	35	2.811	2.979	3.178	3.316
9	2.110	2.215	2.323	2.387	36	2.823	2.991	3.191	3.330
10	2.176	2.290	2.410	2.482	37	2.835	3.003	3.204	3.343
11	2.234	2.355	2.485	2.564	38	2.846	3.014	3.216	3.356
12	2.285	2.412	2.550	2.636	39	2.857	3.025	3.228	3.369
13	2.331	2.462	2.607	2.699	40	2.866	3.036	3.240	3.381
14	2.371	2.507	2.659	2.755	41	2.877	3.046	3.251	3.393
15	2.409	2.549	2.705	2.806	42	2.887	3.057	3.261	3.404
16	2.443	2.585	2.747	2.852	43	2.896	3.067	3.271	3.415
17	2.475	2.620	2.785	2.894	44	2.905	3.075	3.282	3.425
18	2.504	2.651	2.821	2.932	45	2.914	3.085	3.295	3.435
19	2.532	2.681	2.854	2.968	46	2.923	3.094	3.302	3.445
20	2.557	2.709	2.884	3.001	47	2.931	3.103	3.310	3.455
21	2.580	2.733	2.912	3.031	48	2.940	3.111	3.319	3.464
22	2.603	2.758	2.939	3.060	49	2.948	3.120	3.329	3.474
23	2.624	2.781	2.963	3.087	50	2.956	3.128	3.336	3.483
24	2.644	2.802	2.987	3.112	60	3.025	3.199	3.411	3.560
25	2.663	2.882	3.009	3.135	70	3.082	3.257	3.471	3.622
26	2.681	2.841	3.029	3.157	80	3.130	3.305	3.521	3.673
27	2.698	2.859	3.049	3.178	90	3.171	3.347	3.563	3.716
28	2.714	2.876	3.068	3.199	100	3.207	3.383	3.600	3.754
29	2.730	2.893	3.085	3.218					

附录6 狄克逊（Dixon）检验临界值表

（1）单侧狄克逊检验临界值表

n	α			
	0.10	0.05	0.01	0.005
3	0.886	0.941	0.988	0.994
4	0.679	0.765	0.889	0.926
5	0.557	0.642	0.780	0.821
6	0.482	0.560	0.698	0.740
7	0.434	0.507	0.637	0.680
8	0.479	0.554	0.683	0.725
9	0.441	0.512	0.635	0.677
10	0.409	0.477	0.597	0.639
11	0.517	0.576	0.679	0.713
12	0.490	0.546	0.642	0.675
13	0.467	0.521	0.615	0.649
14	0.492	0.546	0.641	0.674
15	0.472	0.525	0.616	0.647
16	0.454	0.507	0.595	0.624
17	0.438	0.490	0.577	0.605
18	0.424	0.475	0.561	0.589
19	0.412	0.462	0.547	0.575
20	0.401	0.450	0.535	0.562
21	0.391	0.440	0.524	0.551
22	0.382	0.430	0.514	0.541
23	0.374	0.421	0.505	0.532
24	0.367	0.413	0.497	0.524
25	0.360	0.406	0.489	0.516
26	0.354	0.399	0.486	0.508
27	0.348	0.393	0.475	0.501
28	0.342	0.387	0.469	0.495
29	0.337	0.381	0.463	0.489
30	0.332	0.376	0.457	0.483

（2）双侧狄克逊检验临界值表

n	α	
	0.01	0.05
3	0.994	0.970
4	0.926	0.829
5	0.821	0.710
6	0.740	0.628
7	0.680	0.569
8	0.717	0.608
9	0.672	0.604
10	0.635	0.530
11	0.605	0.502
12	0.579	0.479
13	0.697	0.611
14	0.670	0.586
15	0.647	0.565
16	0.627	0.546
17	0.610	0.529
18	0.594	0.514
19	0.580	0.501
20	0.567	0.489
21	0.555	0.478
22	0.544	0.468
23	0.535	0.459
24	0.526	0.451
25	0.517	0.443
26	0.510	0.436
27	0.502	0.429
28	0.495	0.423
29	0.489	0.417
30	0.483	0.412

附录7 相关系数 r 与 R 的临界值表

$n-m-1$	α	自变量的个数 m			
		1	2	3	4
1	0.05	0.997	0.999	0.999	0.999
	0.01	1.000	1.000	1.000	1.000
2	0.05	0.950	0.975	0.983	0.987
	0.01	0.990	0.995	0.997	0.998
3	0.05	0.878	0.930	0.950	0.961
	0.01	0.959	0.976	0.983	0.987
4	0.05	0.811	0.881	0.912	0.930
	0.01	0.917	0.949	0.962	0.970
5	0.05	0.754	0.863	0.874	0.898
	0.01	0.874	0.917	0.937	0.949
6	0.05	0.707	0.795	0.839	0.867
	0.01	0.834	0.886	0.911	0.927
7	0.05	0.666	0.758	0.807	0.838
	0.01	0.798	0.855	0.885	0.904
8	0.05	0.632	0.726	0.777	0.811
	0.01	0.765	0.827	0.860	0.882
9	0.05	0.602	0.697	0.750	0.786
	0.01	0.735	0.800	0.836	0.861
10	0.05	0.567	0.671	0.726	0.763
	0.01	0.708	0.776	0.814	0.840
11	0.05	0.553	0.648	0.703	0.741
	0.01	0.684	0.753	0.793	0.821
12	0.05	0.532	0.627	0.683	0.722
	0.01	0.661	0.732	0.773	0.802
13	0.05	0.514	0.608	0.664	0.703
	0.01	0.641	0.712	0.755	0.785
14	0.05	0.497	0.590	0.646	0.686
	0.01	0.623	0.694	0.737	0.768
15	0.05	0.482	0.574	0.630	0.670
	0.01	0.606	0.677	0.721	0.752
16	0.05	0.468	0.559	0.615	0.655
	0.01	0.590	0.662	0.706	0.738
17	0.05	0.546	0.545	0.601	0.641
	0.01	0.575	0.647	0.691	0.724
18	0.05	0.444	0.532	0.587	0.628
	0.01	0.561	0.633	0.678	0.710
19	0.05	0.433	0.520	0.575	0.615
	0.01	0.549	0.620	0.665	0.698
20	0.05	0.423	0.509	0.563	0.604
	0.01	0.537	0.608	0.652	0.685
21	0.05	0.413	0.498	0.522	0.592
	0.01	0.526	0.596	0.641	0.674
22	0.05	0.404	0.488	0.542	0.582
	0.01	0.515	0.585	0.630	0.663
23	0.05	0.396	0.479	0.532	0.572
	0.01	0.505	0.574	0.619	0.652
24	0.05	0.388	0.470	0.523	0.562
	0.01	0.496	0.565	0.609	0.642
25	0.05	0.381	0.462	0.514	0.553
	0.01	0.487	0.555	0.600	0.633
26	0.05	0.374	0.454	0.506	0.545
	0.01	0.478	0.546	0.590	0.624
27	0.05	0.367	0.446	0.498	0.536
	0.01	0.470	0.538	0.582	0.615
28	0.05	0.361	0.439	0.490	0.529
	0.01	0.463	0.530	0.573	0.606
29	0.05	0.355	0.432	0.482	0.521
	0.01	0.456	0.522	0.565	0.598
30	0.05	0.349	0.426	0.476	0.514
	0.01	0.449	0.514	0.558	0.591
35	0.05	0.325	0.397	0.445	0.482
	0.01	0.418	0.481	0.523	0.556
40	0.05	0.304	0.373	0.419	0.455
	0.01	0.393	0.454	0.494	0.526
45	0.05	0.288	0.353	0.397	0.432
	0.01	0.372	0.430	0.470	0.501
50	0.05	0.273	0.336	0.379	0.412
	0.01	0.354	0.410	0.449	0.479
60	0.05	0.250	0.308	0.348	0.380
	0.01	0.325	0.377	0.414	0.442
70	0.05	0.232	0.286	0.324	0.354
	0.01	0.302	0.351	0.386	0.413
80	0.05	0.217	0.269	0.304	0.332
	0.01	0.283	0.330	0.362	0.389
90	0.05	0.205	0.254	0.288	0.315
	0.01	0.267	0.312	0.343	0.368
100	0.05	0.195	0.241	0.274	0.300
	0.01	0.254	0.297	0.327	0.351
125	0.05	0.174	0.216	0.246	0.269
	0.01	0.228	0.266	0.294	0.316
150	0.05	0.159	0.198	0.225	0.247
	0.01	0.208	0.244	0.270	0.290
200	0.05	0.138	0.172	0.196	0.215
	0.01	0.181	0.212	0.234	0.253
300	0.05	0.113	0.141	0.160	0.176
	0.01	0.148	0.174	0.192	0.208
400	0.05	0.098	0.122	0.139	0.153
	0.01	0.128	0.151	0.167	0.180
500	0.05	0.088	0.109	0.124	0.137
	0.01	0.115	0.135	0.150	0.162
1000	0.05	0.062	0.077	0.088	0.097
	0.01	0.081	0.096	0.106	0.115

附录 8　常用正交表

(1) $L_4(2^3)$

试验号	列号			试验号	列号		
	1	2	3		1	2	3
1	1	1	1	3	2	1	2
2	1	2	2	4	2	2	1

(2) $L_8(2^7)$

试验号	列号						
	1	2	3	4	5	6	7
1	1	1	1	1	1	1	1
2	1	1	1	2	2	2	2
3	1	2	2	1	1	2	2
4	1	2	2	2	2	1	1
5	2	1	2	1	2	1	2
6	2	1	2	2	1	2	1
7	2	2	1	1	2	2	1
8	2	2	1	2	1	1	2

$L_8(2^7)$ 二列间的交互作用

列号	列号						
	1	2	3	4	5	6	7
(1)	(1)	3	2	5	4	7	6
(2)		(2)	1	6	7	4	5
(3)			(3)	7	6	5	4
(4)				(4)	1	2	3
(5)					(5)	3	2
(6)						(6)	1
(7)							(7)

$L_8(2^7)$ 表头设计

因素数	列号						
	1	2	3	4	5	6	7
3	A	B	A×B	C	A×C	B×C	
4	A	B	A×B C×D	C	A×C B×D	B×C A×D	D
4	A	B C×D	A×B	C B×D	A×C	D B×C	A×D
5	A D×E	B C×D	A×B C×E	C B×D	A×C B×E	D A×E B×C	E A×D

(3) $L_8(4\times 2^4)$

试验号	列号				
	1	2	3	4	5
1	1	1	1	1	1
2	1	2	2	2	2
3	2	1	1	2	2
4	2	2	2	1	1
5	3	1	2	1	2
6	3	2	1	2	1
7	4	1	2	2	1
8	4	2	1	1	2

$L_8(4\times2^4)$ 表头设计

因素数	列号				
	1	2	3	4	5
2	A	B	$(A\times B)_1$	$(A\times B)_2$	$(A\times B)_3$
3	A	B	C		
4	A	B	C	D	
5	A	B	C	D	E

（4） $L_9(3^4)$

试验号	列号			
	1	2	3	4
1	1	1	1	1
2	1	2	2	2
3	1	3	3	3
4	2	1	2	3
5	2	2	3	1
6	2	3	1	2
7	3	1	3	2
8	3	2	1	3
9	3	3	2	1

注：任意二列间的交互作用为另外二列。

（5） $L_{12}(2^{11})$

试验号	列号										
	1	2	3	4	5	6	7	8	9	10	11
1	1	1	1	1	1	1	1	1	1	1	1
2	1	1	1	1	1	2	2	2	2	2	2
3	1	1	2	2	2	1	1	1	2	2	2
4	1	2	1	2	2	1	2	2	1	1	2
5	1	2	2	1	2	2	1	2	1	2	1
6	1	2	2	2	1	2	2	1	2	1	1
7	2	1	2	2	1	1	2	2	1	2	1
8	2	1	2	1	2	2	2	1	1	1	2
9	2	1	1	2	2	2	1	2	2	1	1
10	2	2	2	1	1	1	1	2	2	1	2
11	2	2	1	2	1	2	1	1	1	2	2
12	2	2	1	1	2	1	2	1	2	2	1

（6） $L_{16}(2^{15})$

试验号	列号														
	1	2	3	4	5	6	7	8	9	10	11	12	13	14	15
1	1	1	1	1	1	1	1	1	1	1	1	1	1	1	1
2	1	1	1	1	1	1	1	2	2	2	2	2	2	2	2
3	1	1	1	2	2	2	2	1	1	1	1	2	2	2	2
4	1	1	1	2	2	2	2	2	2	2	2	1	1	1	1
5	1	2	2	1	1	2	2	1	1	2	2	1	1	2	2
6	1	2	2	1	1	2	2	2	2	1	1	2	2	1	1

续表

试验号	列号														
	1	2	3	4	5	6	7	8	9	10	11	12	13	14	15
7	1	2	2	2	2	1	1	1	1	2	2	2	2	1	1
8	1	2	2	2	2	1	1	2	2	1	1	1	1	2	2
9	2	1	2	1	2	1	2	1	2	1	2	1	2	1	2
10	2	1	2	1	2	1	2	2	1	2	1	2	1	2	1
11	2	1	2	2	1	2	1	1	2	1	2	2	1	2	1
12	2	1	2	2	1	2	1	2	1	2	1	1	2	1	2
13	2	2	1	1	2	2	1	1	2	2	1	1	2	2	1
14	2	2	1	1	2	2	1	2	1	1	2	2	1	1	2
15	2	2	1	2	1	1	2	1	2	2	1	2	1	1	2
16	2	2	1	2	1	1	2	2	1	1	2	1	2	2	1

$L_{16}(2^{15})$ 二列间的交互作用

列号	列号														
	1	2	3	4	5	6	7	8	9	10	11	12	13	14	15
(1)	(1)	3	2	5	4	7	6	9	8	11	10	13	12	15	14
(2)		(2)	1	6	7	4	5	10	11	8	9	14	15	12	13
(3)			(3)	7	6	5	4	11	10	9	8	15	14	13	12
(4)				(4)	1	2	3	12	13	14	15	8	9	10	11
(5)					(5)	3	2	13	12	15	14	9	8	11	10
(6)						(6)	1	14	15	12	13	10	11	8	9
(7)							(7)	15	14	13	12	11	10	9	8
(8)								(8)	1	2	3	4	5	6	7
(9)									(9)	3	2	5	4	7	6
(10)										(10)	1	6	7	4	5
(11)											(11)	7	6	5	4
(12)												(12)	1	2	3
(13)													(13)	3	2
(14)														(14)	1

$L_{16}(2^{15})$ 表头设计

因素数	列号														
	1	2	3	4	5	6	7	8	9	10	11	12	13	14	15
4	A	B	A×B	C	A×C	B×C		D	A×D	B×D		C×D			
5	A	B	A×B	C	A×C	B×C	D×E	D	A×D	B×D	C×E	C×D	B×E	A×E	E
6	A	B	A×B D×E	C	A×C D×F	B×C E×F		D	A×D B×E C×F	B×D A×E	E	C×D A×F	F		C×E B×F
7	A	B	A×B D×E F×G	C	A×C D×F E×G	B×C E×F D×G		D	A×D B×E C×F	B×D A×E C×G	E	C×D A×F B×G	F	G	C×E B×F A×G
8	A	B	A×B D×E F×G C×H	C	A×C D×F E×G B×H	B×C E×F D×G A×H	H	D	A×D B×E C×F G×H	B×D A×E C×G F×H	E	C×D A×F B×G E×H	F	G	C×E B×F A×G D×H

(7) $L_{16}(4\times2^{12})$

试验号	列号												
	1	2	3	4	5	6	7	8	9	10	11	12	13
1	1	1	1	1	1	1	1	1	1	1	1	1	1
2	1	1	1	1	1	2	2	2	2	2	2	2	2
3	1	2	2	2	2	1	1	1	1	2	2	2	2
4	1	2	2	2	2	2	2	2	2	1	1	1	1
5	2	1	1	2	2	1	1	2	2	1	1	2	2
6	2	1	1	2	2	2	2	1	1	2	2	1	1
7	2	2	2	1	1	1	1	2	2	2	2	1	1
8	2	2	2	1	1	2	2	1	1	1	1	2	2
9	3	1	2	1	2	1	2	1	2	1	2	1	2
10	3	1	2	1	2	2	1	2	1	2	1	2	1
11	3	2	1	2	1	1	2	1	2	2	1	2	1
12	3	2	1	2	1	2	1	2	1	1	2	1	2
13	4	1	2	2	1	1	2	2	1	1	2	2	1
14	4	1	2	2	1	2	1	1	2	2	1	1	2
15	4	2	1	1	2	1	2	2	1	2	1	1	2
16	4	2	1	1	2	2	1	1	2	1	2	2	1

$L_{16}(4\times2^{12})$ 表头设计

因素数	列号												
	1	2	3	4	5	6	7	8	9	10	11	12	13
3	A	B	$(A\times B)_1$	$(A\times B)_2$	$(A\times B)_3$	C	$(A\times C)_1$	$(A\times C)_2$	$(A\times C)_3$	B×C			
4	A	B	$(A\times B)_1$ C×D	$(A\times B)_2$	$(A\times B)_3$	C	$(A\times C)_1$ B×D	$(A\times C)_2$	$(A\times C)_3$	B×C $(A\times D)_1$	D	$(A\times D)_3$	$(A\times D)_2$
5	A	B	$(A\times B)_1$ C×D	$(A\times B)_2$ C×E	$(A\times B)_3$	C	$(A\times C)_1$ B×D	$(A\times C)_2$ B×E	$(A\times C)_3$	B×C $(A\times D)_1$ $(A\times E)_2$	D $(A\times E)_3$	E $(A\times D)_3$	$(A\times E)_1$ $(A\times D)_2$

(8) $L_{16}(4^2\times2^9)$

试验号	列号										
	1	2	3	4	5	6	7	8	9	10	11
1	1	1	1	1	1	1	1	1	1	1	1
2	1	2	1	1	1	2	2	2	2	2	2
3	1	3	2	2	2	1	1	1	2	2	2
4	1	4	2	2	2	2	2	2	1	1	1
5	2	1	1	2	2	1	2	2	1	2	2
6	2	2	1	2	2	2	1	1	2	1	1
7	2	3	2	1	1	1	2	2	2	1	1
8	2	4	2	1	1	2	1	1	1	2	2
9	3	1	2	1	2	2	1	2	2	1	2
10	3	2	2	1	2	1	2	1	1	2	1
11	3	3	1	2	1	2	1	2	1	2	1
12	3	4	1	2	1	1	2	1	2	1	2
13	4	1	2	2	1	2	2	1	2	2	1
14	4	2	2	2	1	1	1	2	1	1	2
15	4	3	1	1	2	2	2	1	1	1	2
16	4	4	1	1	2	1	1	2	2	2	1

(9) $L_{16}(4^3\times2^6)$

试验号	列号								
	1	2	3	4	5	6	7	8	9
1	1	1	1	1	1	1	1	1	1
2	1	2	2	1	1	2	2	2	2
3	1	3	3	2	2	1	1	2	2
4	1	4	4	2	2	2	2	1	1
5	2	1	2	2	2	1	2	1	2
6	2	2	1	2	2	2	1	2	1
7	2	3	4	1	1	1	2	2	1
8	2	4	3	1	1	2	1	1	2
9	3	1	3	1	2	2	2	2	1
10	3	2	4	1	2	1	1	1	2
11	3	3	1	2	1	2	2	1	2
12	3	4	2	2	1	1	1	2	1
13	4	1	4	2	1	2	1	2	2
14	4	2	3	2	1	1	2	1	1
15	4	3	2	1	2	2	1	1	1
16	4	4	1	1	2	1	2	2	2

(10) $L_{16}(4^4\times2^3)$

试验号	列号						
	1	2	3	4	5	6	7
1	1	1	1	1	1	1	1
2	1	2	2	2	1	2	2
3	1	3	3	3	2	1	2
4	1	4	4	4	2	2	1
5	2	1	2	3	2	2	1
6	2	2	1	4	2	1	2
7	2	3	4	1	1	2	2
8	2	4	3	2	1	1	1
9	3	1	3	4	1	2	2
10	3	2	4	3	1	1	1
11	3	3	1	2	2	2	1
12	3	4	2	1	2	1	2
13	4	1	4	2	2	1	2
14	4	2	3	1	2	2	1
15	4	3	2	4	1	1	1
16	4	4	1	3	1	2	2

(11) $L_{16}(4^5)$

试验号	列号				
	1	2	3	4	5
1	1	1	1	1	1
2	1	2	2	2	2
3	1	3	3	3	3
4	1	4	4	4	4
5	2	1	2	3	4

续表

试验号	列号				
	1	2	3	4	5
6	2	2	1	4	3
7	2	3	4	1	2
8	2	4	3	2	1
9	3	1	3	4	2
10	3	2	4	3	1
11	3	3	1	2	4
12	3	4	2	1	3
13	4	1	4	2	3
14	4	2	3	1	4
15	4	3	2	4	1
16	4	4	1	3	2

（12）$L_{16}(8\times2^8)$

试验号	列号								
	1	2	3	4	5	6	7	8	9
1	1	1	1	1	1	1	1	1	1
2	1	2	2	2	2	2	2	2	2
3	2	1	1	1	1	2	2	2	2
4	2	2	2	2	2	1	1	1	1
5	3	1	1	2	2	1	1	2	2
6	3	2	2	1	1	2	2	1	1
7	4	1	1	2	2	2	2	1	1
8	4	2	2	1	1	1	1	2	2
9	5	1	2	1	2	1	2	1	2
10	5	2	1	2	1	2	1	2	1
11	6	1	2	1	2	2	1	2	1
12	6	2	1	2	1	1	2	1	2
13	7	1	2	2	1	1	2	2	1
14	7	2	1	1	2	2	1	1	2
15	8	1	2	2	1	2	1	1	2
16	8	2	1	1	2	1	2	2	1

（13）$L_{18}(2\times3^7)$

试验号	列号							
	1	2	3	4	5	6	7	8
1	1	1	1	1	1	1	1	1
2	1	1	2	2	2	2	2	2
3	1	1	3	3	3	3	3	3
4	1	2	1	1	2	2	3	3
5	1	2	2	2	3	3	1	1
6	1	2	3	3	1	1	2	2
7	1	3	1	2	1	3	2	3
8	1	3	2	3	2	1	3	1
9	1	3	3	1	3	2	1	2
10	2	1	1	3	3	2	2	1

续表

试验号	列号							
	1	2	3	4	5	6	7	8
11	2	1	2	1	1	3	3	2
12	2	1	3	2	2	1	1	3
13	2	2	1	2	3	1	3	2
14	2	2	2	3	1	2	1	3
15	2	2	3	1	2	3	2	1
16	2	3	1	3	2	3	1	2
17	2	3	2	1	3	1	2	3
18	2	3	3	2	1	2	3	1

(14) $L_{18}(3^7)$

试验号	列号						
	1	2	3	4	5	6	7
1	1	1	1	1	1	1	1
2	1	2	2	2	2	2	2
3	1	3	3	3	3	3	3
4	2	1	1	2	2	3	3
5	2	2	2	3	3	1	1
6	2	3	3	1	1	2	2
7	3	1	2	1	3	2	3
8	3	2	3	2	1	3	1
9	3	3	1	3	2	1	2
10	1	1	3	3	2	2	1
11	1	2	1	1	3	3	2
12	1	3	2	2	1	1	3
13	2	1	2	3	1	3	2
14	2	2	3	1	2	1	3
15	2	3	1	2	3	2	1
16	3	1	3	2	3	1	2
17	3	2	1	3	1	2	3
18	3	3	2	1	2	3	1

(15) $L_{25}(5^6)$

试验号	列号					
	1	2	3	4	5	6
1	1	1	1	1	1	1
2	1	2	2	2	2	2
3	1	3	3	3	3	3
4	1	4	4	4	4	4
5	1	5	5	5	5	5
6	2	1	2	3	4	5
7	2	2	3	4	5	1
8	2	3	4	5	1	2
9	2	4	5	1	2	3
10	2	5	1	2	3	4
11	3	1	3	5	2	4

续表

试验号	列号					
	1	2	3	4	5	6
12	3	2	4	1	3	5
13	3	3	5	2	4	1
14	3	4	1	3	5	2
15	3	5	2	4	1	3
16	4	1	4	2	5	3
17	4	2	5	3	1	4
18	4	3	1	4	2	5
19	4	4	2	5	3	1
20	4	5	3	1	4	2
21	5	1	5	4	3	2
22	5	2	1	5	4	3
23	5	3	2	1	5	4
24	5	4	3	2	1	5
25	5	5	4	3	2	1

（16）$L_{27}(3^{13})$

试验号	列号												
	1	2	3	4	5	6	7	8	9	10	11	12	13
1	1	1	1	1	1	1	1	1	1	1	1	1	1
2	1	1	1	1	2	2	2	2	2	2	2	2	2
3	1	1	1	1	3	3	3	3	3	3	3	3	3
4	1	2	2	2	1	1	1	2	2	2	3	3	3
5	1	2	2	2	2	2	2	3	3	3	1	1	1
6	1	2	2	2	3	3	3	1	1	1	2	2	2
7	1	3	3	3	1	1	1	3	3	3	2	2	2
8	1	3	3	3	2	2	2	1	1	1	3	3	3
9	1	3	3	3	3	3	3	2	2	2	1	1	1
10	2	1	2	3	1	2	3	1	2	3	1	2	3
11	2	1	2	3	2	3	1	2	3	1	2	3	1
12	2	1	2	3	3	1	2	3	1	2	3	1	2
13	2	2	3	1	1	2	3	2	3	1	3	1	2
14	2	2	3	1	2	3	1	3	1	2	1	2	3
15	2	2	3	1	3	1	2	1	2	3	2	3	1
16	2	3	1	2	1	2	3	3	1	2	2	3	1
17	2	3	1	2	2	3	1	1	2	3	3	1	2
18	2	3	1	2	3	1	2	2	3	1	1	2	3
19	3	1	3	2	1	3	2	1	3	2	1	3	2
20	3	1	3	2	2	1	3	2	1	3	2	1	3
21	3	1	3	2	3	2	1	3	2	1	3	2	1
22	3	2	1	3	1	3	2	2	1	3	3	2	1
23	3	2	1	3	2	1	3	3	2	1	1	3	2
24	3	2	1	3	3	2	1	1	3	2	2	1	3
25	3	3	2	1	1	3	2	3	2	1	2	1	3
26	3	3	2	1	2	1	3	1	3	2	3	2	1
27	3	3	2	1	3	2	1	2	1	3	1	3	2

$L_{27}(3^{13})$ 表头设计

因素数	列号												
	1	2	3	4	5	6	7	8	9	10	11	12	13
3	A	B	$(A\times B)_1$	$(A\times B)_2$	C	$(A\times C)_1$	$(A\times C)_2$	$(B\times C)_1$			$(B\times C)_2$		
4	A	B	$(A\times B)_1$ $(C\times D)_2$	$(A\times B)_2$	C	$(A\times C)_1$ $(B\times D)_2$	$(A\times C)_2$	$(B\times C)_1$ $(A\times D)_2$	D	$(A\times D)_1$	$(B\times C)_2$	$(B\times D)_1$	$(C\times D)_1$

$L_{27}(3^{13})$ 二列间的交互作用

列号	列号												
	1	2	3	4	5	6	7	8	9	10	11	12	13
(1)	(1)	3 4	2 4	2 3	6 7	5 7	5 6	9 10	8 10	8 9	12 13	11 13	11 12
(2)		(2)	1 4	1 3	8 11	9 12	10 13	5 11	6 12	7 13	5 8	6 9	7 10
(3)			(3)	1 2	9 13	10 11	8 12	7 12	5 13	6 11	6 10	7 8	5 9
(4)				(4)	10 12	8 13	9 11	6 13	7 11	5 12	7 9	5 10	6 8
(5)					(5)	1 7	1 6	2 11	3 13	4 12	2 8	4 10	3 9
(6)						(6)	1 5	4 13	2 12	3 11	3 10	2 9	4 8
(7)							(7)	3 12	4 11	2 13	4 9	3 8	2 10
(8)								(8)	1 10	1 9	2 5	3 7	4 6
(9)									(9)	1 8	4 7	2 6	3 5
(10)										(10)	3 6	4 5	2 7
(11)											(11)	1 13	1 12
(12)												(12)	1 11

附录 9 均匀设计表

9.1 等水平均匀设计表

(1) $U_5(5^3)$

试验号	1	2	3
1	1	2	4
2	2	4	3
3	3	1	2
4	4	3	1
5	5	5	5

$U_5(5^3)$ 的使用表

因素数	列号			D
2	1	2		0.3100
3	1	2	3	0.4570

(2) $U_6^*(6^4)$

试验号	1	2	3	4
1	1	2	3	6
2	2	4	6	5
3	3	6	2	4
4	4	1	5	3
5	5	3	1	2
6	6	5	4	1

$U_6^*(6^4)$ 的使用表

因素数	列号				D
2	1	3			0.1875
3	1	2	3		0.2656
4	1	2	3	4	0.2990

(3) $U_7(7^4)$

试验号	1	2	3	4
1	1	2	3	6
2	2	4	6	5
3	3	6	2	4
4	4	1	5	3
5	5	3	1	2
6	6	5	4	1
7	7	7	7	7

$U_7(7^4)$ 的使用表

因素数	列 号				D
2	1	3			0.2398
3	1	2	3		0.3721
4	1	2	3	4	0.4760

(4) $U_7^*(7^4)$

试验号	1	2	3	4
1	1	3	5	7
2	2	6	2	6
3	3	1	7	5
4	4	4	4	4
5	5	7	1	3
6	6	2	6	2
7	7	5	3	1

$U_7^*(7^4)$ 的使用表

因素数	列 号			D
2	1	3		0.1582
3	2	3	4	0.2132

(5) $U_8^*(8^5)$

试验号	1	2	3	4	5
1	1	2	4	7	8
2	2	4	8	5	7
3	3	6	3	3	6
4	4	8	7	1	5
5	5	1	2	8	4
6	6	3	6	6	3
7	7	5	1	4	2
8	8	7	5	2	1

$U_8^*(8^5)$ 的使用表

因素数	列 号				D
2	1	3			0.1445
3	1	3	4		0.2000
4	1	2	3	5	0.2709

(6) $U_9(9^5)$

试验号	1	2	3	4	5
1	1	2	4	7	8
2	2	4	8	5	7
3	3	6	3	3	6
4	4	8	7	1	5
5	5	1	2	8	4
6	6	3	6	6	3
7	7	5	1	4	2
8	8	7	5	2	1
9	9	9	9	9	9

$U_9(9^5)$ 的使用表

因素数	列 号				D
2	1	3			0.1944
3	1	3	4		0.3102
4	1	2	3	5	0.4066

(7) $U_9^*(9^4)$

试验号	1	2	3	4
1	1	3	7	9
2	2	6	4	8
3	3	9	1	7
4	4	2	8	6
5	5	5	5	5
6	6	8	2	4
7	7	1	9	3
8	8	4	6	2
9	9	7	3	1

$U_9^*(9^4)$ 的使用表

因素数	列 号			D
2	1	3		0.1574
3	1	3	4	0.1980

(8) $U_{10}^{*}(10^8)$

试验号	1	2	3	4	5	6	7	8
1	1	2	3	4	5	7	9	10
2	2	4	6	8	10	3	7	9
3	3	6	9	1	4	10	5	8
4	4	8	1	5	9	6	3	7
5	5	10	4	9	3	2	1	6
6	6	1	7	2	8	9	10	5
7	7	3	10	6	2	5	8	4
8	8	5	2	10	7	1	6	3
9	9	7	5	3	1	8	4	2
10	10	9	8	7	6	4	2	1

$U_{10}^{*}(10^8)$ 的使用表

因素数	列号						D
2	1	6					0.1125
3	1	5	6				0.1681
4	1	3	4	5			0.2236
5	1	2	4	5	7		0.2414
6	1	2	3	5	6	8	0.2994

(9) $U_{11}(11^6)$

试验号	1	2	3	4	5	6
1	1	2	3	5	7	10
2	2	4	6	10	3	9
3	3	6	9	4	10	8
4	4	8	1	9	6	7
5	5	10	4	3	2	6
6	6	1	7	8	9	5
7	7	3	10	2	5	4
8	8	5	2	7	1	3
9	9	7	5	1	8	2
10	10	9	8	6	4	1
11	11	11	11	11	11	11

$U_{11}(11^6)$ 的使用表

因素数	列号						D
2	1	5					0.1632
3	1	4	5				0.2649
4	1	3	4	5			0.3528
5	1	2	3	4	5		0.4286
6	1	2	3	4	5	6	0.4942

(10) $U_{11}^{*}(11^4)$

试验号	1	2	3	4
1	1	5	7	11
2	2	10	2	10
3	3	3	9	9
4	4	8	4	8
5	5	1	11	7
6	6	6	6	6
7	7	11	1	5
8	8	4	8	4
9	9	9	3	3
10	10	2	10	2
11	11	7	5	1

$U_{11}^{*}(11^4)$ 的使用表

因素数	列号			D
2	1	2		0.1136
3	2	3	4	0.2307

(11) $U_{12}^*(12^{10})$

试验号	1	2	3	4	5	6	7	8	9	10
1	1	2	3	4	5	6	8	9	10	12
2	2	4	6	8	10	12	3	5	7	11
3	3	6	9	12	2	5	11	1	4	10
4	4	8	12	3	7	11	6	10	1	9
5	5	10	2	7	12	4	1	6	11	8
6	6	12	5	11	4	10	9	2	8	7
7	7	1	8	2	9	3	4	11	5	6
8	8	3	11	6	1	9	12	7	2	5
9	9	5	1	10	6	2	7	3	12	4
10	10	7	4	1	11	8	2	12	9	3
11	11	9	7	5	3	1	10	8	6	2
12	12	11	10	9	8	7	5	4	3	1

$U_{12}^*(12^{10})$ 的使用表

因素数	列号							D
2	1	5						0.1163
3	1	6	9					0.1838
4	1	6	7	9				0.2233
5	1	3	4	8	10			0.2272
6	1	2	6	7	8	9		0.2670
7	1	2	6	7	8	9	10	0.2768

(12) $U_{13}(13^8)$

试验号	1	2	3	4	5	6	7	8
1	1	2	5	6	8	9	10	12
2	2	4	10	12	3	5	7	11
3	3	6	2	5	11	1	4	10
4	4	8	7	11	6	10	1	9
5	5	10	12	4	1	6	11	8
6	6	12	4	10	9	2	8	7
7	7	1	9	3	4	11	5	6
8	8	3	1	9	12	7	2	5
9	9	5	6	2	7	3	12	4
10	10	7	11	8	2	12	9	3
11	11	9	3	1	10	8	6	2
12	12	11	8	7	5	4	3	1
13	13	13	13	13	13	13	13	13

$U_{13}(13^8)$ 的使用表

因素数	列号							D
2	1	3						0.1405
3	1	4	7					0.2308
4	1	4	5	7				0.3107
5	1	4	5	6	7			0.3814
6	1	2	4	5	6	7		0.4439
7	1	2	4	5	6	7	8	0.4992

(13) $U_{13}^{*}(13^4)$

试验号	1	2	3	4
1	1	5	9	11
2	2	10	4	8
3	3	1	13	5
4	4	6	8	2
5	5	11	3	13
6	6	2	12	10
7	7	7	7	7
8	8	12	2	4
9	9	3	11	1
10	10	8	6	12
11	11	13	1	9
12	12	4	10	6
13	13	9	5	3

$U_{13}^{*}(13^4)$ 的使用表

因素数	列号				D
2	1	3			0.0962
3	1	3	4		0.1442
4	1	2	3	4	0.2076

(14) $U_{14}^{*}(14^5)$

试验号	1	3	4	6	7
1	1	4	7	11	13
2	2	8	14	7	11
3	3	12	6	3	9
4	4	1	13	14	7
5	5	5	5	10	5
6	6	9	12	6	3
7	7	13	4	2	1
8	8	2	11	13	14
9	9	6	3	9	12
10	10	10	10	5	10
11	11	14	2	1	8
12	12	3	9	12	6
13	13	7	1	8	4
14	14	11	8	4	2

$U_{14}^{*}(14^5)$ 的使用表

因素数	列号				D
2	1	4			0.0957
3	1	2	3		0.1455
4	1	2	3	5	0.2091

(15) $U_{15}(15^5)$

试验号	1	2	3	4	5
1	1	4	7	11	13
2	2	8	14	7	11
3	3	12	6	3	9
4	4	1	13	14	7
5	5	5	5	10	5
6	6	9	12	6	3
7	7	13	4	2	1
8	8	2	11	13	14
9	9	6	3	9	12
10	10	10	10	5	10
11	11	14	2	1	8
12	12	3	9	12	6
13	13	7	1	8	4
14	14	11	8	4	2
15	15	15	15	15	15

$U_{15}(15^5)$ 的使用表

因素数	列号				D
2	1	4			0.1233
3	1	2	3		0.2043
4	1	2	3	5	0.2772

(16) $U_{15}^*(15^7)$

试验号	1	2	3	4	5	6	7
1	1	5	7	9	11	13	15
2	2	10	14	2	6	10	14
3	3	15	5	11	1	7	13
4	4	4	12	4	12	4	12
5	5	9	3	13	7	1	11
6	6	14	10	6	2	14	10
7	7	3	1	15	13	11	9
8	8	8	8	8	8	8	8
9	9	13	15	1	3	5	7
10	10	2	6	10	14	2	6
11	11	7	13	3	9	15	5
12	12	12	4	12	4	12	4
13	13	1	11	5	15	9	3
14	14	6	2	14	10	6	2
15	15	11	9	7	5	3	1

$U_{15}^*(15^7)$ 的使用表

因素数	列号					D
2	1	3				0.0833
3	1	2	6			0.1361
4	1	2	4	6		0.1551
5	2	3	4	5	7	0.2272

9.2 混合均匀设计表

(1) $U_6(3\times2)$

试验号	1	2
1	1	1
2	1	2
3	2	2
4	2	1
5	3	1
6	3	2
D	0.3750	

(2) $U_6(6\times2)$

试验号	1	2
1	1	1
2	2	2
3	3	2
4	4	1
5	5	1
6	6	2
D	0.3125	

(3) $U_6(6\times3)$

试验号	1	2
1	3	3
2	6	2
3	2	1
4	5	3
5	1	2
6	4	1
D	0.2361	

(4) $U_6(6\times3^2)$

试验号	1	2	3
1	1	1	2
2	2	2	3
3	3	3	1
4	4	1	3
5	5	2	1
6	6	3	2
D	0.3634		

(5) $U_6(6\times3\times2)$

试验号	1	2	3
1	1	1	1
2	2	2	2
3	3	3	1
4	4	1	2
5	5	2	1
6	6	3	2
D	0.4271		

(6) $U_6(6^2\times3)$

试验号	1	2	3
1	2	3	3
2	4	6	2
3	6	2	1
4	1	5	3
5	3	1	2
6	5	4	1
D	0.2998		

(7) $U_6(6^2\times2)$

试验号	1	2	3
1	1	2	1
2	2	4	2
3	3	6	1
4	4	1	2
5	5	3	1
6	6	5	2
D	0.3698		

(8) $U_6(6\times3\times2)$

试验号	1	2	3
1	1	1	1
2	1	2	2
3	2	3	1
4	2	1	2
5	3	2	1
6	3	3	2
D	0.4792		

(9) $U_6(6\times3^2\times2)$

试验号	1	2	3	4
1	1	1	2	2
2	2	2	3	2
3	3	3	1	2
4	4	1	3	1
5	5	2	1	1
6	6	3	2	1
D	0.5226			

(10) $U_6(6^2\times3\times2)$

试验号	1	2	3	4
1	1	2	2	2
2	2	4	3	1
3	3	6	1	1
4	4	1	3	2
5	5	3	1	2
6	6	5	2	1
D	0.4748			

(11) $U_6(6^3\times2)$

试验号	1	2	3	4
1	1	2	3	2
2	2	4	6	1
3	3	6	2	2
4	4	1	5	1
5	5	3	1	2
6	6	5	4	1
D	0.4233			

(12) $U_6(6^3\times3)$

试验号	1	2	3	4
1	1	2	3	2
2	2	4	6	1
3	3	6	2	3
4	4	1	5	1
5	5	3	1	3
6	6	5	4	2
D	0.3581			

(13) $U_8(8\times4)$

试验号	1	2
1	2	3
2	4	1
3	6	3
4	8	1
5	1	4
6	3	2
7	5	4
8	7	2
D	0.1797	

(14) $U_8(8\times2)$

试验号	1	2
1	7	2
2	5	2
3	3	2
4	1	2
5	8	1
6	6	1
7	4	1
8	2	1
D	0.2968	

(15) $U_8(8\times4^2)$

试验号	1	2	3
1	1	3	4
2	2	1	3
3	3	3	2
4	4	1	1
5	5	4	4
6	6	2	3
7	7	4	2
8	8	2	1
D	0.2822		

(16) $U_8(8^2\times2)$

试验号	1	2	3
1	1	2	2
2	2	4	1
3	3	6	2
4	4	8	1
5	5	1	2
6	6	3	1
7	7	5	2
8	8	7	1
D	0.3408		

(17) $U_8(8\times4^3)$

试验号	1	2	3	4
1	1	1	2	4
2	2	2	4	4
3	3	3	2	3
4	4	4	4	3
5	5	1	1	2
6	6	2	3	2
7	7	3	1	1
8	8	4	3	1
D	0.3719			

(18) $U_8(8^2\times4\times2)$

试验号	1	2	3	4
1	1	2	2	2
2	2	4	4	2
3	3	6	2	1
4	4	8	4	1
5	5	1	1	2
6	6	3	3	2
7	7	5	1	1
8	8	7	3	1
D	0.4232			

(19) $U_8(8^2\times4^2)$

试验号	1	2	3	4
1	1	2	3	4
2	2	4	1	3
3	3	6	3	2
4	4	8	1	1
5	5	1	4	4
6	6	3	2	3
7	7	5	4	2
8	8	7	2	1
D	0.3271			

(20) $U_8(8^3\times4)$

试验号	1	2	3	4
1	1	2	4	3
2	2	4	8	1
3	3	6	3	3
4	4	8	7	1
5	5	1	2	4
6	6	3	6	2
7	7	5	1	4
8	8	7	5	2
D	0.2918			

(21) $U_8(8^3\times2)$

试验号	1	2	3	4
1	1	2	4	2
2	2	4	8	1
3	3	6	3	2
4	4	8	7	1
5	5	1	2	2
6	6	3	6	1
7	7	5	1	2
8	8	7	5	1
D	0.3820			

(22) $U_{10}(10\times5)$

试验号	1	2
1	8	5
2	5	4
3	2	3
4	10	2
5	7	1
6	4	5
7	1	4
8	9	3
9	6	2
10	3	1
D	0.1450	

(23) $U_{10}(10\times2)$

试验号	1	2
1	7	2
2	3	1
3	10	1
4	6	2
5	2	2
6	9	1
7	5	1
8	1	2
9	8	2
10	4	1
D	0.2875	

(24) $U_{10}(5\times2)$

试验号	1	2
1	4	2
2	2	2
3	5	1
4	3	1
5	1	1
6	5	2
7	3	2
8	1	2
9	4	1
10	2	1
D	0.3250	

(25) $U_{10}(10\times5\times2)$

试验号	1	2	3
1	1	1	1
2	2	2	2
3	3	3	1
4	4	4	2
5	5	5	1
6	6	1	2
7	7	2	1
8	8	3	2
9	9	4	1
10	10	5	2
D	0.3588		

(26) $U_{10}(5^2\times2)$

试验号	1	2	3
1	1	1	1
2	1	2	2
3	2	3	1
4	2	4	2
5	3	5	1
6	3	1	2
7	4	2	1
8	4	3	2
9	5	4	1
10	5	5	2
D	0.3925		

(27) $U_{10}(10\times5^2)$

试验号	1	2	3
1	3	3	5
2	6	5	4
3	9	2	3
4	1	5	2
5	4	2	1
6	7	4	5
7	10	1	4
8	2	4	3
9	5	1	2
10	8	3	1
D	0.2305		

(28) $U_{10}(10^2\times2)$

试验号	1	2	3
1	1	2	1
2	2	4	2
3	3	6	2
4	4	8	1
5	5	10	1
6	6	1	2
7	7	3	2
8	8	5	1
9	9	7	1
10	10	9	2
D	0.3231		

(29) $U_{10}(10\times5^3)$

试验号	1	2	3	4
1	1	2	2	5
2	2	3	4	5
3	3	5	1	4
4	4	1	3	4
5	5	2	5	3
6	6	4	1	3
7	7	5	3	2
8	8	1	5	2
9	9	3	2	1
10	10	4	4	1
D	0.3075			

(30) $U_{10}(10\times5^2\times2)$

试验号	1	2	3	4
1	1	1	2	2
2	2	2	4	2
3	3	3	1	2
4	4	4	3	2
5	5	5	5	2
6	6	1	1	1
7	7	2	3	1
8	8	3	5	1
9	9	4	2	1
10	10	5	4	1
D	0.4229			

(31) $U_{10}(10^2\times5^2)$

试验号	1	2	3	4
1	1	3	2	3
2	2	6	4	5
3	3	9	1	2
4	4	1	3	5
5	5	4	5	2
6	6	7	1	4
7	7	10	3	1
8	8	2	5	4
9	9	5	2	1
10	10	8	4	3
D	0.2690			

(32) $U_{10}(10^2\times5\times2)$

试验号	1	2	3	4
1	1	2	2	1
2	2	4	3	2
3	3	6	5	1
4	4	8	1	1
5	5	10	2	2
6	6	1	4	1
7	7	3	5	2
8	8	5	1	2
9	9	7	3	1
10	10	9	4	2
D	0.3908			

(33) $U_{10}(10^3\times5)$

试验号	1	2	3	4
1	1	3	8	5
2	2	6	5	4
3	3	9	2	3
4	4	1	10	2
5	5	4	7	1
6	6	7	4	5
7	7	10	1	4
8	8	2	9	3
9	9	5	6	2
10	10	8	3	1
D	0.2284			

(34) $U_{12}(12\times4)$

试验号	1	2
1	10	4
2	7	4
3	4	4
4	1	3
5	11	3
6	8	3
7	5	2
8	2	2
9	12	2
10	9	1
11	6	1
12	3	1
D	0.1615	

(35) $U_{12}(12\times2)$

试验号	1	2
1	8	2
2	3	2
3	11	2
4	6	2
5	1	2
6	9	2
7	4	1
8	12	1
9	7	1
10	2	1
11	10	1
12	5	1
D	0.2813	

(36) $U_{12}(4\times3)$

试验号	1	2
1	1	1
2	1	2
3	1	3
4	2	3
5	2	1
6	2	2
7	3	2
8	3	3
9	3	1
10	4	1
11	4	2
12	4	3
D	0.2708	

(37) $U_{12}(6\times4\times3)$

试验号	1	2	3
1	1	1	1
2	1	2	2
3	2	3	3
4	2	4	1
5	3	1	2
6	3	2	3
7	4	3	1
8	4	4	2
9	5	1	3
10	5	2	1
11	6	3	2
12	6	4	3
D	0.3316		

(38) $U_{12}(6\times4^2)$

试验号	1	2	3
1	1	1	2
2	1	2	3
3	2	3	4
4	2	4	1
5	3	1	3
6	3	2	4
7	4	3	1
8	4	4	2
9	5	1	4
10	5	2	1
11	6	3	2
12	6	4	3
D	0.2982		

(39) $U_{12}(6^2\times4)$

试验号	1	2	3
1	4	5	4
2	2	4	4
3	6	2	4
4	3	1	3
5	1	6	3
6	5	4	3
7	2	3	2
8	6	1	2
9	4	6	2
10	1	5	1
11	5	3	1
12	3	2	1
D	0.2648		

(40) $U_{12}(12\times4\times2)$

试验号	1	2	3
1	1	1	1
2	2	2	1
3	3	3	2
4	4	4	2
5	5	5	1
6	6	6	1
7	7	1	2
8	8	2	2
9	9	3	1
10	10	4	1
11	11	5	2
12	12	6	2
D	0.3411		

(41) $U_{12}(4^2\times3)$

试验号	1	2	3
1	1	1	1
2	1	2	2
3	1	3	3
4	2	4	1
5	2	1	2
6	2	2	3
7	3	3	1
8	3	4	2
9	3	1	3
10	4	2	1
11	4	3	2
12	4	4	3
D	0.3620		

(42) $U_{12}(12\times6\times3)$

试验号	1	2	3
1	7	5	3
2	1	3	2
3	8	1	1
4	2	5	1
5	9	3	3
6	3	1	2
7	10	6	2
8	4	4	1
9	11	2	3
10	5	6	3
11	12	4	2
12	6	2	1
D	0.2679		

(43) $U_{12}(12\times6^2)$

试验号	1	2	3
1	1	3	5
2	2	6	3
3	3	3	1
4	4	6	5
5	5	2	3
6	6	5	1
7	7	2	6
8	8	5	4
9	9	1	2
10	10	4	6
11	11	1	4
12	12	4	2
D	0.1947		

(44) $U_{12}(12\times4\times3)$

试验号	1	2	3
1	1	1	1
2	2	2	2
3	3	2	3
4	4	3	3
5	5	4	1
6	6	4	2
7	7	1	2
8	8	1	3
9	9	2	1
10	10	3	1
11	11	3	2
12	12	4	3
D	0.3012		

(45) $U_{12}(12\times6\times4)$

试验号	1	2	3
1	4	5	4
2	8	4	3
3	12	2	3
4	3	1	2
5	7	6	1
6	11	4	1
7	2	3	4
8	6	1	4
9	10	6	3
10	1	5	2
11	5	3	2
12	9	2	1
D	0.2313		

(46) $U_{12}(12^2\times3)$

试验号	1	2	3
1	1	3	2
2	2	6	3
3	3	9	1
4	4	12	2
5	5	2	3
6	6	5	1
7	7	8	3
8	8	11	1
9	9	1	2
10	10	4	3
11	11	7	1
12	12	10	2
D	0.2347		

(47) $U_{12}(12^2\times2)$

试验号	1	2	3
1	1	3	1
2	2	6	2
3	3	9	2
4	4	12	1
5	5	2	2
6	6	5	2
7	7	8	1
8	8	11	1
9	9	1	2
10	10	4	1
11	11	7	1
12	12	10	2
D	0.3112		

(48) $U_{12}(12\times4^2)$

试验号	1	2	3
1	1	2	2
2	2	3	4
3	3	4	2
4	4	1	4
5	5	3	2
6	6	4	4
7	7	1	1
8	8	2	3
9	9	4	1
10	10	1	3
11	11	2	1
12	12	3	3
D	0.2663		

(49) $U_{12}(12^2\times6)$

试验号	1	2	3
1	1	6	4
2	2	12	2
3	3	5	6
4	4	11	3
5	5	4	1
6	6	10	5
7	7	3	2
8	8	9	6
9	9	2	4
10	10	8	1
11	11	1	5
12	12	7	3
D	0.1604		

(50) $U_{12}(12^2\times4)$

试验号	1	2	3
1	1	4	2
2	2	8	4
3	3	12	1
4	4	3	3
5	5	7	4
6	6	11	2
7	7	2	3
8	8	6	1
9	9	10	2
10	10	1	4
11	11	5	1
12	12	9	3
D	0.1964		

(51) $U_{12}(12\times6^2\times2)$

试验号	1	2	3	4
1	1	1	3	2
2	2	2	5	2
3	3	3	1	2
4	4	4	4	2
5	5	5	6	2
6	6	6	2	2
7	7	1	5	1
8	8	2	1	1
9	9	3	3	1
10	10	4	6	1
11	11	5	2	1
12	12	6	4	1
D	0.3961			

(52) $U_{12}(12\times6^2\times3)$

试验号	1	2	3	4
1	1	2	3	3
2	2	3	5	3
3	3	5	1	3
4	4	6	4	3
5	5	1	6	2
6	6	3	2	2
7	7	4	5	2
8	8	6	1	2
9	9	1	3	1
10	10	2	6	1
11	11	4	2	1
12	12	5	1	1
D	0.3289			

(53) $U_{12}(12\times6\times4\times3)$

试验号	1	2	3	4
1	1	1	1	3
2	2	2	2	3
3	3	3	3	3
4	4	4	4	3
5	5	5	1	2
6	6	6	2	2
7	7	1	3	2
8	8	2	4	2
9	9	3	1	1
10	10	4	2	1
11	11	5	3	1
12	12	6	4	1
D	0.3594			

(54) $U_{12}(12\times6^2\times4)$

试验号	1	2	3	4
1	1	2	2	4
2	2	3	4	4
3	3	5	6	4
4	4	6	2	3
5	5	1	4	3
6	6	3	6	3
7	7	4	1	2
8	8	6	3	2
9	9	1	5	2
10	10	2	1	1
11	11	4	3	1
12	12	5	5	1
D	0.2954			

附录 10 单纯形格子点设计表

(1) {3,2} 单纯形格子点设计

试验号	z_1	z_2	z_3	y
1	1	0	0	y_1
2	0	1	0	y_2
3	0	0	1	y_3
4	1/2	1/2	0	y_{12}
5	1/2	0	1/2	y_{13}
6	0	1/2	1/2	y_{23}

(2) {3,3} 单纯形格子点设计

试验号	z_1	z_2	z_3	y
1	1	0	0	y_1
2	0	1	0	y_2
3	0	0	1	y_3
4	2/3	1/3	0	y_{112}
5	1/3	2/3	0	y_{122}
6	2/3	0	1/3	y_{113}
7	1/3	0	2/3	y_{133}
8	0	2/3	1/3	y_{223}
9	0	1/3	2/3	y_{233}
10	1/3	1/3	1/3	y_{123}

(3) {4,2} 单纯形格子点设计

试验号	z_1	z_2	z_3	z_4	y
1	1	0	0	0	y_1
2	0	1	0	0	y_2
3	0	0	1	0	y_3
4	0	0	0	1	y_4
5	1/2	1/2	0	0	y_{12}
6	1/2	0	1/2	0	y_{13}
7	1/2	0	0	1/2	y_{14}
8	0	1/2	1/2	0	y_{23}
9	0	1/2	0	1/2	y_{24}
10	0	0	1/2	1/2	y_{34}

(4) {4,3} 单纯形格子点设计

试验号	z_1	z_2	z_3	z_4	y
1	1	0	0	0	y_1
2	0	1	0	0	y_2
3	0	0	1	0	y_3
4	0	0	0	1	y_4
5	2/3	1/3	0	0	y_{112}
6	1/3	2/3	0	0	y_{122}
7	2/3	0	1/3	0	y_{113}
8	1/3	0	2/3	0	y_{133}
9	2/3	0	0	1/3	y_{113}
10	1/3	0	0	2/3	y_{223}
11	0	2/3	1/3	0	y_{233}
12	0	1/3	2/3	0	y_{224}
13	0	2/3	0	1/3	y_3
14	0	1/3	0	2/3	y_{244}
15	0	0	2/3	1/3	y_{334}
16	0	0	1/3	2/3	y_{344}
17	1/3	1/3	1/3	0	y_{123}
18	1/3	1/3	0	1/3	y_{124}
19	1/3	0	1/3	1/3	y_{134}
20	0	1/3	1/3	1/3	y_{234}

(5) {5,2} 单纯形格子点设计

试验号	z_1	z_2	z_3	z_4	z_5	y
1	1	0	0	0	0	y_1
2	0	1	0	0	0	y_2
3	0	0	1	0	0	y_3
4	0	0	0	1	0	y_4
5	0	0	0	0	1	y_5
6	1/2	1/2	0	0	0	y_{11}
7	1/2	0	1/2	0	0	y_{13}
8	1/2	0	0	1/2	0	y_{14}
9	1/2	0	0	0	1/2	y_{15}
10	0	1/2	1/2	0	0	y_{23}
11	0	1/2	0	1/2	0	y_{24}
12	0	1/2	0	0	1/2	y_{25}
13	0	0	1/2	1/2	0	y_{34}
14	0	0	1/2	0	1/2	y_{35}
15	0	0	0	1/2	1/2	y_{45}

(6) {5,3} 单纯形格子点设计

试验号	z_1	z_2	z_3	z_4	z_5	y
1	1	0	0	0	0	y_1
2	0	1	0	0	0	y_2
3	0	0	1	0	0	y_3
4	0	0	0	1	0	y_4
5	0	0	0	0	1	y_5
6	1/3	2/3	0	0	0	y_{122}

续表

试验号	z_1	z_2	z_3	z_4	z_5	y
7	2/3	1/3	0	0	0	y_{112}
8	1/3	0	2/3	0	0	y_{133}
9	2/3	0	1/3	0	0	y_{113}
10	1/3	0	0	2/3	0	y_{144}
11	2/3	0	0	1/3	0	y_{114}
12	1/3	0	0	0	2/3	y_{155}
13	2/3	0	0	0	1/3	y_{115}
14	0	1/3	2/3	0	0	y_{233}
15	0	2/3	1/3	0	0	y_{223}
16	0	1/3	0	2/3	0	y_{244}
17	0	2/3	0	1/3	0	y_{224}
18	0	1/3	0	0	2/3	y_{255}
19	0	2/3	0	0	1/3	y_{225}
20	0	0	1/3	2/3	0	y_{344}
21	0	0	2/3	1/3	0	y_{334}
22	0	0	1/3	0	2/3	y_{355}
23	0	0	2/3	0	1/3	y_{335}
24	0	0	0	1/3	2/3	y_{455}
25	0	0	0	2/3	1/3	y_{445}
26	1/3	1/3	1/3	0	0	y_{123}
27	1/3	1/3	0	1/3	0	y_{124}
28	1/3	1/3	0	0	1/3	y_{125}
29	1/3	0	1/3	1/3	0	y_{134}
30	1/3	0	1/3	0	1/3	y_{135}
31	1/3	0	0	1/3	1/3	y_{145}
32	0	1/3	1/3	1/3	0	y_{234}
33	0	1/3	1/3	0	1/3	y_{235}
34	0	1/3	0	1/3	1/3	y_{245}
35	0	0	1/3	1/3	1/3	y_{345}

附录 11 单纯形重心设计表

(1) 3 组分单纯形重心设计表

试验号	z_1	z_2	z_3	y
1	1	0	0	y_1
2	0	1	0	y_2
3	0	0	1	y_3
4	1/2	1/2	0	y_{12}
5	1/2	0	1/2	y_{13}
6	0	1/2	1/2	y_{23}
7	1/3	1/3	1/3	y_{123}

(2) 4 组分单纯形重心设计表

试验号	z_1	z_2	z_3	z_4	y
1	1	0	0	0	y_1
2	0	1	0	0	y_2
3	0	0	1	0	y_3
4	0	0	0	1	y_4

续表

试验号	z_1	z_2	z_3	z_4	y
5	1/2	1/2	0	0	y_{12}
6	1/2	0	1/2	0	y_{13}
7	1/2	0	0	1/2	y_{14}
8	0	1/2	1/2	0	y_{23}
9	0	1/2	0	1/2	y_{24}
10	0	0	1/2	1/2	y_{34}
11	1/3	1/3	1/3	0	y_{123}
12	1/3	1/3	0	1/3	y_{124}
13	1/3	0	1/3	1/3	y_{134}
14	0	1/3	1/3	1/3	y_{234}
15	1/4	1/4	1/4	1/4	y_{1234}

（3）5组分形重心设计表

试验号	z_1	z_2	z_3	z_4	z_5	y
1	1	0	0	0	0	y_1
2	0	1	0	0	0	y_2
3	0	0	1	0	0	y_3
4	0	0	0	1	0	y_4
5	0	0	0	0	1	y_5
6	1/2	1/2	0	0	0	y_{12}
7	1/2	0	1/2	0	0	y_{13}
8	1/2	0	0	1/2	0	y_{14}
9	1/2	0	0	0	1/2	y_{15}
10	0	1/2	1/2	0	0	y_{23}
11	0	1/2	0	1/2	0	y_{24}
12	0	1/2	0	0	1/2	y_{25}
13	0	0	1/2	1/2	0	y_{34}
14	0	0	1/2	0	1/2	y_{35}
15	0	0	0	1/2	1/2	y_{45}
16	1/3	1/3	1/3	0	0	y_{123}
17	1/3	1/3	0	1/3	0	y_{124}
18	1/3	1/3	0	0	1/3	y_{125}
19	1/3	0	1/3	1/3	0	y_{134}
20	1/3	0	1/3	0	1/3	y_{135}
21	1/3	0	0	1/3	1/3	y_{145}
22	0	1/3	1/3	1/3	0	y_{234}
23	0	1/3	1/3	0	1/3	y_{235}
24	0	1/3	0	1/3	1/3	y_{245}
25	0	0	1/3	1/3	1/3	y_{345}
26	1/4	1/4	1/4	1/4	0	y_{1234}
27	0	1/4	1/4	1/4	1/4	y_{2345}
28	1/4	0	1/4	1/4	1/4	y_{1345}
29	1/4	1/4	0	1/4	1/4	y_{1245}
30	1/4	1/4	1/4	0	1/4	y_{1235}
31	1/5	1/5	1/5	1/5	1/5	y_{12345}

附录 12 配方均匀设计表

(1) $UM_7(7^3)$

试验号	x_1	x_2	x_3
1	0.733	0.172	0.095
2	0.537	0.099	0.364
3	0.402	0.470	0.128
4	0.293	0.253	0.455
5	0.198	0.745	0.057
6	0.114	0.443	0.443
7	0.036	0.069	0.895

(2) $UM_8^*(8^3)$

试验号	x_1	x_2	x_3
1	0.750	0.141	0.109
2	0.567	0.027	0.406
3	0.441	0.384	0.175
4	0.339	0.124	0.537
5	0.250	0.609	0.141
6	0.171	0.259	0.570
7	0.099	0.845	0.056
8	0.032	0.424	0.545

$UM_8^*(8^4)$

试验号	x_1	x_2	x_3	x_4
1	0.603	0.134	0.049	0.213
2	0.428	0.018	0.242	0.312
3	0.321	0.299	0.261	0.119
4	0.241	0.075	0.642	0.043
5	0.175	0.468	0.022	0.335
6	0.117	0.151	0.229	0.503
7	0.067	0.700	0.131	0.102
8	0.021	0.245	0.596	0.138

(3) $UM_9(9^3)$

试验号	x_1	x_2	x_3
1	0.056	0.389	0.764
2	0.167	0.833	0.592
3	0.278	0.278	0.473
4	0.389	0.722	0.376
5	0.500	0.167	0.293
6	0.611	0.611	0.218
7	0.722	0.056	0.150
8	0.833	0.500	0.087
9	0.944	0.944	0.028

$UM_9(9^4)$

试验号	x_1	x_2	x_3	x_4
1	0.618	0.144	0.066	0.172
2	0.450	0.048	0.251	0.251
3	0.348	0.309	0.248	0.096
4	0.270	0.110	0.586	0.034
5	0.206	0.470	0.054	0.270
6	0.151	0.185	0.258	0.405
7	0.103	0.686	0.129	0.082
8	0.059	0.276	0.555	0.111
9	0.019	0.028	0.053	0.901

$UM_9^*(9^3)$

试验号	x_1	x_2	x_3
1	0.764	0.170	0.065
2	0.592	0.159	0.249
3	0.473	0.029	0.498
4	0.376	0.520	0.104
5	0.293	0.354	0.354
6	0.218	0.130	0.651
7	0.150	0.803	0.047
8	0.087	0.558	0.355
9	0.028	0.270	0.702

$UM_9^*(9^4)$

试验号	x_1	x_2	x_3	x_4
1	0.348	0.098	0.031	0.524
2	0.151	0.319	0.088	0.441
3	0.019	0.750	0.064	0.167
4	0.450	0.048	0.195	0.307
5	0.206	0.232	0.281	0.281
6	0.059	0.557	0.235	0.149
7	0.618	0.011	0.268	0.103
8	0.270	0.159	0.476	0.095
9	0.103	0.424	0.447	0.026

(4) $UM_{10}^*(10^3)$

试验号	x_1	x_2	x_3
1	0.776	0.078	0.145
2	0.613	0.290	0.097
3	0.500	0.025	0.475
4	0.408	0.266	0.325
5	0.329	0.570	0.101
6	0.258	0.111	0.630
7	0.194	0.443	0.363
8	0.134	0.823	0.043
9	0.078	0.230	0.691
10	0.025	0.634	0.341

$UM_{10}^*(10^4)$

试验号	x_1	x_2	x_3	x_4
1	0.632	0.121	0.086	0.161
2	0.469	0.013	0.388	0.129
3	0.370	0.257	0.019	0.354
4	0.295	0.055	0.292	0.357
5	0.234	0.383	0.326	0.057
6	0.181	0.110	0.106	0.603
7	0.134	0.531	0.185	0.151
8	0.091	0.176	0.696	0.037
9	0.053	0.735	0.053	0.159
10	0.017	0.254	0.474	0.255

$UM^*_{10}(10^5)$

试验号	x_1	x_2	x_3	x_4	x_5
1	0.527	0.175	0.122	0.097	0.079
2	0.378	0.112	0.068	0.022	0.419
3	0.293	0.037	0.520	0.097	0.052
4	0.231	0.486	0.093	0.029	0.162
5	0.181	0.242	0.045	0.399	0.133
6	0.139	0.115	0.457	0.072	0.217
7	0.102	0.015	0.228	0.556	0.098
8	0.069	0.436	0.013	0.169	0.313
9	0.040	0.224	0.368	0.350	0.018
10	0.013	0.090	0.174	0.325	0.398

$UM^*_{10}(10^6)$

试验号	x_1	x_2	x_3	x_4	x_5	x_6
1	0.451	0.161	0.115	0.090	0.028	0.156
2	0.316	0.095	0.054	0.014	0.183	0.339
3	0.242	0.030	0.460	0.109	0.087	0.071
4	0.189	0.427	0.090	0.023	0.203	0.068
5	0.148	0.197	0.035	0.311	0.295	0.016
6	0.113	0.091	0.373	0.057	0.018	0.348
7	0.083	0.012	0.164	0.455	0.072	0.216
8	0.056	0.357	0.010	0.112	0.210	0.256
9	0.032	0.175	0.293	0.388	0.073	0.039
10	0.010	0.069	0.123	0.206	0.503	0.089

(5) $UM_{11}(11^3)$

试验号	x_1	x_2	x_3
1	0.787	0.087	0.126
2	0.631	0.285	0.084
3	0.523	0.065	0.412
4	0.436	0.282	0.282
5	0.360	0.552	0.087
6	0.293	0.161	0.546
7	0.231	0.454	0.314
8	0.174	0.788	0.038
9	0.121	0.280	0.599
10	0.071	0.634	0.296
11	0.023	0.044	0.933

$UM_{11}(11^4)$

试验号	x_1	x_2	x_3	x_4
1	0.643	0.129	0.093	0.135
2	0.485	0.036	0.370	0.109
3	0.390	0.266	0.047	0.297
4	0.317	0.083	0.300	0.300
5	0.258	0.388	0.306	0.048
6	0.206	0.138	0.149	0.506
7	0.161	0.529	0.183	0.127
8	0.120	0.204	0.646	0.031
9	0.082	0.722	0.062	0.133
10	0.048	0.279	0.459	0.214
11	0.015	0.023	0.044	0.918

$UM_{11}(11^5)$

试验号	x_1	x_2	x_3	x_4	x_5
1	0.538	0.180	0.102	0.074	0.106
2	0.392	0.125	0.034	0.346	0.102
3	0.310	0.057	0.276	0.049	0.309
4	0.249	0.483	0.032	0.118	0.118
5	0.200	0.254	0.286	0.225	0.035
6	0.159	0.135	0.123	0.132	0.450
7	0.123	0.042	0.527	0.182	0.126
8	0.091	0.441	0.108	0.343	0.016
9	0.062	0.242	0.548	0.047	0.101
10	0.036	0.116	0.249	0.409	0.191
11	0.012	0.015	0.022	0.043	0.908

$UM_{11}(11^6)$

试验号	x_1	x_2	x_3	x_4	x_5	x_6
1	0.461	0.211	0.128	0.072	0.052	0.076
2	0.329	0.167	0.104	0.028	0.287	0.085
3	0.256	0.118	0.051	0.250	0.044	0.280
4	0.205	0.073	0.465	0.031	0.113	0.113
5	0.164	0.030	0.256	0.288	0.227	0.036
6	0.129	0.469	0.065	0.059	0.063	0.215
7	0.100	0.279	0.030	0.373	0.129	0.089
8	0.074	0.185	0.359	0.088	0.280	0.013
9	0.050	0.117	0.215	0.486	0.042	0.090
10	0.029	0.061	0.109	0.235	0.386	0.180
11	0.009	0.011	0.015	0.022	0.043	0.899

$UM_{11}^*(11^3)$

试验号	x_1	x_2	x_3
1	0.787	0.126	0.087
2	0.631	0.050	0.319
3	0.523	0.368	0.108
4	0.436	0.179	0.385
5	0.360	0.611	0.029
6	0.293	0.354	0.354
7	0.231	0.035	0.734
8	0.174	0.563	0.263
9	0.121	0.200	0.679
10	0.071	0.803	0.127
11	0.023	0.400	0.577

$UM_{11}^*(11^4)$

试验号	x_1	x_2	x_3	x_4
1	0.258	0.172	0.026	0.545
2	0.048	0.601	0.048	0.304
3	0.390	0.074	0.122	0.415
4	0.120	0.384	0.158	0.339
5	0.643	0.008	0.143	0.206
6	0.206	0.232	0.281	0.281
7	0.015	0.775	0.124	0.086
8	0.317	0.119	0.384	0.179
9	0.082	0.480	0.338	0.099
10	0.485	0.036	0.413	0.065
11	0.161	0.302	0.512	0.024

(6) $UM_{12}^*(12^3)$

试验号	x_1	x_2	x_3
1	0.796	0.128	0.077
2	0.646	0.074	0.280
3	0.544	0.399	0.057
4	0.460	0.248	0.293
5	0.388	0.026	0.587
6	0.323	0.480	0.197
7	0.264	0.215	0.521
8	0.209	0.758	0.033
9	0.158	0.456	0.386
10	0.110	0.111	0.779
11	0.065	0.741	0.195
12	0.021	0.367	0.612

$UM_{12}^*(12^4)$

试验号	x_1	x_2	x_3	x_4
1	0.653	0.112	0.049	0.186
2	0.500	0.011	0.224	0.265
3	0.407	0.230	0.257	0.106
4	0.337	0.043	0.594	0.026
5	0.279	0.332	0.049	0.341
6	0.229	0.085	0.257	0.429
7	0.185	0.443	0.233	0.140
8	0.145	0.135	0.630	0.090
9	0.109	0.576	0.013	0.302
10	0.075	0.194	0.213	0.518
11	0.044	0.761	0.106	0.089
12	0.014	0.260	0.574	0.151

$UM_{12}^*(12^5)$

试验号	x_1	x_2	x_3	x_4	x_5
1	0.548	0.103	0.073	0.057	0.218
2	0.405	0.008	0.319	0.123	0.145
3	0.324	0.188	0.031	0.323	0.133
4	0.265	0.032	0.227	0.456	0.020
5	0.217	0.264	0.413	0.013	0.093

续表

试验号	x_1	x_2	x_3	x_4	x_5
6	0.177	0.062	0.121	0.240	0.400
7	0.142	0.349	0.234	0.172	0.103
8	0.111	0.097	0.017	0.679	0.097
9	0.083	0.459	0.121	0.014	0.324
10	0.057	0.137	0.521	0.083	0.202
11	0.033	0.632	0.037	0.162	0.137
12	0.011	0.183	0.313	0.391	0.103

$UM_{12}^*(12^6)$

试验号	x_1	x_2	x_3	x_4	x_5	x_6
1	0.470	0.172	0.121	0.038	0.008	0.191
2	0.340	0.117	0.079	0.180	0.036	0.249
3	0.269	0.060	0.009	0.526	0.028	0.107
4	0.218	0.008	0.315	0.051	0.119	0.289
5	0.178	0.333	0.090	0.129	0.101	0.169
6	0.144	0.186	0.029	0.414	0.104	0.123
7	0.115	0.098	0.393	0.025	0.199	0.169
8	0.090	0.030	0.202	0.179	0.312	0.187
9	0.067	0.512	0.032	0.212	0.126	0.052
10	0.046	0.253	0.458	0.005	0.188	0.050
11	0.026	0.138	0.233	0.126	0.417	0.060
12	0.008	0.056	0.102	0.383	0.431	0.019

$UM_{12}^*(12^7)$

试验号	x_1	x_2	x_3	x_4	x_5	x_6	x_7
1	0.411	0.200	0.069	0.046	0.043	0.048	0.182
2	0.293	0.154	0.006	0.223	0.126	0.091	0.108
3	0.230	0.111	0.143	0.022	0.392	0.071	0.029
4	0.186	0.073	0.024	0.164	0.061	0.471	0.020
5	0.151	0.039	0.215	0.389	0.067	0.017	0.122
6	0.122	0.007	0.049	0.089	0.473	0.097	0.162
7	0.097	0.425	0.155	0.109	0.014	0.125	0.075
8	0.075	0.249	0.056	0.009	0.161	0.394	0.056
9	0.056	0.168	0.315	0.085	0.204	0.007	0.165
10	0.038	0.111	0.094	0.378	0.008	0.108	0.262
11	0.022	0.065	0.500	0.031	0.080	0.163	0.138
12	0.007	0.026	0.137	0.231	0.275	0.256	0.067

(7) $UM_{13}(13^3)$

试验号	x_1	x_2	x_3
1	0.804	0.128	0.068
2	0.660	0.091	0.248
3	0.561	0.388	0.051
4	0.481	0.259	0.259
5	0.412	0.068	0.520
6	0.350	0.475	0.175
7	0.293	0.245	0.462
8	0.240	0.730	0.029
9	0.191	0.467	0.342
10	0.145	0.164	0.690
11	0.101	0.726	0.173
12	0.059	0.398	0.543
13	0.019	0.038	0.943

$UM_{13}(13^4)$

试验号	x_1	x_2	x_3	x_4
1	0.662	0.118	0.059	0.160
2	0.513	0.029	0.229	0.229
3	0.423	0.238	0.248	0.091
4	0.354	0.065	0.558	0.022
5	0.298	0.338	0.070	0.294
6	0.249	0.109	0.272	0.370
7	0.206	0.446	0.228	0.120
8	0.168	0.159	0.595	0.078
9	0.132	0.573	0.034	0.261
10	0.099	0.217	0.237	0.447
11	0.069	0.749	0.105	0.077
12	0.040	0.281	0.548	0.131
13	0.013	0.019	0.037	0.931

$UM_{13}(13^5)$

试验号	x_1	x_2	x_3	x_4	x_5
1	0.557	0.110	0.080	0.068	0.185
2	0.417	0.023	0.314	0.123	0.123
3	0.338	0.197	0.047	0.305	0.113
4	0.280	0.049	0.234	0.420	0.017
5	0.233	0.272	0.398	0.019	0.078
6	0.193	0.080	0.139	0.249	0.339
7	0.159	0.356	0.234	0.165	0.087
8	0.128	0.115	0.045	0.629	0.082
9	0.101	0.461	0.128	0.036	0.274
10	0.075	0.155	0.508	0.091	0.171
11	0.052	0.628	0.046	0.158	0.116
12	0.030	0.200	0.317	0.366	0.087
13	0.010	0.013	0.019	0.037	0.922

$UM_{13}(13^6)$

试验号	x_1	x_2	x_3	x_4	x_5	x_6
1	0.479	0.101	0.070	0.067	0.076	0.207
2	0.351	0.020	0.266	0.150	0.107	0.107
3	0.281	0.168	0.038	0.413	0.074	0.027
4	0.231	0.040	0.182	0.079	0.450	0.018
5	0.191	0.226	0.386	0.069	0.025	0.103
6	0.158	0.063	0.103	0.446	0.097	0.132
7	0.129	0.294	0.204	0.038	0.219	0.116
8	0.104	0.090	0.032	0.226	0.484	0.063
9	0.081	0.383	0.110	0.239	0.021	0.165
10	0.061	0.121	0.420	0.024	0.130	0.245
11	0.042	0.534	0.042	0.092	0.167	0.123
12	0.024	0.155	0.244	0.277	0.241	0.057
13	0.008	0.010	0.013	0.019	0.037	0.914

$UM_{13}(13^7)$

试验号	x_1	x_2	x_3	x_4	x_5	x_6	x_7
1	0.419	0.204	0.073	0.051	0.048	0.055	0.150
2	0.302	0.161	0.016	0.220	0.124	0.088	0.088
3	0.240	0.120	0.149	0.034	0.367	0.065	0.024
4	0.196	0.084	0.037	0.170	0.074	0.421	0.017
5	0.162	0.051	0.220	0.376	0.067	0.024	0.101
6	0.134	0.021	0.064	0.103	0.448	0.098	0.133
7	0.109	0.427	0.157	0.109	0.020	0.117	0.062
8	0.088	0.256	0.066	0.024	0.166	0.354	0.046
9	0.068	0.178	0.314	0.091	0.196	0.018	0.135
10	0.051	0.123	0.106	0.370	0.021	0.114	0.216
11	0.035	0.079	0.494	0.039	0.085	0.155	0.114
12	0.020	0.041	0.149	0.235	0.267	0.232	0.055
13	0.007	0.008	0.010	0.013	0.019	0.036	0.908

$UM_{13}^{*}(13^3)$

试验号	x_1	x_2	x_3
1	0.804	0.068	0.128
2	0.660	0.248	0.091
3	0.561	0.017	0.422
4	0.481	0.220	0.299
5	0.412	0.475	0.113
6	0.350	0.075	0.575
7	0.293	0.354	0.354
8	0.240	0.672	0.088
9	0.191	0.156	0.653
10	0.145	0.493	0.362
11	0.101	0.864	0.035
12	0.059	0.253	0.687
13	0.019	0.641	0.339

$UM_{13}^{*}(13^4)$

试验号	x_1	x_2	x_3	x_4
1	0.662	0.065	0.052	0.220
2	0.513	0.234	0.107	0.146
3	0.423	0.011	0.370	0.196
4	0.354	0.155	0.434	0.057
5	0.298	0.394	0.012	0.296
6	0.249	0.045	0.190	0.516
7	0.206	0.232	0.281	0.281
8	0.168	0.550	0.207	0.076
9	0.132	0.088	0.750	0.030
10	0.099	0.315	0.068	0.518
11	0.069	0.749	0.063	0.119
12	0.040	0.139	0.473	0.347
13	0.013	0.406	0.469	0.112

$UM_{13}^{*}(13^5)$

试验号	x_1	x_2	x_3	x_4	x_5
1	0.557	0.132	0.060	0.048	0.203
2	0.417	0.058	0.253	0.115	0.157
3	0.338	0.439	0.004	0.143	0.076
4	0.280	0.180	0.130	0.363	0.047
5	0.233	0.053	0.401	0.012	0.301
6	0.193	0.414	0.023	0.099	0.270
7	0.159	0.173	0.195	0.236	0.236
8	0.128	0.035	0.552	0.208	0.077
9	0.101	0.380	0.053	0.449	0.018
10	0.075	0.155	0.269	0.058	0.443
11	0.052	0.012	0.752	0.064	0.120
12	0.030	0.344	0.091	0.309	0.226
13	0.010	0.131	0.354	0.408	0.097

(8) $UM_{14}^{*}(14^3)$

试验号	x_1	x_2	x_3
1	0.811	0.047	0.142
2	0.673	0.175	0.152
3	0.577	0.347	0.075
4	0.500	0.018	0.482
5	0.433	0.182	0.385
6	0.373	0.381	0.246
7	0.319	0.608	0.073
8	0.268	0.078	0.654
9	0.221	0.306	0.473
10	0.176	0.559	0.265
11	0.134	0.835	0.031
12	0.094	0.162	0.744
13	0.055	0.439	0.506
14	0.018	0.736	0.245

$UM_{14}^{*}(14^4)$

试验号	x_1	x_2	x_3	x_4
1	0.671	0.165	0.088	0.076
2	0.525	0.127	0.012	0.335
3	0.437	0.053	0.310	0.201
4	0.370	0.511	0.013	0.106
5	0.315	0.297	0.264	0.125
6	0.268	0.162	0.102	0.469
7	0.226	0.043	0.549	0.183
8	0.188	0.546	0.066	0.199
9	0.153	0.316	0.436	0.095
10	0.121	0.155	0.233	0.491
11	0.091	0.016	0.797	0.096
12	0.063	0.541	0.155	0.240
13	0.037	0.307	0.633	0.023
14	0.012	0.132	0.397	0.458

$UM_{14}^{*}(14^5)$

试验号	x_1	x_2	x_3	x_4	x_5
1	0.565	0.161	0.087	0.020	0.167
2	0.428	0.107	0.008	0.114	0.342
3	0.350	0.041	0.227	0.150	0.232
4	0.293	0.474	0.013	0.118	0.102
5	0.247	0.237	0.223	0.198	0.094
6	0.208	0.121	0.063	0.499	0.108
7	0.175	0.031	0.397	0.383	0.014
8	0.144	0.449	0.054	0.013	0.339
9	0.117	0.236	0.373	0.049	0.224
10	0.092	0.110	0.141	0.211	0.446
11	0.069	0.011	0.618	0.140	0.161
12	0.048	0.416	0.118	0.254	0.164
13	0.028	0.219	0.610	0.107	0.036
14	0.009	0.091	0.241	0.588	0.071

(9) $UM_{15}(15^3)$

试验号	x_1	x_2	x_3
1	0.817	0.055	0.128
2	0.684	0.179	0.137
3	0.592	0.340	0.068
4	0.517	0.048	0.435
5	0.452	0.201	0.347
6	0.394	0.384	0.222
7	0.342	0.592	0.066
8	0.293	0.118	0.589
9	0.247	0.326	0.427
10	0.204	0.557	0.239
11	0.163	0.809	0.028
12	0.124	0.204	0.671
13	0.087	0.456	0.456
14	0.051	0.727	0.221
15	0.017	0.033	0.950

$UM_{15}(15^4)$

试验号	x_1	x_2	x_3	x_4
1	0.678	0.166	0.088	0.067
2	0.536	0.136	0.033	0.295
3	0.450	0.068	0.305	0.177
4	0.384	0.503	0.019	0.094
5	0.331	0.303	0.257	0.110
6	0.284	0.177	0.126	0.413
7	0.243	0.066	0.530	0.161
8	0.206	0.543	0.075	0.176
9	0.172	0.326	0.418	0.084
10	0.141	0.175	0.251	0.433
11	0.112	0.046	0.758	0.084
12	0.085	0.542	0.162	0.212
13	0.059	0.322	0.599	0.021
14	0.035	0.158	0.404	0.404
15	0.011	0.017	0.032	0.940

$UM_{15}(15^5)$

试验号	x_1	x_2	x_3	x_4	x_5
1	0.573	0.164	0.090	0.029	0.144
2	0.438	0.116	0.023	0.127	0.296
3	0.361	0.054	0.231	0.153	0.201
4	0.305	0.471	0.019	0.116	0.088
5	0.260	0.245	0.224	0.190	0.081
6	0.222	0.134	0.080	0.470	0.094
7	0.189	0.048	0.395	0.357	0.012
8	0.159	0.451	0.064	0.033	0.294
9	0.132	0.247	0.367	0.059	0.194
10	0.108	0.126	0.156	0.224	0.386
11	0.085	0.032	0.604	0.140	0.140
12	0.064	0.421	0.127	0.246	0.142
13	0.045	0.232	0.591	0.101	0.031
14	0.026	0.109	0.253	0.550	0.061
15	0.008	0.011	0.016	0.032	0.932

$UM_{15}^{*}(15^3)$

试验号	x_1	x_2	x_3
1	0.817	0.103	0.079
2	0.684	0.032	0.285
3	0.592	0.286	0.122
4	0.517	0.113	0.370
5	0.452	0.456	0.091
6	0.394	0.222	0.384
7	0.342	0.636	0.022
8	0.293	0.354	0.354
9	0.247	0.025	0.728
10	0.204	0.504	0.292
11	0.163	0.139	0.697
12	0.124	0.671	0.204
13	0.087	0.274	0.639
14	0.051	0.854	0.095
15	0.017	0.426	0.557

$UM_{15}^{*}(15^4)$

试验号	x_1	x_2	x_3	x_4
1	0.678	0.146	0.029	0.147
2	0.536	0.095	0.135	0.234
3	0.450	0.009	0.307	0.234
4	0.384	0.318	0.228	0.069
5	0.331	0.166	0.487	0.017
6	0.284	0.037	0.068	0.611
7	0.243	0.448	0.093	0.216
8	0.206	0.232	0.281	0.281
9	0.172	0.072	0.529	0.227
10	0.141	0.587	0.244	0.027
11	0.112	0.303	0.019	0.565
12	0.085	0.114	0.187	0.614
13	0.059	0.769	0.074	0.097
14	0.035	0.381	0.370	0.214
15	0.011	0.162	0.689	0.138

$UM_{15}^{*}(15^5)$

试验号	x_1	x_2	x_3	x_4	x_5
1	0.573	0.141	0.071	0.036	0.179
2	0.438	0.079	0.330	0.056	0.097
3	0.361	0.007	0.103	0.300	0.229
4	0.305	0.267	0.221	0.158	0.048
5	0.260	0.128	0.053	0.540	0.019
6	0.222	0.027	0.296	0.045	0.409
7	0.189	0.365	0.008	0.132	0.307
8	0.159	0.173	0.195	0.236	0.236
9	0.132	0.051	0.667	0.104	0.045
10	0.108	0.478	0.085	0.297	0.033
11	0.085	0.223	0.410	0.009	0.273
12	0.064	0.079	0.107	0.175	0.575
13	0.045	0.648	0.139	0.073	0.095
14	0.026	0.277	0.036	0.419	0.242
15	0.008	0.111	0.301	0.483	0.097

$UM_{15}^{*}(15^6)$

试验号	x_1	x_2	x_3	x_4	x_5	x_6
1	0.214	0.148	0.110	0.086	0.015	0.427
2	0.087	0.024	0.476	0.163	0.025	0.225
3	0.007	0.258	0.082	0.534	0.020	0.099
4	0.253	0.048	0.269	0.054	0.088	0.289
5	0.107	0.322	0.034	0.183	0.106	0.247
6	0.021	0.106	0.248	0.427	0.072	0.125
7	0.301	0.400	0.003	0.026	0.117	0.153
8	0.129	0.139	0.151	0.170	0.205	0.205
9	0.036	0.008	0.648	0.182	0.071	0.054
10	0.369	0.140	0.069	0.022	0.253	0.147
11	0.154	0.038	0.363	0.110	0.234	0.100
12	0.052	0.289	0.056	0.312	0.223	0.068
13	0.494	0.043	0.153	0.005	0.254	0.051
14	0.182	0.358	0.016	0.091	0.318	0.035
15	0.069	0.123	0.197	0.277	0.324	0.011

(10) $UM_{16}^{*}(16^3)$

试验号	x_1	x_2	x_3
1	0.823	0.072	0.105
2	0.694	0.258	0.048
3	0.605	0.086	0.309
4	0.532	0.307	0.161
5	0.470	0.017	0.514
6	0.414	0.275	0.311
7	0.363	0.578	0.060
8	0.315	0.193	0.492
9	0.271	0.524	0.205
10	0.229	0.072	0.698
11	0.190	0.430	0.380
12	0.152	0.821	0.026
13	0.116	0.304	0.580
14	0.081	0.718	0.201
15	0.048	0.149	0.803
16	0.016	0.584	0.400

$UM_{16}^{*}(16^4)$

试验号	x_1	x_2	x_3	x_4
1	0.685	0.148	0.089	0.078
2	0.546	0.104	0.011	0.339
3	0.461	0.026	0.304	0.208
4	0.397	0.364	0.022	0.216
5	0.345	0.207	0.294	0.154
6	0.299	0.081	0.097	0.522
7	0.259	0.610	0.094	0.037
8	0.223	0.321	0.100	0.356
9	0.190	0.154	0.513	0.144
10	0.160	0.013	0.233	0.595
11	0.131	0.463	0.343	0.064
12	0.104	0.243	0.224	0.428
13	0.079	0.075	0.767	0.079
14	0.055	0.656	0.118	0.172
15	0.032	0.351	0.598	0.019
16	0.011	0.151	0.393	0.446

$UM_{16}^{*}(16^5)$

试验号	x_1	x_2	x_3	x_4	x_5
1	0.580	0.145	0.114	0.086	0.076
2	0.447	0.088	0.071	0.012	0.382
3	0.371	0.020	0.501	0.064	0.044
4	0.316	0.316	0.134	0.022	0.213
5	0.272	0.163	0.066	0.328	0.172
6	0.234	0.060	0.489	0.034	0.182
7	0.202	0.547	0.079	0.124	0.048
8	0.173	0.248	0.047	0.116	0.416
9	0.146	0.112	0.449	0.229	0.064
10	0.122	0.009	0.235	0.178	0.455
11	0.100	0.358	0.026	0.436	0.081
12	0.079	0.175	0.397	0.120	0.229
13	0.060	0.052	0.204	0.620	0.064
14	0.042	0.523	0.007	0.174	0.254
15	0.024	0.253	0.339	0.371	0.012
16	0.008	0.103	0.169	0.337	0.382

$UM_{16}^{*}(16^6)$

试验号	x_1	x_2	x_3	x_4	x_5	x_6
1	0.500	0.136	0.109	0.080	0.038	0.136
2	0.377	0.076	0.057	0.008	0.226	0.256
3	0.310	0.017	0.461	0.077	0.097	0.038
4	0.262	0.274	0.120	0.017	0.317	0.010
5	0.224	0.134	0.051	0.245	0.054	0.293
6	0.192	0.048	0.414	0.028	0.129	0.188
7	0.165	0.484	0.078	0.128	0.095	0.050
8	0.141	0.201	0.036	0.072	0.498	0.052
9	0.119	0.088	0.366	0.227	0.019	0.181
10	0.099	0.007	0.170	0.110	0.211	0.403
11	0.081	0.291	0.020	0.368	0.143	0.098

续表

试验号	x_1	x_2	x_3	x_4	x_5	x_6
12	0.064	0.137	0.318	0.091	0.329	0.061
13	0.048	0.040	0.146	0.532	0.007	0.227
14	0.033	0.432	0.006	0.121	0.115	0.293
15	0.019	0.198	0.270	0.422	0.048	0.042
16	0.006	0.079	0.120	0.216	0.453	0.127

$UM_{16}^{*}(16^7)$

试验号	x_1	x_2	x_3	x_4	x_5	x_6	x_7
1	0.439	0.147	0.097	0.051	0.022	0.023	0.222
2	0.326	0.095	0.046	0.246	0.055	0.051	0.182
3	0.266	0.047	0.398	0.023	0.084	0.063	0.120
4	0.224	0.005	0.156	0.184	0.203	0.107	0.122
5	0.191	0.251	0.033	0.006	0.360	0.094	0.065
6	0.163	0.138	0.312	0.074	0.005	0.222	0.087
7	0.139	0.070	0.137	0.357	0.035	0.222	0.041
8	0.119	0.017	0.036	0.086	0.170	0.554	0.018
9	0.100	0.339	0.208	0.122	0.084	0.005	0.143
10	0.083	0.176	0.108	0.020	0.326	0.045	0.241
11	0.068	0.092	0.020	0.183	0.524	0.032	0.081
12	0.054	0.032	0.289	0.429	0.009	0.076	0.111
13	0.040	0.480	0.059	0.055	0.056	0.165	0.145
14	0.028	0.218	0.006	0.297	0.122	0.216	0.113
15	0.016	0.117	0.236	0.035	0.247	0.273	0.077
16	0.005	0.048	0.095	0.221	0.382	0.226	0.023

参考文献

[1] 江体乾.化工数据处理.北京：化学工业出版社，1984.

[2] 邓勃.数理统计方法在分析测试中的应用.北京：化学工业出版社，1984.

[3] 邓勃.分析测试数据的统计处理方法.北京：清华大学出版社，1995.

[4] GB 8170—87.

[5] GB 4883—85.

[6] 漆德瑶，肖明耀，吴芯芯.理化分析数据处理手册.北京：中国计量出版社，1990.

[7] 方开泰.均匀设计与均匀设计表.北京：科学出版社，1994.

[8] 华罗庚.优选学.北京：科学出版社，1981.

[9] 陈魁.应用概率统计.北京：清华大学出版社，2000.

[10] 盛骤，谢式千，潘承毅.概率论与数理统计.北京：高等教育出版社，1990.

[11] 雷良恒，潘国昌，郭庆丰.化工原理实验.北京：清华大学出版社，1995.

[12] 袁卫，庞皓，曾五一.统计学.北京：高等教育出版社，2001.

[13] 庄楚强，吴亚森.应用数理统计基础.广州：华南理工大学出版社，1992.

[14] 华罗庚，王元.数学模型选谈.长沙：湖南教育出版社，1991.

[15] 邓多辉.Excel 2010 使用详解.北京：人民邮电出版社，2014.

[16] 王钦德，杨坚.食品试验设计与统计分析.北京：中国农业大学出版社，2003.

[17] 蒋子刚，顾雪梅.分析测试中的数理统计和质量保证.上海：华东化工学院出版社，1991.

[18] 肖明耀.实验误差估计与数据处理.北京：科学出版社，1980.

[19] 叶卫平.Origin 9.1 科技绘图及数据分析.北京：机械工业出版社，2015.

[20] 孙培勤，刘大壮.实验设计数据处理与计算机模拟.郑州：河南科学技术出版社，2001.

二维码索引